“十二五”职业教育国家规划教材（修订版）
经全国职业教育教材审定委员会审定
江苏省“十四五”首批职业教育规划教材（修订版）

机电控制与PLC

第3版

U0805124

主　编　张　铮
副主编　唐立平　李　强
参　编　李锋刚　郝小星　魏昌洲
主　审　平雪良

机械工业出版社

本书为“十二五”职业教育国家规划教材（修订版）、江苏省“十四五”首批职业教育规划教材、江苏省优秀培育教材。本书共 15 章，分别是：第 1 章电源与主回路电器；第 2 章控制回路电器；第 3 章起停控制；第 4 章正反转控制；第 5 章制动与调速控制；第 6 章电气工程制图；第 7 章电器选用估算；第 8 章 C650 车床电气控制；第 9 章 ACE 工具基础；第 10 章 ACE 应用案例；第 11 章 S7-1200 CPU 基础；第 12 章 TIA Portal 编程案例；第 13 章 S7-1200 基本指令；第 14 章 S7-1200 梯形图的编制；第 15 章 HMI 组态应用案例。

本书可作为高等职业院校机电类专业的专业基础课教材，也可供企业一线工程技术人员参考阅读。

本书配有微课视频，读者可以扫描书中的二维码观看。本书配有电子课件，凡使用本书作为教材的教师可登录机械工业出版社教育服务网 www.cmpedu.com 注册后下载。咨询电话：010-88379375。更多资源可登录在线开放课程平台，在“电气控制跟我学”（https://www.icourse163.org/course/WXIT-1206681805）线上课程中观看或使用。

图书在版编目（CIP）数据

机电控制与 PLC/张铮主编. —3 版. —北京：机械工业出版社，2022.10（2024.1 重印）

“十二五”职业教育国家规划教材. 修订版　江苏省“十四五”首批高等职业教育规划教材

ISBN 978-7-111-71706-5

Ⅰ.①机…　Ⅱ.①张…　Ⅲ.①机电一体化-控制系统-高等职业教育-教材②PLC 技术-高等职业教育-教材　Ⅳ.①TH-39②TM571.6

中国版本图书馆 CIP 数据核字（2022）第 181783 号

机械工业出版社（北京市百万庄大街 22 号　邮政编码 100037）
策划编辑：薛　礼　　　责任编辑：薛　礼　杨晓花
责任校对：陈　越　刘雅娜　封面设计：鞠　杨
责任印制：刘　媛
涿州市京南印刷厂印刷
2024 年 1 月第 3 版第 2 次印刷
184mm×260mm · 17.25 印张 · 421 千字
标准书号：ISBN 978-7-111-71706-5
定价：59.00 元

电话服务　　　　　　　　　网络服务
客服电话：010-88361066　　机　工　官　网：www.cmpbook.com
　　　　　010-88379833　　机　工　官　博：weibo.com/cmp1952
　　　　　010-68326294　　金　书　网：www.golden-book.com
封底无防伪标均为盗版　　机工教育服务网：www.cmpedu.com

第3版前言 PREFACE

本书编写的指导思想是贯彻《国家职业教育改革实施方案》和《习近平新时代中国特色社会主义思想进课程教材指南》。基于中国特色高水平高职学校和专业建设计划实施后在“教师、教法、教材”改革方面形成的阶段性成果，本书编制为活页式教材。本书为“十二五”职业教育国家规划教材（修订版）、江苏省“十四五”首批高等职业教育规划教材、江苏省优秀培育教材。

本书在《机电控制与PLC第2版》基础上，跟踪PLC技术产品的全面升级步伐，实现了主要技术内容的更新、完善和升级，探索了活页式和工作手册式教材的编写方法，在引入行业实际案例的基础上，构建了从电器选型、原理图制作、PLC硬件组态、程序编写和仿真调试的完整工作流程，提供了符合行业规范的工程图和PLC程序案例，针对每一个工作流程中的实践教学要求，配套了相应的练习课题，引导学生取得学习成果。本书以电子文档的方式，在配套资源中赠送了XA6132铣床电气控制和CK6132数控车床电气控制两个补充章节，以展示结合本书章节，补充院校特色内容的活页式教材使用方式。本书配套的“电气控制跟我学”在线开放课程（https://www.icourse163.org/course/WXIT-1206681805）已经上线，依托这一平台，将陆续发布更多的特色内容，以使本书的内容不断丰富和完善。

本书由无锡职业技术学院张铮任主编，无锡职业技术学院唐立平和湖南职业技术学院李强任副主编。第1~4章由张铮编写，第5章和第6章由张铮、李强编写，第7章和第8章由张铮、山西机电职业技术学院李锋刚编写，第9章和第10章由张铮、太原理工大学郝小星编写，第11章由唐立平、张铮编写，第12~14章由唐立平编写，第15章由无锡职业技术学院魏昌洲编写。

本书由江南大学平雪良教授主审。无锡职业技术学院张宁菊、赵飞、宋广雷、张虎、闫向阳等对本书给予了大力支持，在此一并表示诚挚的谢意！

限于编者水平，书中难免有错讹疏漏之处，敬请读者批评指正。

编　者

第2版前言 PREFACE

本书自2008年出版以来重印已达5次，深受广大高职院校师生和读者的欢迎，是机床控制系统连接与检查课程首选教材，2008年机床控制系统连接与检查课程跻身国家精品课程（教高函［2008］22号）之列，2012年入选国家精品资源共享课程（教高司函［2013］115号）。

本书根据“十二五”职业教育国家规划教材建设要求，汲取机床控制系统连接与检查课程的教学内容，确立了“完善技术知识系统、引入企业先进技术案例、共享精品课程教学资源”的修订思路。

1）许多师生和读者反映本书第1版各章结构过于复杂，每章内容多，导致阅读兴趣与学习热情衰减快。本次修订大幅减少各章篇幅，简化章节之间的衔接关系，重新设计为21章，读者阅读时将更轻松，教师安排教学更便利。

2）企业同行建议本书应在兼顾一般机电装置电气控制技术内容基础上，聚焦于机床电气主题，以满足大多数高职院校学生掌握企业适用技术的现实需要，也更容易在学校中配置到更多实训教学装置，对学生实践技能训练有益。本次修订保留了C650、XA6132等机床电气内容，减去了机床电气中很少使用的FX2N PLC技术内容。

3）使用本书的许多老师建议增加电气设计方面的技术知识，为学生毕业后职业生涯岗位提升作技术储备。本次修订与著名企业（西门子（中国）有限公司、施耐德电气有限公司、正泰电气股份有限公司、南通科技投资集团股份有限公司及欧特克有限公司等）进行了深度合作，引入了源自这些著名企业的先进技术与大量案例。

4）根据使用本书相关课程的实验与实训要求，专门编入电气安全和电器选用与接线等内容。本书配套的实验实训装置主要有基本控制环节（起停控制、正反转控制、制动和调速控制）通用实训板及配件，通用机床（C650和XA6132）电气连接与检查实训装置，基于S7-300 PLC控制的电动刀架实验台，基于国家发明专利技术（ZL200710191374.6）的数控加工与数控机床电气维修培训一体机等。

5）本书依托机床控制系统连接与检查国家精品资源共享课程网站向师生和读者提供数字化学习资源，实现国家精品资源共享课程共享使用的目标，对于整班使用网站的师生及有特殊需要的读者，将提供更多的免费课程教学资料、免费的学习资源和研制实验装置的技术支持与服务。

本书第1章、第2章、第9章、第10章、第14~21章以及附录由无锡职业技术学院张铮编写，第3~5章由山西机电职业技术学院李锋刚编写，第6~8章由太原理工大学郝小星编写，第11~13章由无锡职业技术学院宋广雷编写，全书由张铮统稿。江南大学平雪良教授审阅了全书并提出了许多建设性的修改意见，对他严谨的学风深感钦佩。对提供技术支持和企业案例的西门子（中国）有限公司、施耐德电气有限公司、正泰电气股份有限公司、南通科技投资集团股份有限公司、欧特克有限公司表示诚挚的谢意。

限于编者水平，书中或有错讹疏漏之处，敬请广大读者批评指正。

编　者

第1版前言 PREFACE

本书以高职机电类各专业相关岗位必需的电气控制与 PLC 知识为基础，融通维修电工、数控机床装调维修工等职业技能训练的应知应会内容。

根据高职高专教材“理论知识以必需够用为度，强化技能训练”的理念，内容选择上突出读图、绘图、电气元器件选用、电气控制基本环节、PLC 控制系统组成和外围接线、基本控制程序编制、程序的下载和上传等与机电类各专业岗位技能训练密切相关的内容，不选仅在设计岗位或设计过程中才用到的理论知识。内容编排上遵循由浅入深、循序渐进的高职学生的认知规律。通过软件编制的 PLC 程序均通过了调试，确保学生和教师按本书所述步骤练习可以获得相应操作结果。

本书共分 8 章，主要内容有：第 1 章常用低压电器，介绍常用低压电器的工作原理、功用、图形及文字符号等；第 2 章电气控制基本环节，介绍继电器与接触器电气控制环节；第 3 章机床电气控制线路，介绍普通金属切削机床和数控机床电气控制线路，为学生从事电气维修提供必需的基本知识；第 4 章 PLC 控制基础，介绍 PLC 组成、工作原理和顺序控制功能图等 PLC 基础知识；第 5 章 FX2N 系列 PLC，介绍 FX2N 系列 PLC 系统配置、外部接线及指令系统等；第 6 章 FX2N 应用编程，介绍 FXGP 编程软件、FX2N 系列 PLC 的控制基本环节、电气控制 PLC 替代应用及机床 PLC 控制应用实例等；第 7 章 S7-300 系列 PLC，介绍 S7-300 系列 PLC 控制系统组成、外部接线、机架组态及其指令系统；第 8 章 S7-300 应用编程，结合 STEP 7 编程软件、S7-PLCSIM 仿真软件，着重介绍 S7-300 系列 PLC 的线性化编程、结构化编程及顺控编程等。通过编程实例，训练学生 PLC 实际应用能力。

本书由无锡职业技术学院张铮任主编、无锡职业技术学院张豪任副主编，其中第 1 章、第 2 章由山西机电职业技术学院李锋刚编写，第 3 章、第 6 章及附录由张铮编写，第 4 章由太原理工大学郝小星编写，第 5 章由无锡职业技术学院张爱红编写，第 7 章、第 8 章由张豪编写，全书由张铮统稿。

江南大学平雪良教授担任主审，提出了许多建设性的修改意见，在此表示诚挚的谢意。

限于编者水平，书中或有错漏之处，敬请广大读者批评指正。

编　者

二维码索引

（续）

目录 CONTENTS

第1章 CHAPTER 1 电源与主回路电器

电能由煤炭、石油、天然气、核燃料、水能、风能和太阳能等一次能源，经发电和变电设施转换成高压电，通过输电、变电与配电系统传送到变电站后再转换成低压电，供给工业生产和居民生活使用。

1.1 新中国电能建设

电能建设与国家的变革和经济的发展紧密相关。新中国成立后，特别是改革开放和党的十八大以来，我国已成为全球电能生产和使用大国，并昂首跻身世界电力工业先进行列。

1.1.1 电能建设的成就

新中国的成立开启了我国电能建设大发展进程。到 2018 年底，我国发电装机容量达到 19 亿 kW，较新中国成立之初增长约 1026 倍；年发电量 6.99 万亿 kW·h，较新中国成立之初增长约 1625 倍。目前，全国通电率已达到 99.99%，为经济发展和社会进步提供了坚实保障。

一、电能结构持续优化

2021 年，我国风电装机容量达 3.28 亿 kW，太阳能发电装机容量达 3.06 亿 kW。2022 年的新增发电装机容量约 2.3 亿 kW。其中，非化石能源发电装机投产约 1.8 亿 kW，合计达约 13 亿 kW，同比增长 16%，在总发电装机容量中的占比上升至 50%，比 2021 年底提高约 3%。我国水电、风电、太阳能发电、生物质发电装机规模均居世界首位，火电清洁高效达到世界先进水平。电能结构的持续改善，有力地支撑了绿色和谐发展。

二、节能减排成效显著

习近平总书记提出“绿水青山就是金山银山”。党的十八大以来，我国煤电机组发电效率、资源利用水平、污染物和二氧化碳排放控制水平均已达到世界先进水平，为国家生态文明建设和全国污染物减排、环境质量改善做出了巨大贡献。截至 2018 年底，全国 6000kW 及以上火电厂供电标准煤耗 307.6g/(kW·h)，保持世界先进水平。全国单位火电发电的烟尘排放量、二氧化硫排放量和氮氧化物排放量分别为 0.04g/(kW·h)、0.20g/(kW·h) 和

0.19g/(kW·h)，处于世界先进水平。达到超低排放限值的煤电机组约 8.1 亿 kW，约占全国煤电总装机容量的 80%，有效减缓了电能生产二氧化碳排放总量的增长，为全球应对气候变化做出了突出贡献。

三、科技创新不断取得突破

我国超超临界机组实现自主开发，百万千瓦空冷发电机组、二次再热技术、大型循环流化床发电技术世界领先。我国水电在规划、设计、施工和设备制造等方面均处于世界领先地位，多项新、老坝型世界纪录被中国打破，80 万 kW、100 万 kW 水轮机组制造技术中国独有。我国“华龙一号”三代核电技术研发和应用走在世界前列。四代核电技术、模块化小型堆、海洋核动力平台、先进核燃料与循环技术取得突破，可控核聚变技术得到持续发展；我国风电已形成较完整的大容量风电机组设计、制造体系，单机容量 5MW 风电机组已批量投产、7MW 机组已投入运行；规模化光伏开发利用技术取得重要进展。我国已全面掌握特高压输电技术，以及智能电网、大电网控制等技术，电网的总体装备和运维水平处于世界领先地位。我国已开展新能源微电网、“互联网+”智慧能源以及新型储能电站等示范项目建设，有效推动了能源互联网新技术、新模式和新业态的兴起。

1.1.2　低压电器的发展

电器是机电控制系统的基本组成元件，根据工作电压的不同，电器有高压电器和低压电器之分，工作在额定交流电压 1200V 以下或直流电压 1500V 以下的电器，称为低压电器。我国工业和居民混合使用 380V/220V（50Hz）供电系统，工业用 380V（50Hz）三相交流电，工业和居民兼用 220V（50Hz）单相交流电，在这个供电系统中使用的电器，都属于低压电器。

低压电器领域是一个充分竞争、市场化程度较高的领域。从全球范围来看，根据 2020 年的统计数据，施耐德、ABB、罗格朗、西门子和伊顿等国际企业的合计市场占有率为 25%。其中施耐德市场占有率为 8%，排名第一。从国内市场来看，2020 年，国产品牌正泰电器的市场占有率达到 18%，排名第一，施耐德的市场占有率约为 17%；ABB 的市场占有率约为 10%，德力西的市场占有率约为 8%。

一、替代国外品牌趋势明显

国内龙头企业持续扩大市场占有率。2020 年，施耐德凭借 15.3%的市场占有率位居全球低压电器市场第一，正泰凭借 13.7%紧随其后，ABB、西门子分别为 6.0%、3.7%，伊顿被压缩至 1.1%。

近年来，我国低压电器技术飞速发展。电网领域，发电侧光伏和风电高速发展，带动低压电器市场技术发展。光伏“十四五”装机规划超 400GW，风电新增装机 5000 万 kW。电池技术的发展推动储能成本持续降低。新增如电动汽车充电桩等用电设备，家庭用户用电智能化，高端楼宇进入智能楼宇阶段，智能电网技术发展成为大趋势。此外，重工业、电力、化工等均开始智能化改造，企业工艺流程智能化、信息水平显著提高，对能耗进行监控、节能改造成为常态，加之 5G 时代和物联网技术的支持，未来低压电器技术水平将持续提高。

二、国产 PLC 迎来发展契机

目前世界上有 200 多家 PLC 制造商、400 多个品牌的 PLC 产品。其中，美国是 PLC 生产大国，有 100 多家 PLC 制造商，著名的有 A-B 公司、通用电气（GE）公司和莫迪康

(MODICON) 公司。欧洲 PLC 主要制造商有德国的西门子 (SIEMENS) 公司、AEG 公司和法国的 TE 公司。日本有三菱、欧姆龙、松下、富士等 PLC 制造商，韩国有三星 (SAMSUNG)、LG 等 PLC 制造商。这些企业在全球 PLC 市场的合计市场占有率达 80%以上。2020 年国内 PLC 市场中，西门子市场占有率高达 44.3%，西门子、三菱、欧姆龙、罗克韦尔、台达和施耐德 6 个国际 PLC 品牌的合计市场占有率高达 83%。我国 PLC 制造商目前发展到 30 家左右，但市场占有率不足 20%。2015 年，国务院发布《中国制造 2025》，提出推进信息化与工业化深度融合，各部委出台了一系列关于支持智能制造与工控系统的政策，引导 PLC 等工控系统的发展，国产 PLC 品牌迎来了重大发展契机。

1.1.3 学习者的使命和责任

国家教材委员会印发的《习近平新时代中国特色社会主义思想进课程教材指南》提出："推动我国教育改革创新发展和培养担当民族复兴大任时代新人，必须牢牢坚持以习近平新时代中国特色社会主义思想为指导，将其贯穿于教育教学全过程各环节。"对于工科类专业课程，"要阐释人民至上、生命至上思想，培养学生胸怀祖国、服务人民的爱国精神，勇攀高峰、敢为人先的创新精神，追求真理、严谨治学的求实精神，淡泊名利、潜心研究的奉献精神，引导学生认识创新在我国现代化建设全局中的核心地位，理解科技作为国家发展战略支撑的重大意义，努力把科技自立自强信念自觉融入人生追求之中。"

当前世界正处于"信息网络世界与物理世界融合"的进程中。智能制造在我国现代化建设全局中居于基础和核心地位，对于支撑国家发展战略具有重大意义。机电控制与 PLC 技术涉及智能制造的设备和控制两个层面。设备层包括电器、传感器和机械驱动器等，是制造的物质技术基础；控制层包括 PLC、HMI 等，是连接车间层和设备层的中间件。我国在高压电能生产和传输领域已居世界前列，但在低压电能使用的自动化设备以及智能化设备领域，仍存在短板，需要每一位从业者深刻理解机电控制与 PLC 技术在国民经济发展中的基础地位，具体到机电设备控制与 PLC 课程学习中，要从未来工程师的角度，立下"科技报国、工业强国"之志，恪守"生命至上、安全第一"的工程伦理，学习大国工匠精神，掌握过硬技能，为"国家富强、人民幸福"贡献力量。

1.2 三相交流电

三相交流电是三个相位差互为 120°的对称正弦交流电的组合。其主要优点是在电能输送上节省导线，能产生旋转磁场，特别适合结构简单的异步电动机。

可以说，1820 年奥斯特发现的电磁作用就是电动机的起源，1831 年法拉第发现的电磁感应就是变压器的起源。

1.2.1 三相交流电的工作原理

三相交流电由三相发电机中三组对称的绕组产生，每一组绕组连同其外部回路称为一相，分别记为 A、B、C 或 U、V、W。它们的组合称为三相制。

一、三相交流电的函数表达式

图 1-1 所示为三相交流电的产生原理及波形。三相交流发电机定子中有三组线圈，三组线圈空间位置各差 120°，转子装有磁极并以 ω 的速度旋转。图 1-1b 为三相交流发电机的三个绕组 UX、VY 和 WZ 产生的三个单相交流电波形。

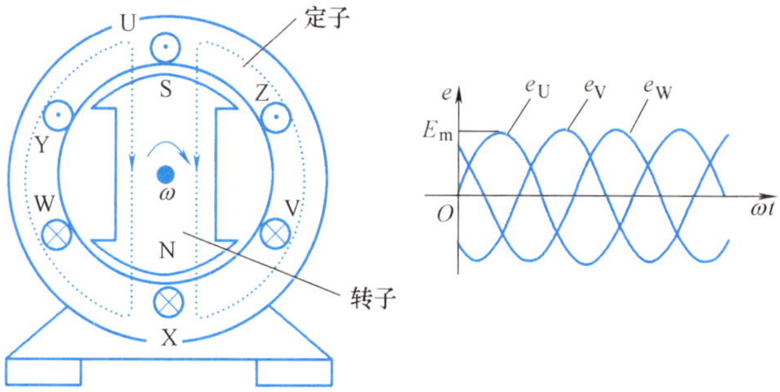

a) 原理图　　b) 波形图

图 1-1　三相交流电的产生原理及波形

每一个绕组产生了一相正弦交流电，三相正弦交流电的电动势瞬时值的函数表达式分别为

$$e_U = E_m \sin\omega t \tag{1-1}$$

$$e_V = E_m \sin(\omega t - 120°) \tag{1-2}$$

$$e_W = E_m \sin(\omega t + 120°) \tag{1-3}$$

式中，e_U、e_V 和 e_W 分别为 UX 绕组、VY 绕组和 WZ 绕组中的瞬时电动势；E_m 为电动势最大瞬时值（又称幅值、峰值）；ωt、$\omega t-120°$和 $\omega t+120°$分别为三个正弦交流电的相位。$t=0$ 时的相位 φ，称为初相位（简称初相）。

二、三相交流电的电压

如图 1-2 所示，在任何瞬时，三相的交流电压相加均为零，由此可以将三相的一端连接在一起，组成星形联结，另外三个端向外传输电能。在三相交流电中，任意一根相线（U 线或 V 线或 W 线）与中性线（N 线）之间的电压称为相电压，如图 1-2a 所示；任意两根相线（U 线与 V 线、V 线与 W 线、W 线与 U 线）之间的电压称为线电压，如图 1-2b 所示。

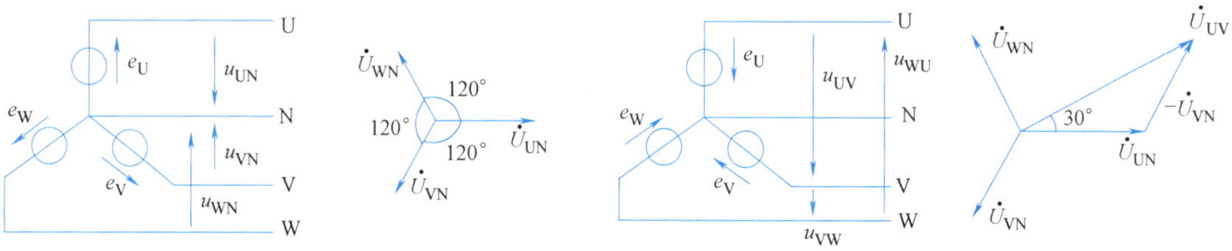

a) 相电压　　b) 线电压

图 1-2　相电压和线电压

在我国 380V/220V 供电系统中，相电压 $u_{UN}=u_{VN}=u_{WN}=220V$，线电压 $u_{UV}=u_{VW}=u_{WU}=380V$。

关于线电压和相电压，我国《供电营业规则》规定：在电力系统正常的状况下，供到用户受电端的电压允许偏差为：①35kV 及以上电压供电的，电压正、负偏差的绝对值之和不超过额定值的 10%；②10kV 及以下三相供电的，用户受电端的电压允许偏差为额定值的 ±7%；③单相 220V 供电的，用户受电端的电压允许偏差为额定值的 -10%～+7%。三相 380V 属于 10kV 及以下三相供电，所以用户受电端电压应在 380（1-7%）～380（1+7%）V，即 353.4～406.6V。

1.2.2 供电线制与插座插头

三相交流电供电有三相五线制、三相四线制和三相三线制三种方式，分别使用不同的受电插座和取电插头。

一、三相交流电的供电线制

三相五线制是由三相交流电的三根相线（U 线、V 线和 W 线）、一根中性线（N 线）和一根接地保护线（PE 线）共五根线组成供电电源，如图 1-3a 所示。U、V、W 三线的尾部连接在一起，称为星形联结，三线连接的点称为中性点，从中性点引出的线称为中性线。通常情况下要把中性点接地，从中性点上引出的一条接地的保护线，简称为地线。地线的作用是把用电设备的金属外壳与大地连接在一起，当用电设备的金属外壳意外带电时，地线可以将电流直接引入大地，保护人的生命安全。

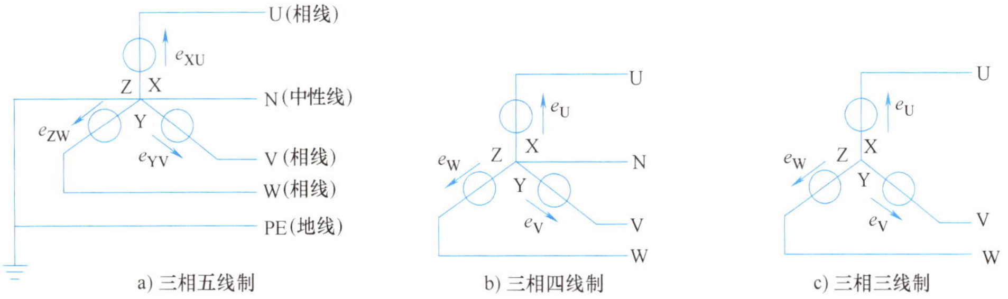

图 1-3 三相交流电供电线制

三相四线制供电电源由 U、V、W 和 N 共四根线组成，如图 1-3b 所示，常用于机床及生产线等重载设备的供电。

三相三线制供电电源由 U、V、W 三根线组成，如图 1-3c 所示，常用于辅助型轻载设备，如空调、小型空压机的供电。

二、三相交流电的插座插头

图 1-4 所示为不同线制的插座和插头。图 1-4a 为三相五线制插头和插座。图 1-4b 为三

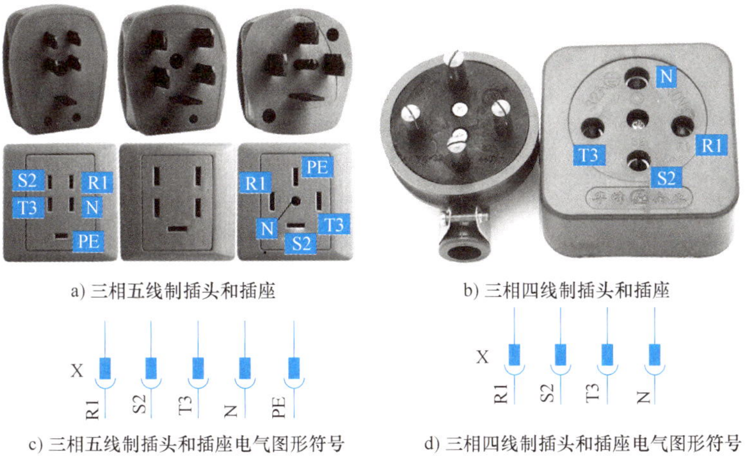

图 1-4 三相五线与三相四线的插头插座

相四线制插头和插座。插头的接线柱和插座的接线孔上都会标注相应的接线标识。其中，R1、S2 和 T3 分别表示接 U 线、V 线和 W 线，N 表示接中性线，PE 表示接地线。图 1-4c 为三相五线制插头和插座在电气图中的图形符号，其中 X 为插头插座的文字符号，R1、S2、T3、N、PE 为接线标识字，又称为接线端的引脚号。图 1-4d 为三相四线制插头和插座在电气图中的图形符号。

1.3 通断电器

在主回路中可以人为操纵回路通断的电器主要包括电源隔离开关、组合开关、按钮和低压断路器等。

1.3.1 电源隔离开关

用于接通和切断电源的开关称为电源隔离开关，又称上电开关等。图 1-5 为一种三极刀闸型电源隔离开关，简称刀开关。其内部主要由刀座、下片、刀片、刀夹、三个进线端、三个出线端组成。图 1-6 为三极刀开关的图符。

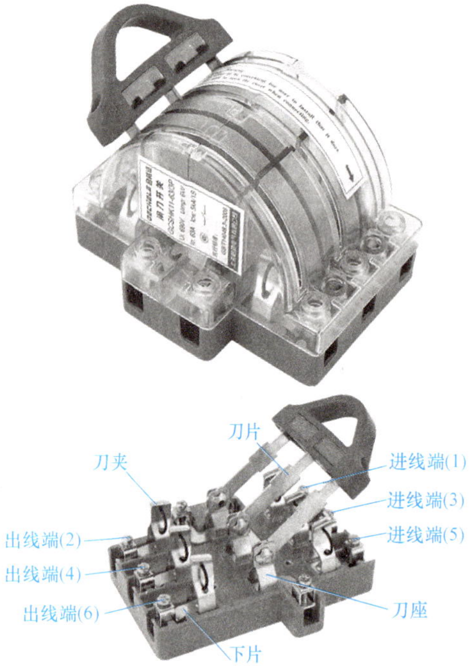

图 1-5　三极刀闸型电源隔离开关

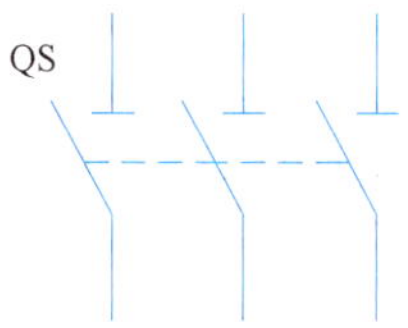

图 1-6　三极刀开关图符

刀开关用于不频繁地接通和分断额定电流以下的负载的场合。刀开关处于断开位置时，相关人员可明显观察到，从而确保电路检修人员的安全。刀开关在电路中要求能承受短路电流产生的电动力和电热，确保在很大的短路电流作用下，刀片不会弹开、焊牢或烧毁。

1.3.2 组合开关

图 1-7 所示的组合开关用于电路中的状态转换控制，所以又称为转换开关。图 1-7a 是一个组合开关的内部触头结构图，右侧装有 3 副静触头，标号分别为 L1、L2 和 W，左侧也装有 3 副静触头，标号分别为 U、V、L3，共有 6 副静触头，开关手柄有“倒”“停”“顺”3 个位置，所以该开关也称为六极三位拨位开关。转轴上固定有两组共 6 个动触头。图 1-7b 为该开关的操作结构，当手柄置于“停”位置时，两组动触头与静触头均不接触；当手柄置于“顺”位置时，一组 3 个动触头分别与左侧 3 副静触头接通；当手柄置于“倒”位置时，转轴上另一组 3 个动触头分别与右侧 3 副静触头接通。

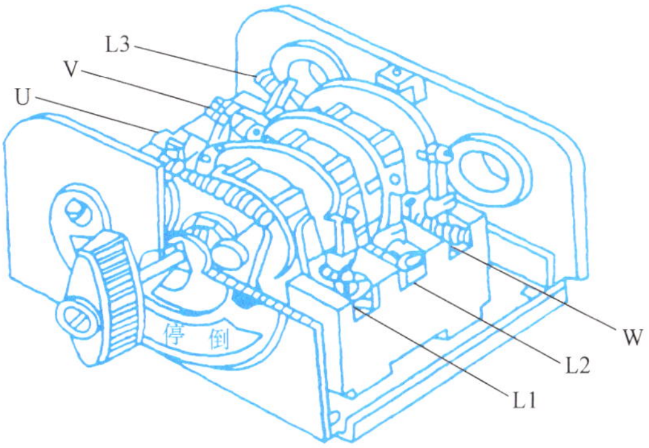

a) 内部触头结构

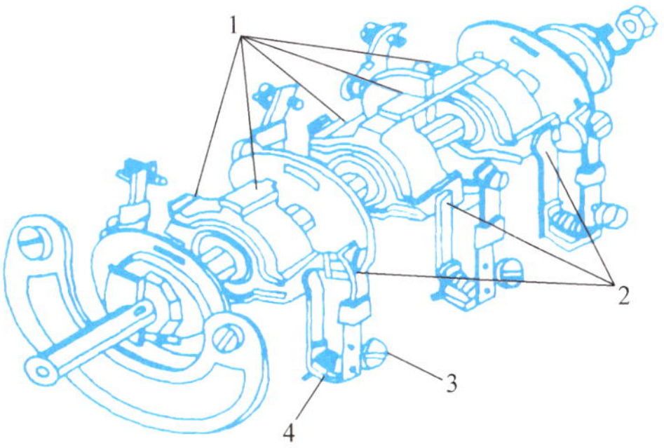

b) 开关操作结构

图 1-7 组合开关（六极三位拨位开关）

1—动触头 2—静触头 3—调节螺钉 4—触头压力弹簧

图 1-8 所示为图 1-7 组合开关的图符，文字符为 SA，图中小黑点表示开关手柄在不同位置上各支路的通断状况。开关手柄置于“停”位置时，支路 1~6 均不接通；置于“顺”位置时，支路 1、2、3 接通，支路 4、5、6 断开；置于“停”位置时，支路 1~6 断开；置于“倒”位置时，支路 1、2、3 断开，支路 4、5、6 接通。

图 1-9 所示为两种典型的多位组合开关。其中图 1-9a 为 HZ5（HZ 为组合开关，5 为设计代号）系列组合开关，该开关操作面板上有一拨杆，左端拨位号为 0，中间拨位号为 1，右端拨位号为 2。图 1-9b 是一种 12 位的组合开关，分别为手动、2、3、4、5、6、7、8、9、10、自动、停 12 个位置。

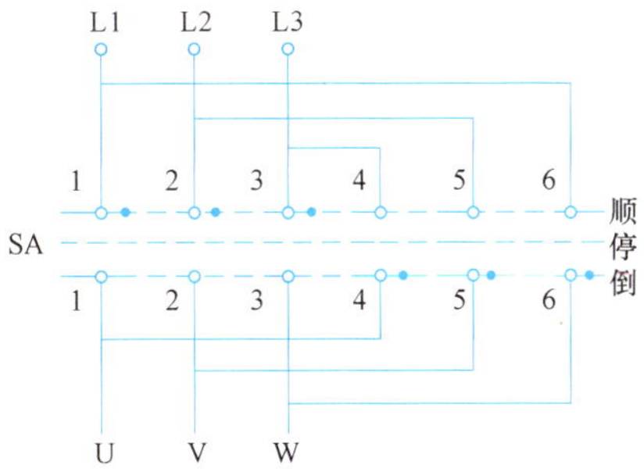

图 1-8 组合开关的图符（六极三位拨位开关）

a) HZ5系列组合开关 b) 12位组合开关

图 1-9 两种多位组合开关

图 1-9a 所示为 HZ5 组合开关。该开关有 7 组进线和出线接线端，标识分别为 1—2、3—4、5—6、7—8、9—10、11—12 及 13—14，可按表 1-1 控制开关接线端子的通断。

表 1-1　HZ5 系列组合开关接线端子通断表

接线端子组	0	1	2
1—2			×
3—4		×	
5—6			×
7—8		×	
9—10			×
11—12		×	
13—14			

注：“×” 表示接通。

1.3.3　按钮

按钮既可用于主回路的控制，也可用于控制回路。手动操作按下按钮帽，可发出通或断的控制信号，使回路产生通与断的状态转换。

一、按钮结构

图 1-10 所示为按钮结构。当手动按下按钮帽 1 时，常闭静触头 3 断开，常开静触头 5 闭合；当松开按钮帽 1 时，复位弹簧 2 使按钮的动触头 4 恢复原位，从而实现对电路的控制。

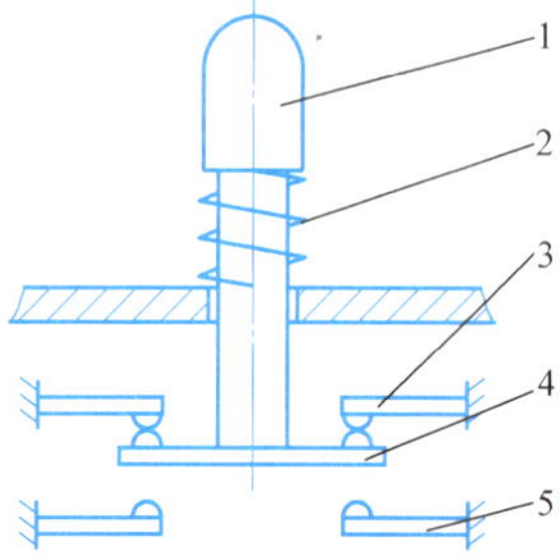

图 1-10　按钮结构
1—按钮帽　2—复位弹簧
3—常闭静触头　4—动触头
5—常开静触头

图 1-11 所示为各种按钮，主要适用于交流 50Hz 或 60Hz、电压至 380V 及直流电压至 220V 的电磁起动器、接触器、继电器及其他电气线路中，作远程遥控之用，带指示灯式按钮还适用于灯光信号指示的场合。

a) LA19系列　b) LAY3系列　c) LAY39系列　d) NP2系列　e) NP6系列

图 1-11　各种按钮

二、按钮的图符

图 1-12 所示为四种常用按钮的图符。图 1-12a 为常开按钮，图 1-12b 为常闭按钮，图 1-12c 为一常开和一常闭组合的复式按钮，图 1-12d 为带旋转销装置的蘑菇头紧急按钮。

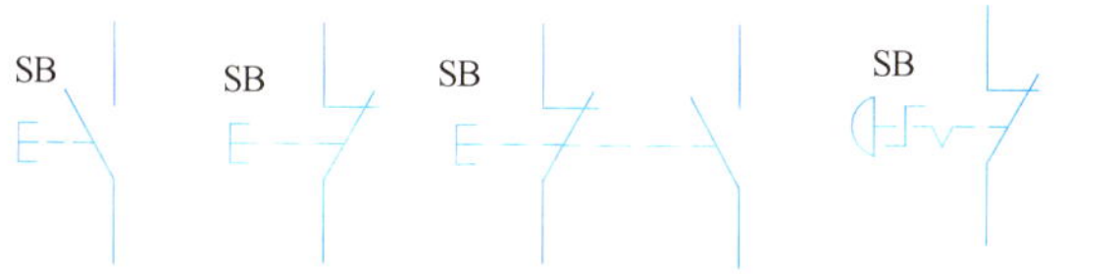

图 1-12 四种常用按钮的图符

三、按钮颜色的选择

参照 IEC 60073，根据工作状态指示和工作情况要求选择按钮颜色，见表 1-2。

表 1-2 按钮颜色的选择

按钮颜色	含义	说明	应用示例
红	紧急	危险或紧急情况时操作	急停
黄	异常	异常情况时操作	干预制止异常情况
绿	正常	正常情况时起动操作	起动电动机、泵等情况
蓝	强制性	要求强制动作情况下操作	复位功能
白	未赋予特定含义	除急停以外的一般功能的起动	起动/接通（优先）、停止/断开
灰			起动/接通、停止/断开
黑			起动/接通、停止/断开（优先）

1.3.4 低压断路器

低压断路器用于正常工作时不频繁接通和断开电路，一旦线路中出现过载、短路以及失压等故障时，能自动切断故障电路。

一、低压断路器的工作原理

图 1-13 所示为低压断路器的工作原理图，主触头 1 处于合闸位置时，自由脱扣机构 2 将主触头锁扣在闭合状态。

（一）短路分断原理

线路正常工作时，过电流脱扣器 3 线圈所产生的吸力不能将上方的摆杆吸合。线路中出现短路故障时，短路过电流使过电流脱扣器 3 线圈吸力增加，将线圈上方的摆杆式衔铁吸合使之绕支点逆时针转动，自由脱扣机构 2 上升并与主触头脱扣，主触头在拉簧作用下左移分断。

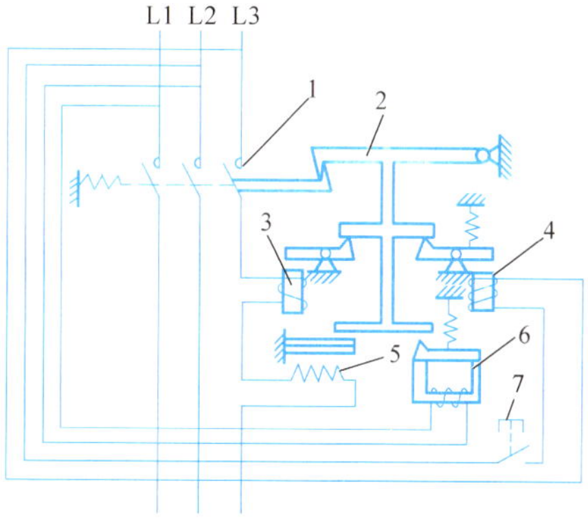

图 1-13 低压断路器的工作原理图

1—主触头 2—自由脱扣机构 3—过电流脱扣器 4—分励脱扣器 5—热脱扣器 6—失（欠）电压脱扣器 7—分断按钮

（二）过载分断原理

线路中出现过载故障时，热脱扣器 5 的热元件因发热对上方的双金属片进行加热，因双金属片下层金属材料的线胀系数大于上层，被加热的双金属片产生上翘，推动自由脱扣机构 2 上升而使主触头脱扣分断。

（三）失（欠）电压分断原理

线路中出现失电压或较大的欠电压现象时，失（欠）电压脱扣器 6 线圈的吸力消失或减小，不能吸合上方的衔铁，从而使衔铁上升，导致自由脱扣机构 2 随之上升，主触头脱扣分断。

（四）远程分断原理

分励脱扣器 4 受远程控制分断按钮 7，合上远程按钮，分励脱扣器线圈吸合上方的摆杆式衔铁，自由脱扣机构 2 上升，主触头脱扣分断。

二、低压断路器的图符

图 1-14a 为 NM8（N—企业特征代号，M—塑料外壳式断路器，8—设计代号）系列断路器的外形。铭牌板中有一个手工操作推杆，推杆推至下端为“OFF”位，三相进线与三相出线之间处于切断状态；推杆推至上端为“ON”位，三相进线与三相出线处于接通状态。

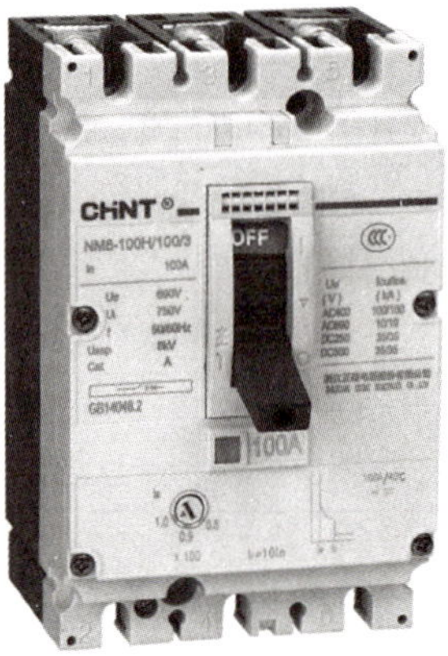

a) NM8系列断路器外形

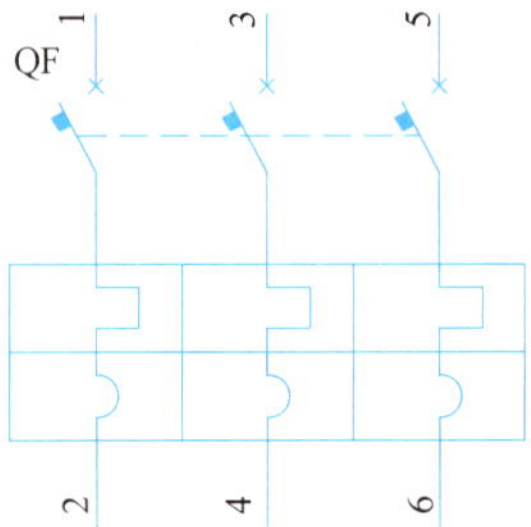

b) 三相低压断路器图符

图 1-14 低压断路器的外形与图符

图 1-14b 为三相低压断路器的图符，文字符为 QF。图中手动触头 QF 处于断开状态，三相交流电三路接入端不能到达对应的三路接出端，手动触头 QF 一旦合上，三相交流电就可由接入端分别到达接出端。

图符中三个接入端下端的三个“×”，表示三个接入端为静触头，三个动触头上画有三个涂黑的小矩形块，表示三个触头可抵抗瞬时接通或瞬时分断时产生的电弧。

向右凸出的方形线和半圆线表示带有浪涌过电流保护功能。三相电路中一旦出现短路故障导致电流突增（即浪涌过电流），手动触头 QF 就会自动跳断，切断三相电路。图符中用虚线将三路电连接在一起，表示三条线路中的触头联动。

图符中三个进线端标号分别为 1、3、5，三个出线端标号分别为 2、4、6。接线标号的数字垂直于导线布置。

1.4 保护电器

保护电器的功能是检测电路中的各种异常参数，一旦参数达到规定异常值，保护电器引发工作电路及时切断，以保护人身安全、避免电路及电器装置遭受较大的破坏。

1.4.1 熔断器

熔断器串接在所保护的电路中，用于电路及用电设备的短路保护。在正常情况下，熔断器相当于一根导线；在发生短路时，因电流过大导致熔体过热熔化，自动断开电路。因在断开电路过程中往往产生强烈的电弧并向四周飞溅，为有效熄灭电弧，一般将熔体安装在壳体内。

图 1-15a 所示为 RT14 系列圆筒型帽熔断器支持件。

图 1-15b 所示为 RT14 系列圆筒型帽熔断器支持件内配装的 RT28-32 型熔断体，适用于交流 50Hz、额定工作电压 380V、额定电流 32A 的配电装置中，作过载和短路保护之用。

图 1-15c 所示为熔断器的图符，文字符为 FU。

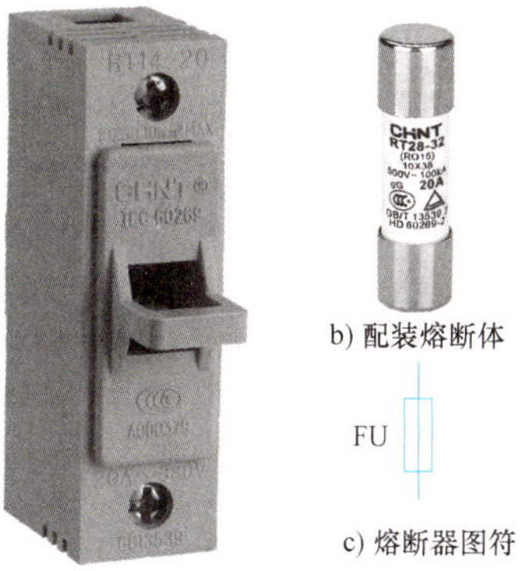

a) 支持件　b) 配装熔断体　c) 熔断器图符

图 1-15　RT14 系列圆筒型帽熔断器支持件及配装熔断体

1.4.2 热继电器

热继电器是利用电流的热效应工作的保护电器，在电气控制回路中主要用于电动机的过载保护。热继电器根据过载电流的大小自动调整动作时间。过载电流大，热继电器动作时间较短；过载电流小，热继电器动作时间较长；在正常额定电流时，热继电器长期保持不动作。

一、热继电器的工作原理

图 1-16 所示为热继电器的结构简图，热继电器内部由加热元件 13、双金属片 2、触点系统 4~6 等组成，其中双金属片是关键的测量元件。

双金属片由两种热膨胀系数不同的金属通过机械碾压成为一体，热膨胀系数大的一侧称为主动层，热膨胀系数小的一侧称为被动层。双金属片受热后产生热膨胀，但由于两层金属的热膨胀系数不同，且两层金属又紧密地结合在一起，致使双金属片向被动层一侧弯曲，因受热而弯曲的双金属片产生的机械力就带动动触点产生分断电路的动作。

加热元件 13 串联在电动机定子绕组电路中，电动机绕组电流即为流过加热元件的电流。电动机正常运行时，加热元件产生的热量虽能使双金属片 2 弯曲，但不足以使热继电器动作，只有当电动机过载时，加热元件产生大量热量使双金属片弯曲位移增大，从而推动导板 3 左

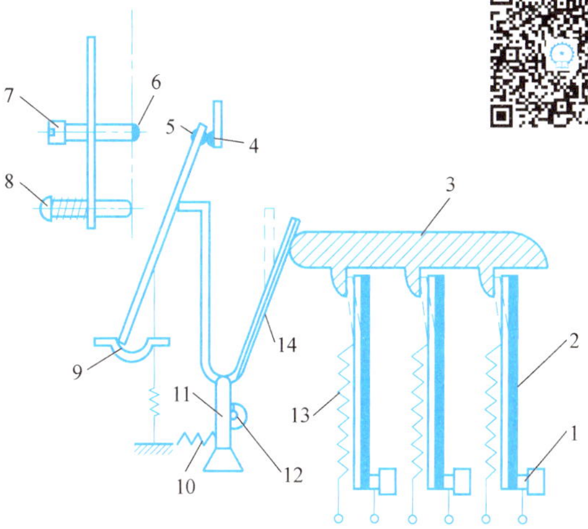

图 1-16　热继电器的结构简图

1—固定柱　2—双金属片　3—导板　4、6—静触点　5—动触点连杆　7—螺钉　8—复位按钮　9—簧片　10—弹簧　11—支撑杆　12—调节偏心轮　13—加热元件　14—补偿双金属片

移，通过补偿双金属片 14 与簧片 9 将动触点连杆 5 和静触点 4 分开。动触点连杆 5 和静触点 4 是热继电器串接于接触器电气控制回路中的常闭触点，一旦两触点分开，就使接触器线圈断电，再通过接触器的常开主触点断开电动机的电源，使电动机获得保护。

二、热继电器的外形与图符

图 1-17 所示为 NR2 系列热继电器。如图 1-17a 所示，通过上端三根铜插可与接触器接插安装，将三相进线接入，下端标识 2/T1、4/T2、6/T3 为出线接线端，引脚号 95—96 为一组常闭触点（又称为动断触点），电器元件上，常闭触点标注为 NC（Normal Close）；97—98 为一组常开触点，电器元件上，常开触点标注为 NO（Normal Open）。

图 1-17b 所示为热继电器在电气图中的加热元件图符，文字符为 FR，三个进线端引脚号分别为 1L1、3L2、5L3，出线端引脚号分别为 2T1、3T2、6T3。图 1-17c 所示为热继电器在电气图中的触点图符，文字符与加热元件符号一致，也为 FR，文字符相同，说明图符表示的物理组件是同一个电器元件上不同的组件。左侧是指热继电器 FR 的常闭触点，引脚号为 95、96，右侧是指热继电器 FR 的常开触点，引脚号为 97、98。

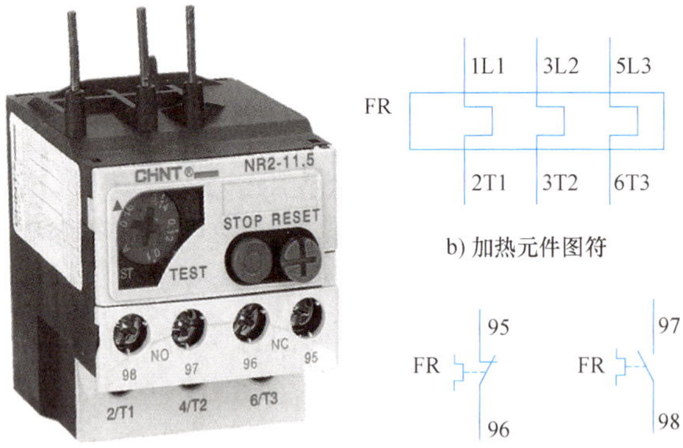

a) 外形　b) 加热元件图符　c) 触点图符

图 1-17　热继电器的外形和图符

1.4.3　电压继电器

触点是否动作与线圈中电压相关的继电器称为电压继电器。电压继电器在电气控制回路中起电压保护和控制作用，其线圈是电压线圈，与负载并联。按吸合电压大小，电压继电器分为过电压继电器与欠电压继电器。

一、过电压继电器

过电压继电器在电路中起过电压保护作用。过电压继电器线圈在额定电压时，衔铁不产生吸合动作，只有当线圈电压高于其额定电压时衔铁才产生吸合动作，并利用其常闭触点断开需要保护电器的电源。由于直流电路一般不会产生波动较大的过电压现象，所以没有直流过电压继电器产品。交流过电压继电器吸合电压 U_x 的调节范围为

$$U_x=(1.05\sim1.2)U_N$$

式中，U_x 为吸合电压；U_N 为额定电压。

二、欠电压继电器

欠电压继电器在电路中起欠电压保护作用。欠电压继电器在额定电压时衔铁处于吸合状态，一旦所接电气控制回路中的电压降低至线圈释放电压时，衔铁由吸合状态转为释放状态，欠电压继电器利用其常开触点断开需要保护电器的电源。通常直流欠电压继电器的吸合电压 $U_x=(0.3\sim0.5)U_N$，释放电压 U_F 的整定范围为 $U_F=(0.07\sim0.2)U_N$，交流欠电压继电器的吸合电压 $U_x=(0.6\sim0.85)U_N$，释放电压 U_F 的整定范围为 $U_F=(0.1\sim0.35)U_N$。

三、电压继电器的外形和图符

图 1-18a 所示为 DJ-100 型电压继电器外形。图 1-18b 中，电压继电器在电气图中的字符为 KV，图符从左往右，第一个是电压继电器的线圈，方框中“$U>$”表示过电压保护，第二个“$U<$”表示欠电压保护，第三个“$U=0$”表示零电压保护，第四个是电压继电器线圈控制的一个常开触点，第五个是电压线圈控制的一个常闭触点。

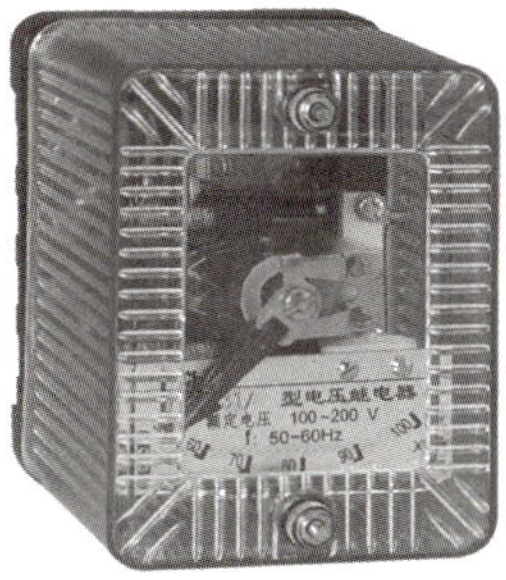

a) DJ-100型电压继电器外形

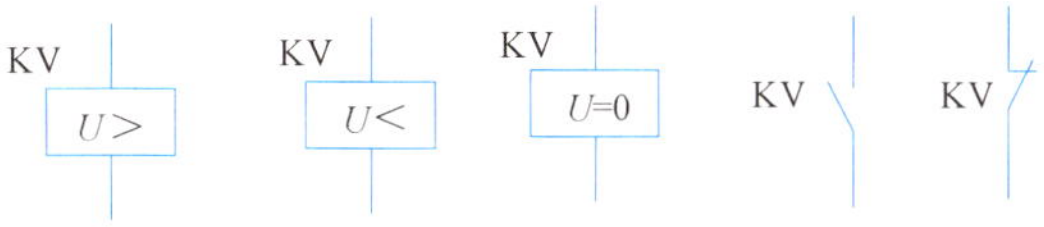

b) 图符

图 1-18　电压继电器的外形和图符

1.4.4　电流继电器

触点是否动作与线圈中电流大小相关的继电器称为电流继电器。电流继电器在电气控制回路中起电流保护和控制作用，其线圈是电流线圈，与负载串联。按吸合电流大小，电流继电器分为过电流继电器与欠电流继电器。

一、过电流继电器

正常工作时，线圈中虽有负载电流，但衔铁不产生吸合动作，当出现超出整定电流的吸合电流时，衔铁才产生吸合动作。在电气控制回路中出现冲击性过电流故障时，过电流使过电流继电器衔铁吸合，利用其常闭触点断开接触器线圈通电回路，从而切断电气控制回路中电气设备的电源。交流过电流继电器整定值 I_x 的整定范围为（1.1~3.5）I_N。其中，I_N 为负载的额定电流。

二、欠电流继电器

正常工作时，衔铁处于吸合状态，当电路的负载电流降低至释放电流时，衔铁释放。在直流电路中，由于某种原因引起负载电流降低或消失，往往会导致严重的后果，但交流电路中一般不会出现欠电流故障，因此低压电器产品中有直流欠电流继电器，而无交流欠电流继电器。直流欠电流继电器的吸合电流为（0.3~0.65）I_N；释放电流 I_F 的整定范围为（0.1~0.2）I_N。其中，I_N 为负载的额定电流。

三、电流继电器外形和图符

图 1-19a 为 DL-30 型电流继电器的外形。图 1-19b 中，电流继电器在电气图中的字符为 KA，图符从左往右，第一个是电流继电器的线圈，方框中“$I>$”表示过电流保护，第二个“$I<$”表示欠电流保护，第三个表示过电流兼欠电流保护，第四个是电流线圈控制的一个常开触点，第五个是电流线圈控制的一个常闭触点。

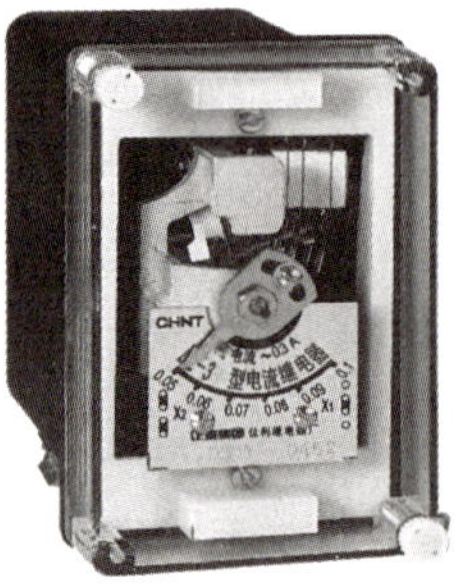

a) DL-30型电流继电器外形

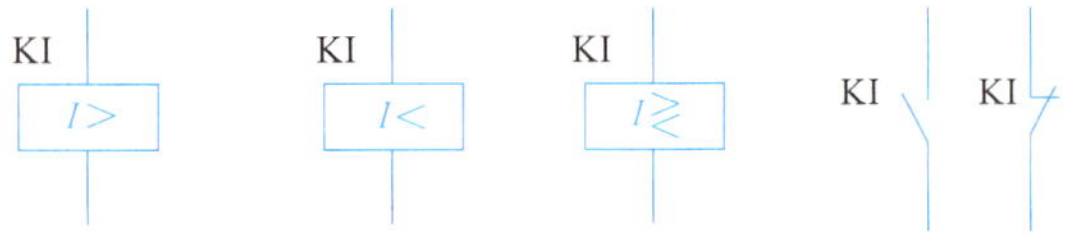

b) 图符

图 1-19　电流继电器的外形和图符

1.5　转换电器

1.5.1　变压器

变压器是利用电磁感应原理来改变交流电压的装置，主要构件有一次绕组、二次绕组和铁心（磁芯），具有电压变换、电流变换、阻抗变换、隔离、稳压（磁饱和变压器）等功能。

一、控制变压器

控制变压器用于向低压控制回路提供特定电压的电流，为控制、局部照明灯和指示灯等电器提供电源。

图 1-20a 所示为 NDK（BK）-100 型控制变压器的外形，该变压器的一次侧有三个引脚号分别为 0、220 和 380 的接入端，二次侧有五个引脚号分别为 0、8、12、24 和 36 的接出端。图 1-20b 所示为一种控制变压器的图符，表示该控制变压器一次侧使用引脚号为 0、380 的接入端连接两相 380V 交流电，二次侧变压输出 24V、36V、110V 交流电。控制变压器的文字符为 TC。

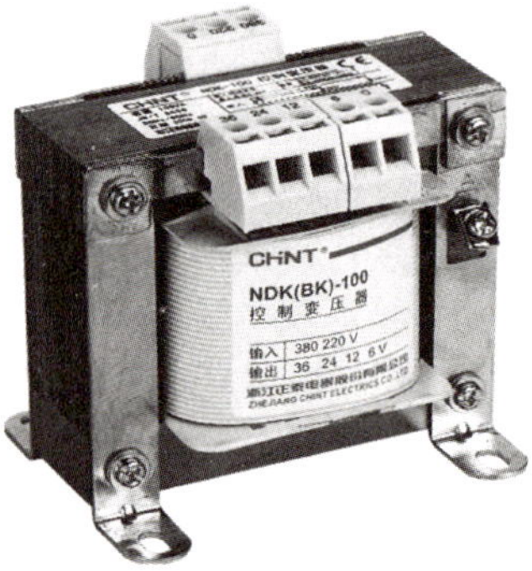

a) NDK(BK)-100型控制变压器外形

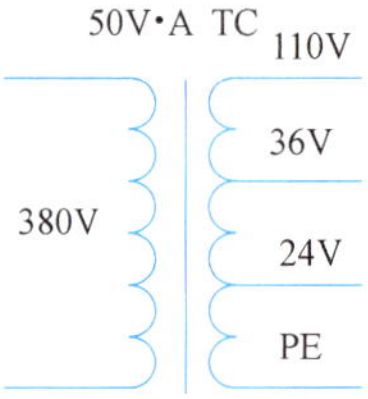

b) 图符

图 1-20　控制变压器的外形和图符

二、自耦变压器

自耦变压器的一次线圈和二次线圈在同一个绕组上一、二次线圈直接串联，自行耦合。当一次线圈通入交流电时，线圈中流过交变电流，在铁心中产生交变磁场，交变主磁通在一次线圈中产生自身感应电动势，同一个绕组中的二次线圈中感应互感电动势。可通过改变一、二次线圈匝数比的关系来改变一、二次线圈的端电压，实现电压的变换。因为一次线圈和二次线圈直接相连，所以有跨级漏电的危险。

图 1-21a 所示为 QZB-J 系列自耦变压器的外形。图 1-21b 中的图符表示一次线圈 U1、V1、W1 端接入三相 380V 交流电，二次线圈 U2、V2、W2 端输出电压为 380/k（V），k 为自耦变压器的电压比。自耦变压器用交流接触器 KM 控制一次和二次线圈之间的通断。

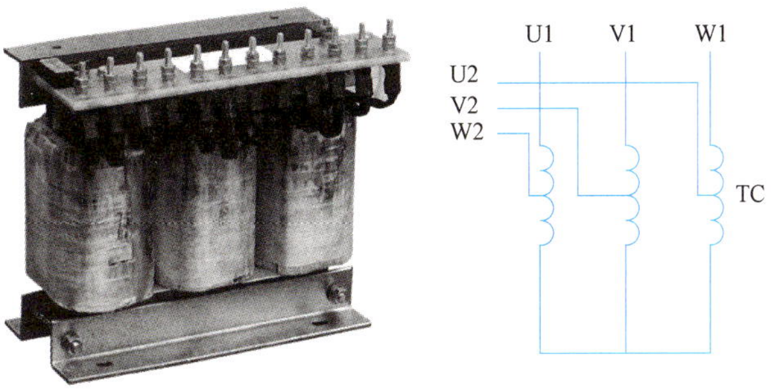

a) QZB-J系列自耦变压器外形　　b) 图符

图 1-21　三相自耦变压器的外形和图符

三、三相变压器

如图 1-22 所示，三个绕组间有星形（Y）联结、三角形（D）联结两种接线方法。

图 1-22a 中，三个绕组分别为 U1-U2、V1-V2、W1-W2，将三个绕组的尾端 U2、V2、W2 连接在一起，组成了星形联结。图 1-22b 中，将一个绕组的首端和另一个绕组的尾端连接在一起，即 U1-V2、V1-W2、W1-U2 相连接，组成了三角形联结。

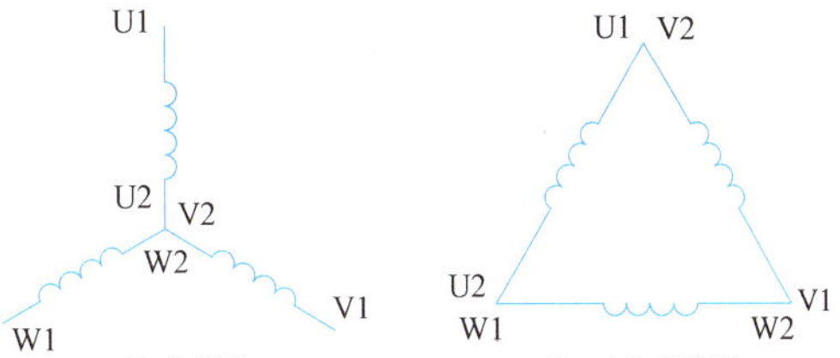

a) 星形联结　　b) 三角形联结

图 1-22　三个绕组的两种接法

识别上述两种接线的方法可概括为：星形联结，尾相连，头接入；三角形联结，头尾连接，头尾接入。

三相变压器的一次侧和二次侧各有三个绕组，一次侧和二次侧三个绕组接法各不相同。

图 1-23a 所示为 NSK 系列的一种三相变压器外形。该变压器用于交流 50～60Hz、额定电源电压 500V 及以下、额定容量 5kV · A 及以下的电路中。

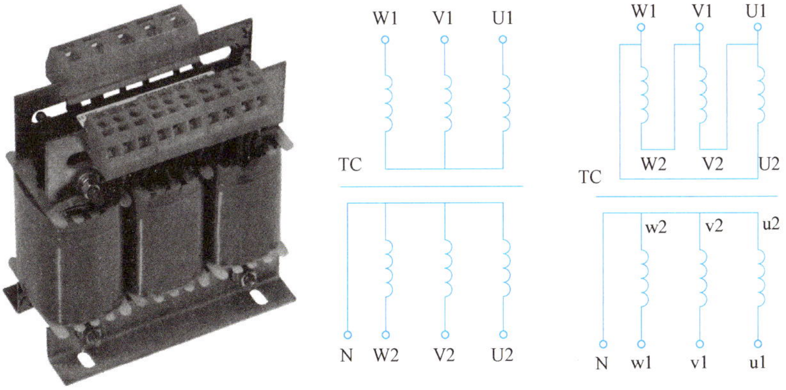

a) NSK系列三相变压器外形　　b) 星-星联结图符　　c) 星-三角形联结图符

图 1-23　三相变压器的外形和图符

图 1-23b 所示为星-星联结的三相变压器图符。输入端的三相引脚号分别为 U1、V1、W1，另一端的三相线连接在一起，组成星形联结；输出端三相引脚号分别为 U2、V2、W2，

另一端也连接在一起，组成星形联结，引脚号为 N。

图 1-23c 所示为星-三角形联结的三相变压器图符。输入端的三相引脚号分别为 U1、V1、W1，另一端的三相引脚号分别为 U2、V2、W2，三个绕组组成三角形联结；输出端的三相引脚号分别为 u1、v1、w1，另一端的三相脚号分别为 u2、v2、w2，三个绕组组成星形联结，引脚号为 N。

1.5.2 整流器

图 1-24 所示为一种单相桥式整流器，该整流器由四只整流硅芯片做桥式连接，外用绝缘塑料封装而成。大功率桥式整流器常在绝缘层外添加锌金属壳的包封，以增强散热。

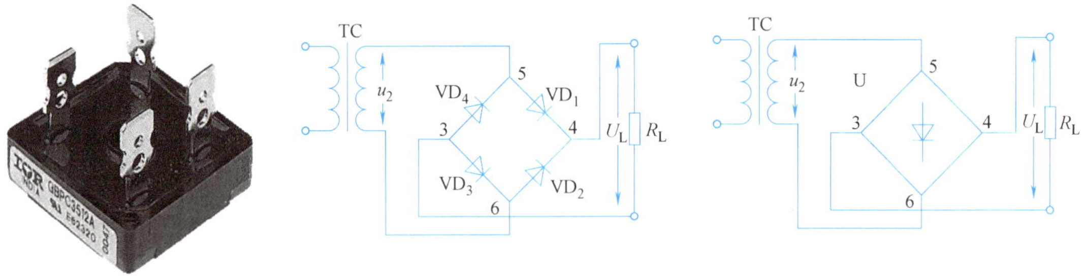

a) 单相桥式整流器外形　　b) 单相桥式整流电路　　c) 单相桥式整流电路简化画法

图 1-24　单相桥式整流器的外形和整流电路

图 1-24a 所示为单相桥式整流器外形。图 1-24b 所示为单相桥式整流电路。当 u_2 处在交流正弦波的正半周时，整流二极管 VD_1、VD_3 导通，整流电路中的电流流向为 $5\to VD_1\to 4\to R_L\to 3\to VD_3\to 6$，负载 R_L 上得到一个半波整流电压。当 u_2 处在交流正弦波的负半周时，整流二极管 VD_2、VD_4 导通，整流电路中的电流流向为 $6\to VD_2\to 4\to R_L\to 3\to VD_4\to 5$，负载 R_L 上得到另一个半波整流电压。图 1-24c 所示为单相桥式整流电路的简化画法。

1.5.3 开关电源

开关电源的作用是在输入端将交流电整流变成直流电，再在高频振荡电路的作用下，用开关管控制电流的通断，形成高频脉冲电流。

图 1-25a 所示为 S50 开关电源的外形。前端有引脚号为 L（AC）、N（AC）、接地、COM、V-、V+、V+（ADJ）的接线端。图 1-25b 所示为开关电源的接线图，其中 L、N 端

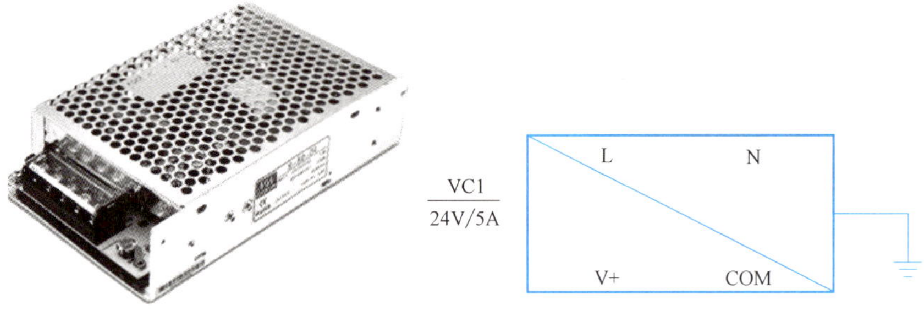

a) S50开关电源外形　　b) 接线图

图 1-25　开关电源的外形和接线图

接入单相 220V 的交流电源；V+端是 DC 24V 的正极，COM 是 DC 24V 的参考 0V 端；另外还有一个接地端，输出端输出的是 24V 的直流电。

1.5.4 电流互感器

电流互感器的作用是把大电流转换为小电流，常用于仪表检测或控制电路中。

图 1-26 所示为型号为 LWZ1-0.5 的电流互感器，图 1-26a 所示为 LWZ1-0.5 型电流互感器的外形。图 1-26b 为其接线图。电流互感器文字符为 TA，主回路中的一根导线穿过电流互感器中间的孔，在电流互感器中感应形成的小电流流入电流表 PA，将主回路支路中的电流值显示在 PA 表上。该电流互感器用于额定电压为 0.5kV 及以下、额定频率为 50Hz 的交流电路。

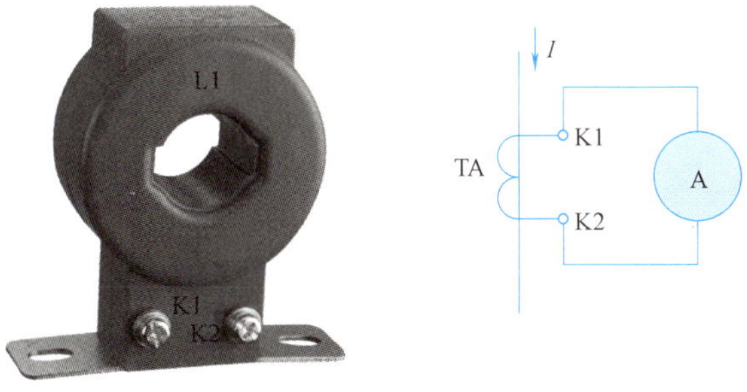

a) 外形　　b) 接线图

图 1-26　LWZ1-0.5 型电流互感器的外形和接线图

1.6 异步电动机

异步电动机是依据气隙旋转磁场与转子绕组感应电流相互作用产生电磁转矩而实现将电能转变为机械能的一种交流电动机，因其转子转速与旋转磁场转速间不同步而得名。

1.6.1 笼型绕组电动机

笼型绕组由插入每个转子槽中的导条和两端的环形端环构成，如果去掉铁心，整个绕组形如一个“圆笼”。图 1-27 所示为三相异步电动机的图符。U、V、W 表示通入三相绕组中的三根接入线，PE 表示接地线，M 表示电动机，3~表示是三相交流电动机。

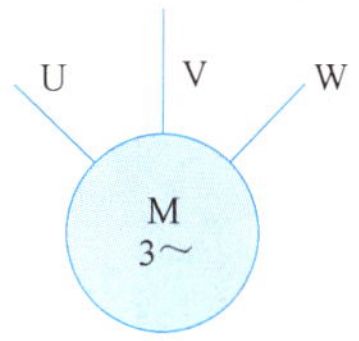

图 1-27　三相异步电动机的图符

1.6.2 定子绕组多抽头电动机

需改变定子三相绕组不同连接方式时，定子绕组中会引出 6 个或 9 个接线端子。图 1-28 所示为两种定子绕组多抽头电动机的图符。图 1-28a 所示为从三相异步电动机定子绕组引出 6 个接线端子 U1、V1、W1 及 U2、V2、W2 的图符。图 1-28b 所示为从三相异步电动机定子绕组中引出了 9 个接线端子 U1、V1、W1、U2、V2、W2、U3、V3、W3 的图符。

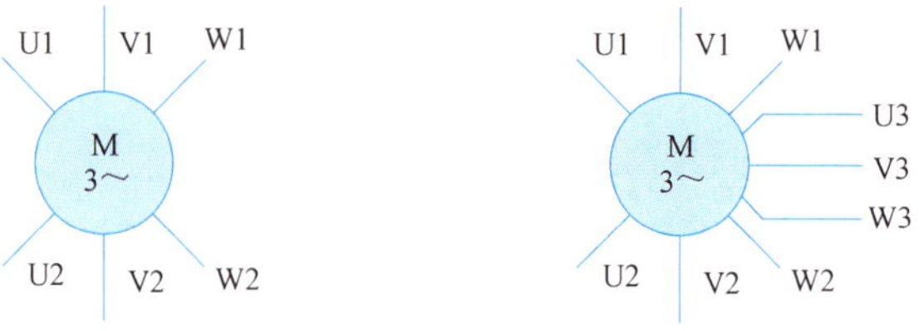

a) 6抽头　　b) 9抽头

图 1-28　定子绕组多抽头电动机的图符

1.6.3　电动机功率等级

根据国家标准，250kW 以下电动机的功率等级标准分别为 0.12kW、0.18kW、0.25kW、0.37kW、0.55kW、0.75kW、1.1kW、1.5kW、2.2kW、3.0kW、4.0kW、5.5kW、75kW、11kW、15kW、18.5kW、22kW、30kW、37kW、45kW、55kW、75kW、90kW、110kW、132kW、160kW、200kW 和 250kW 共 28 个功率等级。250kW 以上电动机自 280kW～10MW 共分为 43 个功率等级。

1.7　灯具

指示灯的作用是指示机电控制装置重要部位的工作状态，照明灯用于为设备操作者提供局部照明。

1.7.1　指示灯

在图 1-29 所示的指示灯示例中，图 1-29a 为 ND16 系列指示灯，用于指示信号、预告信号、事故信号及其他指示信号；图 1-29b 为 LS52 自立安装型多层式指示灯，采用高度 LED 光源、长寿命钨丝灯泡、特殊闪光灯罩以及 85dB 的蜂鸣音等，用于数控机床工况显示；图 1-29c、d、e 分别为红灯、绿灯和黄灯的图符。

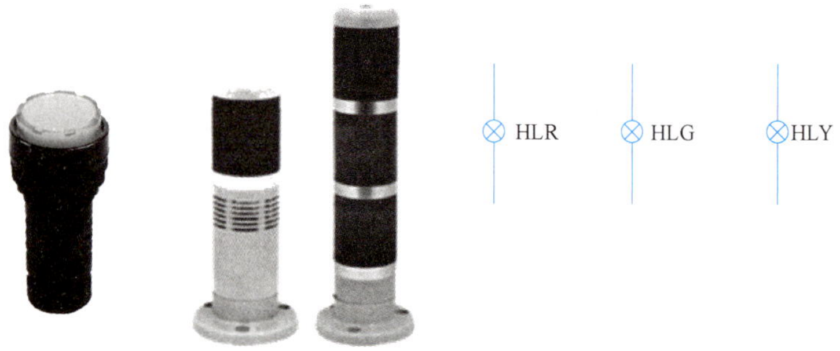

a) ND16系列指示灯　　b) LS52自立安装型多层式指示灯　　c) 红灯图符　　d) 绿灯图符　　e) 黄灯图符

图 1-29　指示灯示例

指示灯颜色选择见表 1-3。

表 1-3 指示灯颜色选择

指示灯颜色	含义	说明
红	异常情况或警报	对可能出现危险、紧急情况和故障报警
黄	警告	状态改变或变量接近其极限值
绿	准备、安全	安全运行条件指示或机械准备起动
蓝	特殊指示	上述几种颜色(即红、黄、绿)未包括的任一种功能
白	一般信号	上述几种颜色(即红、黄、绿)未包括的各种功能,如某种动作正常

1.7.2 照明灯

照明灯示例如图 1-30 所示。其中图 1-30a 为 LY 系列防水荧光灯，该灯具有防水、防蚀、防爆功能，广泛用于数控机床、组合机床和加工中心的照明；图 1-30b 为照明灯图符，表示一种白色照明灯。

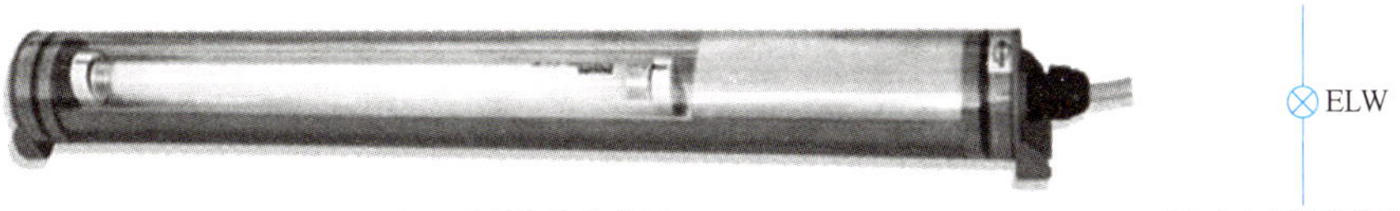

a) LY系列防水荧光灯　　b) 白色照明灯图符

图 1-30 照明灯示例

课余

一、学习记录格式

学习记录是构建系统性技术知识的重要载体。学习记录制作应采用活页式记录本，有利于不断补充和完善，学习记录格式如下：

	(注:这里空一行)	
	第 1 次:电源与配电电器	
	班级:××××××× 学号:×× 姓名:××× 日期:××××年××月××日	
	(注:这里空一行)	
	1-1 课程目标(必须单独一行,并编写序号 1-1、1-2、…,字号大于正文)	
	……(正文字号小于标题,正文字体必须接近于正楷字,行与行之间有空白,字与字间距离合适)	
	1-2 课程考核	
	(1)考勤。每次 0.5 分,请假、迟到、早退扣 0.2 分,旷课扣 0.5 分,占比 12% (2)……	
	……	
	……	
	1-3 张工选型安装	

（续）

	……（简要记录操作的步骤和节点）	
	1-4 插座插头	
	插座插头功能……。插座插头图符：……（手绘） 产品型号……，型号中各字符的含义，产品资料来源：……	
	1-5 电源隔离开关	
	…… ……	
	……	
	……	

二、学习记录规则

学习记录制作规则进一步说明如下：

1）左右两竖线之外的空白用于装订，应自定尺寸事先绘制。

2）简单插图应手绘，复杂插图可裁剪粘贴。

3）学习记录的标题必须保持完整，具体每一次的标题由学习记录导引规定，制作的学习记录标题不得少于（鼓励多于）导引规定的标题数。

4）每次的学习记录必须从新的一页开始。

5）学习记录封面必须标注班级、课程名称、学号、姓名和学期等信息。

6）学习记录的次页为历次记录序号和名称的目录页，每次的记录必须标注页码。

三、练习

查阅电源隔离开关、组合开关、急停开关、低压断路器、熔断器、热继电器、电压继电器、电流继电器、变压器、整流器、开关电器、电流互感器的品牌和型号种类，记录主要电参数、外形尺寸、引脚号及引脚在电器上的位置，整理成表格式资料。

第2章 控制回路电器

CHAPTER 2

本章主要介绍交流接触器、时间继电器、速度继电器和行程开关四种控制回路常用的电器。

2.1 交流接触器

接触器是一种用于频繁地接通或切断带有负载的主电路的自动控制电器。按照通过接触器主触头的电流进行分类，接触器可分为交流接触器和直流接触器。

2.1.1 交流接触器的结构原理

图 2-1 所示为交流接触器的结构原理图。当励磁线圈 5 通电后产生磁场，使静铁心 6 产生电磁吸力吸引动铁心 4 向下运动，使主触头 1 闭合；同时，常闭辅助触点 2 断开，常开辅助触点 3 闭合。当励磁线圈断电时，电磁吸力消失，动铁心在复位弹簧 7 作用下向上复位，主触头断开，常闭辅助触点闭合，常开辅助触点断开。

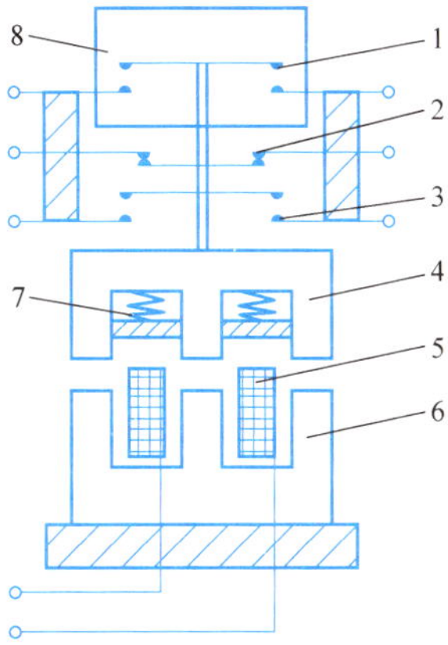

图 2-1 交流接触器的结构原理图

1—主触头 2—常闭辅助触点 3—常开辅助触点 4—动铁心（衔铁）
5—励磁线圈 6—静铁心 7—复位弹簧 8—灭弧罩

2.1.2　交流接触器的图符

图 2-2 所示为交流接触器各部件的图符。在原理图中，交流接触器各部件的图符按照各部件的作用，分别画在各条控制支路中。图 2-2a 为线圈图符，图 2-2b 为三相主触头图符，图 2-2c 为常开辅助触点图符，图 2-2d 为常闭辅助触点图符。

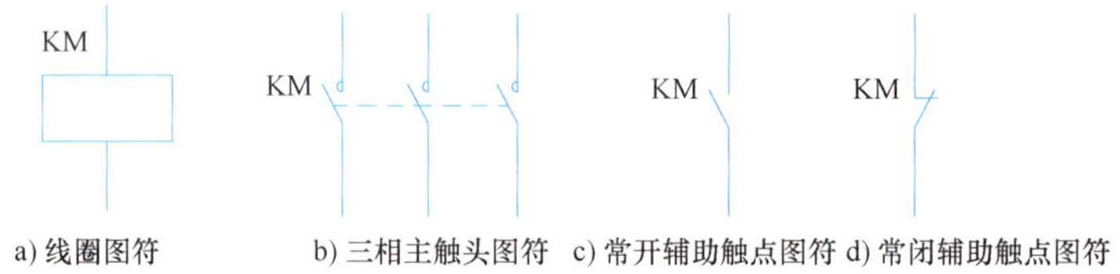

图 2-2　交流接触器各部件图符

2.1.3　交流接触器示例

图 2-3 所示为交流接触器示例（NC1 系列），用于远距离接通和分断电路。三个进线接线端标识为 1/L1、3/L2、5/L3，三个出线接线端标识为 2/T1、4/T2、6/T3，标识 A1、A2 为线圈的两个接线端，标识 13NO、14NO 为线圈控制的一对常开辅助触点的接线端。当辅助触点不够用时，可通过安装中间继电器的方法扩充辅助触点的数量。

图 2-3　交流接触器示例（NC1 系列）

2.2　时间继电器

继电器吸引线圈通电或断电以后，其触点经过一定延时以后才能动作的继电器称为时间继电器。时间继电器有通电延时与断电延时之分。其中继电器吸引线圈通电后，触点延迟一段时间才动作，而吸引线圈断电后，触点瞬时动作的，称为通电延时型时间继电器。继电器吸引线圈断电后，触点延迟一段时间才动作，而吸引线圈通电后，触点瞬时动作的，称为断电延时型时间继电器。

2.2.1 时间继电器的工作原理

图 2-4 所示为空气阻尼式时间继电器的结构原理图。该继电器具有通电延时、断电不延时以及断电延时三种功能。

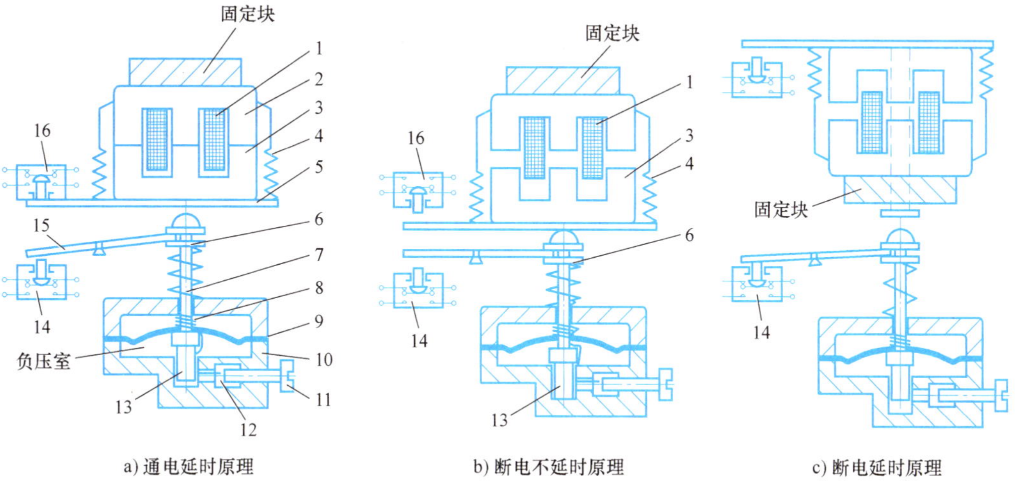

图 2-4　空气阻尼式时间继电器结构原理

1—线圈　2—铁心　3—衔铁　4—复位弹簧　5—推板　6—活塞杆　7—塔形弹簧　8—弱弹簧　9—橡皮膜　10—空气室壁　11—调节螺杆　12—进气孔　13—活塞　14、16—微动开关　15—杠杆

一、通电延时原理

在图 2-4a 中，当线圈 1 通电后，铁心 2 将衔铁 3 吸合，推板 5 使微动开关 16 立即动作，活塞杆 6 在塔形弹簧 7 的作用下将带动活塞 13 及橡皮膜 9 向上移动。

由于橡皮膜下气室空气必须经进气孔 12 缓慢补充，因此橡皮膜下气室短期内形成负压，导致活塞杆不能迅速上移产生延时，活塞杆缓慢升到最上端时才能通过杠杆 15 触动微动开关 14，延时时间长短取决于进气孔 12 的大小，可通过调节螺杆 11 进行调节。

二、断电不延时原理

在图 2-4b 中，当线圈 1 断电时，衔铁 3 在复位弹簧 4 的作用下将活塞 13 推至最下端（图示位置），橡皮膜下气室内的空气可通过活塞杆 6 与橡皮膜之间的间隙进入上气室，上、下气室间不形成负压，微动开关 14 与 16 都迅速复位。

三、断电延时原理

图 2-4c 所示为将电磁机构倒置安装构成的断电延时型时间继电器。断电时，微动开关 14 将在延时后触动。

空气阻尼式时间继电器延时精度较低，不能精确设定延时时间，在延时精度要求较高的电气控制回路中不宜采用。

2.2.2 时间继电器示例

图 2-5 所示为能精确设定延时的时间继电器（JSZ6 系列）。该时间继电器具有体积小、重量轻、结构紧凑、延时范围广、延时精度高、可靠性好以及寿命长等特点，适用于机床自

动控制和成套设备自动控制等要求高精度、高可靠性的自动控制系统的延时控制。

图 2-5 能精确设定延时的时间继电器（JSZ6 系列）

2.2.3 时间继电器的图符

图 2-6 所示为时间继电器各种部件的图符。图 2-6a 为通电延时型线圈的图符，图 2-6b 为线圈通电后延时接通、断电后瞬时断开触点的图符，图 2-6c 为线圈通电后延时断开、断电后瞬时闭合触点的图符，图 2-6d 为断电延时型线圈的图符，图 2-6e 为线圈通电后瞬时闭合、断电后延时断开触点的图符，图 2-6f 为线圈通电后瞬时断开、线圈断电后延时闭合触点的图符。绘制图符的要点是，触点上圆弧图形的圆心指向为触点的延时动作方向。

图 2-6 时间继电器各种部件的图符

2.3 速度继电器

速度继电器常用于电动机反接制动电气控制回路中。当电动机轴速度达到规定值时，速度继电器动作；当电动机轴速度下降到接近零时，速度继电器触点自动及时切断控制支路。

2.3.1 速度继电器的工作原理

图 2-7 所示为速度继电器的结构原理图。永磁转子 2 由永磁材料制成，并与电动机同轴连接。电动机转动时，永磁转子跟随电动机转动，笼型绕组 4 切割转子磁场产生感应电动势及环内电流，环内电流在转子磁场的作用下产生电磁转矩，使绕组套 3 跟随转子转动方向偏转，即转子顺时针转动，绕组套 3 随之顺时针方向偏转；转子逆时针转动，绕组套 3 随之逆时针偏转。绕组套 3 偏转，带动下方的摆锤 5 摆动，推动簧片 6 右移或簧片 9 左移，静触点 7 或 8 的通断状态随之改变。

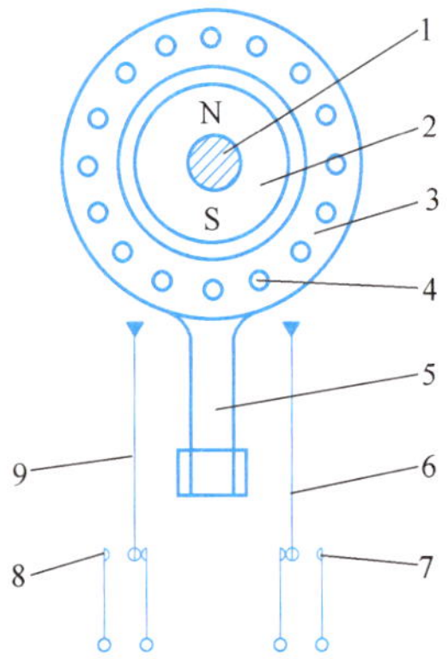

图 2-7 速度继电器结构原理图

1—转轴 2—永磁转子 3—绕组套 4—笼型绕组 5—摆锤 6、9—簧片 7、8—静触点

2.3.2 速度继电器示例

图 2-8 所示为 JY1 系列速度继电器，左端为该速度继电器的联轴头，打开右端的后盖，可看到控制部分的摆杆结构。

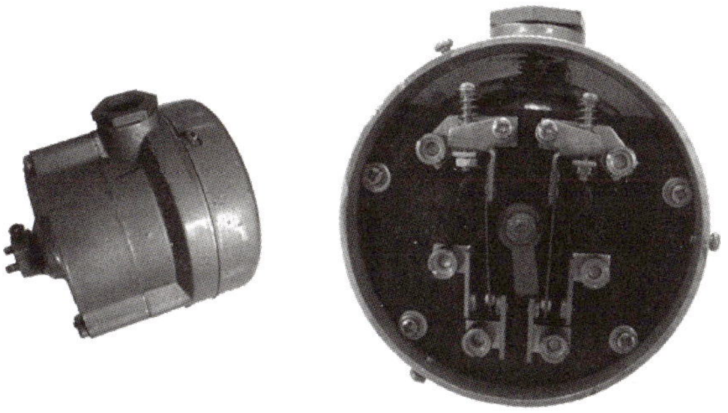

图 2-8 速度继电器示例（JY1 系列）

2.3.3 速度继电器的图符

图 2-9 所示为速度继电器各部件的图符。其中，图 2-9a 为速度断电器的测速装置图符，通常与控制的电动机图符相连接，圆圈内的部分可以简略处理。图 2-9b 为常开触点图符，图 2-9c 为常闭触点图符。

图 2-9 速度继电器各部件的图符

2.4 中间继电器

中间继电器的主要用途是，当其他继电器触点数量或容量不够时，可借助中间继电器扩充触点数目或增大触点容量，起中间转换的作用。将多个中间继电器相组合，还能构成各种逻辑运算电器或计数电器。

2.4.1 中间继电器示例

图 2-10 所示为 DZ-15 型中间继电器，用于各种保护线路中，以增加主保护继电器的触点数量或触点容量。其中，图 2-10a 为 DZ-15 型中间继电器的外形，图 2-10b 为铭牌上提供

的内部接线图，说明该继电器共有 10 个接线端，①—②接通交流接触器线圈，③—④与⑤—⑥为两组常闭触点，⑦—⑧和⑨—⑩为两组常开触点。

2.4.2　中间继电器图符

图 2-11 为中间继电器各部件图符，从左至右分别为线圈、常开触点和常闭触点图符。

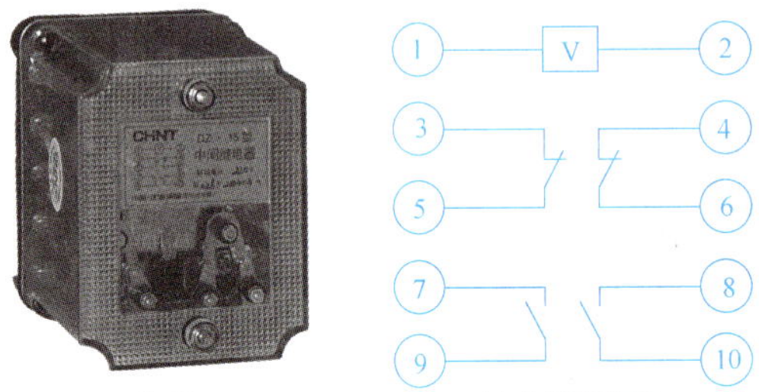

a) 外形　　b) 内部接线图

图 2-10　DZ-15 型中间继电器外形和内部接线图

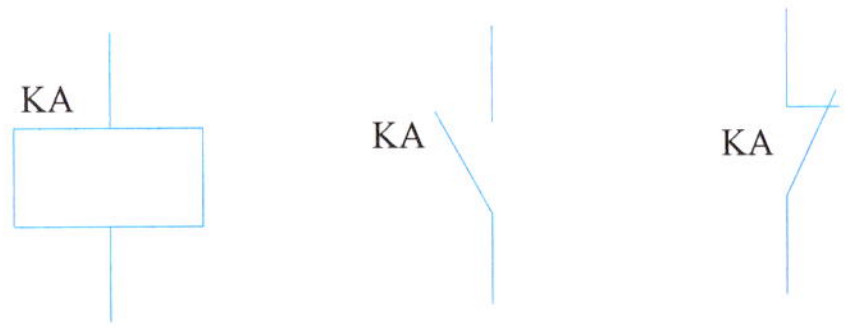

a) 线圈图符　　b) 常开触点图符　　c) 常闭触点图符

图 2-11　中间继电器的图符

2.5　行程开关

行程开关又称为限位开关，触点依靠机械运动部件的碰撞动作，将机械信号转换为电信号，再通过其他电器间接控制机械运动部件的行程、运动方向或进行限位保护等。

2.5.1　直动式行程开关

图 2-12 所示为直动式行程开关的结构原理图。当运动机械的挡铁撞到顶杆 1 时，顶杆受压触动使常闭触点 3 断开，常开触点 5 闭合；当顶杆与挡铁脱离接触后，顶杆在弹簧 2 和触点弹簧 4 的联合作用下复位，常开触点 5 先断开，因顶杆向上运动有一段距离，使常闭触点 3 在最初的向上恢复中保持短暂的断开状态，顶杆继续向上复位至足够距离，常闭触点 3 才能恢复闭合。

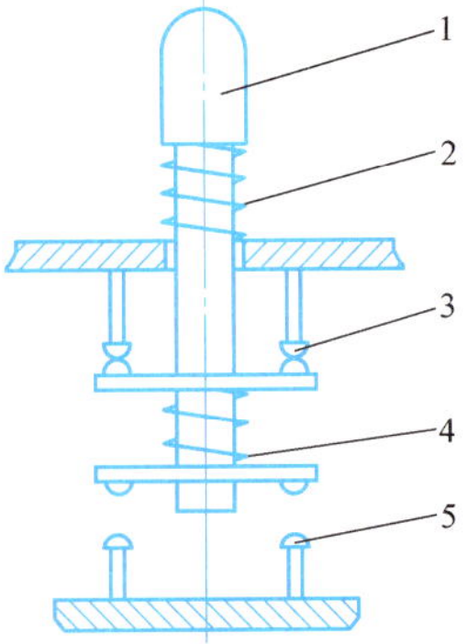

图 2-12　直动式行程开关的结构原理图

1—顶杆　2—弹簧　3—常闭触点　4—触点弹簧　5—常开触点

图 2-13 所示为 YBLX-1（YB—改进型代号，LX—行程开关，1—设计序号）系列直动式行程开关，用于交流 50Hz/60Hz，交流工作电压 380V 及以下，直流工作电压 220V 及以下的电气线路中，可控制运动机构的行程、方向或进行速度变换、运动机构限位等。

图 2-13　YBLX-1 系列直动式行程开关

2.5.2　旋转式行程开关

图 2-14 所示为旋转式行程开关的结构原理图。当运动机械的挡铁撞到行程开关的滚轮 1 时，杠杆 2 连同转轴 3、凸轮 4 一起转动，凸轮将撞块 5 压下，当撞块被压至一定位置时便推动微动开关 7 动作，使常闭触点断开，常开触点闭合；当滚轮上的挡铁移走后，复位弹簧 8 使行程开关各部件恢复到原始位置。

图 2-15 所示为 YBLX-2（YB—改进型代号，LX—行程开关，2—设计序号）系列旋转式行程开关。

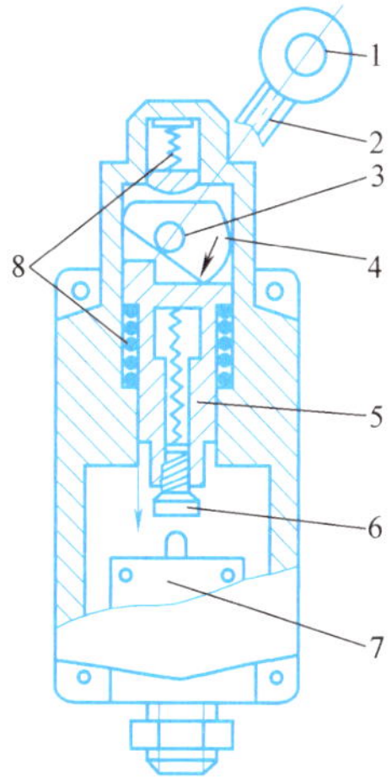

图 2-14　旋转式行程开关的结构原理图

1—滚轮　2—杠杆　3—转轴　4—凸轮　5—撞块

6—调节螺钉　7—微动开关　8—复位弹簧

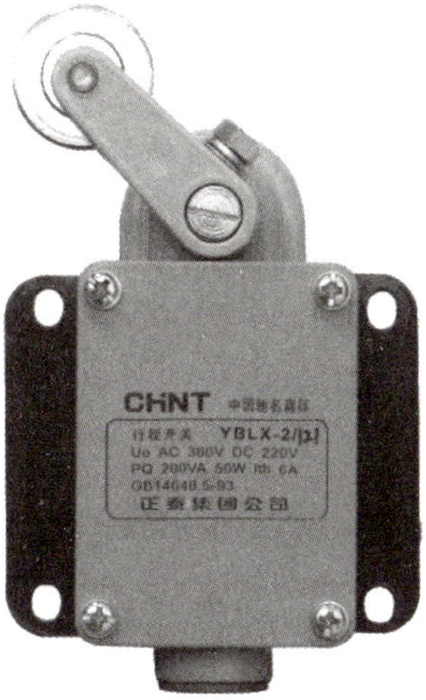

图 2-15　YBLX-2 系列旋转式行程开关

2.5.3　行程开关的图符

图 2-16 为行程开关的图符。其中，图 2-16a 为常开触点，图 2-16b 为常闭触点。

a) 常开触点　　b) 常闭触点

图 2-16　行程开关的图符

课余

查阅交流接触器、时间继电器、速度继电器、中间继电器、行程开关的品牌和型号种类，记录主要电参数、外形尺寸、引脚号及引脚在电器上的位置，整理成表格式资料。

第3章 CHAPTER 3 起停控制

机电设备的运动（如起停控制、运动方向控制和运动时间控制等）均可通过电动机控制实现，而速度控制、运动距离控制等也与电动机控制直接或间接相关，所以机电设备电气控制的核心是对电动机的控制。

3.1 全压单点起停控制

全压起动又称为直接起动，即起动时将三相异步电动机的定子绕组直接连在额定电压的交流电源上。三相异步电动机的起动电流 I_{st} 为额定电流 I_N 的 4~7 倍。当电源容量较小时，电动机过大的电流将会造成电网电压显著下降及邻近的其他电气设备工作不正常，所以全压起动时，电动机容量通常限制在 10kW 以下。

3.1.1 点动起停

点动控制多用于机床刀架、横梁和立柱等快速移动和机床对刀等场合。点动控制的一般步骤为：按下点动按钮，电动机通电运行；松开按钮，电动机失电停机。

一、点动起停主回路

图 3-1 所示为三相笼型异步电动机单向全压点动起停控制回路。

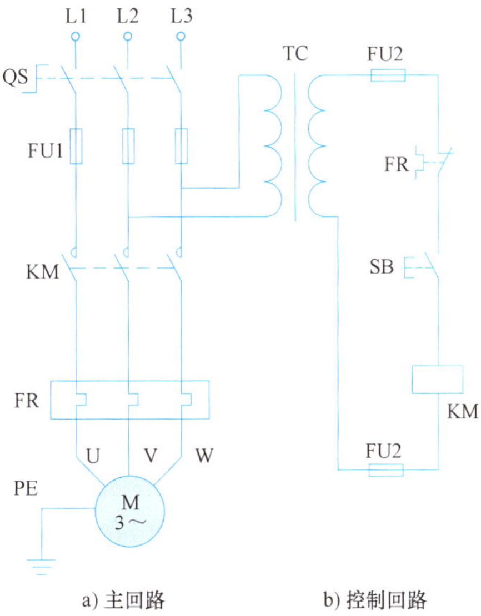

图 3-1 三相笼型异步电动机单向全压点动起停控制回路

主回路由组合开关 QS、熔断器 FU1、接触器的主触头 KM、热继电器的加热元件 FR 和电动机 M 组成。控制回路由热继电器的常闭触点 FR、点动按钮 SB、线圈 KM 和熔断器 FU2 组成。

二、变压器的作用

三相电源由组合开关 QS 引入主回路，主回路与控制回路之间的电源连接关系是先从主回路向变压器 TC 一次绕组引入两相电源，然后由变压器二次绕组引出两相符合控制回路电压要求的控制电源供给控制回路。

三、点动起停控制

按下按钮 SB 时，KM 线圈通电，主回路中的 KM 主触头闭合（组合开关 QS 先已合上），电动机 M 全压起动运转。松开按钮 SB 时，按钮 SB 在复位弹簧作用下，恢复至断开状态，接触器 KM 的线圈断电，导致主回路中接触器的主触头断开，电动机 M 断电停转。

3.1.2 起停保持

图 3-2 所示为电动机单向全压起停保持控制回路。三相电源仍由组合开关 QS 引入，两相控制回路电源仍通过变压器 TC 从主回路中接入，变压后再供给控制回路。这里变压器部分连接线路省略。

一、主回路

起动电动机时，合上 QS，引入三相电源。按下 SB2，KM 线圈通电，主回路中 KM 主触头闭合，电动机接通，电源直接起动运转。

二、自锁

由于按钮 SB2 与一个 KM 常开辅助触点并联，KM 线圈一旦通电，KM 常开辅助触点闭合，以后即使 SB2 松开后复位断开，通过 KM 常开辅助触点的闭合，KM 线圈继续保持通电，电动机 M 连续运行。这种依靠接触器自身辅助触点使其线圈保持通电的控制方式称为自锁。

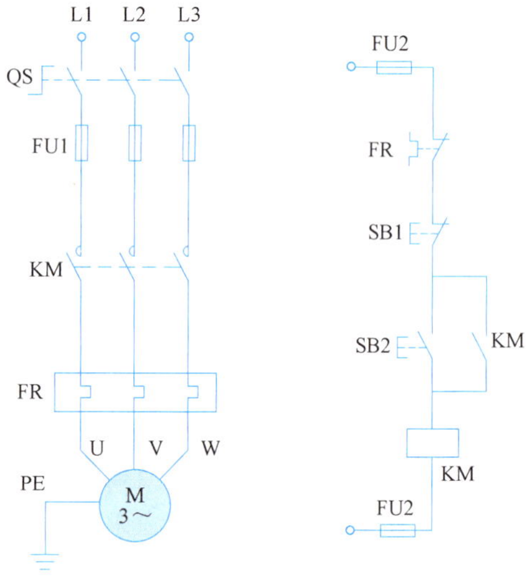

a) 主回路　b) 控制回路

图 3-2 电动机单向全压起停保持控制回路

三、保持控制

按下按钮 SB1，KM 线圈断电，致主回路中 KM 主触头断开，电动机 M 停止工作，控制回路中的 KM 常开辅助触点同时断开，之后当松开 SB1 后，SB1 将复位闭合，但 KM 线圈已不能依靠 KM 常开辅助触点通电，按钮 SB1 起停止作用。

四、保护环节

熔断器 FU1、FU2 用于电路短路保护，但不能起过载保护作用，因此需用热继电器 FR 实现过载保护。

3.1.3 点动与保持切换

图 3-3 所示的各控制回路具有点动起停方式与起停保持方式切换功能。

一、开关切换

图 3-3a 所示的控制回路可通过手动开关 SA 实现点动方式与保持方式的切换。SA 置于“断”位置，按钮 SB2 是一个点动方式按钮；SA 置于“通”位置，按钮 SB2 转换为起动保持方式按钮。

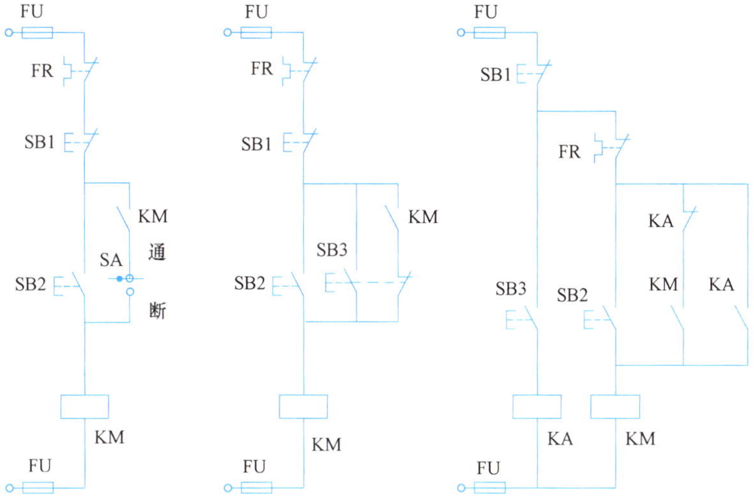

a) 通过手动开关SA实现切换　b) 通过按钮SB2、复合按钮SB3实现切换　c) 通过中间继电器KA、按钮SB2实现切换

图 3-3　点动起停方式与起停保持方式切换控制回路

二、分别实现

在图 3-3b 所示的控制回路中，点动方式与保持方式用按钮 SB2、复合按钮 SB3 分别控制。点动方式按钮为 SB3，按下复合按钮 SB3，其常闭触点断开接触器 KM 的自锁触点支路，常开触点所在支路接通，实现点动。保持方式按钮为 SB2。

三、中间继电器切换

在图 3-3c 所示的控制回路中，按下按钮 SB3，中间继电器 KA 的常闭触点断开接触器 KM 的自锁触点，而 KA 的常开触点使接触器 KM 的线圈通电，实现点动，保持方式用按钮 SB2 实现。

3.2　多点起停控制

根据机电设备操作人数，有单人多点控制与多人多点控制两种控制回路。

3.2.1　单人多点起停

图 3-4 所示为单人操作的大型机电设备的控制回路。为了操作方便，要求在两个或两个以上地点都能操作。如分别在甲地安装起动按钮 SB1 与停止按钮 SB2，乙地安装 SB3、SB4，丙地安装 SB5、SB6，在甲、乙、丙任何一地，均可通过相应的起动按钮与停止按钮操作。

3.2.2　多人多点起停

图 3-5 所示为多人多点操作的大型机电设备的控制回路。为了操作安全，要求多个操作者均发出起动信号，设备才能起动工作。如在甲、乙、丙三地的起动操作按钮 SB2、SB4 与 SB6 必须都按下，接触器 KM 线圈才能通电。

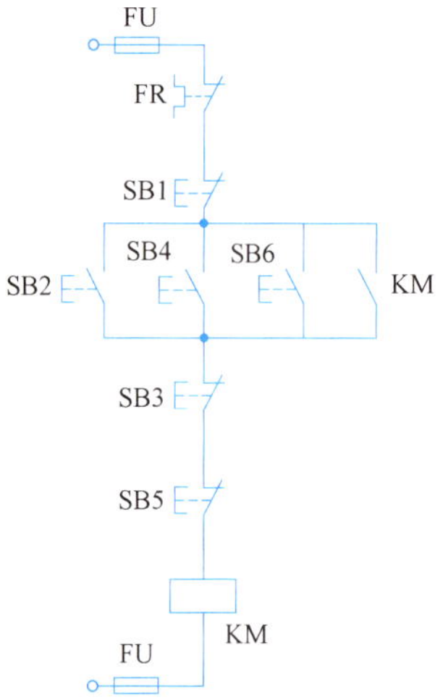

图 3-4　单人多点起停控制回路

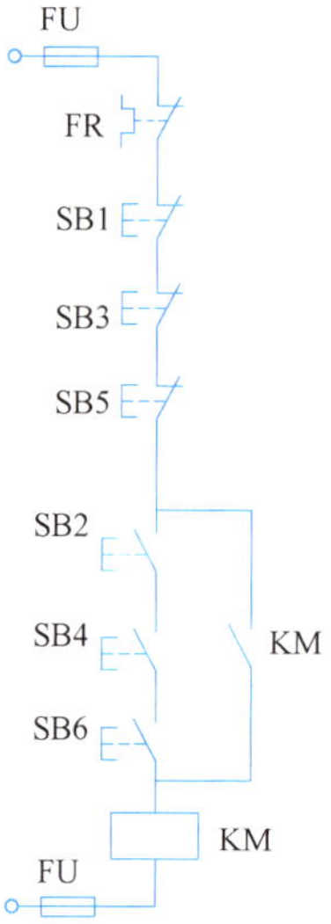

图 3-5　多人多点起停控制回路

3.3　减压起动控制

由于较大容量（大于 10kW）笼型异步电动机起动电流较大，起动时会引起电网电压波动，因此需通过减压起动减小电动机绕组中的起动电流。常用的减压起动方法有串电阻或电抗器减压起动、星-三角换接减压起动及自耦变压器减压起动等。

3.3.1　串电阻减压起动

图 3-6 所示为定子绕组串电阻减压起动控制回路。电动机起动时，在电路中串电阻可使

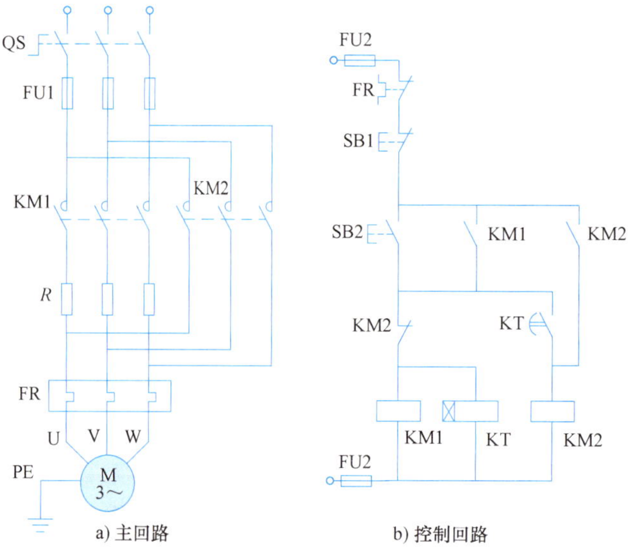

图 3-6　定子绕组串电阻减压起动控制回路

电动机定子绕组电压降低，起动结束后再将电阻切除，使电动机在额定电压下运行。

一、串电阻减压起动主回路

主回路中组合开关 QS 引入电源，当接触器 KM1 主触头闭合、接触器 KM2 主触头断开时，电源电流将经组合开关 QS、熔断器 FU1、主触头 KM1、串联在线路中的电阻 *R* 以及热继电器加热元件 FR 接入电动机 M 的三相定子绕组中，三相定子绕组处于减压起动状态。反之，使 KM1 主触头断开、KM2 主触头闭合，则电源不再经过串联电阻 *R*，而是直接接入三相定子绕组，三相定子绕组处于全压运转状态。

二、串电阻减压起动控制

按下 SB2，KM1 线圈通电，并通过 KM1 常开辅助触点闭合形成对 SB2 的自锁。主回路中的 KM1 主触头接通，电动机进入减压起动状态。

三、串电阻全压切换控制

按下 SB2 时，KT 线圈同时通电，经一段延时时间（延时时间至接近电动机额定转速时结束）后，KT 常开延时闭合触点闭合，KM2 线圈通电。

KM2 线圈一旦通电，KM1 线圈因所在支路中的 KM2 常闭触点立即断开而断电，此时主回路中的 KM1 主触头断开，KM2 主触头闭合，引入的电源电流不经过串联电阻直接接入电动机的三相绕组，电动机切换成全压运转状态。

四、串电阻减压起动的特点

串电阻减压起动的优点是：控制回路简单、成本低、动作可靠、功率因数高。但由于串电阻减压起动时电流与定子电压成正比减小，起动转矩按电压的二次方成正比下降，且每次起动都要消耗大量电能，所以串电阻减压起动仅适用于要求起动平稳的中小容量电动机，且起动不宜频繁。

3.3.2 星-三角换接减压起动

图 3-7 所示为三相异步电动机星-三角换接的定子绕组接线图。6 个接线端子分别为 U1、V1、W1、W2、U2、V2，用于星-三角换接减压起停控制。

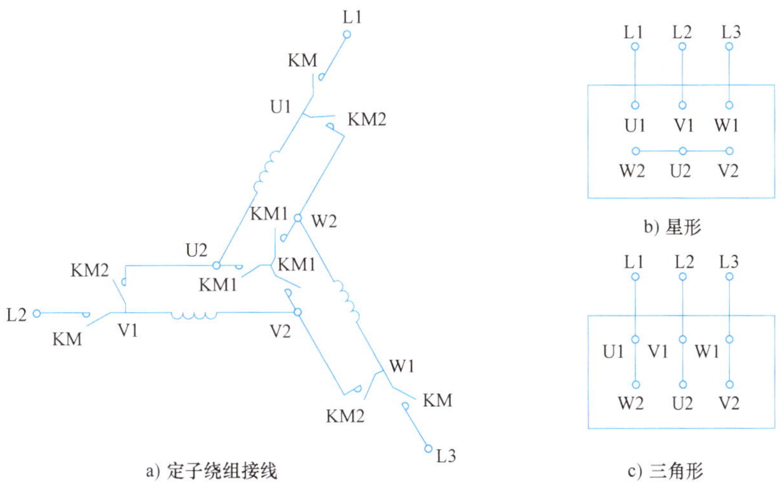

图 3-7 星-三角换接的定子绕组接线

一、星-三角换接原理

起动时，KM 主触头和 KM1 主触头闭合、KM2 主触头断开，接线端子 W2、U2、V2 互连，定子绕组暂为星形联结，这时定子绕组相电压仅为电动机额定电压的 $1/\sqrt{3}$，电动机起动。

待电动机转速升到一定值时，再换接成 KM 主触头和 KM2 主触头闭合、KM1 主触头断开的状态，接线端子 U1-V2、V1-W2、W1-U2 互连，定子绕组换接为三角形联结，电动机在额定电压下正常运转。

二、星-三角手动换接

图 3-8 所示为星-三角手动换接减压起动控制回路。起动时按下 SB2，控制回路中的 KM 线圈通电，并通过 KM 常开辅助触点自锁，主回路中的 KM 主触头闭合；与此同时，KM1 线圈也通电，主回路中的 KM1 主触头闭合，三相异步电动机定子绕组为星形联结。

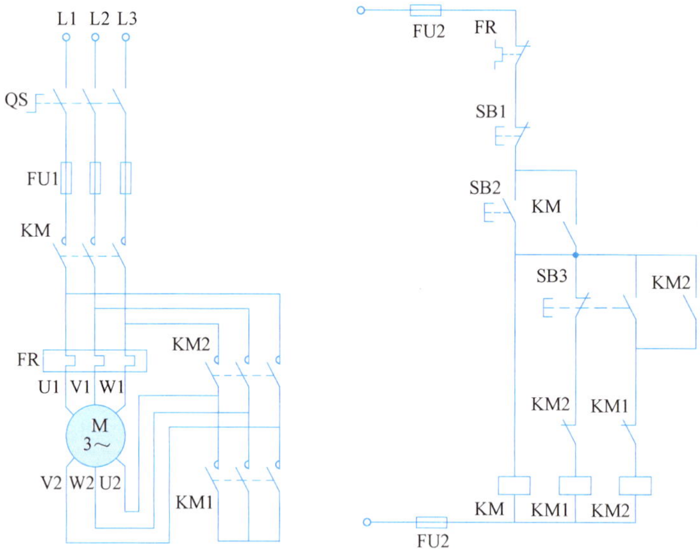

a) 主回路　　b) 控制回路

图 3-8　星-三角手动换接减压起动控制回路

待电动机转速稳定时，再按下 SB3，控制回路中的 KM 线圈仍然通电，主回路中的 KM 主触头保持闭合；而 KM1 线圈断电，主回路中的 KM1 主触头断开，同时 KM2 线圈通电，使主回路中的 KM2 线圈闭合，定子绕组换接为三角形联结。

三、星-三角自动换接

图 3-9 所示为星-三角自动换接减压起停控制回路。按下 SB2，KM 线圈通电，并通过 KM 常开辅助触点自锁。同时，KM1 线圈通电，KT 线圈也通电。主回路中的 KM 主触头与 KM1 主触头都闭合，定子绕组为星形联结。

KT 线圈延时到达后，KT 常开延时闭合辅助触点闭合，KM2 线圈通电，并通过 KM2 常开辅助触点形成自锁。与此同时，KM1 线圈因所在支路中的 KT 常闭延时断开触点断开而断电，KM 线圈则保持通电。上述结果导致主回路中的 KM1 主触头断开，KM 主触头与 KM2 主触头闭合，定子绕组自动换接成三角形联结。

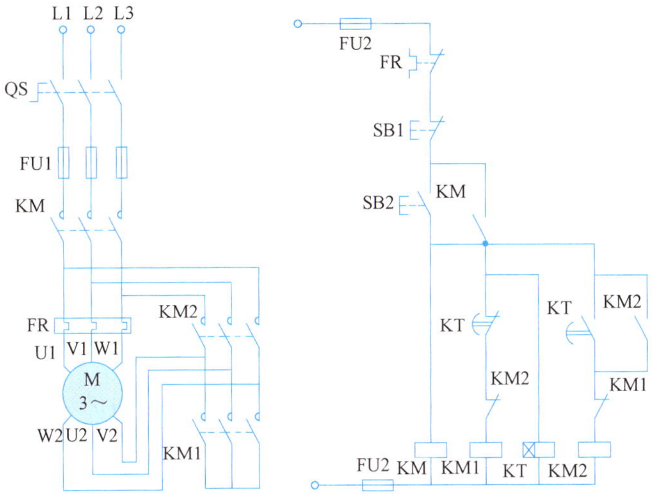

a) 主回路　　b) 控制回路

图 3-9　星-三角自动换接减压起停控制回路

四、星-三角换接减压起动的特点

星-三角换接减压起动的优点是：定子绕组星形联结时，起动电压为三角形联结的 $1/\sqrt{3}$，起动电流为三角形联结的 1/3，起动电流特性好，线路比较简单；缺点是：起动转矩下降为三角形接法的 1/3，转矩特性差，不适宜重载起动。

3.3.3　自耦变压器减压起动

自耦变压器减压起动过程中，电动机在起动时先经自耦变压器降压限制起动电流，当转速接近额定转速时再切除自耦变压器，电动机转入全压运转状态。

一、自耦变压器减压起动控制

图 3-10 所示为自耦变压器减压起动控制回路，其中采用了两个接触器 KM1、KM2 实现

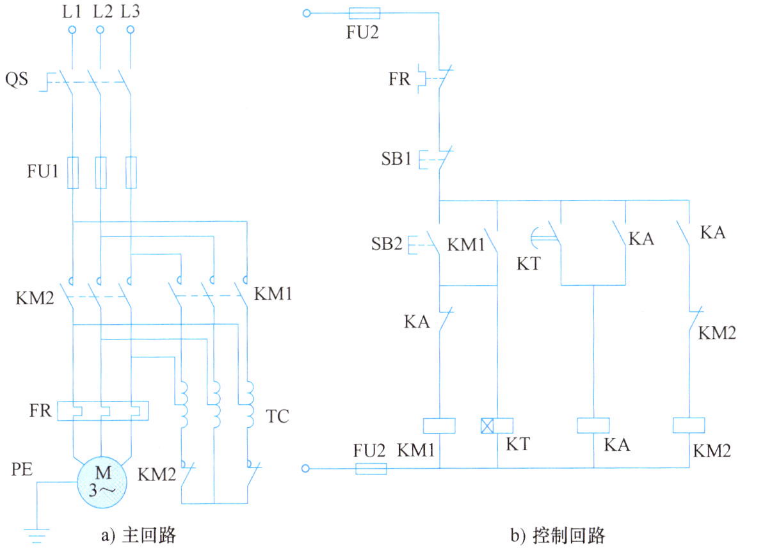

a) 主回路　　b) 控制回路

图 3-10　自耦变压器减压起动控制回路

自耦变压器减压起动过程中的切换控制。

按下 SB2，KM1 线圈通电，并通过 KM1 常开辅助触点进行自锁，主回路中 KM1 主触头闭合、KM2 主触头断开、KM2 常闭辅助触点保持闭合，定子绕组得到的电压是自耦变压器的二次电压 U_2。由于自耦变压器电压比 $k=U_1/U_2>1$（U_1 为自耦变压器一次电压），故 $U_2=U_1/k$，电动机减压起动。

根据电动机的工作原理，电压降为 U_1/k 时，电网供给的起动电流减小至 I_1/k^2（I_1 为电网供给电流），转矩也降至 M_1/k^2（M_1 为全压起动时的转矩），所以自耦变压器减压起动常用于空载或轻载起动。

二、自耦变压器全压切换控制

按下 SB2 的同时，KT 线圈也通电，经过一段延时后，电动机转速升至接近额定转速，KA 线圈因所在支路中的 KT 常开延时闭合辅助触点闭合而通电，并通过 KA 常开辅助触点自锁，KM1 线圈因所在支路中的 KA 常闭辅助触点断开而断电，KM2 线圈因所在支路中的 KA 常开辅助触点闭合而通电，导致主回路中 KM1 主触头断开、KM2 主触头闭合，定子绕组得到额定电压 U_1，电动机处于全压运转状态。

三、自耦变压器减压起动的特点

自耦变压器减压起动过程中，起动电流与起动转矩的比值按电压比的二次方降低，在获得相同起动转矩的情况下，采用自耦变压器减压起动从电网中获得的电流比串电阻减压起动小得多，对电网电流冲击小、功率损耗小；缺点是：自耦变压器价格高、体积大、不允许频繁操作。

课余

在单向全压起停保持控制回路中，控制回路有三种供电方案：①供 AC 380V 电；②供 AC 220V 电；③供 AC 110V 电。

1）设计配电方案，绘制相应的电气原理图。

2）在电气原理图上标注各电器引脚号和每一根导线线号。

第4章 CHAPTER 4 正反转控制

需要电动机按两个相反方向运动的场合很多，如机床工作台的进退、升降，刀库的正向回转与反向回转，主轴的正反转等。通过电动机的正反转控制可实现两个相反方向的运动，对于交流电动机，主要通过改变三相定子绕组上任两相之间的电源相序的方法改变电动机的转向。

4.1 正停反控制

图 4-1 所示为电动机正停反控制回路。图 4-1a 主回路中，KM1 主触头闭合、KM2 主触头断开时，三相电源线 L1、L2、L3 分别接入定子绕组的 U、V、W 接线端子上，电动机正转；而当 KM1 主触头断开、KM2 主触头闭合时，三相电源线中的 L1、L3 换接至定子绕组的 W、U 接线端子上，电动机反转。

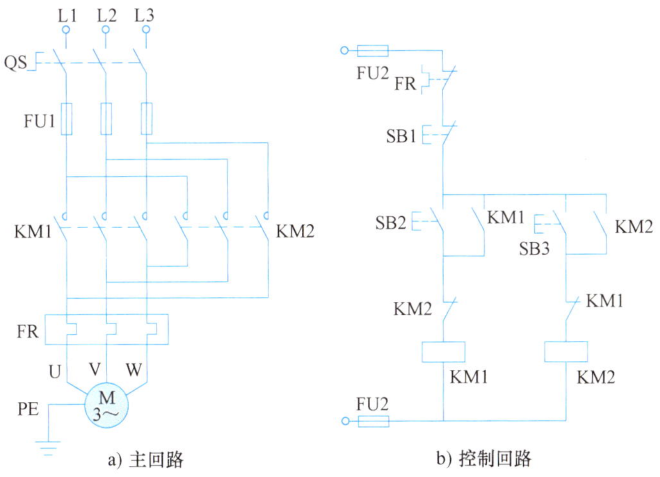

图 4-1　电动机正停反控制回路

4.1.1 正转起动

在图 4-1b 控制回路中，按下 SB2，KM1 线圈通电，并通过 KM1 常开辅助触点自锁。主回路中的 KM1 主触头闭合、KM2 主触头断开，电动机正转。

4.1.2 反转切换

反转操作时，必须先按下 SB1，使 KM1 线圈断电，然后才能按下 SB3，使 KM2 线圈通电，并通过 KM2 常开辅助触点自锁，主回路中形成 KM1 主触头断开、KM2 主触头闭合的状态，电动机反转。所以该控制回路称为正停反控制回路。

4.2 正反停控制

图 4-2 所示为电动机正反停控制回路。该控制回路可以直接进行正反转切换。

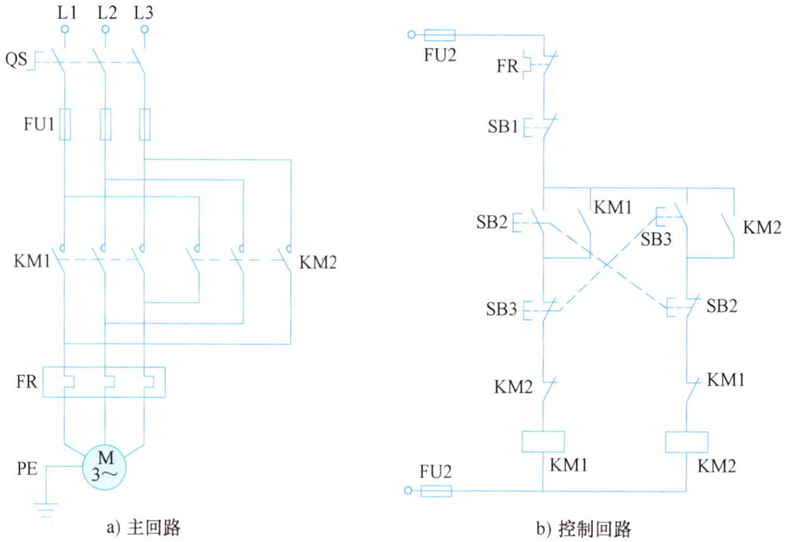

图 4-2　电动机正反停控制回路

4.2.1 正转起动

在图 4-2b 中，当按下复合按钮 SB2 时，KM1 线圈通电，并通过 KM1 常开辅助触点自锁，同时 KM2 线圈因所在支路中的联动按钮 SB2 的常闭触点断开而确保断电，主回路中的 KM1 主触头闭合、KM2 主触头断开，电动机正转。

4.2.2 反转切换

在图 4-2b 中，当按下复合按钮 SB3 时，KM1 线圈因所在支路的 SB3 常闭触点断开而断电，KM2 线圈因所在支路的 SB3 常开触点闭合而通电，同时通过 KM2 常开辅助触点自锁，主回路中形成 KM1 主触头断开、KM2 主触头闭合的状态，电动机反转。

4.2.3 停转控制

在图 4-2b 中，当按下按钮 SB1 时，控制回路中各线圈均断电，电动机停转。所以，该控制回路称为正反停控制回路。KM1 线圈与 KM2 线圈通过相互连接常闭触点 KM2 和 KM1 形成电气互锁，同时复合按钮 SB2 和 SB3 在机械上也具有互锁功能，因此该控制回路称为电气机械双重互锁线路，比较安全可靠，是最常用的正反转控制环节。

4.3 正反自循环控制

图 4-3 所示为平面磨床工作台往返自循环运动模型，行程开关 SQ1、SQ2 安装在工作台运动部件的左右两个极限位置，工作台上还安装了左右两个挡铁。

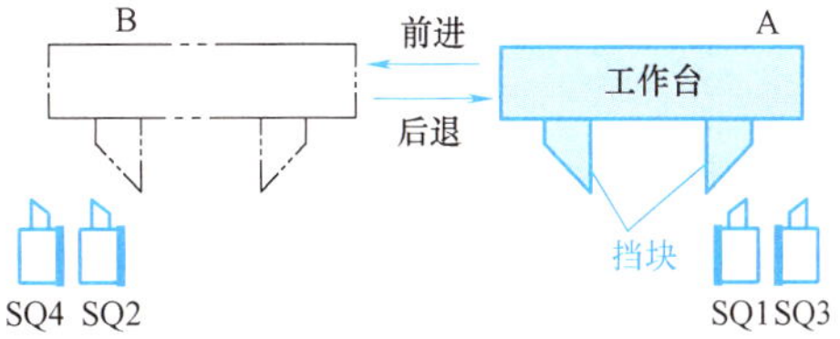

图 4-3 平面磨床工作台往返自循环运动模型

电动机起动后，工作台向右运动至右极限位置时，右挡铁压下 SQ1 行程开关按钮，电动机改变转向，驱动工作台向左运动。

工作台运动至左极限位置时，左挡铁压下 SQ2 行程开关按钮，电动机又一次改变转向，驱动工作台向右运动，形成左右往复循环运动。

还有两个行程开关 SQ3、SQ4 安装在行程开关外侧。如因某种故障，工作台到达 SQ1 或 SQ2 位置时，未能触动 SQ1 或 SQ2 所控制的触点，工作台将继续运动到行程开关 SQ3 或 SQ4 处压下 SQ3 或 SQ4，从而切断主回路电源，迫使电动机停机，避免工作台超出允许极限位置而造成事故，因此 SQ3、SQ4 是超程保护开关。

4.3.1 正反自循环线路

图 4-4 所示为实现工作台往返运动的电动机正反自循环控制回路。按下 SB2，KM1 线圈

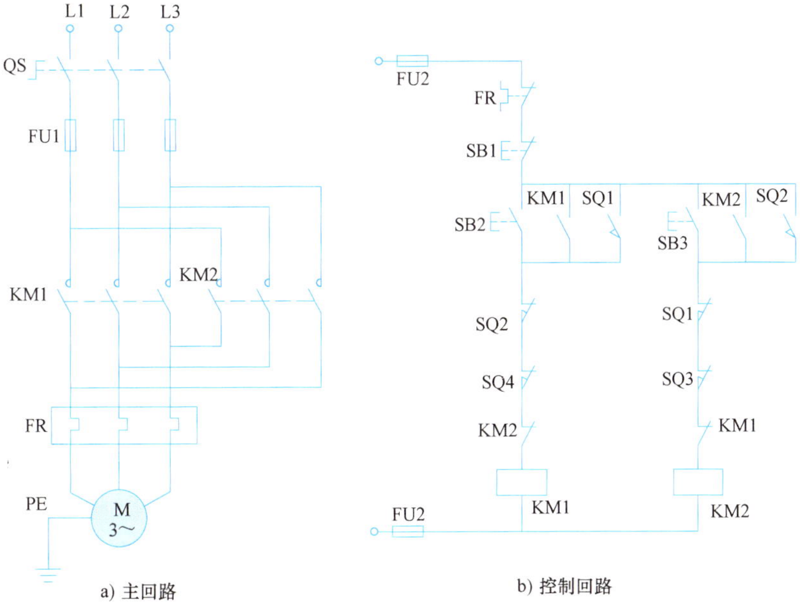

图 4-4 电动机正反自循环控制回路

通电，并通过 KM1 常开触点自锁，主回路中的 KM1 主触头闭合、KM2 主触头断开，电动机正转，驱动工作台右移。

4.3.2 左移极限位置切换

工作台移至右极限位置时，右挡铁压下 SQ1 行程开关，KM1 线圈因所在支路中的 SQ1 常闭触点断开而断电，并使 KM1 常开触点解除自锁；KM2 线圈则通过支路中的 SQ2 常开触点闭合而接通，并通过 KM2 常开触点形成自锁，主回路中的 KM1 主触头断开、KM2 主触头闭合，电动机反转，驱动工作台左移。当 SQ2 失效时，左挡铁越过 SQ2，压下 SQ4，使 KM1 线圈所在支路断路。

4.3.3 右移极限位置切换

当工作台运动到左极限位置时，左挡铁压下 SQ2 行程开关时，又使主回路中 KM1 主触头闭合、KM2 主触头断开，电动机再次正转，驱动工作台右移，如此循环。按下 SB1，KM1 线圈和 KM2 线圈均断电，自循环停止。当 SQ1 失效时，右挡铁越过 SQ1，压下 SQ3，使 KM2 线圈所在支路断路。

4.4 CADe 原理图的绘制和仿真

现以正停反控制为例，使用 CADe_SIMU 软件绘制电气原理图，并进行原理仿真和模拟操作。

软件启动过程如图 4-5 所示。双击 CADe_SIMU 图标（①），进入软件界面（②）。其中，③为功能栏，④为工具栏第一行，⑤为工具栏第二行，初始状态只展开到工具栏第二行，单击第二行中的某个工具，展开工具栏第三行（⑥）。⑦为绘制原理图和仿真模拟操作的界面，⑧为一般的绘图工具栏，⑨为着色工具栏。

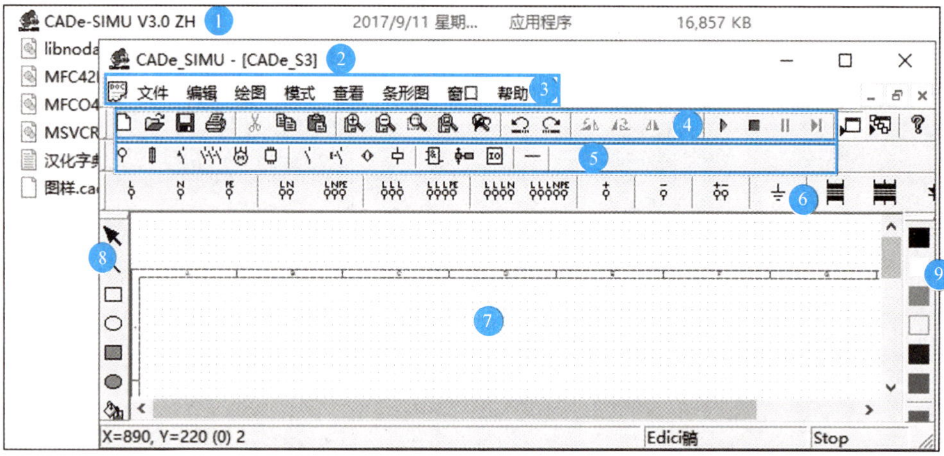

图 4-5 软件启动过程

4.4.1 调用三相电源图符

调用三相电源图符的过程如图 4-6 所示。单击工具栏第二行的“电源”图标（1），展开工具栏第三行，单击工具栏第三行中的“电源 L1+L2+L3”图标（2），界面中出现三相电源符号（3）。

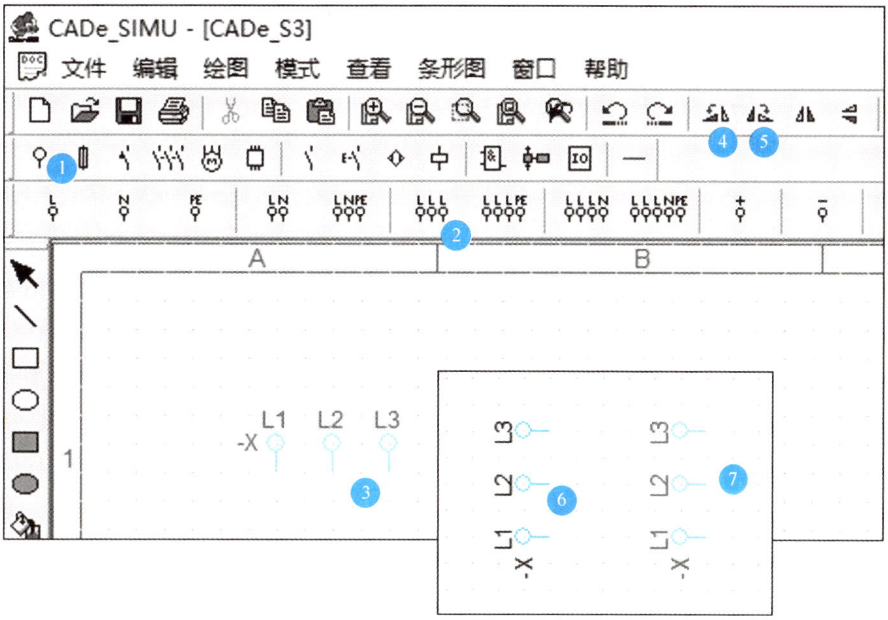

图 4-6 调用三相电源图符过程

在工具栏第一行有两个旋转工具，“向左转”图标（4）单击，界面中正在操作的对象逆时针旋转 90°，单击“向右转”图标（5），界面中正在操作的对象顺时针旋转 90°。

鼠标单击“向左转”图标，界面中电源符号调整为水平放置，鼠标在界面中合适位置单击，三相电源变为黑色，放置在界面中6位置，移开鼠标，发现仍有三相电源图符跟随鼠标移动（7），说明仍可继续在界面中放置三相电源，右击，退出三相电源的调用。

4.4.2 调用电源总开关图符

调用电源总开关图符的过程如图 4-7 所示。单击工具栏第二行的“接触器、开关”图标（1），在展开的工具栏第三行单击“开关Ⅲ”图标（2），单击“向左转”图标（3），在界面中的合适位置放置电源总开关（4）。

调用的电源总开关文字符号为“-S”，需修改为“-QS”。图 4-8 所示为修改文字符号的操作过程。双击电源总开关（1），调出“编辑”对话框（2）。在“编辑”对话框中，将名称右侧输入框的（3）中数值“-S”修改为“-QS”，此操作记为：名称=-QS。文字字符前的短横线“-”可以保留。单击“确定”按钮（4），完成电源总开关文字符号的修改（5）。

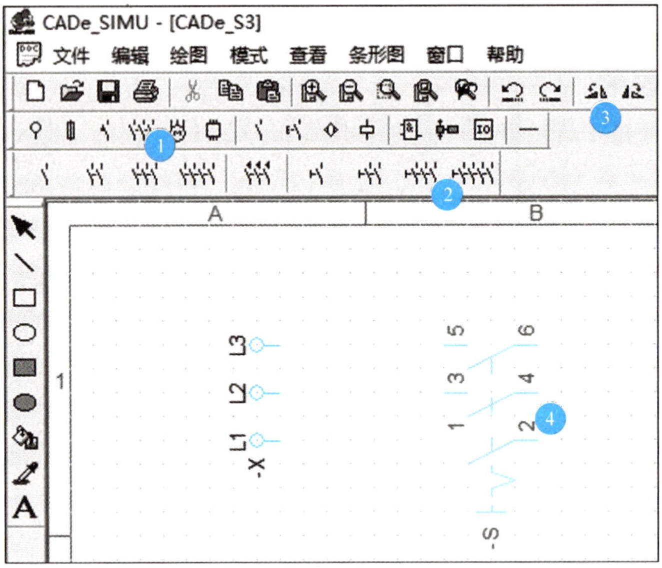

图 4-7　调用电源总开关图符过程

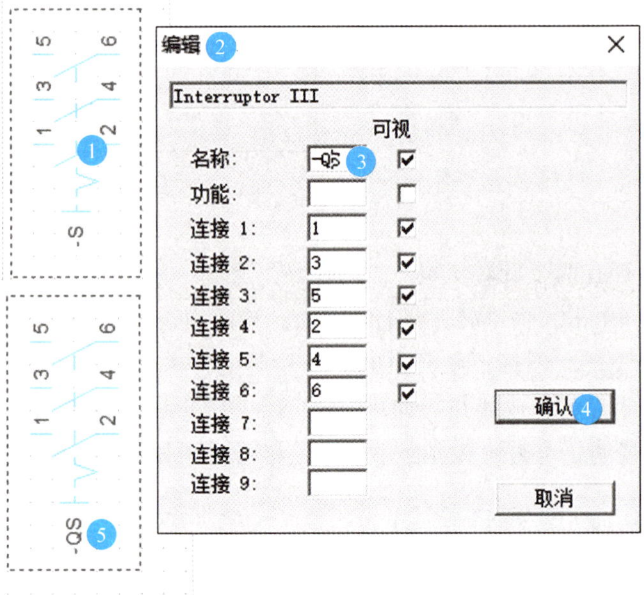

图 4-8　文字符号修改

4.4.3　正停反主回路连接

使用相同的方法，调用正停反主回路电器元件，并按电器原理图符进行布置，如图 4-9 所示。图中❶为三极熔断器 FU1，❷为两个交流接触器的主触头 KM1 和 KM2，❸为热继电器的热元件 FR，❹为三相异步电动机 M。

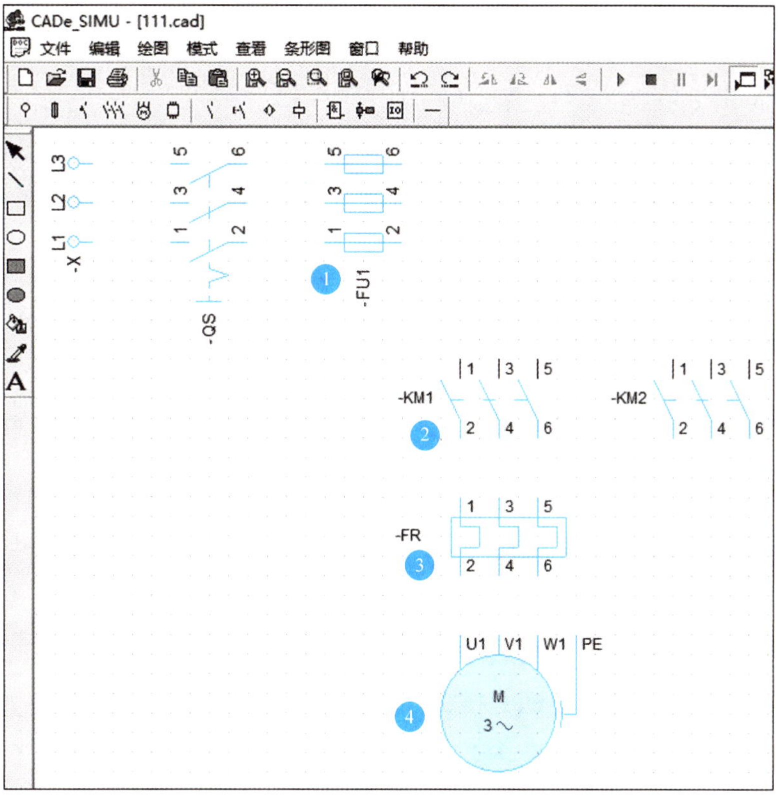

图 4-9　正停反主回路电器原理图符布置

一、其他电器图符的调用

图 4-10 所示为主回路电器原理图符的调用位置。

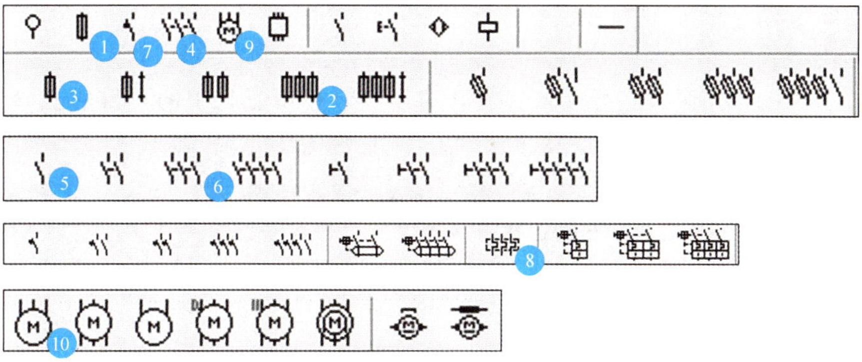

图 4-10　主回路电器原理图符的调用位置

（一）三极熔断器 FU 图符的调用

单击工具栏第二行的“熔断器、断开连接”图标（①），在展开的工具栏第三行，②为“熔丝Ⅲ”图标，③为“熔丝Ⅰ”图标，单击“熔丝Ⅲ”图标。

（二）两个交流接触器主触头 KM1 和 KM2 图符的调用

单击工具栏第二行的“自动电磁式”图标（④），在展开的工具栏第三行，⑤为“接触器Ⅰ”图标，⑥为“接触器Ⅲ”图标。单击“接触器Ⅲ”图标，在合适位置单击放置一个原理图符后，移动鼠标到另一个位置单击放置另一个原理图符。双击已放置的原理图符，可修改文字符号。

（三）热继电器的热元件 FR 图符的调用

单击工具栏第二行的“熔断器、断开连接”图标（7），在展开的工具栏第三行单击“热继电器”图标（8）。

（四）三相异步电动机 M 图符的调用

单击工具栏第二行的“电动机”图标（9），在展开的工具栏第三行，单击图符10放置在界面中，完成后双击图符，调用“编辑”对话框，删除名称输入框中的文字符号。

二、主回路电器间连接

图 4-11 所示为电器间导线连接工具的调用位置。单击工具栏第二行中的“缆线和连接”图标（1），在展开的工具栏第三行中，2为“单根三相导线”图标，3为“中性线”图标，4为“保护线”图标，5为“正极引线”图标，6为“负极引线”图标，7为“相线”图标，8为“连接”图标，9为“垂直三导线”图标，10为“连接用垂直三导线”图标，11为“卧式三导线”图标，12为“连接用卧式三导线”图标。

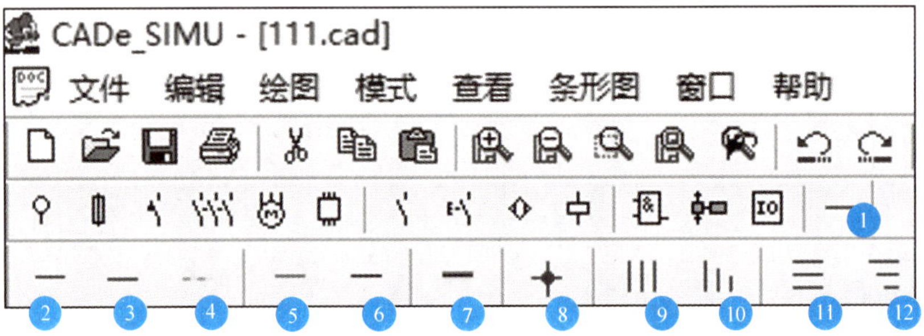

图 4-11　电器间导线连接工具的调用位置

（一）调用卧式三导线

图 4-12 所示为调用卧式三导线的过程。单击工具栏第三行中的“卧式三导线”图标

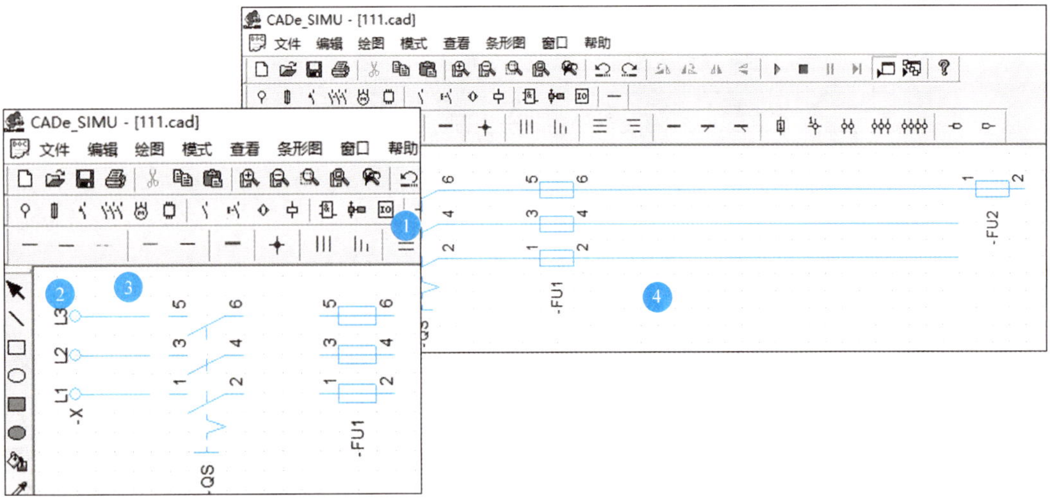

图 4-12　调用卧式三导线的过程

（1），在界面中选择“电源 L1+L2+L3”图符左侧的 L3 端点（2），按住鼠标左键拖动到电源总开关引脚 5 左侧的端点（3）上释放，即可完成电源与电源总开关之间的三根导线的连接过程。对于卧式三导线，调用时软件指定的“基点”是最上一根导线的左端点。使用相同的方法完成其他卧式三导线的相应连接（4）。

（二）调用垂直三导线

图 4-13 所示为调用垂直三导线的过程。单击工具栏第三行中的“垂直三导线”图标，在界面中选择接触器主触头左侧的出线引脚端点（1），按住鼠标左键，将其拖动到热继电器热元件左侧的进线引脚端点（2）并释放。使用相同的方法，连接热继电器热元件和电动机之间的三相导线。

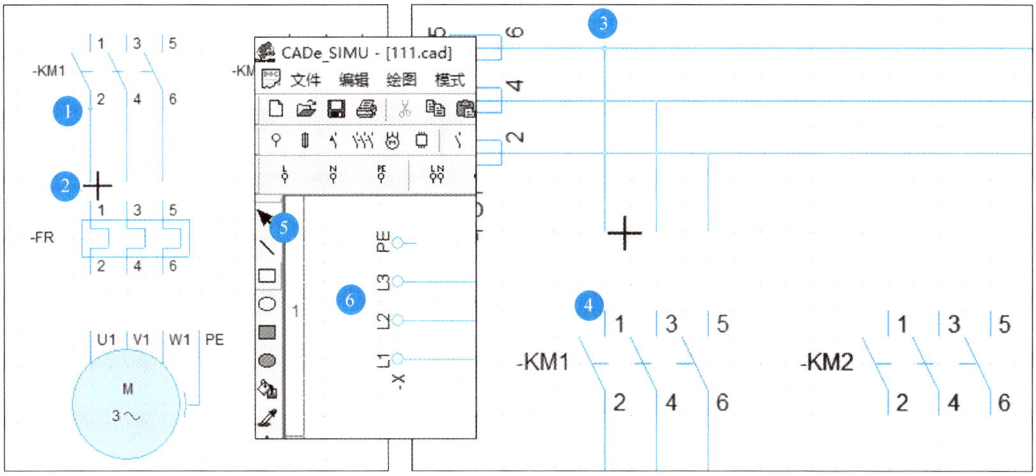

图 4-13　调用垂直三导线的过程

单击工具栏第三行中的“连接用垂直三导线”图标，在界面中利用网格点，找到卧式三导线 L1 上一个正确的位置点（3），单击，按住鼠标左键向下拖动到接触器主触头左侧进线引脚端点（4）并释放，完成垂直三导线的连接操作。

在绘制过程中，若发现错误，可选择界面左侧工具栏中的“重绘”图标（5），选中将重绘的对象，如界面中的“电源 L1+L2+L3”图符（6），可将其更改为“电源 L1+L2+L3+PE”。

（三）调用单根三相导线

图 4-14 所示为调用单根三相导线的过程。单击工具栏第二行中的“缆线和连接”图标（1）。在展开的工具栏第三行单击“单根三相线”图标（2），在界面中分两步绘制接触器主触头 KM1 的 U 相引脚端（3）到 KM2 的 W 相进线端（4）的连接导线。使用相同的方法绘制其他单根三相导线（5）。

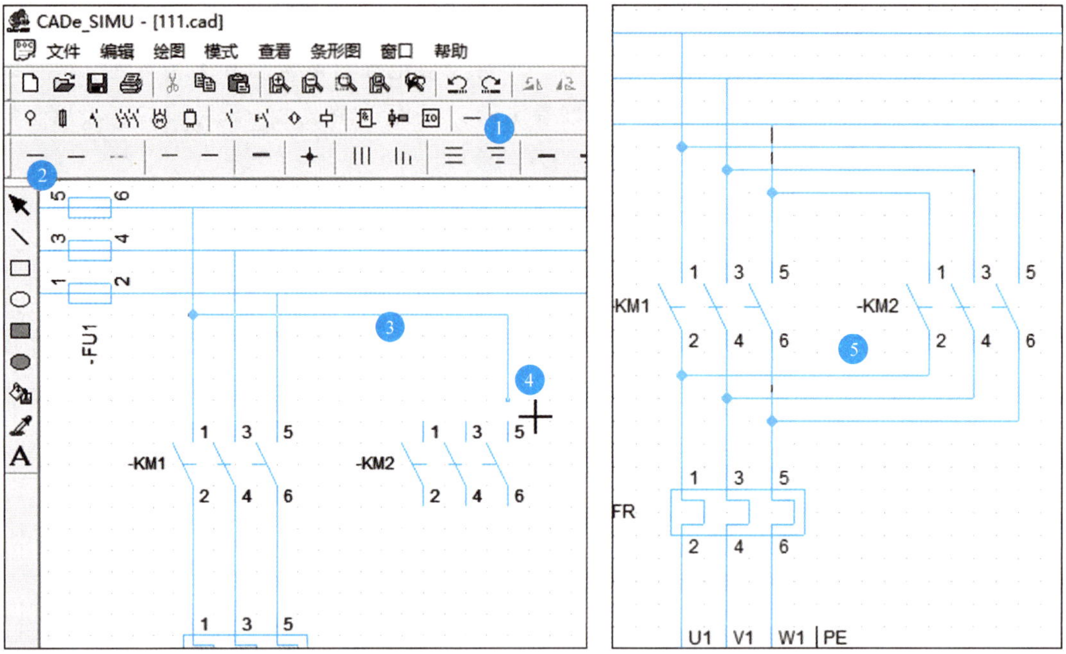

图 4-14　调用单根三相导线的过程

4.4.4　控制回路图符的调用和连接

图 4-15 所示为按照正反转控制电气原理图绘制的控制回路电器原理图符布置结果。共

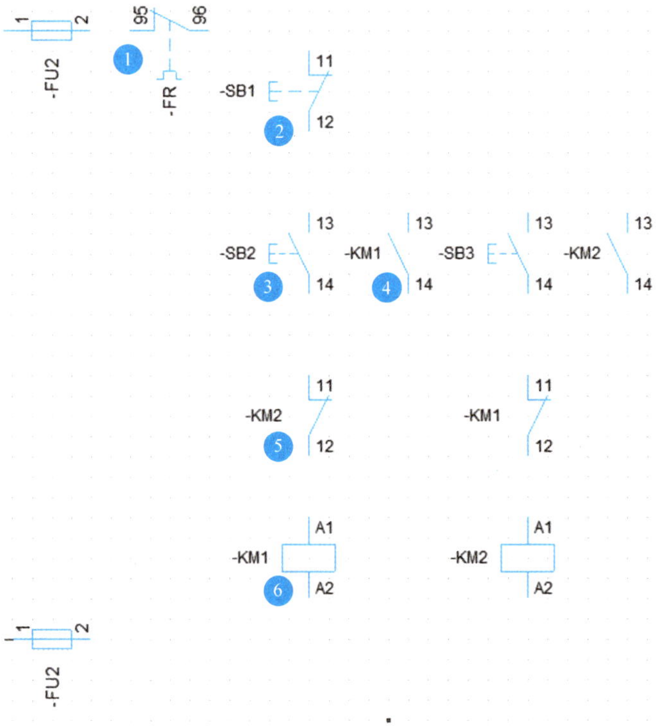

图 4-15　正反转控制回路电器原理图符布置

调用了六种电气原理图符：①为热继电器 FR 的常闭触点图符，②为常闭按钮图符，③为常开按钮图符，④为接触器线圈的常开辅助触头图符，⑤为接触器线圈的常闭辅助触头图符，⑥为接触器线圈图符。

一、调用按钮图符

如图 4-16 所示，单击工具栏第二行中的“驱动器按钮”图标（①），在展开的工具栏第三行中，“NC 辅助热继电器”图标（②）即为热继电器常闭触点图符，“NC 按钮”图标（③），即为常闭按钮图符，“NO 按钮”图标（④）即为常开按钮图符。

图 4-16　控制回路中六种电器原理图符的调用位置

二、调用辅助触点图符

如图 4-16 所示，单击工具栏第二行中的“辅助触头，定时接点”图标（⑤），在展开的工具栏第三行中，“NO 接点”图标（⑥）即为接触器常开辅助触头图符，“NC 接点”图标（⑦）即为接触器常闭辅助触头图符。

三、调用线圈图符

如图 4-16 所示，单击工具栏第二行中的“线圈和信号”图标（⑧），在展开的工具栏第三行中，“线圈接触器，继电器”图标（⑨）即为接触器或继电器的线圈图符。

四、连接控制回路

调用“单根三相导线”工具，进行控制回路电器图符之间的导线连接。对多余的导线或错误的导线进行修改，并补画电动机的 PE 连接导线。在导线连接过程中，要利用界面中的网格，使导线两端点与电气图符的引脚端进行网格点精确连接，防止出现搭接，一旦导线呈搭接结果，很难被发现，软件认为搭接没有实现连接，因而出现模拟错误。图 4-17 所示为正停反控制回路电气原理图符布置。

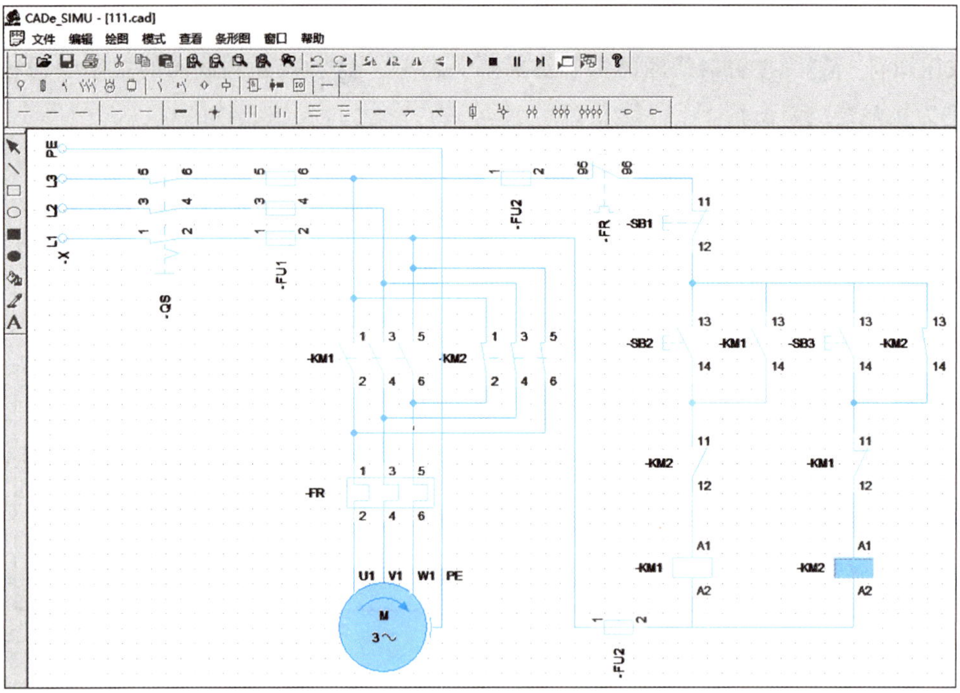

图 4-17　正停反控制回路电气原理图符布置

4.4.5　正停反原理模拟

图 4-18 所示为电动机正转模拟过程。在工具栏第一行单击“模拟”图标（①），进入

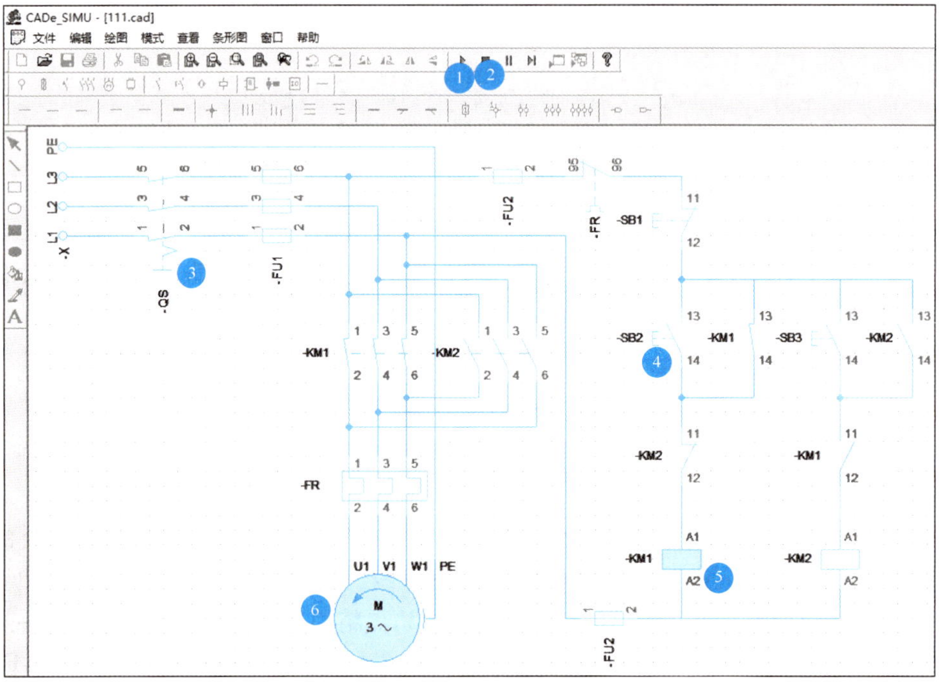

图 4-18　电动机正转模拟过程

模拟阶段。在界面中单击电源总开关 QS（③），使之闭合，单击控制回路中的常开按钮 SB2（④），结果接触器线圈 KM1（⑤）通电，主回路中，电动机（⑥）逆时针转动。

图 4-19 所示为电动机反转（顺转）模拟过程。在界面中单击控制回路中的常开按钮 SB3（⑦），回路不改变通断状态，所以先单击停止按钮 SB1（⑧），解除电动机逆时针转动，再单击常开按钮 SB3（⑨），结果接触器线圈 KM2 ⑩通电，主回路中电动机顺时针转动。单击工具栏第一行的“模拟退出”图标（②），退出模拟运行才能继续电气原理图的绘制和修改。

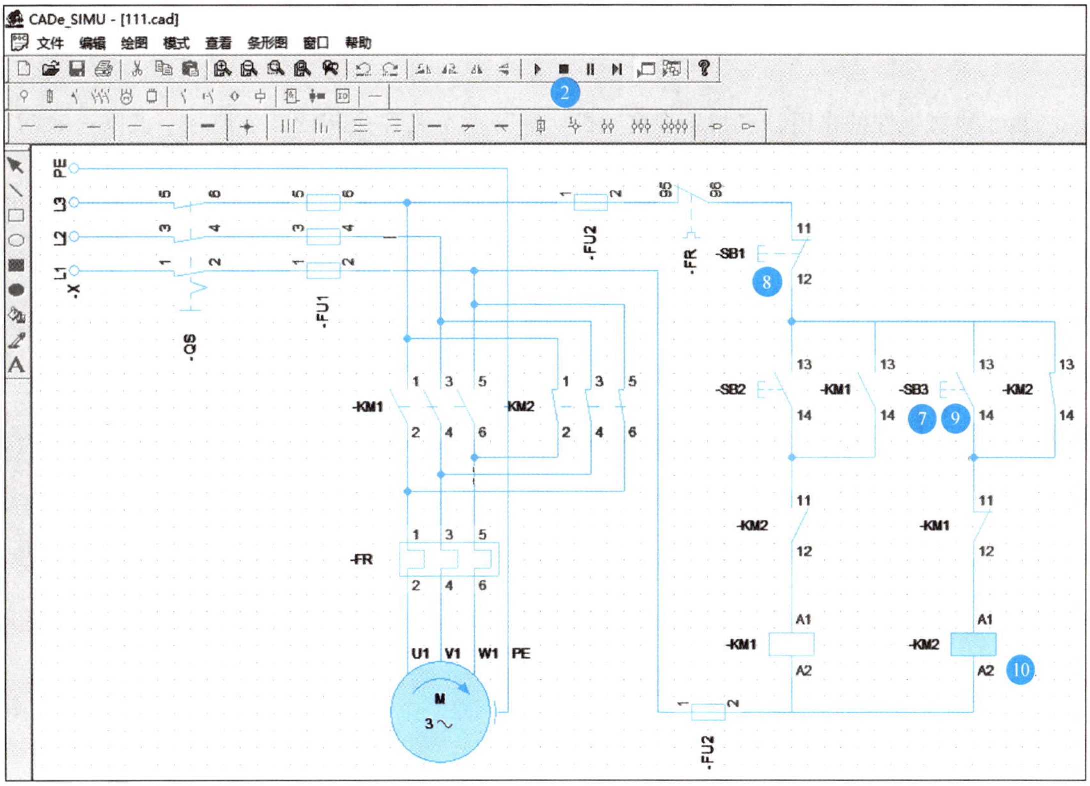

图 4-19 电动机反转（顺转）模拟过程

课余

使用 CADe_SIMU 软件绘制正反停控制回路，完成电气原理模拟实验，形成实验报告并提交。实验报告内容包括实验目的、实验线路及设备、实验步骤、实验结果及讨论等。

第5章 制动与调速控制

CHAPTER 5

由于机械惯性的作用，三相异步电动机从断开电源到停止转动，需经过一段降速时间，不能满足电动机快速停车的要求，因此需要对电动机进行制动。

制动方法分为机械制动和电气制动两大类。机械制动常通过机械抱闸、液压制动器等机械装置实现。电气制动实质上是在电动机切断电源时产生一个与转子旋转方向相反的制动转矩，迫使电动机迅速降速。电气制动有能耗制动和反接制动两种基本控制回路。

5.1 能耗制动控制

所谓能耗制动，就是在电动机切断三相交流电源的同时，在定子绕组中通入直流电流，利用电磁感应电流与静止磁场的作用产生电磁制动转矩实现制动。

5.1.1 能耗制动原理

图 5-1 所示为时间原则控制的单向能耗制动控制回路。主回路中，KM1 主触头断开，导致电

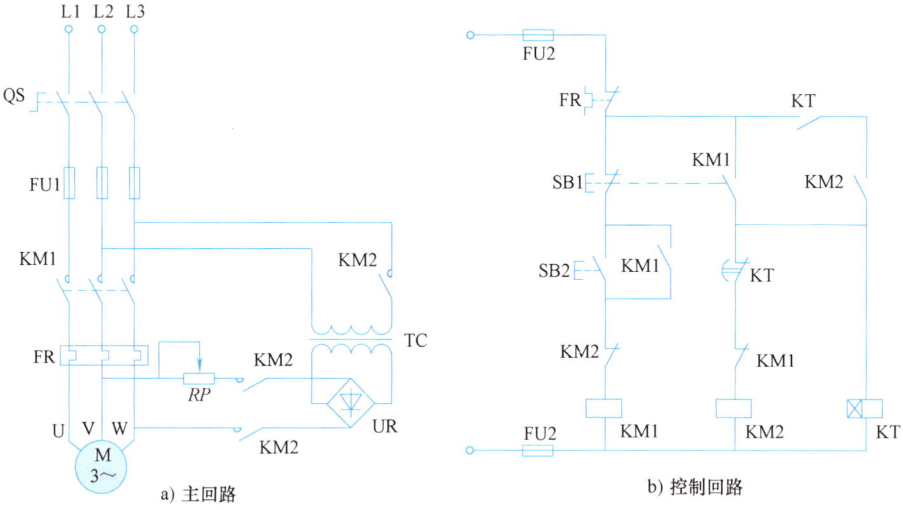

图 5-1 时间原则控制的单向能耗制动控制回路

动机脱离三相交流电源，电动机开始降速，但因为惯性，电动机还需较长一段时间才能停转。

5.1.2 形成制动

主回路中，若三个 KM2 主触头全部闭合，则从 L2、L3 引入的两相交流电源通过变压器 TC 引入桥式整流器 U 的输入端，经整流后输出端的直流电加载到了定子绕组的 V、W 相，V、W 两相间连接一个可调电阻 *RP*，通过感应作用在电动机转子的 V、W 两相绕组中产生制动转矩，抵消电动机定子绕组断电后的惯性转矩，使电动机快速降速。

5.1.3 撤销制动

按下 SB1 的同时，接触器线圈 KM2 和时间继电器线圈 KT 同时通电吸合，并通过常开辅助触点 KM2、KT 自锁。经过一段延时后，主回路中的电动机转速降至接近零速，KM2 线圈因所在支路中的 KT 常闭延时断开辅助触点断开而断电，KM2 主触头断开，切断能耗制动的直流电流，电动机停止转动。

5.2 反接制动控制

反接制动是指通过改变异步电动机定子绕组中三相电源的相序，从而产生一个与转子惯性转动方向相反的制动转矩，以实现制动。反接制动时，转子与旋转磁场的相对速度接近两倍同步转速，所以定子绕组中流过的反接制动电流相当于全电压起动时起动电流的两倍，冲击电流很大。为了减小冲击电流，需在电动机主回路中串接电阻，以限制反接制动电流。

5.2.1 反接制动

图 5-2 所示为单向反接制动控制回路。起动时，按下 SB2，KM1 线圈通电，并通过 KM1

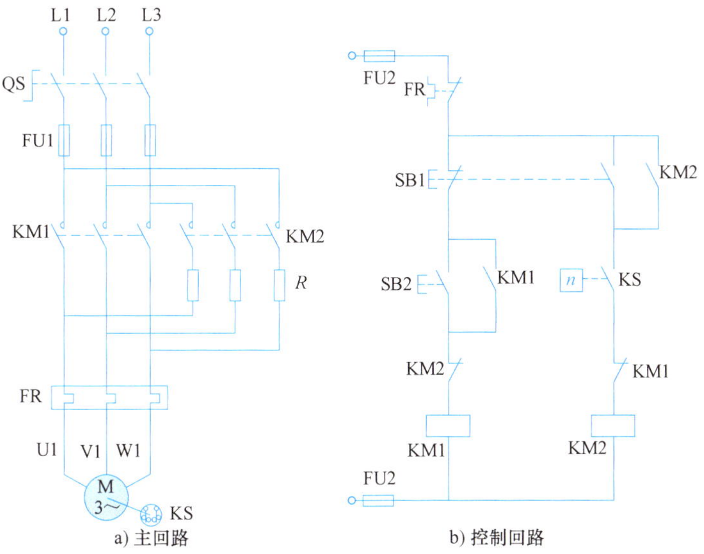

图 5-2 单向反接制动控制回路

常开辅助触点自锁，主回路中 KM1 主触头闭合，电动机正转起动升速，当升速至接近速度继电器 KS 的额定动作速度时，控制回路中的 KS 辅助触点闭合。

5.2.2 形成制动

按下 SB1，KM1 线圈断电，KM2 线圈因所在支路中的 SB1 常开辅助触点闭合而通电。主回路中 KM1 主触头断开、KM2 主触头闭合，导致 L1、L3 中的电流反接至 W、U 两相定子绕组中，改变了定子绕组中三相电源的相序，从而产生一个与电动机正向转动惯性转矩相反的制动转矩，使电动机快速降速。

5.2.3 撤销制动

当电动机转子的转速接近零速时，KM2 线圈因所在支路中的 KS 辅助触点的断开而断电，惯性转矩消失，电动机停转。

由以上分析可知，能耗制动比反接制动消耗的能量少，其制动电流也比反接制动电流小得多，但能耗制动的制动效果不及反接制动明显，同时需要一个直流电源，控制回路相对比较复杂。通常能耗制动适用于电动机容量较大、起动和制动频繁的场合。

5.3 调速控制

电气调速是指在同一负载下，改变电动机的电气参数得到不同转速的方法。根据三相异步电动机转速公式 $n=60f_1(1-s)/p$（f_1 为电源频率，s 为转差率，p 为电动机磁极对数）可知，三相异步电动机的调速方法有变极调速、变差调速和变频调速三种。

5.3.1 变极调速

变极调速是指通过改变电动机的磁极对数 p 对电动机进行调速的方法。单绕组双速电动机就是根据变极调速原理设计的可调速电动机。

一、双速电动机变极调速接线

图 5-3 所示为一台 4/2 磁极单绕组双速异步电动机定子绕组的变极调速接线图。电动机低速运转时，定子绕组的 U1、V1、W1 接线端接三相交流电源，而 U2、V2、W2 接线端不接，此时电动机的定子绕组为三角形联结，磁极对数 $p=2$，所以转子的同步转速为

$$n=60f_1(1-s)/p=60\times50(1-0)/2\text{r/min}=1500\text{r/min}$$

电动机高速运转时，只需将电动机定子绕组的 U2、V2、W2 接线端接三相交流电源，而将 U1、V1、W1 接线端相互连接，此时电动机定子绕组为双星形联结，磁极对数变为 $p=1$，所以转子同步转速变为 3000r/min。为保证单绕组双速异步电动机变极调速时转向不变，必须将三相电源线中的任意两相换接。

二、双速电动机变极调速控制线路

图 5-4 所示为小功率双速电动机三角-双星形变极调速控制回路。主电路中，当 KM1 主触头闭合、KM2 和 KM3 主触头断开时，形成三角形联结；而当 KM2 主触头和 KM3 主触头

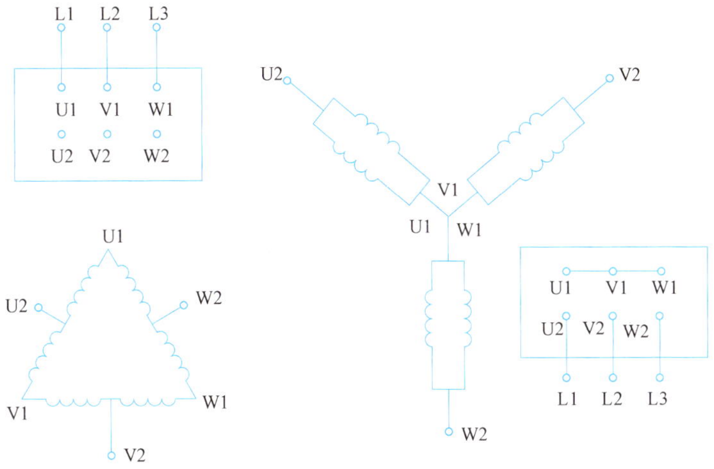

a) 三角形联结　　b) 双星形联结

图 5-3　双速异步电动机定子绕组变极调速接线图

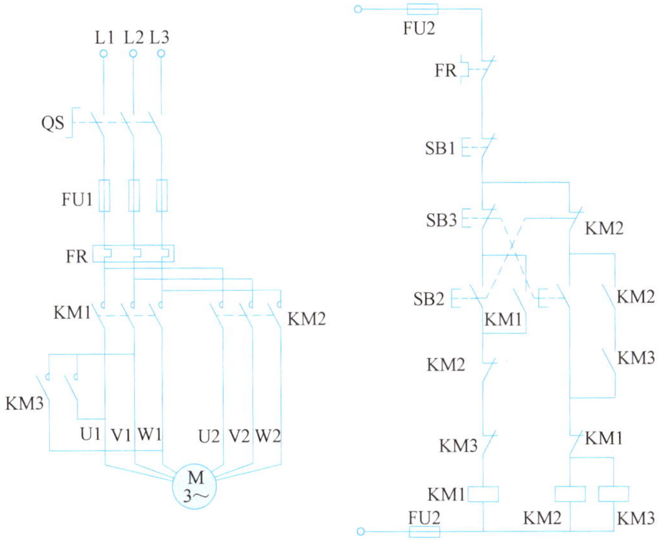

a) 主回路　　b) 控制回路

图 5-4　小功率双速电动机三角-双星形变极调速控制回路

闭合、KM1 主触头断开时，形成双星形联结。

控制回路中，按下 SB2，KM1 线圈通电，并通过 KM1 常开辅助触点自锁；KM2 线圈和 KM3 线圈则断电，主回路中定子绕组为三角形联结，电动机低速运转。

调速时，按下 SB3，KM1 线圈断电，并解除自锁，KM2 线圈和 KM3 线圈通电，并通过 KM2 常开辅助触点和 KM3 常开辅助触点自锁，主回路中定子绕组变换为双星形联结，电动机高速运转，完成变极调速。

图 5-5 所示为按钮和时间继电器控制双速电动机自动控制回路。图 5-5a 主回路中，先闭合 QS。图 5-5b 控制回路中，按下 SB2，KT 线圈所在支路的 SB2 常闭辅助触点先分断，然后 KM1 线圈所在支路的 SB2 常开辅助触点闭合，KM1 线圈接通，通过 KM1 常开辅助触点闭合

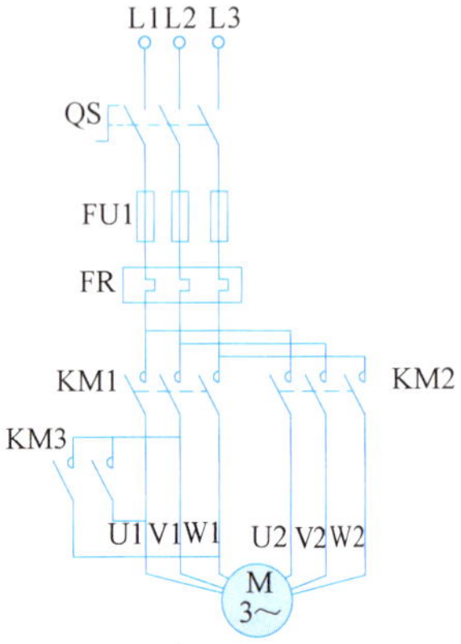

a) 主回路

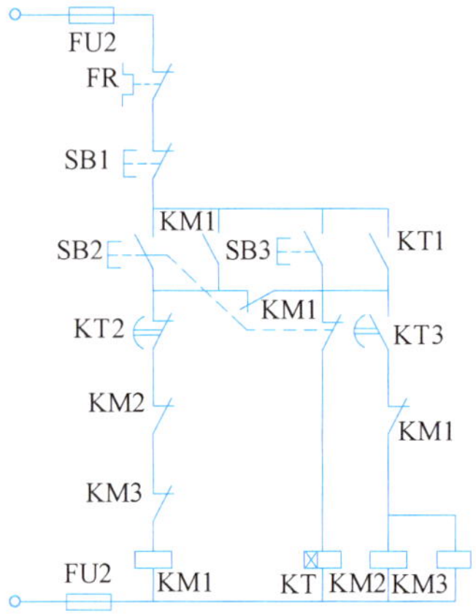

b) 控制回路

图 5-5　按钮和时间继电器控制双速电动机自动控制回路

自锁。主回路中，KM1 主触头闭合，KM2 主触头和 KM3 主触头断开，电动机定子绕组三角形联结，实现低速起动。

图 5-5b 控制回路中，按下 SB3，KT 线圈得电，通过常开触点 KT1 自锁。经过一段延时后，延时接通常闭触点 KT2 先分断，KM1 线圈断电，KM1 常开辅助触点分断，KM1 常闭辅助触点恢复闭合。而延时接通常开触点 KT3 随后闭合，导致 KM2 线圈和 KM3 线圈通电。主回路中，KM2 主触头和 KM3 主触头闭合，因互锁作用，KM1 主触头断开，电动机定子绕组双星形联结，实现高速运转。

按下 SB1，控制线路中 KM1、KM2 和 KM3 线圈均断电，主回路中电动机停转。

5.3.2　变差调速

通过改变电动机的某些参数（如定子电压、转子电阻和转差电压等）使转差率 s 改变，从而实现电动机调速的方法称为变差调速。

一、串电阻变差调速

图 5-6 所示为绕线转子三相异步电动机转子回路串电阻变差调速控制回路。按下 SB2，KM1 线圈通电，并通过 KM1 常开辅助触点自锁，此时 KM2 线圈、KM3 线圈和 KM4 线圈均处于断电状态。

主回路中，KM1 主触头闭合，KM2、KM3、KM4 主触头均断开，三相转子绕组中都串接了电阻 R_1、R_2 和 R_3。由于转子绕组中串接电阻值最大，电动机以最低速运转。

按下 SB3，KM2 线圈通电，并通过 KM2 常开辅助触点自锁。主回路中三相转子绕组中因短接，串接电阻减去了 R_1，使电动机转速调高一挡。

按下 SB4，KM3 线圈通电，通过 KM3 常开辅助触点自锁，并通过 KM2 线圈所在支路的 KM3 常闭辅助触点断开而使 KM2 线圈断电。主回路中 KM2 主触头断开，KM3 主触头闭合，三相转子绕组中串接电阻又减去了 R_2，电动机转速又被调高一挡。

同理，按下 SB5 时，主回路 KM4 主触头闭合，三相转子绕组中已无任何串接电阻，电动机以最高转速运转。

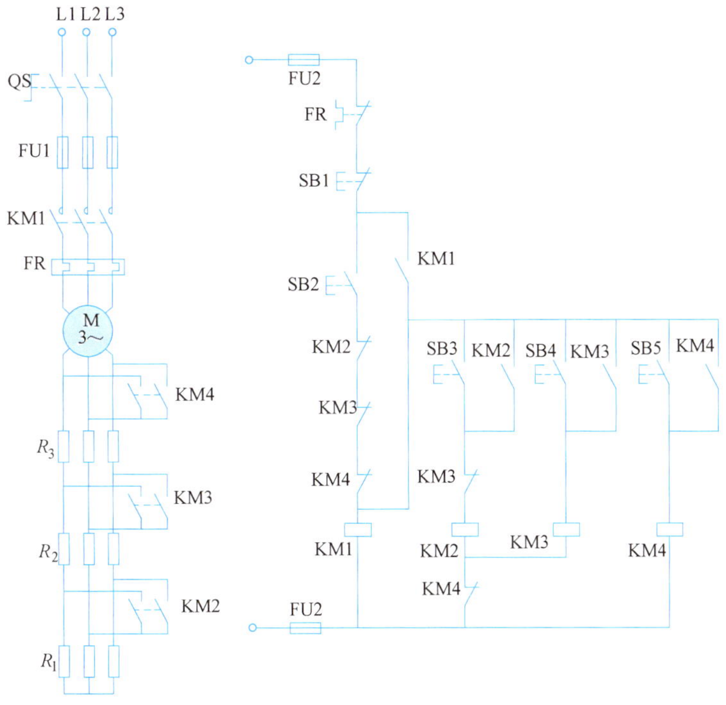

图 5-6 绕线转子三相异步电动机转子回路串电阻变差调速控制回路

二、电磁变差调速

图 5-7 所示为三相异步电动机电磁变差调速控制回路，由三相异步电动机、电磁转差离合器和控制装置三部分组成。

当异步电动机带动电磁离合器的主动部件电枢 1 旋转，并在磁极 2 的励磁绕组中通直流电时，旋转中的电枢因切割磁场在电枢上形成涡流，并与磁场作用产生转矩，使电磁离合器的从动部件跟随旋转，其转速低于电枢转速。

磁极与电枢之间存在转差才能产生涡流和电磁转矩。VC 是晶闸管可控整流电源，其作用是将交流电变换为直流电，供给电磁转差离合器的转子绕组，电流大小则通过变阻器调节。该调速系统的输出转速为

$$n_2 = n_1 - KT^2/I^4$$

式中，n_2 为输出转速；n_1 为异步电动机转速；K 为几何系数；T 为输出转矩；I 为励磁电流。

励磁电流 I 改变，输出转速 n_2 随之改变。如 I 越大，n_2 也越大，转差率 $s=(n_1-n_2)/n_1$ 减小，从

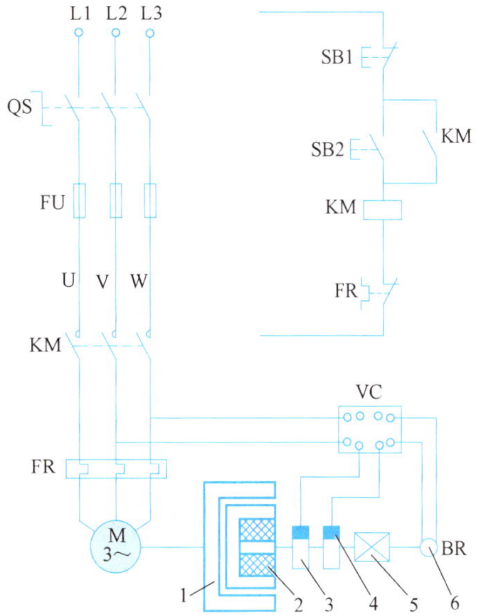

图 5-7 三相异步电动机电磁变差调速控制回路

1—电枢 2—磁极 3—集电环 4—电刷 5—负载 6—测速发电机

而实现变差调速。

5.3.3　变频调速

变频调速是数控机床主轴速度控制的常用方法，常用交直交变频器进行变频。交直交变频器内部由整流调压电路、滤波电路及逆变器电路三部分组成，整流调压环节将电网的交流电整流成电压可调的直流电，经滤波后再将直流电供给逆变器，逆变器则将直流电变换调制为频率和幅值都可变的交流电。

图 5-8 所示为主轴变频器外围接线图。采用三相交流 380V 电源供电，速度指令通过电位器获得，在数控机床上一般由数控装置或 PLC 的模拟量输出接口经变频器的 3、4 输入接口输入，指令电压范围为直流 0~10V。

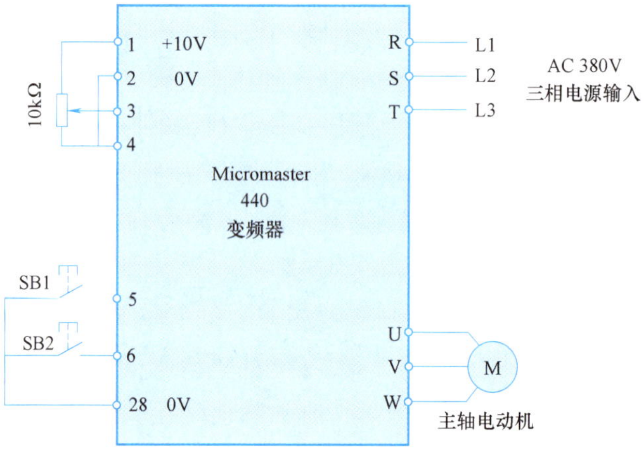

图 5-8　主轴变频器外围接线

主轴电动机的起动、停止以及旋转方向由外部按钮 SB1、SB2 控制：当 SB1 闭合时，电动机正转；当 SB2 闭合时，电动机反转。若 SB1 和 SB2 同时断开或闭合，则电动机停转。根据实际需要也可以定义为 SB1 控制电动机的起动和停止，SB2 控制电动机的旋转方向。变频器根据输入的速度指令和运行状态指令输出相应频率和幅值的交流电源，控制电动机旋转。

5.4　CADe 制动模拟

现以时间控制的单向能耗制动为例，使用 CADe_SIMU 模拟电气原理。图 5-9 所示为时间控制的单向能耗制动模拟电气原理图。其中❶为变压器 TC 图符，❷为整流器 UR 图符，❸为电阻 R 图符。控制回路中，❹、❺、❻分别为时间继电器 KT 的常开辅助触点、延时断常闭辅助触点和线圈图符。

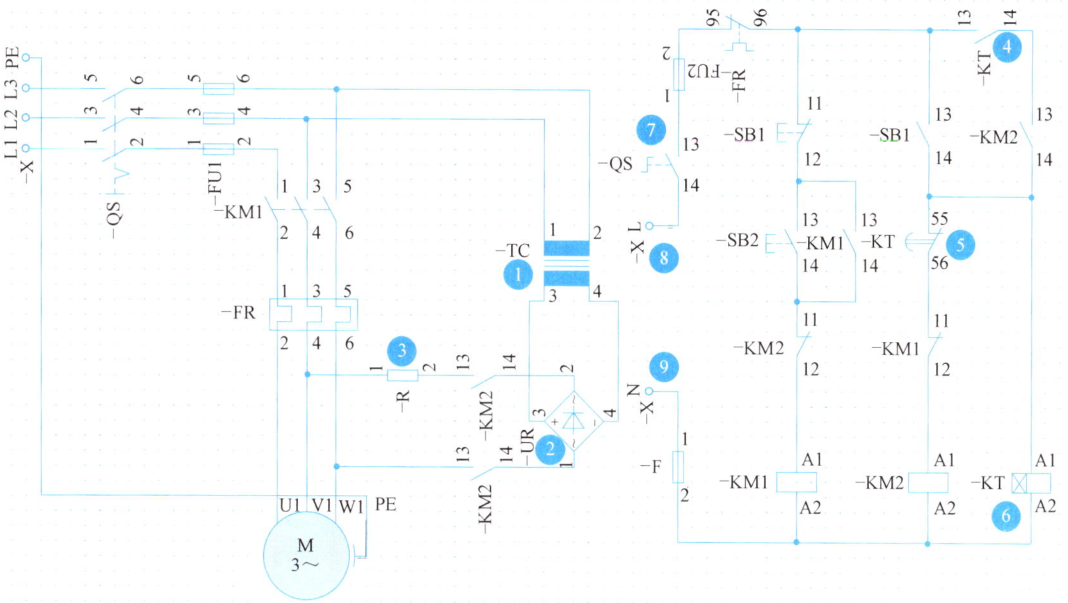

图 5-9 时间控制的单向能耗制动模拟电气原理图

5.4.1 控制回路模拟设计

为了实现主回路和控制回路分开绘制，并进行电气原理模拟，需要采取以下措施：

1）在控制回路的接入端必须加入一个与电源总开关 QS 同名的单极电源开关图符⑦，由于在软件中同名的原理图符是一个电器，所以模拟时，在主回路中按下电源总开关 QS 时，控制回路的单极电源开关 QS 也同步合上，从而使控制回路导通。

2）为控制回路提供电源。即在控制回路的接入端增加一个交流电源 L 图符⑧，在接出端增加一个交流电源 N 图符⑨，以构成电气回路。

5.4.2 调用电气原理图符

图 5-10 所示为相关电气原理图符的调用过程。操作①～⑤是调用变压器 TC、整流器 UR、控制回路接入端交流电源 L 和接出端交流电源 N 图符的过程，单击工具栏第二行中的“电源”图标（①），在展开的工具栏第三行中单击“变压器”图标（②），调用变压器 TC 图符；单击“整流器”图标（③），调用整流器 UR；单击“单个三相电源”图标（④），调用控制回路接入端电源 L 图符；单击“中性电源”图标（⑤），调用接出端交流电源 N 图符。

操作⑥、⑦是调用电阻图符的过程。单击工具栏第二行中的“电子元件”图标（⑥），在展开的工具栏第三行中单击“电阻 I”图标（⑦）。

操作⑧～⑩是调用继电器常开辅助触点、延时断常闭辅助触点图符的过程。单击工具栏第二行中的“辅助触点、定时触点”图标（⑧），在展开的工具栏第三行中单击“NO 接

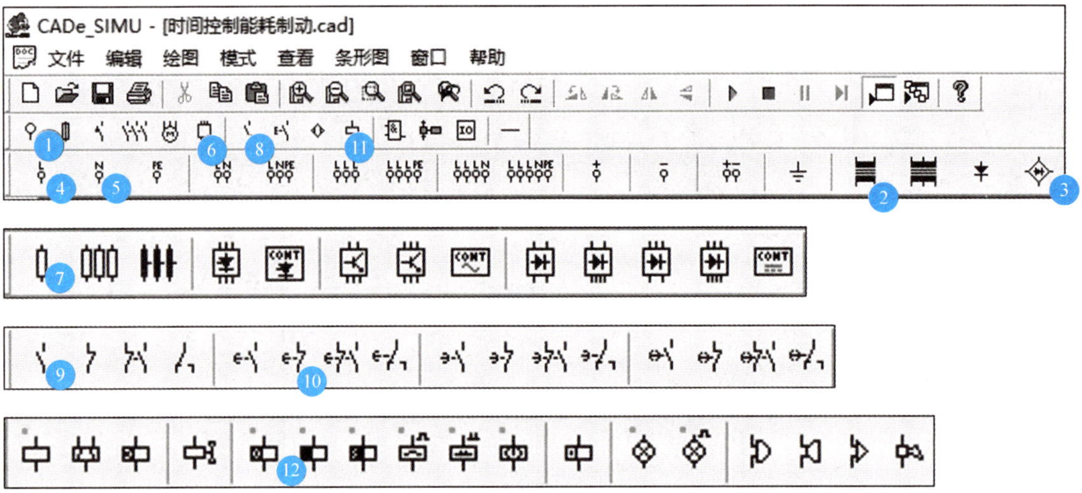

图 5-10　相关电气原理图符的调用过程

点”图标（⑨），调用常开触点图符；单击“NC 接触与连接超时”图标（⑩），调用延时断常闭辅助触点图符。

操作⑪、⑫是调用延时通线圈的过程，单击工具栏第二行中的“线圈和信号”图标（⑪），在展开的工具栏第三行中单击“连接计时器”图标（⑫），调用延时通线圈 KT 图符。

图 5-11 所示为延时设置的过程。双击延时通线圈图符，调出“定时器”对话框，设置计时器延时（秒）为“5”（01 倍），单击“确认”，将延时时间设置为 5s。

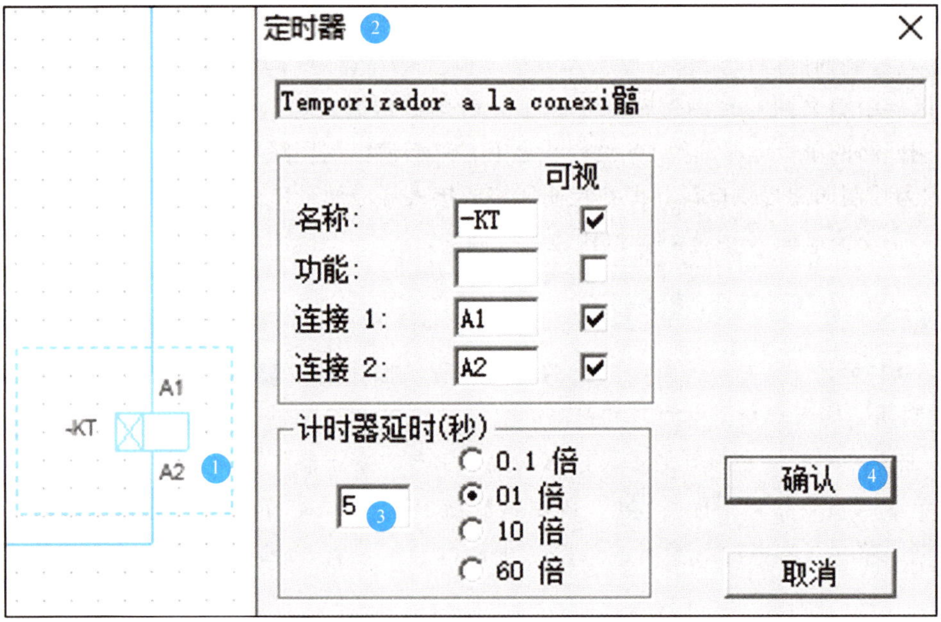

图 5-11　延时设置的过程

5.4.3　能耗制动模拟

图 5-12 所示为电动机起动模拟。单击工具栏第一行中的“模拟”图标，界面中的原理

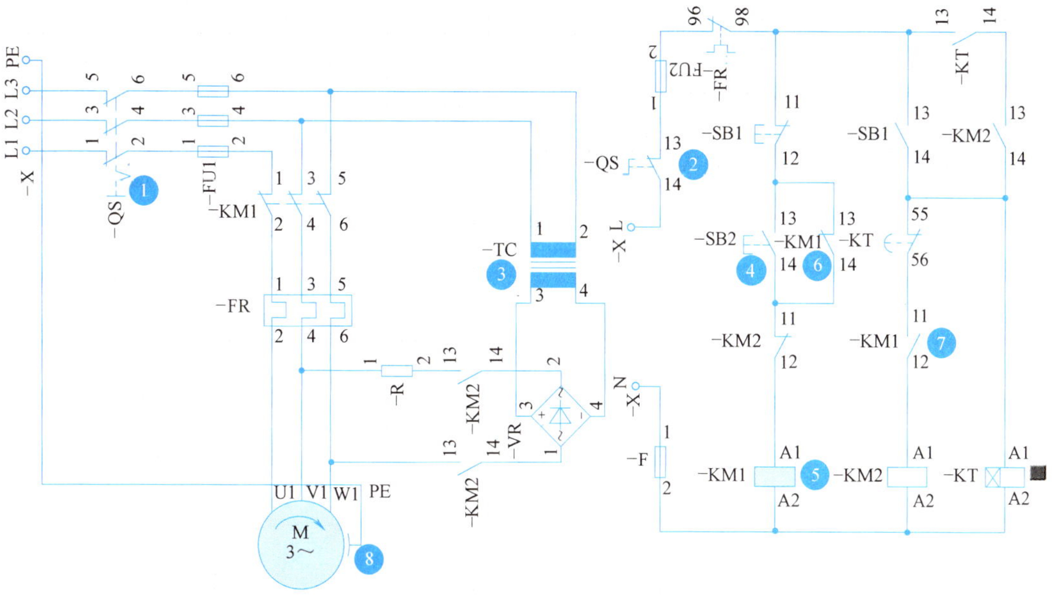

图 5-12　电动机起动模拟

图进入模拟状态后，主回路中合上电源总开关 QS（①），控制回路中的电源开关（②）同步合上，呈红色，表示已通电。主回路中，变压器（③）也呈红色，表示已通电。

在控制回路中合上按钮 SB2（④），线圈 KM1（⑤）通电。KM1 常开辅助触点（⑥）闭合，形成按钮 SB2 自锁。KM1 常闭辅助触点（⑦）断开，与 KM2 形成互锁。主回路中，电动机（⑧）反转起动。

图 5-13 所示为电动机制动模拟。控制回路中单击按钮 SB1（①），复合按钮 SB1 的常开

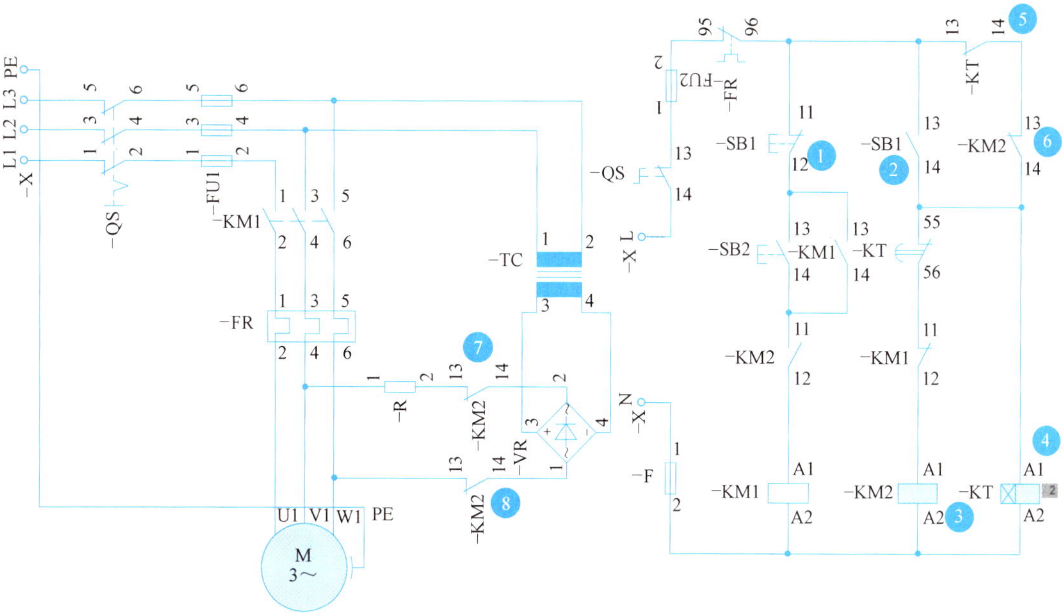

图 5-13　电动机制动模拟

触点（②）同步合上，交流接触器 KM2 线圈（③）通电。延时通线圈（④）通电，延时通线圈的常开触点（⑤）合上、交流接触器 KM2 的常开辅助触点（⑥）合上，主回路中常开辅助触点 KM2（⑦和⑧）合上，对电动机施以制动转矩。

在延时 5s 到达后，⑤、⑥、⑦、⑧处各元件断开，模拟制动转矩撤除，电动机 M 停转。

课余

使用 CADe_SIMU 绘制单向反接制动控制的电气原理图，并进行操作模拟，形成模拟实验报告，提交。实验报告内容包括实验目的、实验线路及设备、实验步骤、实验结果及讨论等。

第6章 电气工程制图

CHAPTER 6

电气工程制图必须遵守国家标准，主要有 GB/T 4728—2008、2018《电气简图用图形符号》、GB/T 4026—2019《人机界面标志标识的基本和安全规则　设备端子、导体终端和导体的标识》、GB/T 6988.1—2008《电气技术用文件的编制　第 1 部分：规则》等。电气工程制图主要包括电气原理图、电器布置图和电器接线图。

6.1　CW6132 电气原理图

CW6132 车床有一台主轴电动机，一台冷却泵电动机，一个照明灯和一个电源指示灯共四个电气控制对象。CW6132 电气原理图共 5 张，见附录 A 图 A-1～图 A-5。

6.1.1　CW6132 主回路

在图 A-1 中，主回路中合上电源开关 QS（图样位置为第 1 张的横向“3”，纵向“B”位置，标记为 1-3B），电源接入，变压器 TC（1-9B）的一次侧通电。这时主轴电动机 M1（1-5G）是否通电，取决于交流接触器主触头 KM（1-5D）的通断，合上 QS1（1-7D），冷却泵电动机 M2（1-7G）通电运转，断开 QS1，M2 断电停转。

6.1.2　控制回路

图 A-2 中，按下起动按钮 SB2（2-3D），线圈 KM1（2-3H）吸合，导致主回路中的主触头 KM（1-5D）接通，主轴电动机 M1 起动；按下停止按钮 SB1（2-3C），线圈 KM 断电释放，导致主回路中的主触头 KM 断开，主轴电动机 M1 断电停转。

电源指示回路中，当主回路中合上电源开关 QS，电源指示灯 HL（2-7F）亮，断开电源开关 QS，电源指示灯 HL（2-7F）灭。

照明回路中，合上 QS2（2-9E），照明灯 EL（2-9F）亮，断开 QS2，EL 灭。

6.2　电气原理图绘制规则

电气原理图采用电气元件展开的形式绘制，图中包括所有电气元件、导线、电气元件接线引脚号，以及由上述构成的相关连接关系等。但电气原理图并不按照电气元件的实际位置和大小绘制。根据简单清晰的原则，原理图一般分为主回路、控制回路、信号回路和照明回路等。

6.2.1　触点图示状态规则

电气原理图中，电气元件触点的图示状态按该电器的不通电或不受力状态绘制，遵循以下规则：

1）对于接触器、电磁继电器等电器的触头、触点，按电磁线圈不通电状态绘制。

2）对于按钮、行程开关等，按不受外力作用时的状态绘制。

3）对于低压断路器及组合开关等，按断开状态绘制。

4）热继电器按未脱扣状态绘制。

5）速度继电器按电动机转速为零时的状态绘制。

6）事故、备用与报警开关等，按设备处于正常工作时的状态绘制。

7）标有“OFF”等多个稳定操作位置的手动开关，按拨在“OFF”位置时的状态绘制。

6.2.2　文字标注规则

电气原理图中的文字标注遵循就近规则与相同规则。就近规则是指电气元件各导电部件的文字符号应标注在图形符号的附近位置；相同规则是指同一电气元件的不同部件采用相同的文字标注符号。在 CW6132 电气原理图的第 1 张（即图 A-1）中，有一个 KM 主触头，第 2 张（即图 A-2）中有一个 KM 线圈，一个 KM 常开触点，由于文字标注符号相同，说明在物理上，它们是同一个交流接触器 KM 中的不同元件。

文字本身应符合 GB/T 14691—1993《技术制图　字体》的规定。汉字采用长仿宋体，字高有 20、14、10、7、5、3.5 和 2.5 七种，字体宽度约等于字高的 2/3，而数字和字母笔画宽度约为字高的 1/10。

6.3　导线的绘制

在电气原理图中，导线分为垂直布置和水平布置两种形式。垂直布置是指设备及电器元件图符从左至右纵向排列，连接线垂直布置，机电设备的电气原理图大多采用此布置方法。水平布置是指设备及电器元件图形符号从上至下横向排列，连接线水平布置。对于水平布置图样，由于图样宽度尺寸大于高度尺寸，所以当一个主回路或一条控制支路上元件过多时，采用水平布置较为合适。

6.3.1　交叉节点通断规则

如图 6-1 所示，一根 A 母线上分别有 a、b、c、d 四根导线与之交叉，其中导线 a 与 A 交叉处绘制黑圆点，表示 a 与 A 在交叉处接通。导线 b 与 A 在交叉处没有绘制黑圆点，表示 b 只是经过 A，没有在交叉处接通。导线 c 与 A 构成了 T 字形交叉，交叉处绘制有黑圆点，表示 c 与 A 在 T 字形交叉处接通。导线 d 与 A 在 T 字形交叉处没有绘制黑圆点，但 d 与 A 在 T 字形交叉处也是接通的，即对于 T 字形交叉的两导线，无论在 T 字形交叉处是否绘制黑圆点，两导线均是接通的。

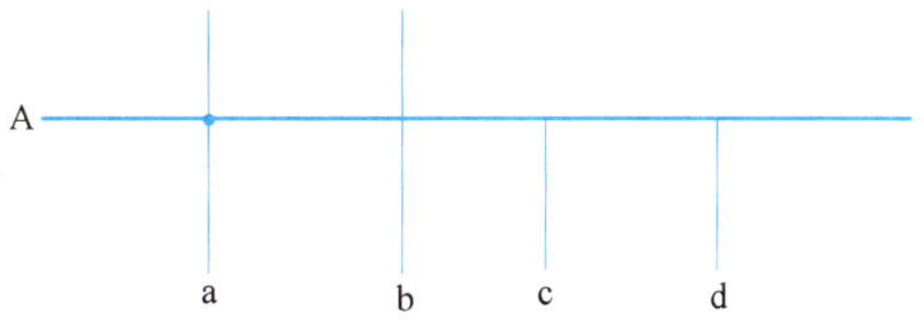

图 6-1 两导线交叉节点处的通断

6.3.2 线号与规格

线号中的常用字母有 L、M、U、V、W 和 PE 等，数字“0”一般标注零线。一套图中的每一根导线的线号必须唯一。在电气原理图中，所谓一根导线是指等电位的连通导线。

图 6-2 所示为 CW6132 电气原理图第 2 张（即图 A-2）中的一个局部示例。

从实际接线操作角度观察，常闭按钮 SB1 接出端到交流接触器常开触点 KM 的接入端有一根连接导线，同时常闭按钮 SB1 接出端到常开按钮 SB2 的接入端也有一根连接导线，共有两根连接导线。但依据电气原理图中关于一根导线的含义，两根导线相互连通，电位相等，符合一根导线的含义，所以在电气原理图中只能有一个线号“201”。

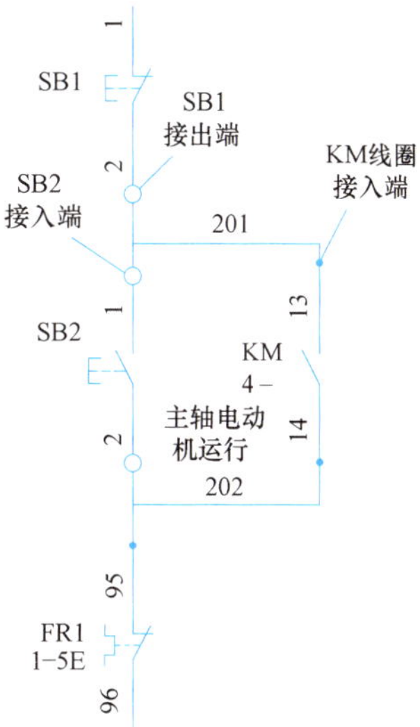

图 6-2 等电势导线示例

连线规格按就近原则采用引出线标注，CW6132 电气原理图中的第 1 张采用引出线标注，电源接入导线截面积为 $4mm^2$，主回路导线截面积为 $2.5mm^2$。第 2 张图中标注了控制回路和电源指示回路导线截面积为 $0.75mm^2$，照明回路导线截面积为 $1mm^2$。

6.4 图幅分区

为便于用文字说明电气原理图中电器元件的位置、用途以及标记索引号等，必须对图幅进行分区。

6.4.1 分区方法

在 CW6132 电气原理图中，图的上方和下方自左往右用数字进行了等分分区，左端和右端自上而下用大写字母进行等分分区。在垂直布置的电气原理图中，上方一般按主回路及各部分控制环节，自左往右进行文字说明分区，并在各分区方框中加注文字说明，帮助阅读和理解电气原理。电气图绘制时应遵循支路与元件居中原则，即将每条支路及支路上的电器元件放置在一个数字分区的中间区域和一个字母分区的中间区域，以方便电器触点位置索引标注。

6.4.2 触点索引

因线圈、主触头、辅助触点所起作用各不相同，电气原理图中的交流接触器与继电器通常绘制在各自发挥作用的支路中。在幅面较大的复杂电气图中，为检索方便，需要在电磁线圈图形符号下方标注电磁线圈的触点索引代号。

图 6-3 所示为 CW6132 电气原理图第 2 张（即图 A-2）中的一个局部示例。交流接触器 KM 线圈下方是图形格式的触点索引，“1-5D”表示该线圈控制的三个主触头在第 1 张（即图 A-1）的 5D 位置，从图形上观察，三个常开主触头的进线接线引脚号为 1L1、3L2、5L3，出线接线引脚号为 2T1、4T2、6T3。另在 2-4D 位置还控制了一个常开辅助触点，其进线引脚号为 13，出线引脚号为 14。

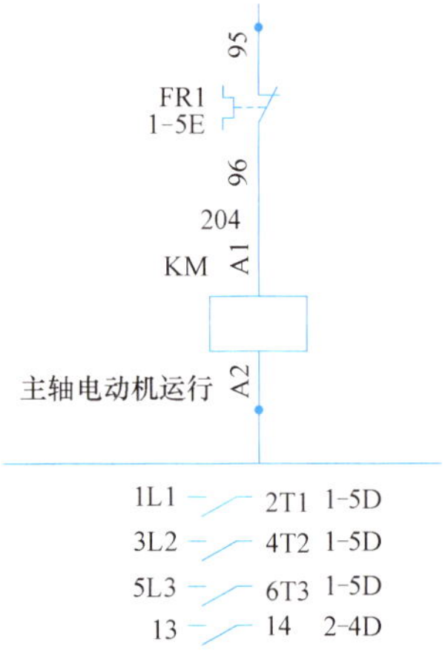

图 6-3 电磁线圈的触点索引图

6.5 布置图和接线图

出于安全防护的要求，常将电器安装在电气柜中，可以减少环境污染、减少触电危害，也可为电器提供安全防护。以 CW6132 电气原理图为例，根据电器的作用和功能，将电器分为屏柜内安装、屏柜外安装两大类，见表 6-1。

表 6-1 CW6132 电气原理图电器安装位置

符号	名称	数量	安装位置	符号	名称	数量	安装位置
FU1	熔断器	3	屏柜内	QS	电源开关	1	屏柜外 操作位置
FU2	熔断器	3	屏柜内	QS1	冷却泵开关	1	屏柜外 操作位置
FU3	熔断器	1	屏柜内	QS2	照明开关	1	屏柜外 操作位置
FU4	熔断器	1	屏柜内	M1	主轴电动机	1	屏柜外 工作位置
TC	变压器	1	屏柜内	M2	冷却泵电动机	1	屏柜外 工作位置
KM	交流接触器	1	屏柜内	SB1	主轴停止按钮	1	屏柜外 操作位置
FR	热继电器	1	屏柜内	SB2	主轴起动按钮	1	屏柜外 操作位置
				HL	电源指示灯	1	屏柜外 工作位置
				EL	照明灯	1	屏柜外 工作位置

6.5.1 电器布置图

图 A-3 所示为 CW6132 屏柜内电器布置图。绘制电器布置图时，根据安装板内电器的电盘板实际尺寸、电器元件外形实际尺寸按比例精确绘制。图中方框为电盘板，板上电器按上、中、下三层布置，上层为主回路熔断器 FU1、FU2，中层为交流接触器 KM、热继电器 FR1、变压器 TC，下层为接线端子排 XT，电器及板上的走线槽和接线端子排均按实际外形尺寸绘制，文字符号标注与电气原理图保持一致。

6.5.2 端子排的作用

端子排将屏柜内设备和屏柜外设备的线路相连接，起到传输信号（电流、电压）的作用。端子排由若干端子节组合而成，每一节端子组件形成一个接线位。使用端子排的一般规则是：安装在屏柜电盘板上的电器之间可以互连，安装在屏柜外的电器之间也可以互连；但是屏柜内电盘板上的电器与屏柜外的电器之间，除了具有信号屏蔽要求的电缆外，需要通过端子排转接。

一、端子排的结构

若干节端子排可在导轨上组合成接线端子排，如图 6-4 所示。一节接线端子内是一段封装在绝缘塑料里的金属片，两端都有孔可以插入导线，有螺钉用于紧固或者松开。组成端子排后可用于大量的导线互连。

若需将若干节端子排连接成一体，先按需要截取等数量的短接金属片，再将截取的短接金属片装入相关的端子排，然后用螺钉旋具固定，如图 6-5 所示。对于用短接金属片连接的若干节端子排，所有的接线端点连接于一体，成为一个等电位接线端点。

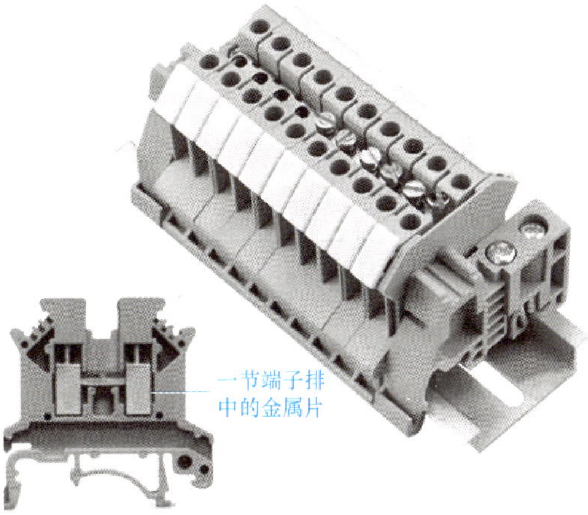

图 6-4 接线端子的结构和组装

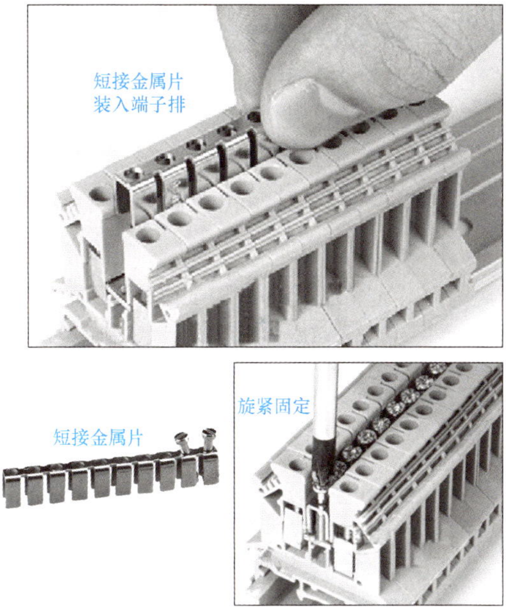

图 6-5 多节端子排连接操作

二、端子排的符号

屏柜中电盘板上的电器通过端子排转接时，电盘板上的电器引脚接出的导线接到端子排的上端，再由端子排下端接出的导线转接到柜外电器的引脚上。根据这一接线工艺要求，在电气原理图中，用空圆点表示接线端子排下端的一个接线端点，用黑圆点表示端子排上端的一个接线端点。

图 6-6 所示为 CW6132 电气原理图第 1 张中的一个局部示例。其中 QS1 是一个屏柜外电器，因此其引脚 1、3、5 接到屏柜中端子排的下接线端点，在原理图上用三个空圆点表示。从三个空圆点出发，沿着导线向上排查另一端的电器，每遇到一个安装在屏柜内电器的引

脚，就在引脚附近加上一个黑圆点，每遇到一个屏柜外电器的引脚，就在引脚附近加上一个空圆点，结果原理图中加上了五个黑圆点。

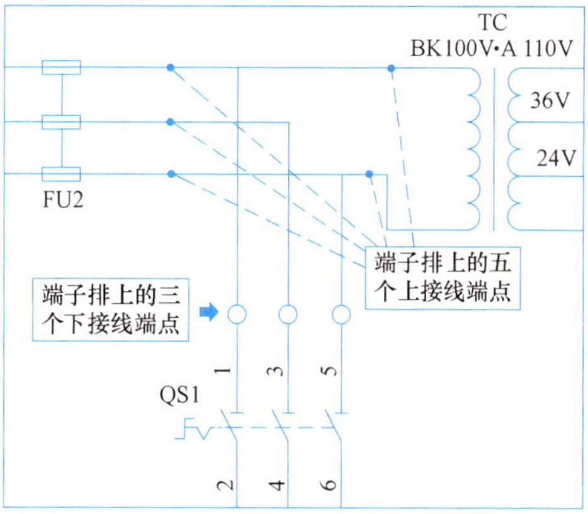

图 6-6　接线端子的外观图

区域中等电位导线数目等于黑圆点数目和白圆点数目中较少的数目。实际接线操作中，由于接线端子的价格低廉，通常一节接线端子排的一个端点上只接一根导线。根据这一规则，若屏柜内熔断器 FU2 的出线端与变压器 TC 一次侧输入端先互接，再接到端子排的上端点，则本例中需要三节端子排。若屏柜内各电器引脚间不互接，均用一根导线直接连接到端子排的上端点，则本例中需要的端子排节数为黑圆点和白圆点中较多的数目，即需要五节端子排。不论是否互接，本例中实际使用的导线数目等于黑圆点数目和白圆点数目之和，即需要八根导线。

三、端子排布置图

图 6-7 所示为 CW6132 电气原理图中接线端子排的布置图。图中一个小矩形框表示一个接线端子，小矩形框内的文字为该转接端子的标记号，与端子上的接入与接出线的线号相同。考虑到后期维修，每 3~6 个转接端子间安排一个空转接端子。小矩形框之间的横线表示接线端子间互连成等电位。

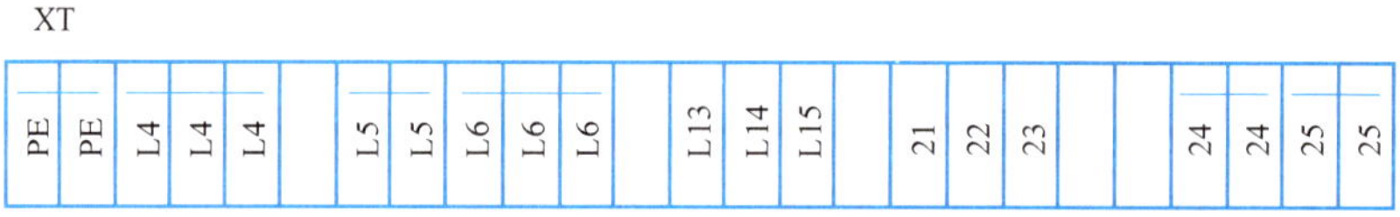

图 6-7　CW6132 电气原理图中接线端子排布置图

图 6-7 主要标注每一个转接端子的标记号，以及各个转接端子的位置、转接端子间的互连关系等，每一个转接端子的外形不需要按转接端子的实际尺寸精确绘制。

6.5.3　电器接线图

电器接线图的作用是服务于配线或检查维修，通常与电气原理图一起使用。电器接线图通常根据设备和电器元件的实际位置、配线方式和安装情况绘制。

一、绘制内容

电器接线图的绘制内容包括电器设备和电器元件的相对位置，电器元件的文字符号、引脚号、导线号、导线类型、导线截面积、屏蔽和导线绞合等，电器的位置要与电器布置图相一致。

二、电器位置

所有设备和电器按所在实际位置绘制在图样上，同一电器的各部件根据实际结构，使用与原理图相同的图符画在一起，用点画线框上，文字符号以及引脚号均与原理图的标注一致。

三、连接导线

电器接线图中的导线有单根导线、导线组和电缆之分，用连续线或中断线绘制。凡导线走线相同的采用合并方式，用线束绘制，到达电器引脚或端子排时，再分开绘制。

四、 CW6132 案例

CW6132 车床的电气屏柜外有电源开关 QS、QS1，电动机 M1、M2，照明灯 EL 及开关 QS2，电源指示灯 HL、按钮 SB2 和 SB1 等电器。若将所有电器和设备的安装接线绘制在一张图样上，将导致接线关系过于复杂，难以阅读。实际绘制中常按分页绘制方式，每页绘制各有侧重的安装连接图。

图 A-4 所示为 CW6132 屏柜内的接线图。图中按照电器布置图的位置，用与电气原理图符相同的符号绘制各电器元件，并根据布置位置，用点画线将同一位置处的电器组合在一起，绘图的重点是清晰标注导线的走向和配线的截面积等。以 FU2 下端接出的三根导线 L4、L5、L6 为例，屏柜电盘板上安装接线图中标注配线的截面积为 $2.5mm^2$，向下进入走线后，多股导线改用一根线表示，通过跟踪图上标注的线号和截面积查找导线的走向，该三根导线通过走线槽向右，再向下，经下部的导线槽向左，接至 XT 中的 L4、L5、L6 等三节接线端子排的上接线端点上。另外，在屏柜电盘板上安装接线图中的变压器 TC，其一次侧通过 L4、L6 两根导线经走线槽向左，再向上接至 FU2 的接出端点上。

图 A-5 所示为 CW6132 电盘板和屏柜外接线图。屏柜外的电器位置按在机床操作台或操纵箱中的实际位置区域绘制，着重表示屏柜内与屏柜外电器的转接关系以及转接配线截面积等。仍以 FU2 下端接出的三根导线 L4、L5、L6 为例，屏柜外的电动机 M2 的三根导线 L4、L5、L6 经 QS1 向上接至 XT 中的 L4、L5、L6 等三节接线端子排的下接线端点上。

课余

绘制正反停控制的电气原理图、屏柜电器布置图、屏柜内电器接线图和屏柜内外转接线图。要求标注线号、引脚号、索引号和导线截面积等。

第7章 CHAPTER 7 电器选用估算

在电气原理图设计和绘制完成后，就进入了电器选用阶段。常用的低压电器约有 120 个系列，600 个品种，上万个规格。每一个电器具有不同的用途和不同的使用条件，选用方法各不相同。电器需遵循安全和经济两个原则。安全原则是指选用的电器要确保用电设备和电气装置的可靠运行。经济原则是指电器成本和使用电器的产出价值要兼顾电器价格低廉和耐用可靠。

7.1 负载容量估算

负载容量估算是电器选用的基础。常用负载容量估算的对象主要包括电动机、三相负载和灯具等。

7.1.1 电动机额定容量

电动机额定容量一般指电动机的额定功率 P_e，是电动机制造厂家所规定的额定情况下运行时，其输出端的机械功率，单位一般为 kW。电动机轴的输出功率在电动机铭牌上标示为额定功率。在无铭牌的情况下，需要估算 P_e。方法是测量电动机空载电流 I_0，即

$$P_e \approx 1.25 I_0 \text{ (kW)}$$

式中，I_0 为安倍数（A）。得到估算值后，需根据电动机容量系列标准进行圆整。根据国家标准，250kW 以下的有 0.12kW、0.18kW、0.25kW、0.37kW、0.55kW、0.75kW、1.1kW、1.5kW、2.2kW、3.0kW、4.0kW、5.5kW、7.5kW、11kW、15kW、18.5kW、22kW、30kW、37kW、44kW、55kW、75kW、90kW、110kW、132kW、160kW、200kW、250kW 28 个功率等级。280kW～10MW 可再分为 43 个功率等级。

7.1.2 电动机空载电流

电动机空载电流是指电动机空载运行时，定子三相绕组中通过的电流。电动机空载时，向系统吸取的功率只是在定子与转子之间建立电磁场用，无任何输出，因此空载电流很小。空载时转差率特别小，磁场的相对切割小，产生的感应电流也就小，所以电流小；反过来，

负载越大，转差率越大，磁场的相对切割大，产生的感应电流越大，反应到定子的电流越大。一台品质好的电动机，就是要在满足额定负载时的优良技术参数的前提下，追求最小的空载损失。但空载电流也不能过小，否则会影响电动机的其他性能。在电动机的铭牌或产品说明书上，一般不标注空载电流。

在现场快速估算电动机空载电流的方法如下：

1）对于中型、4 或 6 极的电动机、空载电流 $I_0 \approx 0.8P_e$（A），其中 P_e 的单位为 kW。

2）对于新系列、大容量、极数偏小的 2 级电动机，$I_0 \approx 0.6P_e$（A）。

3）对于旧的、老式系列、较小容量、极数偏大（如 8 极以上）的电动机，$I_0 \approx 1P_e$（A）。

7.1.3 负载设备电流

负载设备电流通常指额定电流 I_e。负载功率 P_e 就是用电设备本身消耗的电功率，因为电路中存在损耗，P_e 往往小于供电设备供出的功率。对于电动机，其额定电流为 I_e，在三相 380V 供电时，$I_e \approx 2P_e$（A）。例如，5.5kW 的电动机，$I_e \approx 2\times5.5=11$（A）。

对于用电阻加热的三相 380V 的电热设备，每 kW 负载的电流为 1.5A，即 $I_e \approx 1.5P_L$（A），适用于以 kV·A 为单位的电器（如变压器或整流器）、以 kvar 为单位的用电设备（如移相电容器）以及以 kW 为单位的电热和照明设备。其中 P_L 为电阻加热的三相 380V 电热设备的 kW 数。例如，一台 3kW 电加热器，$I_e \approx 1.5\times3=4.5$（A）；12kW 的三相（平衡时）照明干线，$I_e \approx 1.5\times12=18$（A）；30kV·A 的整流器，$I_e \approx 1.5\times30=45$（A）；100kvar 的移相电容器（三相 380V），$I_e \approx 1.5\times100=150$（A）。

对于 380V/220V 三相四线系统，单相设备的两根线，一根接相线，而另一根接零线，习惯上称为单相 220V 用电设备，这种设备以 kV·A 为单位时，功率因数大多为 1，每 kV·A 负载的电流为 4.5A，即 $I_e \approx 4.5P_e$。例如，500V·A（0.5kV·A）的行灯变压器（220V 电源侧），$I_e \approx 4.5\times0.5=2.25$（A）。所有以 kV·A 为单位的单相 220V 用电设备，以及以 kW 为单位的电热及照明设备、220V 的直流设备均适用。

对于电压更低的单相设备，以 220V 为标准，电压降低的倍数=电流增大的倍数。例如，一个 36V 电压的单相 1kW 设备，以 220V 为标准，电压降低的倍数=220/36≈6，$I_e \approx 6\times4.5\times1=27$（A）。

对于 380V/220V 三相四线系统，单相设备的两根线都接到相线上，习惯上称为单相 380V 用电设备，这种设备以 kW 为单位时，功率因数大多为 1，$I_e \approx 2.5P_L$（A）。其中 P_L 为单相 380V 用电设备的 kW 数。例如，32kW 钼丝电阻炉接单相 380V，$I_e \approx 2.5\times32=80$（A）；2kV·A 的行灯变压器，一次侧接单相 380V，$I_e \approx 2.5\times2=5$（A）。

对于白炽灯，用钳型电流表测得一根相线上的电流值 I，则白炽灯容量 $P_L \approx 220I$（W）。例如，用钳型电流表测得白炽灯的线电流为 0.2A，该白炽灯容量 $P_L \approx 220\times0.2=44$（W）。

7.2 电动机保护估算

电动机保护环节主要涉及开关、熔断器、断路器、热继电器和接触器等电器。

7.2.1　电动机开关的选择

小型 380V 笼型三相电动机的起动电流一般是额定电流的 4~7 倍。用负荷开关直接起动的电动机容量最大不应超过 10kW，一般以 4.5kW 以下为宜。

开启式负荷开关（胶盖瓷底隔离开关）一般用于 5.5kW 及以下的小容量电动机做不频繁直接起动。封闭式负荷开关（铁壳开关）一般用于 10kW 以下的电动机做不频繁直接起动。两者均需有熔体作为短路保护。

铁壳开关的额定电流 I_e（A）应为电动机容量 P_e（kW）的 6 倍左右才安全。例如，1.7kW 电动机用铁壳开关起动，铁壳开关的额定电流 $I_e \approx 1.7\times6=11$（A）；7kW 电动机用铁壳开关起动，铁壳开关的额定电流 $I_e \approx 7\times6=42$（A）。上述两例中，11A 和 42A 均为估算值，具体的铁壳开关的额定电流要根据估算值对照系列额定电流标准选配。

7.2.2　熔断器的选择

熔断器的类型一般根据使用场合选择。电网配电一般用刀型触头熔断器（如 HDLRT0 RT36 系列），电动机保护一般用螺旋式熔断器，照明电路一般用圆筒帽形熔断器，保护晶闸管则应选择半导体保护用快速式熔断器等。

一、电动机短路保护

熔断器中的熔体电流要避开起动时的大电流。熔体的额定电流 $I_N \approx 4P_e$（A）。其中 P_e 为电动机额定功率（kW）。

电动机回路中，起动时间不长的电动机，熔体的额定电流 $I_N \approx (0.3\sim0.4)I_{st}$。其中 I_{st} 为电动机起动电流（A）。

对起动时间较长或起动频繁的电动机，$I_N \approx (0.5\sim0.6)I_{st}$。

对于多台电动机供电的主干母线处的熔断器，$I_N \approx (2.0\sim2.5)I_{emax}+\sum I_e$。其中，$I_e$ 为电动机额定电流；I_{emax} 为多台电动机中一台最大容量电动机的额定电流；$\sum I_e$ 为其余电动机的额定电流之和。

二、电动机末端回路保护

选用电动机专用的 aM 型熔断器，熔体的额定电流 I_N 稍大于电动机的额定电流 I_e。

对于电容补偿柜主回路的保护，若选用电线电缆专用的 gG 型熔断器，熔体的额定电流 I_N 约等于线路计算电流的 1.8~2.5 倍；若选用 aM 型熔断器，熔体的额定电流 I_N 约等于线路电流的 1~2.5 倍。

三、线路上下级间保护

为防止越级动作而扩大故障停电范围，前一级熔体比后一级熔体的额定电流大 2~3 倍。

四、其他用电器保护

变压器、电炉和照明等负载中熔体的额定电流应略大于等于负载电流。对于输配电线路，熔体的额定电流应略大于等于线路的安全电流。

7.2.3　断路器的选择

断路器的额定工作电压 U_e 指断路器在正常（不间断）情况下工作的电压，$U_e \geq$ 线路额定电压。断路器的额定电流 I_n 指配有专门的过电流脱扣继电器的断路器，在规定的环境温度中，不超过电流承受部件规定的温度限值的最大承受电流值，$I_n \geq$ 线路负载电流。

一、断路器的电流整定值

断路器的电流整定值指断路器或接触器的过电流保护装置的动作电流值。由于这个数值要调整到一个事先设计的过电流值的同时，要求精确控制到达过电流值到跳闸之间的时间，这个调整就称为整定。

短路保护脱扣电流整定值 I_m 指短路脱扣继电器（瞬时或短延时）在高故障电流值出现时，断路器快速跳闸的极限电流，$I_m \geq 1.1(I_{jx}+k_1 k I_{edm})$。其中，$I_{jx}$ 为线路计算负载电流；k_1 为电动机起动电流的影响系数，一般取 $k_1=1.7\sim2$；k 为电动机起动电流的倍数；I_{edm} 为电动机中一台最大额定电流电动机的额定电流值。短延时时，$I_m \geq 1.1$ 倍下级开关进线端的短路电流（计算值）。也可按 $I_m \geq$ 线路中可能出现的最大短路电流（有效值）估算。

过载保护脱扣电流整定值 I_r 指长延时过负荷脱扣器（即热脱口器）的整定电流。$I_r=0.8\sim1$ 倍导线允许载流量。3 倍长延时动作电流整定值的可返回时间≥线路中最大起动电流的电动机起动时间。

二、电动机保护的电流整定值

通常，电动机保护断路器按电动机容量的倍数估算脱扣器整定电流。一般电动机容量 kW 数的 20 倍电流出现时，脱扣器立即跳闸，较小的电动机跳闸电流为电动机容量 kW 数的 24 倍。

对于过载保护的自动断路器，延时脱扣器的电流整定值指形成跳闸的过电流值，该过电流值按所控制电动机容量 kW 数的 3.5 倍选择。但电路中达到该电流值并不会立即跳闸，而是要保持一定的时间才能跳闸，这个持续时间即为热保护动作时间（t_{gl}），应比 2 倍电动机起动时间（t_{qd}）略大。

热脱扣器整定电流值等于或略大于电动机的额定电流，即按电动机容量 kW 数的 2 倍选择。热保护动作时间应大于 2 倍电动机起动时间，小于 20min。

控制一台笼型电动机（三相 380V）的自动开关，其电磁脱扣器瞬时动作整定电流 I_m 按电动机容量的 kW 数的 20 倍选择。例如，10kW 电动机自动开关电磁脱扣器瞬时动作整定电流 $I_m=10\times20=200$（A）。有些小容量的电动机起动电流较大，有时按电动机容量 kW 数的 20 倍选择瞬时动作整定电流，仍不能避开起动电流的影响，这时允许取略大些，但以不超过 20% 为宜。

对于上述电动机的过载保护，其热脱扣器或延时过电流脱扣器的整定电流 I_r 可按电动机额定功率 kW 数的 2 倍选择。例如，对于 10kW 的电动机，$I_r=10\times2=20$（A）。

三、照明用低压断路器

照明用低压断路器的长延时整定电流值≤线路计算负载电流。瞬时动作整定电流值 $I_m=(6\sim20)\times$ 线路计算负载电流。

四、断路器与熔断器配合

安装点的预期短路电流小于断路器的额定分断能力，因熔断器的额定短路分断能力很强，可使用熔断器进行后备保护。熔断器应安装在断路器的电源侧，以确保安全。

7.2.4 热继电器电流估算

热继电器额定电流 I_{re} 指通过热继电器的电流。在正常的起动电流和起动时间、非频繁起动的场合，电动机起动不能使热继电器误动。

一、热继电器额定电流

当电动机起动电流为额定电流的 6 倍、起动时间不超过 6s、很少连续起动时，按热继电器额定电流 I_{re} 等于或略大于电动机额定电流选择热继电器。电动机额定电流≈电动机额定功率 kW 数×2，所以

热继电器额定电流 I_{re}≈电动机额定功率 kW 数×2.5

但对于过载能力较差的电动机，配用的热继电器（或热元件）额定电流应适当减小，按热继电器（或热元件）额定电流 I_{re}≈(0.6~0.8)×电动机额定电流 I_{me}。

如果负载性质不允许停车，热继电器额定电流可选择较大值，这种场合采用由热继电器和其他保护电器相结合的保护措施，确保只有非常危险的过载，热继电器才脱扣。

使用热继电器的环境温度>保护电动机的环境温度，且差值<15℃，热继电器额定电流按升高 1 级选用。使用热继电器的环境温度<保护电动机的环境温度，且差值<15℃，热继电器额定电流按降低 1 级选用。

二、热继电器整定电流

热继电器整定电流指长期通过发热元件而不致使热继电器动作的最大电流。当热元件中通过的电流超过整定电流的 20%时，热继电器须在 20min 内动作。

热继电器整定电流的大小可通过整定电流旋钮来改变，热元件的整定电流通常调整到等于电动机的额定电流，而

电动机的额定电流≈电动机额定功率 kW 数×2

对于过载能力差的电动机，热元件整定电流调整到电动机额定电流的 0.6~0.8 倍。

对起动时间较长、拖动冲击性负载或不允许停车的电动机，热元件的整定电流调整到电动机额定电流的 1.1~1.15 倍。电动机过载保护通常选用带断相保护装置的热继电器。

7.2.5 接触器的选择

接触器的类型根据负载电流的类型和负载的轻重来选择，即是交流负载还是直流负载，是轻负载、一般负载还是重负载。

一、主触头的额定电流

主触头额定电流指每一个主触头能够通断的负载电流，也是接触器的额定电流。接触器的触点因频繁通、断工作，较容易被电弧烧蚀，接触器额定电流≈负载容量功率 kW 数×2。根据这一估算值，对照额定电流等级进行圆整取值。380V 三相电动机控制电路中，常用的接触器额定电流等级为 5A、10A、20A、40A、60A、100A、150A、250A、400A 和 600A。对于频繁起动的正反转控制回路中的接触器额定工作电流，按额定电流等级圆整值升高 1 级选取。

二、 主触头的额定电压

接触器铭牌上所标示的电压即为主触头能承受的额定电压，主触头的额定电压≠吸引线圈的电压。接触器主触头的额定电压≥负载的额定电压。

三、线圈的额定电压

线圈的额定电压不一定等于主触头的额定电压。当线路简单、使用电器少时，可直接选用 380V 或 220V 的电压作为线圈的额定电压。但如果线路复杂，电器使用时间超过 5h，可

选用额定电压为 24V、48V 或 110V 的线圈。

四、操作频率

操作频率指接触器每小时通断的次数。当通断电流较大及通断频率过高时，会引起触头严重过热，甚至熔焊。操作频率若超过规定数值，应选用主触头额定电流大 1 级的接触器。

7.3 配线估算

常用的导线种类如图 7-1 所示。根据固定在一起相互绝缘的导线根数，绝缘电线可分为单芯线和多芯线，多芯线也可把多根单芯线固定在一个绝缘护套内。平行的多芯线用“B”表示，绞型的多芯线用“S”表示。

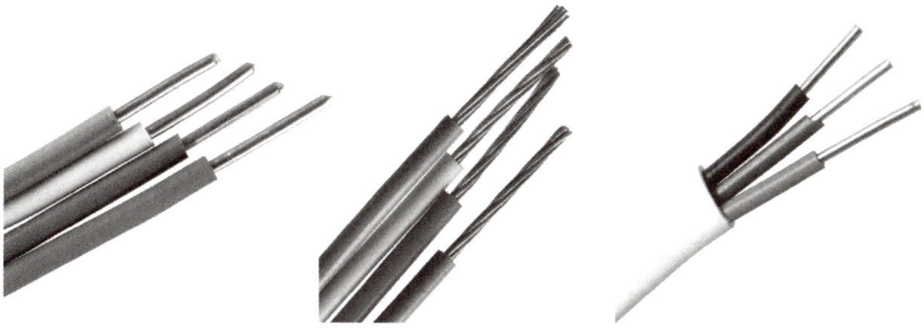

a) BV　　b) BVR　　c) BVVB

图 7-1　常用的导线种类

$6mm^2$ 截面积及以下单股线称为硬线，多股线称为软线。硬线用“B”表示，软线用“R”表示。电线常用的绝缘材料有聚氯乙烯和聚乙烯两种，聚氯乙烯用“V”表示，聚乙烯用“Y”表示。

图 7-1a 中的 BV 表示铜芯聚氯乙烯绝缘电线，图 7-1b 中的 BVR 表示铜芯聚氯乙烯绝缘软线，图 7-1c 中的 BVVB 表示铜芯聚氯乙烯绝缘聚氯乙烯护套电线硬线。

7.3.1 电动机配线估算

导线标称截面积 S 有 $0.3mm^2$、$0.5mm^2$、$0.75mm^2$、$1mm^2$、$1.5mm^2$、$2.5mm^2$、$4mm^2$、$6mm^2$、$10mm^2$、$16mm^2$、$25mm^2$、$35mm^2$、$50mm^2$、$70mm^2$、$95mm^2$、$120mm^2$、$150mm^2$、$185mm^2$、$240mm^2$……。通常情况下，铝芯绝缘线的截面积$\geqslant 2.5mm^2$，铜芯绝缘线的截面积$\geqslant 0.75mm^2$，裸铝线的截面积$\geqslant 10mm^2$，裸铜线的截面积$\geqslant 6mm^2$。

$2.5mm^2$ 的铝芯绝缘线穿管敷设，最大可配备 $2.5+3=5.5$（kW）的电动机。

$4mm^2$ 的铝芯绝缘线穿管敷设，最大可配备 $4+4=8$（kW）的电动机。

$6mm^2$ 以上的铝芯绝缘线穿管敷设，按+6 估算。例如，$6mm^2$ 可配备 12kW 的电动机，$10mm^2$ 可配备 16kW 的电动机，$16mm^2$ 可配备 22kW 的电动机。

$25mm^2$ 以上的铝芯绝缘线穿管敷设，按+5 估算。例如，$25mm^2$ 可配备 30kW 的电动机，

35mm^2 可配备 40kW 的电动机，50mm^2 可配备 55kW 的电动机，70mm^2 可配备 75kW 的电动机。

120mm^2 的铝芯绝缘线只能配备 100kW 的电动机，截面积超过 120mm^2 的线不再以“加大”的关系配备电动机。

以上配线稍有裕度，即使 16mm^2 导线配备 23kW 的电动机，或者环境温度较高时，也都可适用。但当大截面的导线工作在温度较高的环境中时，仍以加大 1 级为宜。如 70mm^2 导线本来可以配备 75kW 的电动机，若环境温度较高，则改用 95mm^2 导线配备 75kW 的电动机为宜；100kW 的电动机改用 150mm^2 的导线为宜。

7.3.2　导线载流量估算

各种导线的载流量（安全电流）通常可以从手册中查找，但采用导线载流量估算的方法可省去查表的。导线的载流量与导线的截面积有关，也与导线的材料（铝或铜）、型号（绝缘线或裸线等）、敷设方法（明敷或穿管等）以及环境温度（25℃左右或更大）等有关，影响的因素较多，计算也较复杂，而导线载流量估算可省略复杂的计算。生产厂家制造铝芯绝缘线的截面积通常从 2.5mm^2 开始，铜芯绝缘线的截面积则从 1mm^2 开始，裸铝线从 16mm^2 开始，裸铜线从 10mm^2 开始。

一、基准铝芯绝缘导线

导线载流量 I_c 估算以铝芯绝缘线明敷在环境温度 25℃ 的条件为准。铝芯绝缘线载流量（A）可以按截面积 S 的倍数来计算。$S \leqslant 10\text{mm}^2$，$I_c = 5S$；$S = 16 \sim 25\text{mm}^2$，$I_c = 4S$；$S = 35 \sim 50\text{mm}^2$，$I_c = 3S$；$S = 70 \sim 95\text{mm}^2$，$I_c = 2.5S$；$S \geqslant 120\text{mm}^2$，$I_c = 2S$。

以明敷铝芯绝缘线环境温度为 25℃ 为例，6mm^2 导线的载流量为 30A；150mm^2 导线的载流量为 300A。

二、不同条件的导线

穿管敷设导线（包括槽板等敷设，即导线加有保护套层，不明露）的载流量估算，按基准条件的计算结果×0.8。环境温度超过 25℃，按基准条件的计算结果×0.9。环境温度按规定指夏天最热月的平均最高温度。实际上，温度是变动的时间，一般情况下导体载流的影响并不大。因此，只对某些高温车间或较热地区（超过 25℃ 较长），或者两种条件都改变（穿管的同时温度较高）才考虑打折扣，即按基准条件的计算结果×0.8×0.9，或者按基准条件的计算结果×0.7。

例如，铝芯绝缘线 10mm^2 穿管，$I_c = 10\times5\times0.8 = 40$（A）；铝芯绝缘线 10mm^2 穿管又高温，$I_c = 10\times5\times0.7 = 35$（A）。

裸铝线的载流量估算方法是按基准条件的计算结果×1.5。例如，16mm^2 裸铝线，$I_c = 16\times4\times1.5 = 96$（A）；16mm^2 裸铝线高温，$I_c = 16\times4\times1.5\times0.9 = 86.4$（A）。

铜导线的载流量估算方法是先按铜导线的截面积排列顺序提升 1 级，再按相同条件的铝导线估算。例如，35mm^2 裸铜线，环境温度为 25℃，先将截面积升 1 级为 50mm^2，再按 50mm^2 裸铝线、25℃估算，$I_c = 50\times3\times1.5 = 225$（A）；16mm^2 铜绝缘线，环境温度为 25℃，先将截面积升 1 级为 25mm^2，再按 25mm^2 铝绝缘线的相同条件估算，$I_c = 25\times4 = 100$（A）。

7.4 变压器估算

变压器的负载容量指变压器的视在功率，单位为 V·A 或 kV·A，是二次电压有效值与二次电流有效值乘积的最大值。例如，变压器负载容量为 630kV·A，当负载为阻性负载时，可以负载 630kW；如果是感性负载，就要视负载的功率因数而定，功率因数一般为 0.8，所以变压器负载为 630kW×0.8=504kW。

7.4.1 变压器负载容量估算

变压器二次电流 I_{ce} 可用钳型电流表测得，而负载容量 P_{ce} 采用常规公式计算时，既复杂又费时。变压器负载容量的估算方法如下：

1）电力变压器二次电压 400V，测得负载电流 I_{ce}，$P_{ce}=0.6I_{ce}$（kW）。

2）电力变压器二次电压 3000V，测得负载电流 I_{ce}，$P_{ce}=4.5I_{ce}$（kW）。

3）电力变压器二次电压 6000V，测得负载电流 I_{ce}，$P_{ce}=9I_{ce}$（kW）。

4）电力变压器二次电压 10000V，测得负载电流 I_{ce}，$P_{ce}=15I_{ce}$（kW）。

5）电力变压器二次电压 35000V，测得负载电流 I_{ce}，$P_{ce}=55I_{ce}$（kW）。

7.4.2 二次侧断路脱扣器估算

配电变压器后作为总开关用的自动开关，其电磁脱扣器瞬时动作整定电流（A）按变压器容量的 kV·A 数×3 估算。

例如，对于 500kV·A 变压器，其后的自动总开关的电磁脱扣器瞬时动作整定电流 = 500×3 = 1500（A）。

7.4.3 保护设备估算

正确选用熔断体对变压器的安全运行至关重要。当仅用熔断器作为变压器一次侧和二次侧保护时，熔断体的正确选用更为重要。

根据变压器的容量，变压器一次和二次电流值估算方法是：变压器容量的 kV·A 数除以 100，取整数 N，一次电流 $I_1\approx5.5N$（A），二次电流 $I_2\approx144N$（A）。例如，1000kV·A 的变压器，$N=10$，$I_1\approx10\times5.5=55$（A），二次电流 $I_2\approx10\times144=1440$（A）。在此基础上，熔断体电流值通常按变压器额定电流的 1.2 倍估算，即一次侧熔断体电流 ≈ 55×1.2 = 66（A），二次侧熔断体电流 ≈ 1440×1.2 = 1728（A）。

7.5 CW6132 数控车床电器的选用

CW6132 车床选用主轴电动机一台，4kW，1440r/min；选用冷却泵电动机一台，

0.125kW，2800r/min。

7.5.1 主回路电器的选择

主轴电动机空载电流≈4×0.6=2.4（A），冷却泵电动机空载电流≈0.124×0.6=0.074（A）；主轴电动机额定电流≈4×2=8（A），圆整到11A，冷却泵电动机额定电流≈0.125×2=0.25（A），圆整到0.25A。

一、导线截的面积

主轴电动机的额定电流按圆整前的值8A计算铝芯绝缘线截面积=8−4=4（mm^2），现使用铜芯绝缘线，截面积向下调整1级，为2.5mm^2。为简化设计，主回路导线均采用2.5mm^2铜芯绝缘线。

二、开关的选择

开关QS的额定工作电流≈(4+0.125)×6=24.75（A）。根据估算数据，查阅低压开关电器产品样本，选HZ12-40/03型开关，触头对数为3，额定工作电流40A。型号含义：HZ—组合开关，12—设计序号，40—约定发热电流，03—挂锁型电源切断开关。用于机床总电源的开关，断开时能锁住（即“0”位时能锁住）联锁开关，具有和电柜门联锁的机构。

开关QS1的额定工作电流≈0.125×6=0.75（A），选HZ12-16/01型开关，约定发热电流16A，额定工作电流10A。

HZ12系列电源切断开关适用于交流50Hz（或60Hz）、额定工作电压至550V的电路中，作为电源的切断和接通之用，也可用于接开关闭交流电动机及变压电感性负载。符合GB/T 14048.3—2017、IEC 60947-3标准。

三、熔断器的选择

熔断器FU1的熔断体电流$I_N \approx (2.0\sim2.5)\times I_{emax}+\sum I_{me}=2\times4+0.125\times4=8.5$（A）。选用RT14-20型支持件、配RT14-20/10型熔断体，熔断体的额定电流为10A。型号含义：RT—有填料封闭管式熔断器，14—设计序号，20—熔断器额定电流，10—熔断体额定电流。RT14系列圆筒型帽熔断器适用于交流50Hz、额定工作电压为380V、额定工作电流为63A的配电装置，作为过载和短路保护之用。

熔断器FU2的熔断体电流$I_N \approx 4P_e=4\times0.125=0.5$（A），选RT14-20型支持件、配RT14-20/2型熔断体，熔断体额定电流为2A。

四、热继电器的选择

热继电器FR1的额定电流≈4×2.5=10（A），电流整定值必须与电动机的额定电流一致，因此热继电器的电流整定值≈4×2=8（A），选JR36-2010A型热继电器。型号含义：JR—热继电器，36—设计序号，20—规格号，共分12个规格，电流调节范围0.25~22A。

JR36系列热继电器适用于交流50Hz/60Hz、额定工作电压为690V、额定工作电流为0.25~160A的长期工作或间断长期工作的交流电动机的过载与断相保护。该热继电器具有断相保护、温度补偿、自动与手动复位等功能，符合GB/T 14048.4—2020、GB/T 14048.5—2017、IEC 60947-4-1标准。

根据估算结果，将电流整定值调至8A，并用红漆封住。一旦电路中的电流超过8A的

20%，即达到8A的1.2倍，查图7-2中的曲线3，热继电器约在10min时切断电路；若电流达到8A的10倍，则热继电器将在3s时切断电路。

五、接触器的选择

交流接触器KM的额定电流≈4×2=8（A），圆整至10A。根据估算数据，选择CJT1-20型交流接触器。型号含义：CJ—交流接触器，T—新型铜基银触头，1—设计序号，20—基本规格代号，额定电流20A。

CJT1系列交流接触器主要用于交流50Hz或60Hz、额定工作电压为380V、额定工作电流为150A的电力线路中，作为远距离接通与分断电路之用，并可以与适当的热继电器或电子式保护装置组合成电动机起动器，以保护可能发生过载的电路。符合GB/T 14048.4—2020、IEC 60947-4-1标准，是CJ10系列接触器的替代产品。该接触器额定工作电压为380V，频率为50Hz或60Hz、线圈的额定控制电源电压 U_S = 110V，吸合电压为（85%～110%）U_S，释放电压为（20%～75%）U_S。

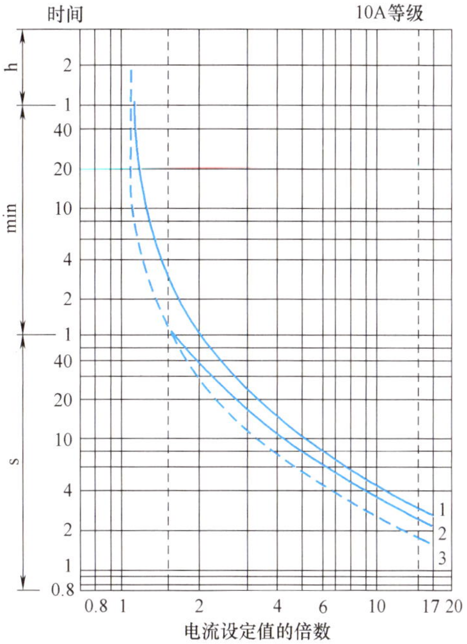

图7-2 JR36系列热继电器时间-电流动作特性
1—平衡运转，三相，从冷态开始 2—平衡运转，两相，从冷态开始 3—平衡运转，三相，从热态开始

六、变压器的选择

选择JBK1-40VA型控制变压器。JBK系列机床控制变压器适用于频率为50Hz/60Hz的交流电路中，作为各类机床、机械设备中一般电器的控制电源、局部照明及指示灯的电源。型号含义：J—机床，B—变压器，K—控制，1—设计序号，40VA—额定容量。JBK1-40VA型控制变压器的一次电压为220V或380V，二次电压为6V、24V、36V、110V等。采用一次侧380V、二次侧24V、36V、110V的变压配电方案。

7.5.2 控制回路电器的选择

控制回路中的负载有照明灯、指示灯和接触器线圈。照明灯按60W设计，指示灯选用ND16 AC 36V，其额定工作电流≤20mA。由CJT1-20型交流接触器产品样本可知，线圈起动功率为140V·A，保持功率为9V·A。

一、控制回路导线

照明灯的工作电流 $I \approx P_L/220 = 60/220 = 0.27$（A），指示灯工作电流=0.02A，接触器线圈电压降低的倍数=220/110≈2，$I_e \approx 2\times4.5\times0.14 = 1.26$（A）。采用0.75mm² 铜芯聚氯乙烯绝缘软线（BVR），估算时截面积升1级为1mm²，$I_c = 5S = 5\times1 = 5$（A），满足回路功率容量。

二、控制回路按钮

控制回路中，按钮SB1、SB2选用LA2 AC 110V按钮。型号含义：LA—按钮，2—设计序号，额定工作电压110V。其中，停止按钮SB1采用红色、起动按钮SB2采用绿色。

LA2 系列按钮用于交流 50Hz、额定工作电压为 380V 及直流工作电压为 220V 的电磁起动器、接触器、继电器及其他电气线路中作远程控制之用。符合 GB/T 14048.5—2017 标准。

三、控制回路熔断器

CW6132 控制回路中的熔断器 FU3 用于短路保护，零线上另加一个熔断器是为了防止短路时，相线上的熔断器未能迅速熔断，零线上熔断器可提供后备保护。

控制回路中的负载 CJT1-20 型交流接触器，线圈的起动功率为 140V·A，在 22V 的线路中，估算 $I_e \approx 0.14 \times 4.5 = 0.63$（A）。工作电压为 110V，相比于 220V，降低了 2 倍。配置熔断体的电流 $\approx 0.63 \times 2 = 1.26$（A），选用 RT14-20 型支持件，配 RT14-20/2 型熔断体，熔断体的额定电流为 2A。

四、控制回路开关

控制回路开关 QS2 选用拨位开关 MTS-200。CW6132 车床的电器清单见表 7-1。

表 7-1　CW6132 车床的电器清单

序号	电器名称	数量	符号	型号	主参数	供货	安装位置及尺寸
1	电源总开关	1	QS1	HZ12-40/03	380V 时的工作电流为 40A，触头对数为 3		板外。长×宽×高 = 73mm×73mm×6mm
2	基型电源切断开关	1	QS1	HZ12-16/01	380V 时的工作电流为 10A，触头对数为 3	正泰	板外。长×宽×高 = 73mm×73mm×6mm
3	拨位开关	1	QS2	MTS-200			板外
4	交流接触器	2	KM	CJT1-20	380V 时的额定电流为 10A，线圈的额定电压 U_S = 110V，吸合电压为 85%～110%U_S，释放电压为 20%～75%U_S	正泰	板内。长×宽×高 = 92mm×102mm×110mm
5	热继电器	1	FR	JR36-20	额定工作电流为 20A，整定电流值为 8A	正泰	板内。长×宽×高 = 71mm×48mm×81mm
6	熔断器	3	FU1	RT14-20 支持件、配 RT14-20/10 熔断体	额定工作电流为 20A，熔断体的额定电流为 10A	正泰	板内。支持件的长×宽×高 = 20mm×70mm×47mm
7	熔断器	3	FU2	RT14-20 支持件、配 RT14-20/2 熔断体	额定工作电流为 20A，熔断体的额定电流为 2A	正泰	板内。支持件的长×宽×高 = 20mm×70mm×47mm
8	变压器	1	TC	JBK1-40VA	一次电压为 220V 或 380V，二次侧电压为 110V、127V、220V	正泰	板内。长×宽×高 = 97mm×88mm×108mm
9	停止按钮	1	SB1	LA2	红色	正泰	板外。安装板开孔尺寸 ϕ30.5mm
10	起动按钮	2	SB2	LA2	绿色	正泰	板外。安装板开孔尺寸 ϕ30.5mm
11	电线	备		BVR	主回路中的 U、V、W 三相分别用 2.5mm² 的黄、绿、红三色线，PE 用黄绿色线。控制回路中用 0.75mm² 的黑色线		板内

（续）

序号	电器名称	数量	符号	型号	主参数	供货	安装位置及尺寸
12	导轨	备		TH35-7.5	ϕ6.2mm×15mm 标准孔型	杭州日诚	板内。长×宽×高=1000mm×35mm×7.5mm
13	线槽	备		GDR3030F	灰色，PVC料，孔宽为6mm，齿宽为6.5mm	上海日成	板内。长×宽×高=2000mm×30mm×30mm
14	接线端子	备	XT	NJD7P-1	额定电压为690V，额定电流为20A	正泰	板内。长×宽×高=10mm×62mm×42mm
15	插头	1	X	KH-004	额定电压为380V，额定电流为25A	康豪	板外
16	主轴电动机	1	M1	Y112-M-2	额定功率为4kW，2890r/min		板外
17	冷却泵电动机	1	M2	Y2-63M1-2	额定功率为0.18kW，2820r/min		板外

课余

写出C650车床所有电器的选用估算过程，以及电器选用清单，制作成C650车床电器选用说明书，作为课程学习成果作品提交。

第8章 CHAPTER 8 C650车床电气控制

C650 车床属于中型卧式车床，可加工最大回转直径为 1020mm、最大长度为 3000mm 的工件，如图 8-1 所示。主轴箱安装在床身上，主轴箱中的主轴转动，带动工件转动，刀具安装在刀架上，与滑板一起随溜板箱沿主轴的轴线方向进给移动，主轴的转动和溜板箱的移动均由主电动机拖动。由于加工的工件较大，加工时转动惯量也较大，需要主轴有停车制动功能 。在加工过程中，还需要提供切削液，以及为节省辅助工作时间，要求溜板箱能够快速移动。

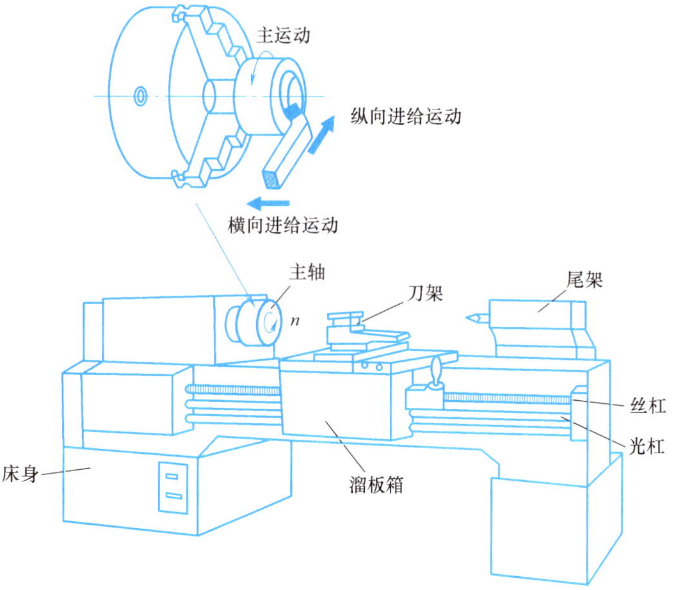

图 8-1　C650 车床的外形和运动

8.1　主回路控制

C650 车床主回路控制三台电动机，分别为主轴电动机、冷却泵电动机和快移电动机。

C650 车床电气原理图共 4 张，见附录 B 图 B-1~图 B-4。在图 B-1 C650 车床主轴电动机回路中，三相交流电由 L1、L2、L3 接入，由 QS 上电开关控制三相交流接入电源的通与断。

8.1.1 主轴电动机的控制

在图 B-1 中，M1 为主轴电动机，拖动主轴旋转并通过进给机构实现进给运动，主要有正转与反转控制、制动时快速停转、加工调整时可以点动操作控制等。主轴电动机主回路中，FU1 熔断器（1-4C）为短路保护环节，FR1（1-7F）是热继电器的加热监控元件，对电动机 M1（1-9F）起过载保护作用。

交流接触器主触头 KM1（1-5C）与 KM2（1-5D）不能同时接通，当 KM1 闭合、KM2 断开以及 KM3（1-5F）断开时，三相交流电经由电阻 *R*（1-6G）接入主轴电动机绕组，使 M1 串电阻正转减压起动。待主轴电动机升至额定转速时，KM3 闭合，M1 通入全压电流，进入正转运行状态。

当 KM2 闭合、KM1 断开以及 KM3 断开时，三相交流电经由电阻 *R* 接入主轴电动机绕组，使 M1 串电阻反转减压起动，主轴电动机转速到达额定值，KM3 闭合，M1 通入全压电流，进入反转运行状态。

8.1.2 交流互感器回路

主轴电动机回路中，控制 M1 的 W 相支路上空套接一台交流互感器 TA（1-8D），其作用是对 M1 绕组电流进行监测。M1 起动期间，感应电流经 KT 触点（1-8D）支路流回，电流表 A 中没有电流通过，避免了起动初期绕组电流过大而损坏电流表 A。M1 接近额定转速时，通电延时 KT 线圈断电，感应电流流入电流表 A，可将绕组中的电流值显示在电流表 A 上。

图 8-2 所示为用于监测 M1 绕组电流的 LWZ1-0.5 电流互感器。该电流互感器可供额定电压为 0.5kV 及以下、额定频率为 50Hz 的交流回路使用。

图 8-2 LWZ1-0.5 电流互感器

8.1.3 冷却泵电动机控制

在图 B-2 C650 车床冷却泵和快移电动机回路中，冷却泵电动机 M2（2-9B）的作用是控制对零件加工部位进行切削液供给，加工时起动供液，并能长期运转。M2 所在的主回路中，FU2 熔断器（2-4B）起短路保护作用，FR2 热继电器（2-7B）起过载保护作用。当主触头 KM4（2-5B）闭合时，M2 因绕组中通入电流而起动；当 KM4 断开时，M2 因绕组中的电流被切断而停转。

8.1.4 快移电动机控制

在图 B-2 中，快移电动机 M3（2-9D）的作用是拖动刀架快速移动，要求能够随时手动控制起动与停止。在 M3 所在的主回路中，FU3 熔断器（2-3D）起短路保护作用。当主触头 KM5（2-5D）闭合时，M3 因绕组中通入电流而起动；当 KM5 断开时，M3 因绕组中的电流被切断而停转。

8.2 变压器配电输出

在图 B-2 中，变压器 TC（2-5F）为电动机、指示灯回路、控制回路和照明灯回路供电。

8.2.1 输出至控制回路

C650 车床主回路接入三相 380V 交流电，主回路与控制回路之间采用变压器 TC 连接，变压器 TC 的一次侧从主回路的任意两相上接入单相 380V 交流电，二次侧向图 B-3 所示的 C650 车床主轴电动机控制线路供 110V 交流电。

8.2.2 连接照明灯回路

图 B-2 中的变压器 TC 的二次侧向图 B-4 中的照明灯回路供 36V 交流电。照明灯由一个单极两位拨位开关 SA（4-9E）控制，SA 处于“通”位置时，照明灯回路通电，照明灯 EL（4-9G）亮；SA 处于“断”位置时，照明灯回路断电，照明灯 EL 熄灭。FU6 熔断器（4-9C）作为短路保护用。

8.3 控制回路

在图 B-3 和图 B-4 中，各控制回路垂直布置，因线圈、触头均按不受力状态或不通电状态绘制，所以各支路均为断电状态，即在图 B-3 中，KM1 线圈所在支路（3-3G）、KM3 线圈所在支路（3-5G）、KT 线圈所在支路（3-4G）、KM2 线圈所在支路（3-9G），以及图 B-4 中 KA 线圈所在支路（4-3G）、KM4 线圈所在支路（4-4G）、KM5 线圈所在支路（4-6G）等处于断电状态，这一现象称为原态支路常断。

8.3.1 主轴电动机点动控制

在图 B-3 中，按下 SB2（3-2D），控制回路中 KM1 线圈通电，根据原态支路常断现象，其余所有线圈均处于断电状态。此时，在主轴电动机回路中，KM1 主触头闭合，由 QS 上电开关引入的三相交流电源将经 KM1 主触头、限流电阻接入 M1 的三相绕组中，M1 串电阻减压起动。

松开 SB2，控制回路中的 KM1 线圈断电，主回路中的电动机 M1 断电停转。所以，SB2 是 M2 的点动控制按钮。

8.3.2 主轴电动机正反转

在图 B-3 中，正反转控制通过操作 SB3（3-3D 和 3-5D）和 SB4（3-7D 和 3-9D）两个双联常开按钮实现。

一、按下 SB3 后的控制回路状态

在图 B-3 中，按下 SB3 后，通过 FR1（3-3B）→302 →SB3（3-5D）→306 →KM3 与 KT，KM3 线圈与 KT 线圈同时通电。在图 B-4 中，KM3（4-3D）闭合，使 KA 线圈（4-3G）通电，KA 线圈通电又导致图 B-3 中的 KA 触点（3-3E）闭合，在 SB3 和 KA 均闭合的情况下，KM1 线圈通电。而 KM1 常开辅助触点（3-4D）和 KA 常开辅助触点（3-6D）对 SB3 形成自锁。

二、按下 SB3 后的主回路状态

图 B-3 中的 SB3 被按下后，在主轴电动机回路中，KM3 主触头与 KM1 主触头闭合，电动机不经限流电阻 R，处于全压正转起动状态。

三、按下 SB4 后的控制回路状态

在图 B-3 中，按下 SB4 联动常闭开关（3-7D 和 3-9D），通过 FR1（3-3B）→302 →SB4（3-7D）→306 →KM3 与 KT，使 KM3 和 KT 两线圈通电。与正转控制相类似，因 KM3 线圈通电，导致图 B-4 中的 KM3（4-3D）闭合，KA 线圈（4-3G）通电，在图 B-3 中，形成 SB4（3-7D）→处于闭合状态的 KM2 常开触点（3-8D）→309 →处于闭合状态的 KA 常开触点（3-9E）→KM1 常闭触点（3-9F）→KM2 线圈通路，使 KM2 线圈通电。

四、按下 SB4 后的主回路状态

按下图 B-3 中的 SB4 后，图 B-1 中的主轴电动机回路中 KM2、KM3 主触头闭合，电动机全压反转起动。在图 B-3 中，KM1 线圈所在支路与 KM2 线圈所在支路间互锁。

8.3.3 主轴电动机正转制动

在图 B-3 中，KS2（3-7E）是速度继电器的正转控制触点，M1 正转起动至接近额定转速时，KS2 闭合并保持。在主轴电动机正转时，按下停止按钮 SB1（3-2D），控制回路中所有电磁线圈都将断电。

一、正转时按下 SB1 后的主回路状态

主轴电动机正转时，按下图 B-3 中的 SB1（3-2B）后，在图 B-1 中，主轴电动机回路中的 KM1、KM2、KM3 主触头全部断开，电动机断电降速，但由于正转转动惯性，若没有制动功能，需较长时间才能降为零速。

二、正转时按下 SB1 再松开后的控制回路状态

主轴电动机正转时，先按下 SB1 再松开，图 B-3 中形成 SB1（3-2B）→FR1 常闭触点（3-3B）→302 →KA 常闭触点（3-6D）→307 →处于闭合状态的 KS2 →308 →KM1 常闭触点（3-9F）→KM2 线圈（3-9G）通路，KM2 线圈通电。

三、正转时按下 SB1 再松开后的主回路状态

主轴电动机正转时，先按下 SB1 再松开，在图 B-1 主轴电动机回路中，KM2 主触头闭合，三相电源电流经 KM2（1-5D）使 U、W 两相换接，再经限流电阻 R 接入三相绕组中，M1 的转子上形成反转转矩，与正转的惯性转矩相抵消，使 M1 迅速降速。

四、正转制动后 M1 接近零速时的状态

电动机 M1 迅速降至零速时，图 B-3 中的 KS2（3-7E）断开，KM2 线圈断电释放。在主轴电动机回路中，M1 转子上的反转转矩撤除，电动机停转。

在 M1 正转起动至额定转速、再从额定转速制动至停转的过程中，KS1 反转控制触点始

终不产生闭合动作。

8.3.4 主轴电动机反转制动控制

在图 B-3 中，KS1 速度继电器触点（3-6E）在电动机反转起动至接近额定转速时闭合并保持。与正转制动相类似，按下 SB1，电动机断电降速。

一、反转先按下 SB1 再松开后的控制回路状态

在图 B-3 中，松开 SB1（3-2B）后，经 SB1 →FR1 →302 →KA 常闭触点（3-6D)→KS1(3-6E)→KM2 常闭触点（3-3F)→KM1 线圈（3-3G）通路，KM1 线圈通电。

二、反转先按下 SB1 再松开后的主回路状态

在图 B-1 全压起动回路中，M1 的转子上形成正转转矩，并与反转的惯性转矩相抵消，使 M1 迅速降速。

三、反转制动后 M1 接近零速时的状态

在图 B-1 全压起动回路中，M1 迅速降速至接近零速时，KS1 断开，电动机转子上的正转转矩撤除，电动机停转。

8.3.5 冷却泵电动机起停控制

在图 B-4 中，SB6（4-4D）经 FR2 常闭触点（4-4F），使 KM4 线圈（4-4G）通电，并通过 KM4 常开触点（4-5D）对 SB6 自锁。此时，图 B-2 冷却泵电动机回路中，KM4 主触头（2-5B）闭合，冷却泵电动机 M2（2-9B）转动并保持。

按下 SB5（4-4C），KM4 线圈断电，冷却泵电动机回路中的冷却泵电动机 M2 停转。

8.3.6 快移电动机点动控制

转动车床上的刀架手柄时，图 B-4 中的行程开关 SQ（4-6D）被压下而闭合，KM5 线圈（4-6G）通电。此时在图 B-2 中，快移电动机主回路的主触头 KM5（2-5D）闭合，驱动刀架的快移电动机 M3（2-9D）起动。

反向转动刀架手柄复位，SQ 行程开关松开，快移电动机 M3 断电停转。

C650 车床电气原理图中电器符号及名称见表 8-1。

表 8-1 C650 车床电气原理图中电器符号及名称

符号	名称	符号	名称
M1	主电动机	SB1	总停按钮
M2	冷却泵电动机	SB2	主电动机正转点动按钮
M3	快移电动机	SB3	主电动机正转按钮
KM1	主电动机正转接触器	SB4	主电动机反转按钮
KM2	主电动机反转接触器	SB5	冷却泵电动机停转按钮
KM3	短接限流电阻接触器	SB6	冷却泵电动机起动按钮
KM4	冷却泵电动机起动接触器	TC	控制变压器
KM5	快移电动机起动接触器	FU(1~6)	熔断器
KA	中间继电器	FR1	主电动机过载保护热继电器

（续）

符号	名称	符号	名称
KT	通电延时时间继电器	FR2	冷却泵电动机保护热继电器
SQ	快移电动机点动行程开关	R	限流电阻
SA	开关	EL	照明灯
KS	速度继电器	TA	电流互感器
A	电流表	QS	隔离开关

课余

绘制 C650 车床的屏柜图和连接图，作为课程成果作业提交。

第9章 ACE工具基础

CHAPTER 9

AutoCAD Electrical（简称 ACE）软件是 AutoCAD 软件的电气专业版，是专为电气控制设计和制图开发的工具软件。绘制电气原理图时，可从丰富的电气元件符号库中直接引用元件图形符号嵌入原理图中，设计效率高。在 ACE 环境中，AutoCAD 的命令按原来方法使用。ACE2016 是一个较为成熟的版本，掌握了 ACE2016 的使用方法也就掌握了 ACE2018、ACE2020 及以后版本的使用方法。

9.1 新建项目

两泵排水项目电气原理图共有 5 张，如附录 C 图 C-1~图 C-5 所示，用于控制两台排污泵。自动工作时，将图 C-4 中的 SA1（4-2C）置于“自动”位，则 SA1（4-2C）断开、SA1（4-2E）接通，且图 C-5 中的 SA1（5-2C）断开、SA1（5-2E）接通。低水位状态时，只有图 C-4 中的 HL3（4-8G）所在支路和图 C-5 中的 HL5（5-8F）所在支路接通，两灯点亮，分别表示图 C-1 中的排水泵 1、排水泵 2 均处于停止工作状态。

积水池汇集各处污水后，水位缓慢上升到一个排水高度，触发图 C-2 中的线缆浮球开关 S1（2-5D）闭合并保持，使线圈 KA1（2-8D）支路接通并保持。在图 C-4 回路 L8→SA1（4-2E）→406→KA1（4-3E）→407→KA3（4-4E）→408→KM2（4-5E）→403→FR1（4-7C）→404→KM1（4-8C）中，因 SA1（4-2E）和 KA1（4-3E）接通，使线圈 KM1（4-8C）保持接通。于是，图 C-1 中的排水泵 1（1-10E）起动排水，图 C-4 中与线圈 KM1（4-8C）并联的 HL4（4-8D）点亮，表示排水泵 1 处于运行状态，HL3（4-8G）支路因常闭触点 KM1 断开熄灭。与线圈 KM1（4-8C）并联的时间继电器线圈 KT1（4-8E）支路接通计时。

排水开始后，积水池污水水位开始降低，降低至一个低水位后，图 C-2 中线缆浮球开关 S1（2-5D）断开并保持，线圈 KA1（2-8D）断开，于是图 C-1 中的排水泵 1（1-10E）停止工作。若排水泵 1 停止工作，时间继电器设定的时间尚未到达，则因图 C-2 中的 S1（2-5D）断开，导致线圈 KA1（2-8D）断开，图 9-4 中常开触点 KA1（4-4E）断开，导致线圈 KM1（4-8C）断开，并联的时间继电器线圈 KT1（4-8E）同时断开，不能触发通电延时常开触点 KT1（3-3C）。

若延时到达后排水泵 1 仍未停止，则线路中出现了故障。此时在图 C-3 中，通电延时常开触点 KT1（3-3C）触发而接通，轮换继电器线圈 KA3（3-8C）接通。在图 C-4 中，回路 L8→SA1（4-2E）→406→KA1（4-3E）→407→KA3（4-4E）→408→KM2（4-5E）→403→KT1（4-8E）中，因常闭触点 KA1（4-3E）断开，使线圈 KT1（4-8E）断开。下一次处于高水位时，因常闭触点 KA1（4-3E）断开，线圈 KM1（4-8C）无法再次接通。在图 C-5 回路 L14→SA1（5-2F）→511→KA1（5-3F）→512→KA3（5-4F）→513→KM1（5-6F）→503→KT2（5-8F）中，因为 KA3（5-4F）转换为闭合，于是由排水泵 2 代替排水泵 1 工作。

手动工作时，将图 C-4 中的 SA1（4-2C）置于“手动”位，则 SA1（4-2C）接通、SA1（4-2E）断开、SA1（5-2C）接通、SA1（5-2E）断开。在此状态下，用按钮 SB3（4-4C）和 SB4（4-5C）控制排水泵 1 的运行和停止，用图 C-5 中的按钮 SB5（5-4C）和 SB6（5-5C）控制排水泵 2 的运行和停止。

若两排水泵均出现故障或者污水升速过快，就会形成超高水位。此时在图 C-2 中，触发线缆浮球开关 S2（2-5E）接通并保持，使继电器线圈 KA2（2-8E）接通，并联的溢流指示灯 HL1（2-8G）点亮。在图 C-3 中，KA2（3-3F）→KA4（3-7F）→HA2（3-8F）支路接通，警铃 HA2（3-8F）响，故障指示灯 HL2（3-8G）点亮。超高液位故障解除后，若警铃仍响，按下 SB2（3-7D）可以断开消音继电器线圈（3-8F），使警铃音消除。警铃音消除后，按下 SB1（3-3F）可以检查警铃是否正常。

9.1.1 界面定制

一个好的工作习惯是为一个项目建立专门的文件夹。例如，在 E 盘建立一个“我的项目”文件夹后，将项目文件存于该文件夹中。双击桌面上的“ACE”图标，打开工作界面，如图 9-1 所示。在首次打开的界面中，单击“开始”标签（①），弹出“项目管理器”选项卡，单击界面右侧的“开始绘制”图块（②），进入工作界面，“Drawing1”标签（③）的

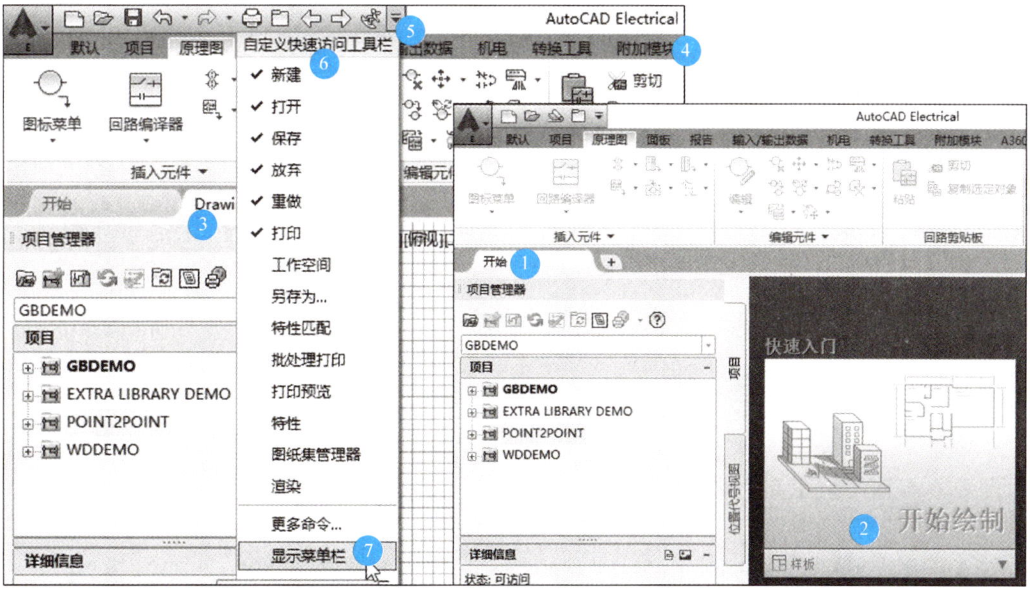

图 9-1 启动过程

“项目管理器”被激活，④左侧的一行为菜单栏，开始时许多功能工具没有添加，所以菜单栏中的功能工具较少。

调入较多功能工具的方法是：单击最上一栏最右侧的“▾”图标（⑤），展开“自定义快速访问工具栏”菜单（⑥），单击“显示菜单栏”命令（⑦），可将更多功能工具添加到菜单栏。反向隐藏更多功能工具的操作仍按⑤、⑥操作，原来的“显示菜单栏”处已变更为“隐藏菜单栏”，单选“隐藏菜单栏”命令，完成反向操作。

一、界面功能

图 9-2 所示为 ACE 界面分区示意图。上端第一行为标题栏，第二行为菜单栏，第三行为功能区，中间左侧为项目管理栏，中间右侧为工作界面，是设计和绘图的工作区域，工作区域下端为命令输入框，最下端为模型设置栏。

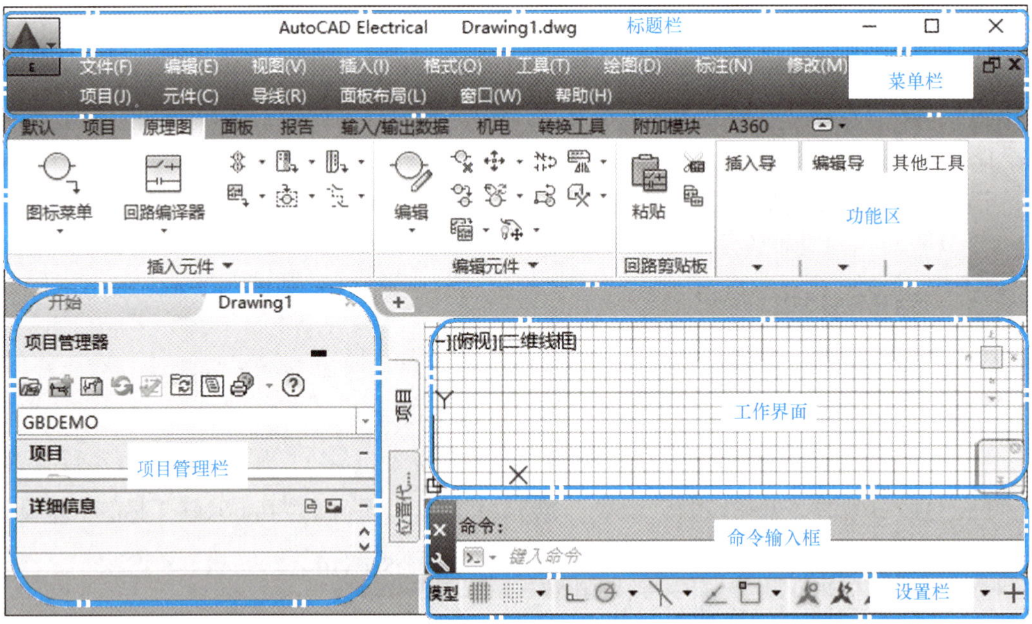

图 9-2　ACE 界面分区示意图

在菜单栏添加更多功能工具后，菜单栏中的菜单有“文件（F）”“编辑（E）”“视图（V）”“插入（I）”“格式（O）”“工具（T）”“绘图（D）”“标注（N）”“修改（M）”“参数（P）”“项目（J）”“元件（C）”“导线（R）”“面板布局（L）”“窗口（W）”和“帮助（H）”等。

二、绘图设置

图 9-3 所示为模型（①）设置栏中的常用工具图标。②为“显示图形栅格”图标，通常设置为“关”。③为“捕捉模式”图标，通常设置为“开”。④为“正交限制光标”图标，需要在界面中按正交方式设计图形时，就开启该工具，其余情况下，关闭该工具。⑤

图 9-3　模型设置栏工具图标

为“注释监视器”图标，通常为开启状态。

在图 9-4 中，单击“捕捉模式”图标旁的“▼”图标，选择“捕捉设置”，弹出“草图设置”对话框，单击“对象捕捉”标签，单击“全部选择”按钮，将工具中的所有几何元素均设置为对象捕捉模式，单击“确定”，完成捕捉设置。

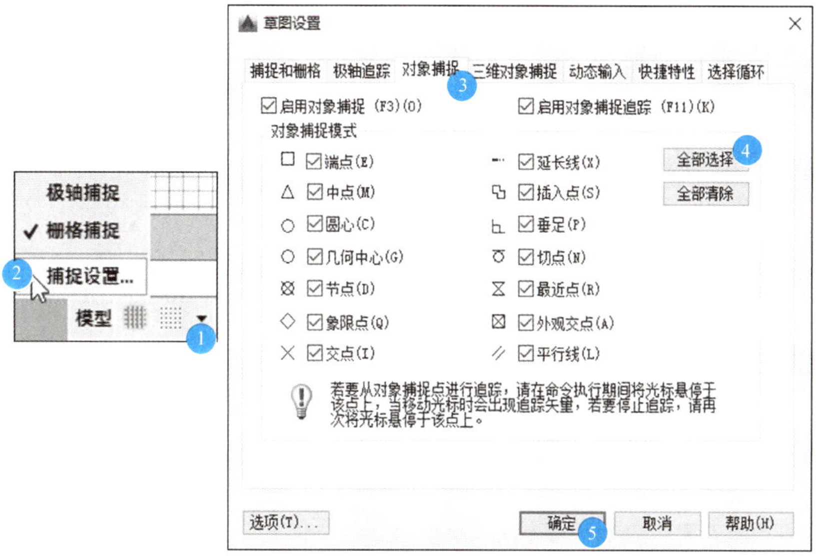

图 9-4 捕捉设置

工作界面为黑色和暗背景色时，有利于在长时间操作软件时保护眼睛；同时，在黑色背景中，可以调用更多的彩色线条设计。但也有一些特殊情况，需改变界面的颜色，如设置界面为白色和明背景色，操作过程如图 9-5 所示。

单击“工具”（❶）→“选项”（❷），弹出“选项”对话框（❸）。

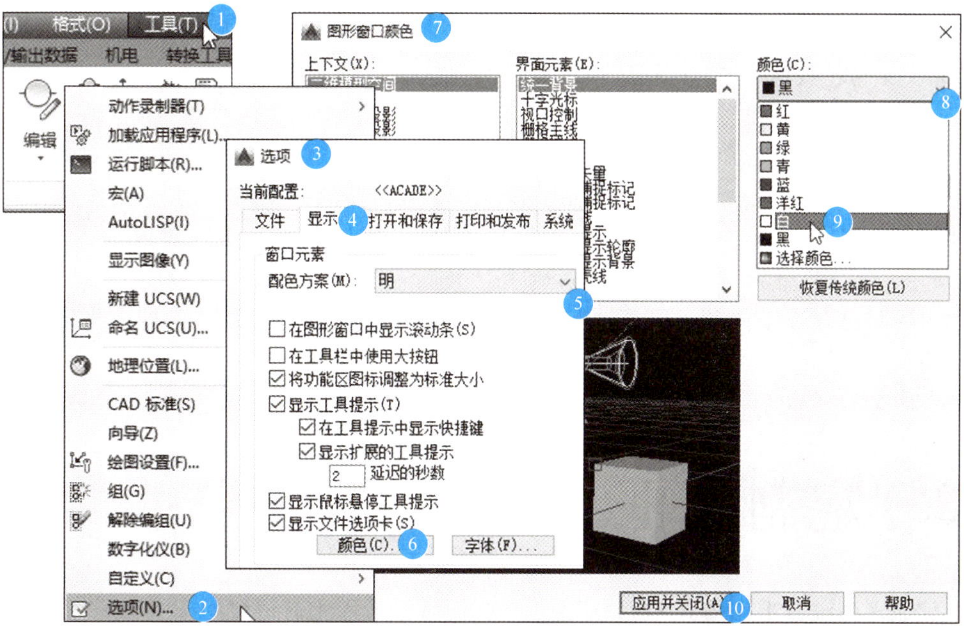

图 9-5 白色工作界面设置

在“显示”选项卡（④）中，在窗口元素配色方案下拉列表框中选择“明”（⑤）。单击“显示”选项卡中的“颜色”按钮（⑥），弹出“图形窗口颜色”对话框（⑦）。

设置颜色（⑧）为“白”（⑨），单击“应用并关闭”按钮（⑩），完成白色工作界面的设置。

9.1.2　建立一个项目

图 9-6 所示为建立两泵排水项目过程。在“项目管理器”（①）中的下拉列表框中，单击“新建项目…”（②），弹出“创建新项目”对话框（③）。设置名称为“两泵排水”（④）。单击位置代号右侧的“浏览…”按钮，在 E 盘中找到“我的项目”文件夹（⑥），勾选“使用项目名创建文件夹”，系统提示将创建一个文件“E：\我的项目\两泵排水\两泵排水 . wdp”（⑦），该文件从“D：\Ace2016\GB\AeData\proj\GBdemo\GBdemo. wdp”（⑧）中复制设置，确认无误后，单击“确定”（⑨）。

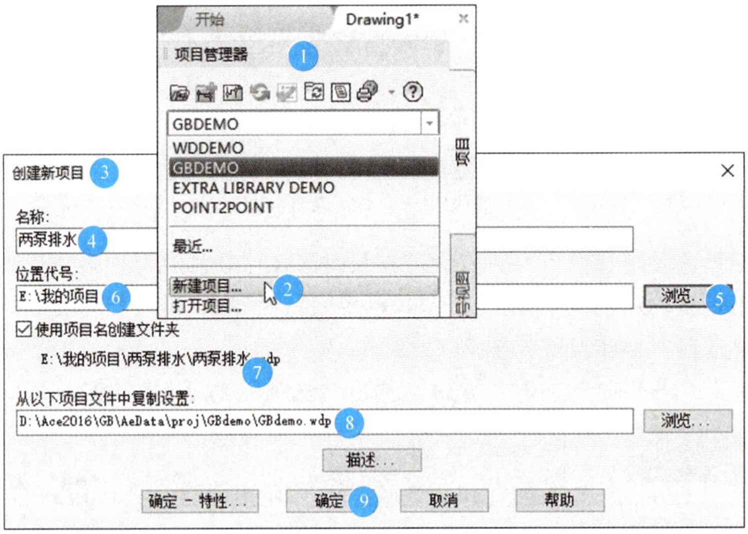

图 9-6　建立两泵排水项目过程

操作完成后打开 E：\我的项目，可发现其中新增了一个“两泵排水”文件夹，并且在该文件夹中新增了一个“两泵排水 . wdp”文件。界面左侧的“项目管理器”对话框中，“两泵排水”成了当前项目，项目名称呈加粗字体。

如果项目已存在于“项目管理器”中，右击该项目，选择“激活”，即可将该项目设置为当前项目。

9.2　定制图框

电气原理图统一采用横式 HA4 图纸。ACE 图纸模板库中有现成的横式 HA4 图框，先在 ACE 中绘制一张名为“HA4. dwg”的横式 HA4 图框，如图 9-7 所示。

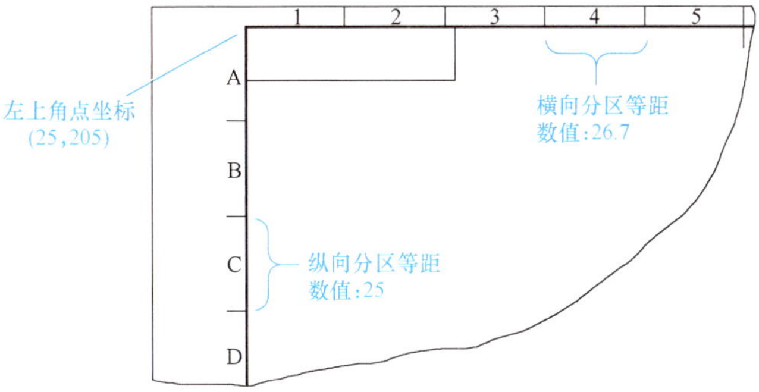

图 9-7　横式 HA4 图框左上角局部及绘图数据

该图框左下角点与原点坐标（0，0）重合，水平（*X*）方向用数字 1~10 分为十个区，垂直（*Y*）方向用字母 A~H 分为八个区。用尺寸标注的方法，测得 *X* 方向分区的等距数值为 26.7，*Y* 方向分区的等距数值为 25，计算得出图框左上角点坐标为（25，205）。

左上角点的坐标为（25，205），*X* 方向分区等距数值 26.7，*Y* 方向分区等距数值 25，这三个数据需要在设计前输入系统。有了这三个数据后，在一张横式 HA4 图纸中绘制的电器元件均可以精确定位，可以自动标注电器元件的索引位置，以及精确标注导线的接出或接入位置。每一个设计者采用的图框样式有所差异，即上述三组具体数据不尽相同，设计者应测量并确定自己采用的图框数据。

9.2.1　图框模板的制作

“HA4.dwg”图框文件可另存为“HA4.dwt”文件，并存入软件中的“Template”文件夹中，方便设计时直接从“Template”文件夹中调用该文件。

一、另存模板

图 9-8 所示为将 HA4 图框另存为模板的操作过程。单击“文件”（1）→“另存为”（2），弹出“图形另存为”对话框（3）。

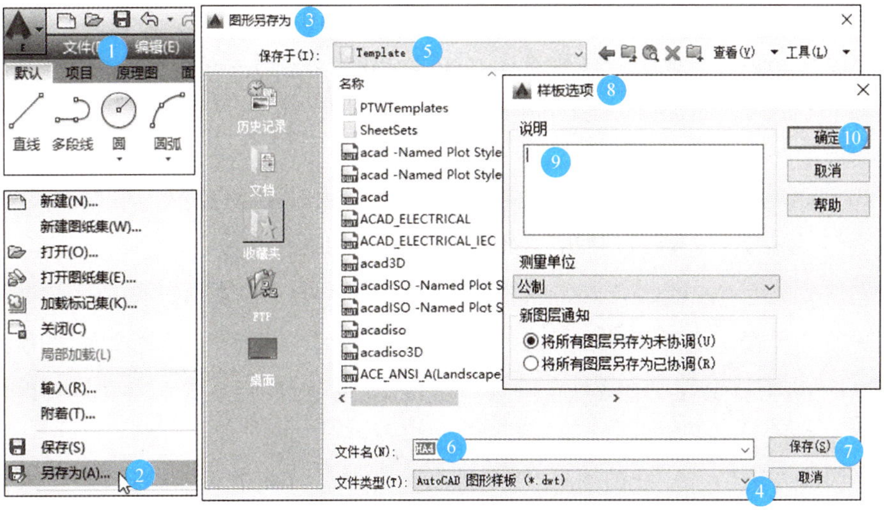

图 9-8　HA4 图框另存为模板的操作过程

在文件类型下拉列表框中选择“AutoCAD 图形模板（＊.dwt）”（④），此时保存于“Template”（⑤）。设置文件名为“HA4”（⑥为模板取的名称），单击“保存”（⑦）。

在弹出的“样板选项”对话框（⑧）中，可在说明下方的输入框（⑨）中输入关于该模板的若干说明文字，也可保持空白，单击“确定”（⑩），将图框转换为模板存入模板文件夹“Template”中。

二、调用模板

图 9-9 所示为从软件中调用 HA4 模板的过程。单击“文件”图标（①），选择“打开”，弹出“选择文件”对话框（②）。

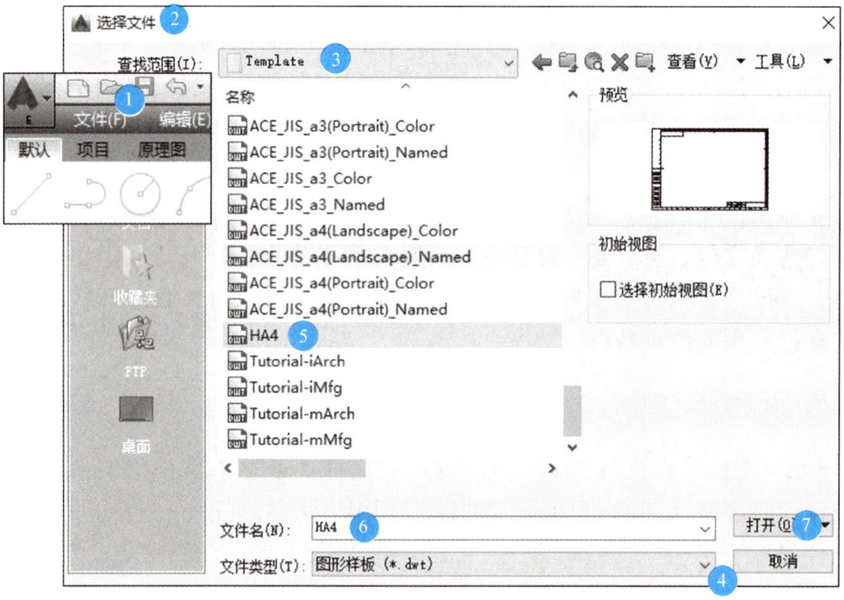

图 9-9　调用 HA4 模板

设置查找范围为“Template”（③），文件类型为“图形样板（*.dwt）”（④），找到已存在的“HA4”（⑤）并单击，设置文件名为“HA4”（⑥），单击“打开”按钮（⑦），界面中即调出了“HA4.dwt”。

三、模板存入项目

图 9-10 所示为将调用的 HA4 模板存入到两泵排水项目的过程。单击“文件”图标（①），选择“另存为”（②），弹出“图形另存为”对话框（③）。

选择文件类型为“AutoCAD 2007/LT2007 图形（*.dwg）”（④），在“保存于”下拉列表框中找到项目所在的文件夹“E/我的项目/两泵排水”（⑤），设置文件名为“第 1 张.dwg”（⑥），单击“保存”（⑦）。至此，在“E/我的项目/两泵排水”文件夹内转存了文件“第 1 张.dwg”。

采用相同的方法在“E/我的项目/两泵排水”文件夹内转存文件“第 2 张.dwg”“第 3 张.dwg”，共为两泵排水项目准备了 3 张空白图纸。

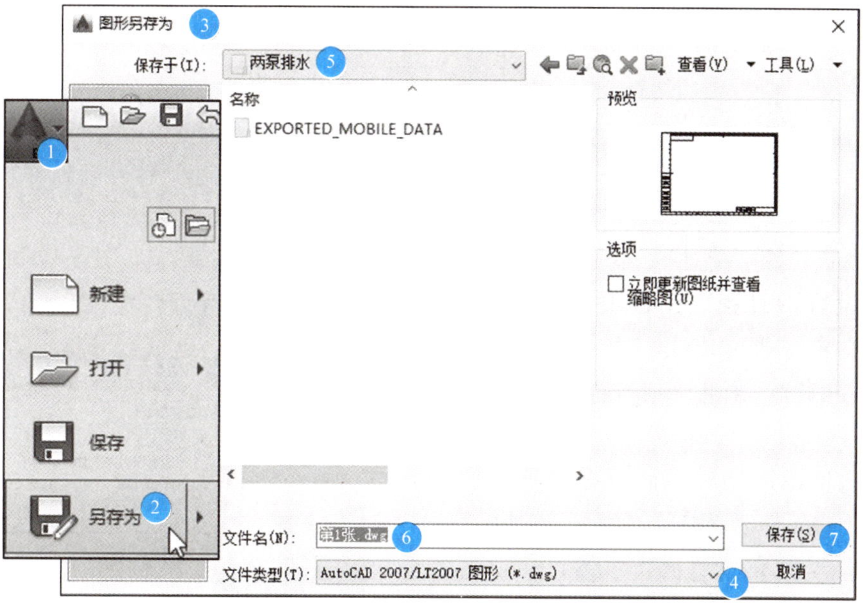

图 9-10 HA4 模板存入项目中

9.2.2 添加图纸

图 9-11 所示为在两泵排水项目中添加图纸的过程。在“项目管理器”对话框（①）中右击“两泵排水”（②），单击“添加图形…”（③），弹出“选择要添加的文件”对话框。

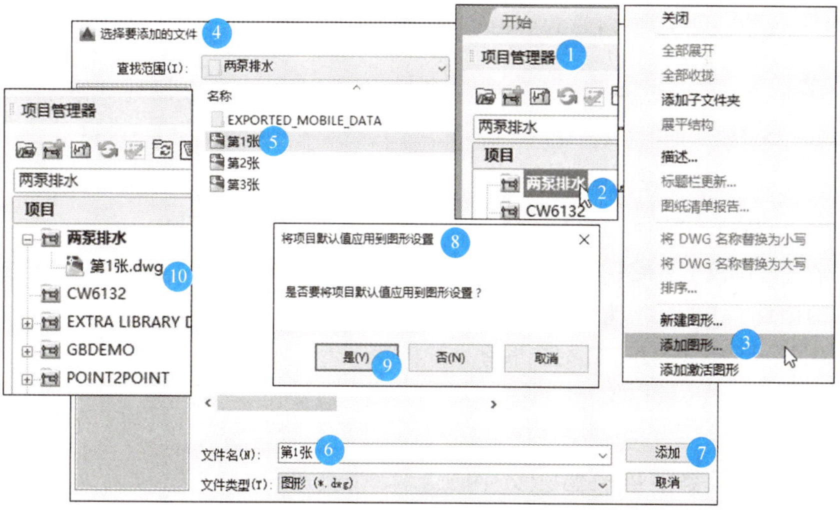

图 9-11 向两泵排水项目中添加图纸

选择“两泵排水”项目文件夹中已转存的“第 1 张. dwg”（⑤），确认文件名为“第 1 张”（⑥），单击“添加”（⑦），弹出“将项目默认值应用到图形设置?”提示框（⑧），单击“是”（⑨）。结果在项目管理器“两泵排水”中添加了图样“第 1 张. dwg”（⑩）。

采用相同的方法，将“第 2 张. dwg”“第 3 张. dwg”添加到两泵排水项目中。

9.3 设置项目特性

设置项目特性是指对一个项目的图样设计规定统一的规范性要求。图 9-12 所示为进入项目特性设置的过程。在“项目管理器”（①）中右击“两泵排水”（②），单击“特性…”（③），弹出“项目特性”（④）对话框。

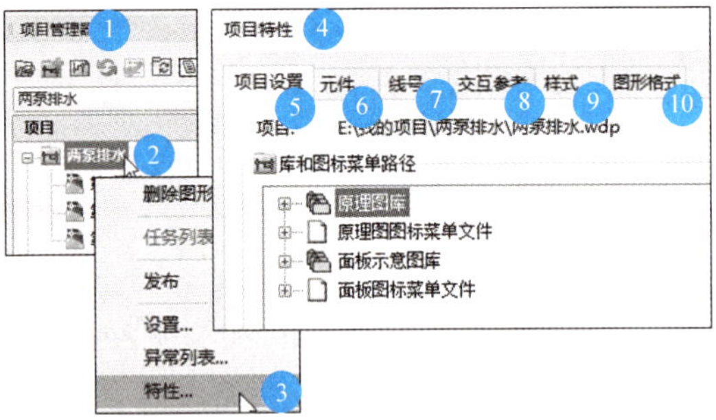

图 9-12　设置项目特性

在“项目特性”对话框中有“项目设置”（⑤）、“元件”（⑥）、“线号”（⑦）、“交互参考”（⑧）、“样式”（⑨）和“图形格式”（⑩）共六个选项卡，其中“项目设置”选项卡中的项目一般不需要重新设置。

由于“项目特性”对话框较大，可能无法单击下端的“确定”按钮，所有项目设置完成后，返回到“项目设置”选项卡，按回车键完成设置，并退出“项目特性”对话框。

9.3.1 元件的设置

图 9-13 所示为元件的设置。在“元件”选项卡（①）中，设置元件“标记格式”为“%F%N”（②）、“连续”为“1”（③），元件标记选项勾选“禁止对标记的第一个字符使用短横线”（④）。其中，“%F”表示元件的文字符号，如 QF、KM 等，“%N”表示元件的顺序号，“连续”为“1”表示引用相同文字符号的元件时，第一个顺序号为 1，再次引用时，顺序号按 1 连续增加。

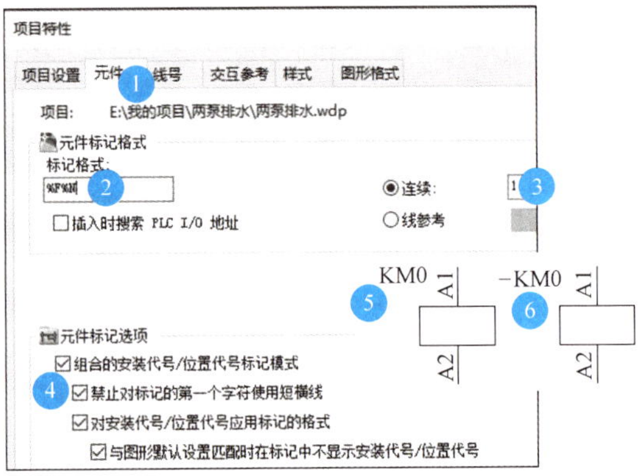

图 9-13　元件的设置

例如，引用一个交流接触器（文字符号为 KM）元件，因元件标记格式为“%F%N”，系统自动为电器元件赋名“KM1”，再次引用时，因“连续”为“1”，系统自动赋名为“KM2”。

元件标记选项勾选“禁止对标记的第一个字符使用短横线”时，调用电器元件的结果如图 9-13 中的⑤所示，元件符号前没有短横线；取消勾选时，如图 9-13 中的⑥所示，元件符号前将出现一个短横线。

9.3.2 线号的设置

图 9-14 所示为线号设置。在“线号”选项卡（①）中，设置线号格式为“%N”，“连续”为“1”（③），“增量”为“1”（④），在 ACE 中可以通过连续选择导线的方式自动生成导线的线号。

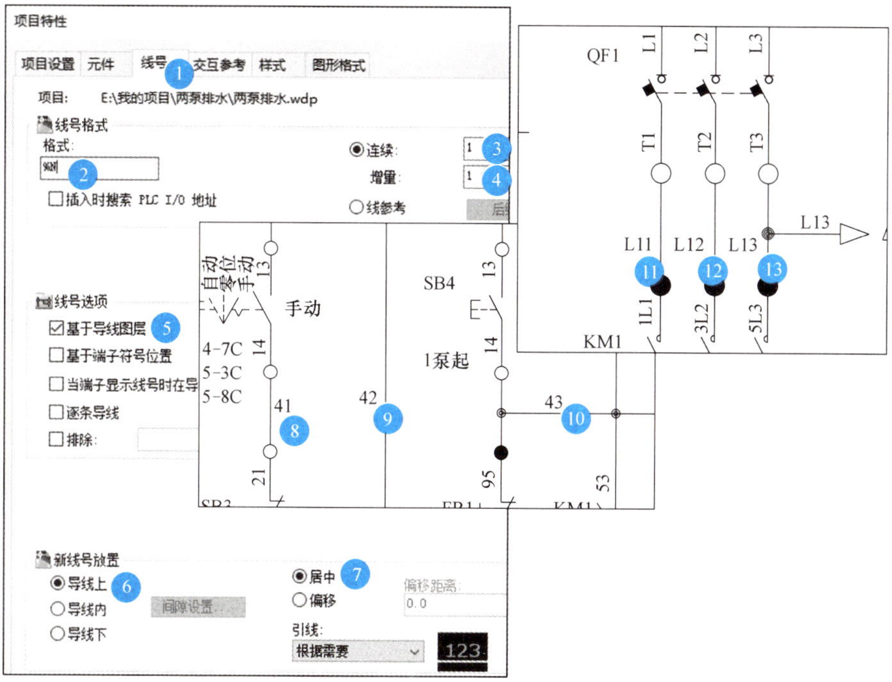

图 9-14 线号设置

例如，第一根选择的导线线号设为 41 时，则连续选择三根导线（⑧~⑩）时，系统自动为三根导线标记的线号为 41、42 和 43。若第一根选择的导线线号设为 L11，则系统自动为三根导线标记的线号为 L11、L12 和 L13（⑪~⑬）。

线号选项勾选“基于导线图层”（⑤），设置新线号放置选中“导线上”（⑥）、“居中”（⑦）。其含义为系统自动将一根导线的线号放置在导线上方居中的位置或者导线左侧居中的位置。图 9-14 中导线 42、43、L11、L12、L13 均符合设置，而导线 41 原本也符合设置，但设计者认为左侧标注字符太多，于是用 AutoCAD 中的“移动”工具，手动将线号“41”移到了导线的右侧。

9.3.3 交互参考的设置

图 9-15 所示为交互参考的设置。在“交互参考”选项卡（①）中设置同一图形为“%S-%N”（②），图形之间为“%S-%N”（③），表示在同一图样或不同图样中，均用“图样页码-元件位置”的模式定位元件。如“2-4F”表示元件处于第 2 张 4F 区。

元件交互参考显示中有“文字格式”“图形格式”和“表格格式”三个单选项。在文字格式中，NO 表示索引的常开触头，常开触头位置号无下划线；NC 表示常闭触头，常闭

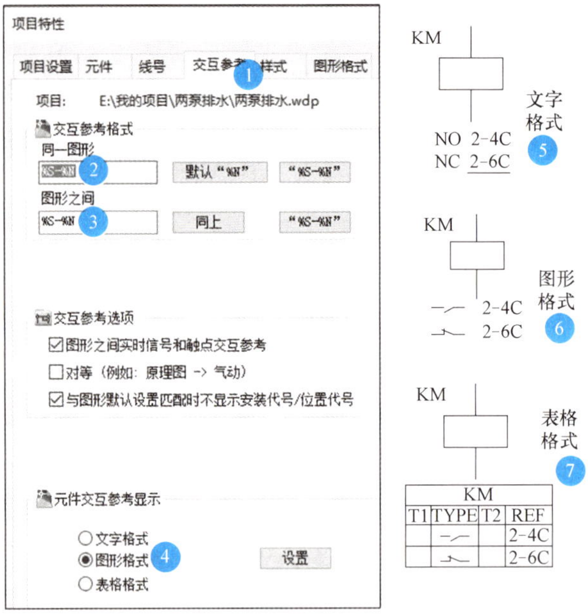

图 9-15　交互参考的设置

触头的位置号有下划线，该格式表达较为简洁，不表示索引触头的引脚号。在图形格式（4）中，图形表达索引触头的常开或常闭类型，同时标注了触头的引脚号。表格格式的表达最为清晰，但占用的图纸空间稍大。元件交互参考设置完成后，不宜再次更改。

9.3.4　样式的设置

图 9-16 所示为样式设置。在“样式”选项卡（1）中，设置箭头样式为“1”（2）。在布线样式中，导线交叉下拉列表框中有“间隙”“环”和“实心”三个选项，选择“实心”（3）。在界面中绘制两条交叉导线时，只有在交叉点处绘制一个圆黑点（4）时，才表示两条导线交叉处是连通的。当导线交叉设置为“间隙”时，绘制两条交叉导线时，交叉处呈间隙（5）样式，表示两条交叉导线在交叉处是不连通的；设置为“环”时，交叉处呈环形（6），表示两条交叉导线在交叉处

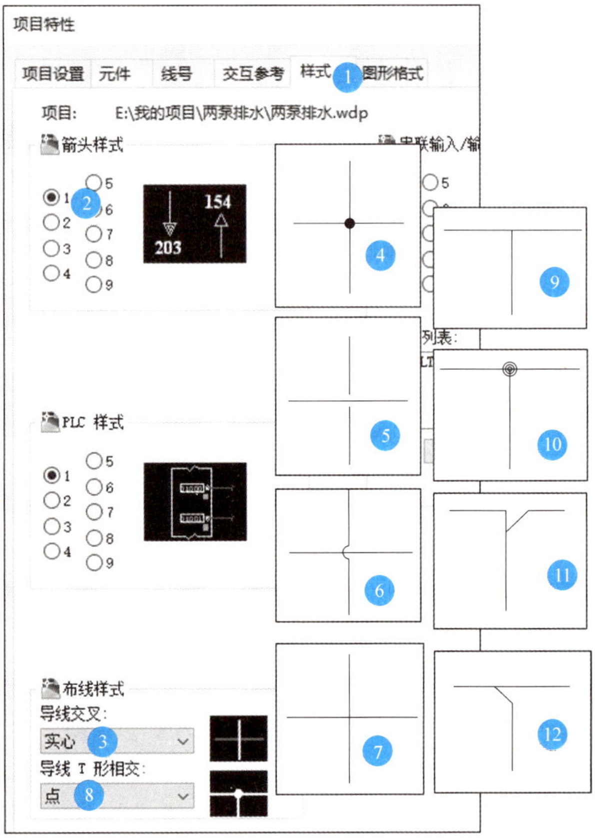

图 9-16　样式设置

不连通；设置为“实心”时，交叉处呈无黑圆点的十字形（⑦），表示两条交叉导线在交叉处不连通。本例设置导线交叉为“实心”。

导线T形相交下拉列表框中有“无”“点”“角1”“角2”四个选项，这里选择“点”（⑧）。在界面中绘制T形交叉导线时，四种T形交叉处的样式如图9-16 ⑨~⑫所示，表示在T形交叉处导线是导通的。本例设置导线T形相交为“点”。

9.3.5 图形格式的设置

图9-17所示为图形格式的设置。在“图形格式”（①）选项卡中，设置阶梯默认设置为“水平”（②），即控制回路布置如同一个水平放置的阶梯。

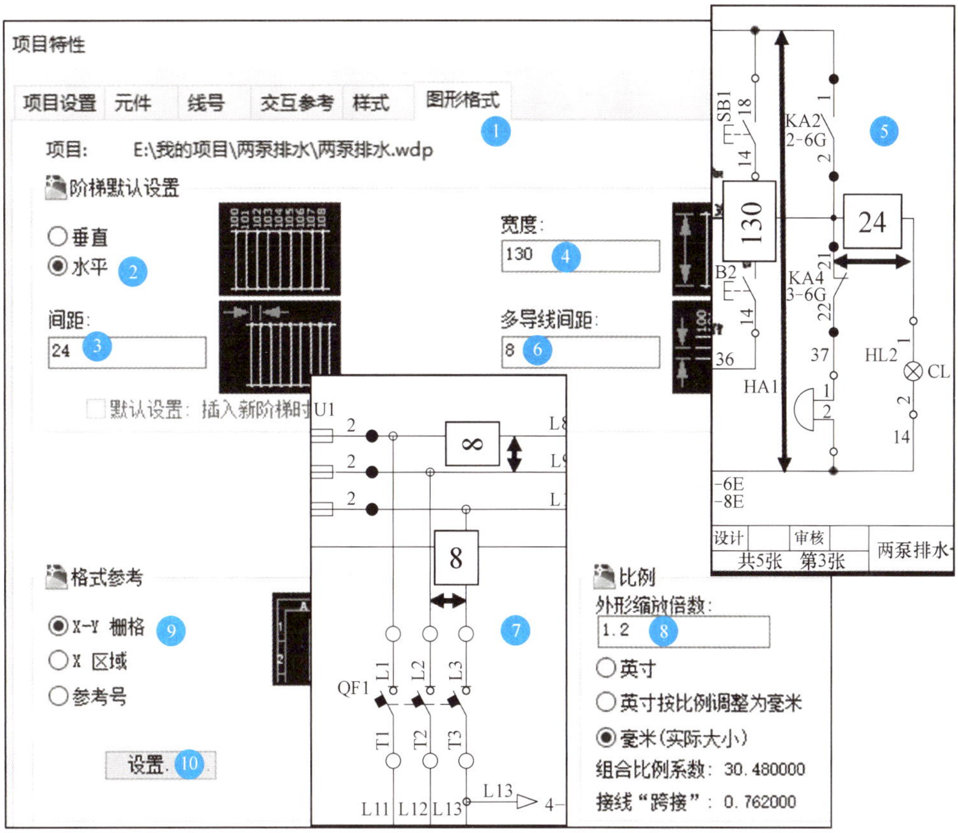

图9-17 图形格式设置

设置间距为“24”（③），宽度为“130”（④），根据这一设置绘制的控制回路距离参数见图中的（⑤）。设置多导线间距为“8”（⑥），即主电路中三相之间或三相加一接地线之间的导线间距为“8”，根据这一设置绘制的主回路相关距离参数见图中的⑦。

设置比例-外形缩放倍数为“1.2”（⑧），表示从软件中调用的元件的外形尺寸是元件库元件原有外形尺寸的1.2倍。在HA4图框中，阶梯间距、宽度、多导线间距以及比例-外形缩放倍数等数据需要根据绘制的电气原理图对象和所用的图框尺寸，经试验后才能确定较为合理的值。

设置格式参考为“X-Y 栅格”（⑨），单击“设置…”按钮（⑩），弹出“X-Y 夹点设置”对话框（⑪），如图 9-18 所示。

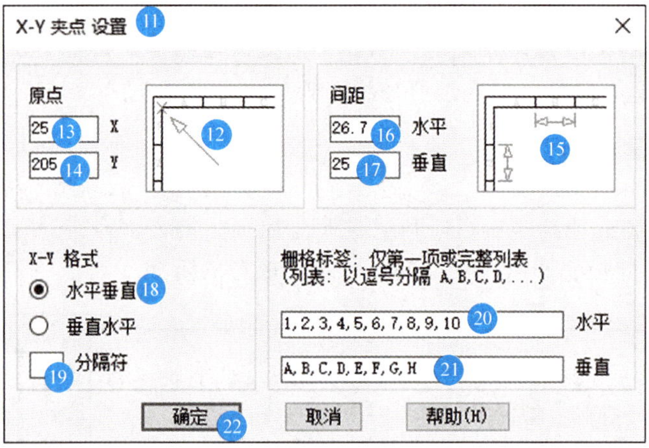

图 9-18　X-Y 夹点设置

在图 9-18 中设置⑫~⑰时，根据原点图例（⑫）的提示设置图框内框左上角的触点坐标 X=“25”（⑬），Y=“205”（⑭）。根据间距图例（⑮）的提示，设置图框中水平和垂直方向分区的等距值水平间距=“26.7”（⑯），垂直间距=“25”（⑰）。以上数据需要根据选用的图框测量而得，填入的数据供软件对图样中的元件进行定位，数据不准确，将会造成元件定位错误。

进一步设置 X-Y 格式为“水平垂直”（⑱），分隔符为空白（⑲），栅格标签中水平输入框按图框实际的水平分区使用的数字填写（⑳），垂直输入框中按图框实际的垂直分区使用的字母填写（㉑）。特别需要注意的是，必须在英文输入状态下填写数据。

设置完成后，单击“确定”（㉒）返回“图形格式”选项卡，最后返回“项目设置”选项卡，按回车键，完成设置。

9.3.6　图样特性设置

完成项目特性的设置后，需将设置结果作用到每一张图样中，方法如图 9-19 所示。在项目管理器中右击“第 1 张. dwg”（①）→“特性”（②）→“应用项目默认设置”（③），将项目设置的结果作用到第 1 张图样中。用相同的方法，再将项目设置结果作用到第 2 张和第 3 张图样中。

完成设置后，在项目管理器中右击“第 1 张. dwg”（①）→“特性”（②）→“图形特性…”（③），调出“图形特性”对话框，如图 9-20 所示。其中有“图形设置”“元件”“线号”“交互参考”“样式”和“图形格式”等选项卡。与“项目特性”对话框的内容基本相同，检查各个设置项目是否引用了“项目特性”设置的结果，也可在“图形特性”对话框中单独为第 1 张图样设置各种参数，设置结果仅对第 1 张图样有效，不能影响其他图样的设置结果。

图形特性设置中最为重要的一项设置是图形设置。在“图形设置”选项卡中，设置页

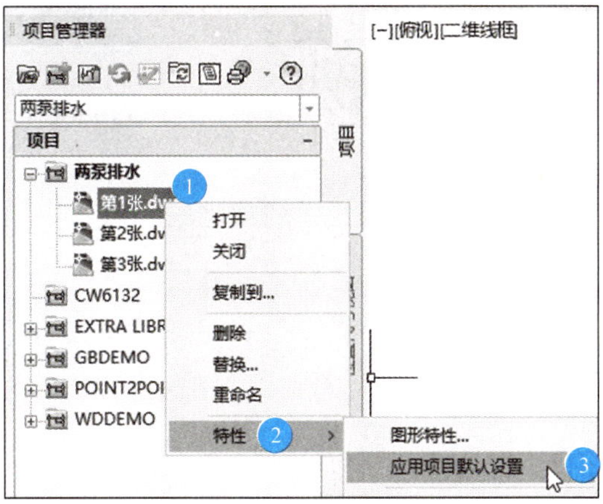

图 9-19　图样特性的设置

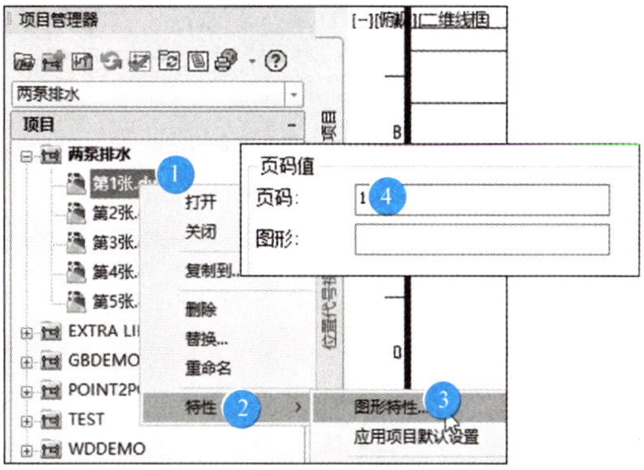

图 9-20　图形特性设置

码值-页码为“1”（④），即告诉软件，本图样为第 1 张。设置完成后，软件可以自动读出元件在哪一张图样中。

采用相同的方法设置第 2 张图样、第 3 张图样的页码。

课余

创建 C650 项目，完成项目特性设置和图形特性设置。简要记录过程，简述每一项设置的含义，整理成学习记录，提交。

第10章 ACE应用案例

CHAPTER 10

ACE 集成在 AutoCAD 中的专门功能模块有“项目”“原理图”“面板”和“报告”等，设计中常用的基础 AutoCAD 绘制工具主要有“格式”“绘图”“标注”和“修改”等。

10.1 绘制注释区

图 10-1 所示为 HA4 注释区，要调用 AutoCAD 的“偏移”和“延伸”工具绘制。

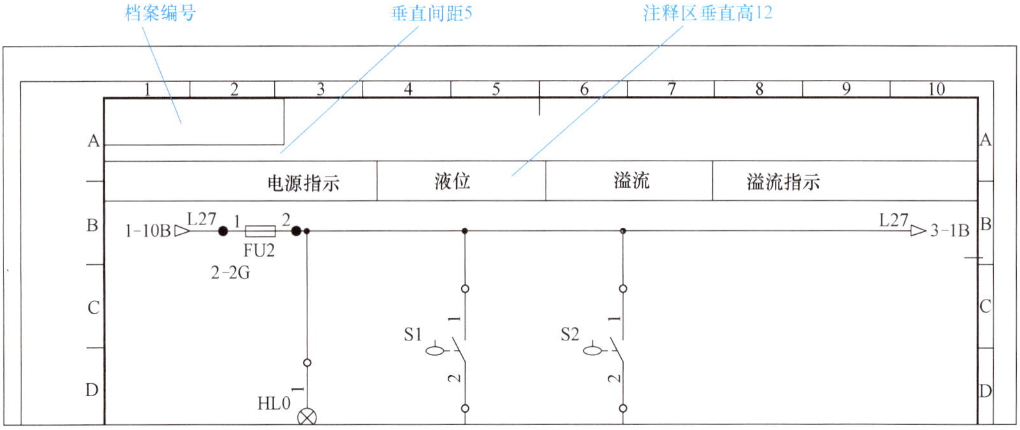

图 10-1 注释区示例

10.1.1 偏移操作

图 10-2 所示为将图框中的一条直线向下偏移 5mm，形成一条新的直线的过程。单击菜单栏中的“修改”（❶），展开的工具栏中汇集了 AutoCAD 的基础修改工具，选择“偏移”（❷）。

单击“偏移”后，光标变为十字形，界面下方的命令框出现“OFFSET 指定偏移距离”的操作提示。用键盘输入偏移距离为“5”，按回车键。若距离已设置为“5”，直接按回车键（或者单击鼠标右键，选择“确认”），命令提示框提示“OFFSET 指定偏移对象”。

单击偏移的原对象直线（4），然后移向要偏移的下侧单击，即可完成直线（4）向下偏移 5mm，得到新的直线（5）。右击，选择“确认”，退出偏移操作。

采用相同的方法，将新的直线向下偏移 12mm，再得到一条新的直线。

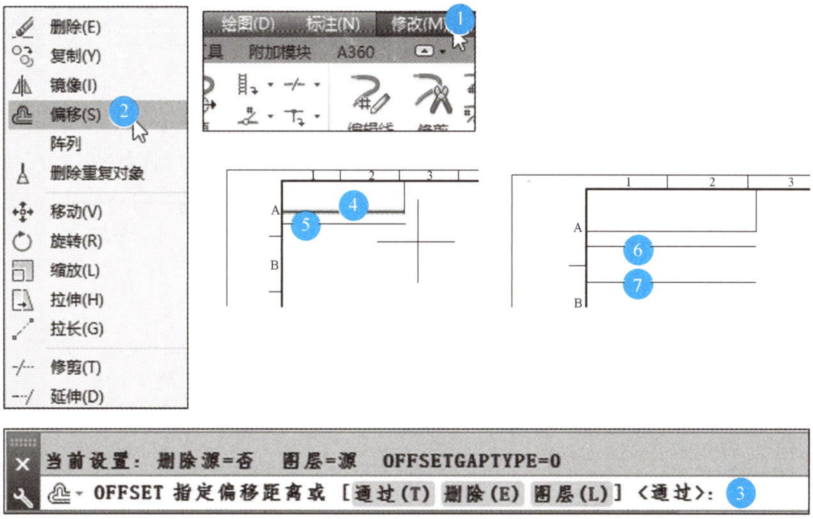

图 10-2 直线的偏移操作

10.1.2 延伸操作

图 10-3 所示为将两条直线延伸到右侧图框线的操作过程。在菜单栏单击“修改”→“延伸”后，光标变为选择小方框。

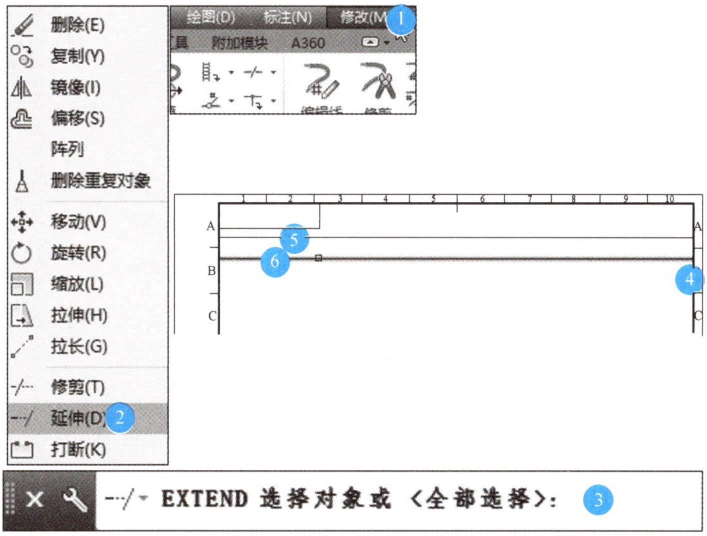

图 10-3 两直线的延伸操作

界面下方的命令框提示“EXTEND 选择对象”，移动鼠标，选择图框右侧的边（4）作为延伸目标，单击“确认”延伸目标。

依次单击要延伸的直线，将之延伸到右侧的图框边。注释区中的分区竖线要在电气原理图完成后，调用 AutoCAD 的“直线”工具来绘制。

10.2 绘制导线

在两泵排水项目主电路中，水平布置的一组电源接入四线，与连接两泵的垂直布置的两组三相线，称为多母线，控制部分的导线布置类似于水平放置的一个阶梯。ACE 中有专门绘制多母线、阶梯和单根导线的工具。

10.2.1 绘制水平四母线

图 10-4 所示为绘制电源接入的水平四母线的过程。在“原理图”选项卡、“插入导线/线号”组，单击“多母线”图标（①），弹出“多导线母线”对话框（②）。

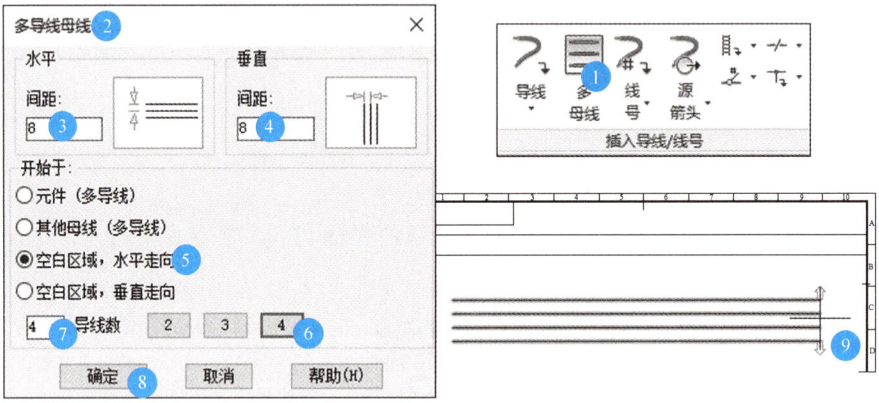

图 10-4 绘制水平四母线

设置水平-间距为“8”（③），垂直-间距为“8”（④），两项数据来自于项目特性设置结果，也可在此单独修改。按照导线类型选择开始于“空白区域，水平走向”（⑤），单击“4”按钮（⑥），选择导线数为“4”（⑦），单击“确定”（⑧）。界面中，鼠标在图样的左上侧单击四母线的始点，向右拖动于终点处并单击（⑨），完成四母线的绘制。

10.2.2 绘制垂直三母线

图 10-5 所示为绘制垂直布置三母线的过程。在“原理图”选项卡、“插入导线/线号”组，单击“多母线”图标（①），弹出“多导线母线”对话框（②）。因在图形格式设置中设置了多导线间隔为“8”，故在水平和垂直两个栏目中，显示水平-间距为“8”（③），垂直-间距为“8”（④）。接受两间距设置值。开始于栏选择“其他母线（多导线）”（⑤），单击“3”按钮（⑥），设置导线数为“3”（⑦）。单击“确定”（⑧）。在图样中选择四母线的第一根导线上的始点（⑨），向下拖动于终点处并单击（⑩），完成三母线的绘制。

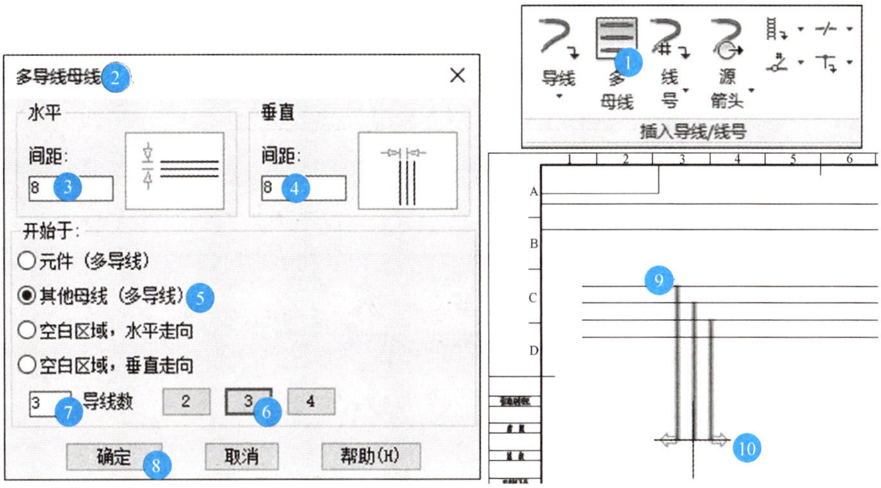

图 10-5 绘制垂直三母线

10.2.3 绘制控制阶梯

图 10-6 所示为绘制控制阶梯的过程。在项目管理器中双击“第 2 张”，将其设置为工作图样，在“原理图”选项卡→“插入导线/线号”组中选择“插入阶梯”图标（①），弹出“页码 2-插入阶梯”对话框（②）。在“页码 2-插入阶梯”对话框中显示了在图形格式设置中的设置数值：宽度为“130”（③），间距为“24”（④）。可以在此更改设置的数值，更改后的数值仅适用于“第 2 张”图样。单击“确定”（⑤），在图样左上角 2B 区单击鼠标（⑥），然后拖移到右侧 9B 区释放并单击鼠标（⑦）完成水平布置阶梯的绘制。

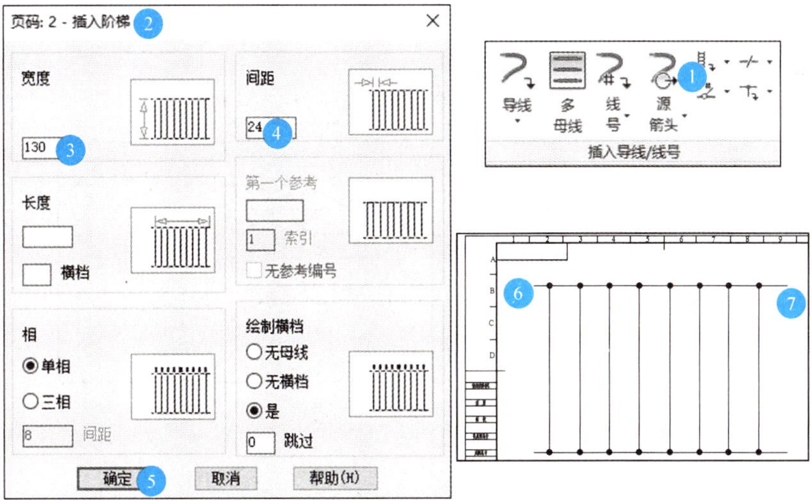

图 10-6 绘制控制阶梯过程

10.2.4 修剪导线

图 10-7 所示为修剪导线的操作过程。在“原理图”选项卡→“编辑导线/线号”组单击

“修剪导线”图标（1），界面中出现选择小方框。移动小方框至拟修剪去除的导线上（如水平布置阶梯左侧的第一根导线）并单击（2），该导线将被修剪去除。

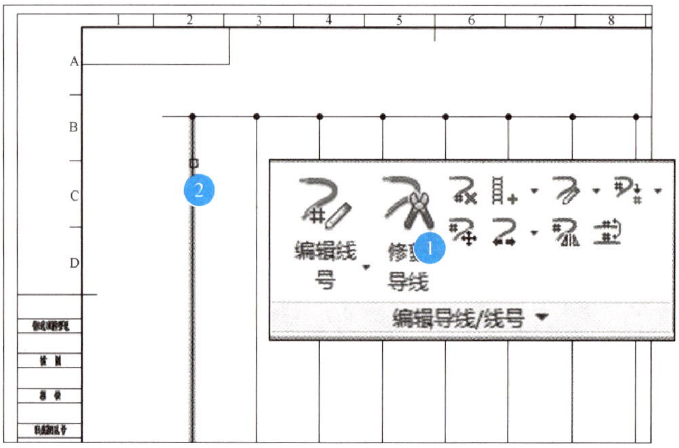

图 10-7　修剪导线操作

10.2.5　绘制单根导线

图 10-8 所示为绘制单根导线的过程。在“原理图”选项卡→“插入导线/线号”组单击“导线”图标（1），光标变为十字形。移动鼠标光标到垂直三母线的第三根母线上（2），单击，然后移到单根导线绘制终点（3）并单击，完成一根导线的绘制。绘制的导线左端自动加上了一个小黑点（4），这是样式设置的结果。

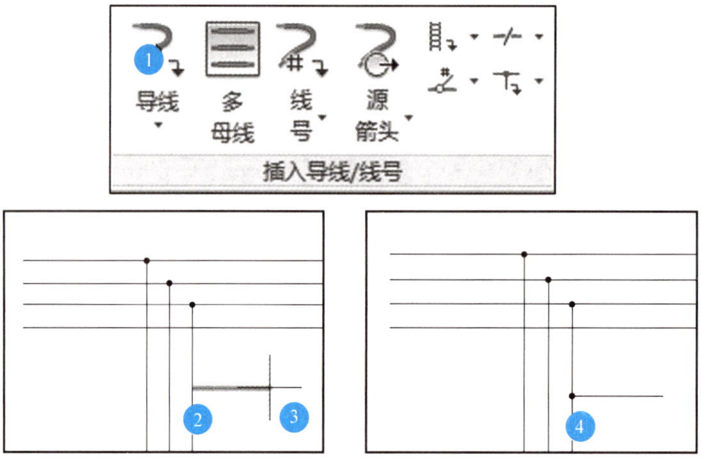

图 10-8　绘制单根导线

10.3　插入元件

图 10-9 所示为插入元件操作过程。在“原理图”选项卡→“插入元件”（1）单击

“图标菜单”图标（②），弹出“插入元件”对话框（③）。

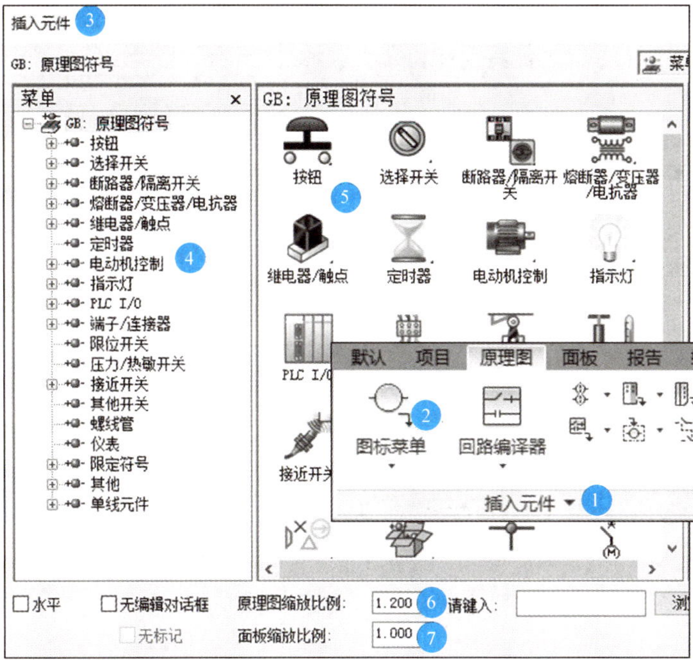

图 10-9 插入元件操作

“插入元件”对话框中汇集了大量的原理图符号，其中左侧栏（④）是以菜单形式呈现的原理图符号目录，右侧栏（⑤）是以图形方式呈现的原理图符号目录。调用原理图符号时，可通过菜单栏进行查阅和选用，也可在原理图符号栏中直接单击原理图符号进行调用。

在“插入元件”对话框底部显示原理图缩放比例为“1.200”（⑥），面板缩放比例为“1.000”（⑦），这两个数据源自图形格式设置。

10.3.1 插入三极断路器

图 10-10 所示为插入三极断路器的过程。在左侧菜单栏中选择“断路器/隔离开关”→“三极断路器”（①），在右侧栏中选择“限流/热保护”图标（②）。选择四母线中左端的一根母线（③）并单击，出现“构建到左侧还是右侧?”对话框（④），因选择的是最左端的一根母线，故单击“向右”（⑤），弹出“插入/编辑元件”对话框（⑥）。设置元件标记为“QF0”（⑦），引脚-1 为“1”（⑧），引脚-2 为“2”（⑨）。单击“确定”（⑩），完成三极断路器的插入操作。

一、翻转图符

若界面中的三极断路器触头（①）符号处于导线下方，可通过图 10-11 所示的翻转操作将触头符号翻转至导线上方。选中三极断路器的符号，右击，周围出现动态编辑菜单（②），包括“编辑元件”“移动元件”“删除元件”“对齐”“浏览器”“快速移动”“重新标记/更新”“复制元件”和“属性”等编辑工具。选择“属性”→“反转/翻转元件”（③），

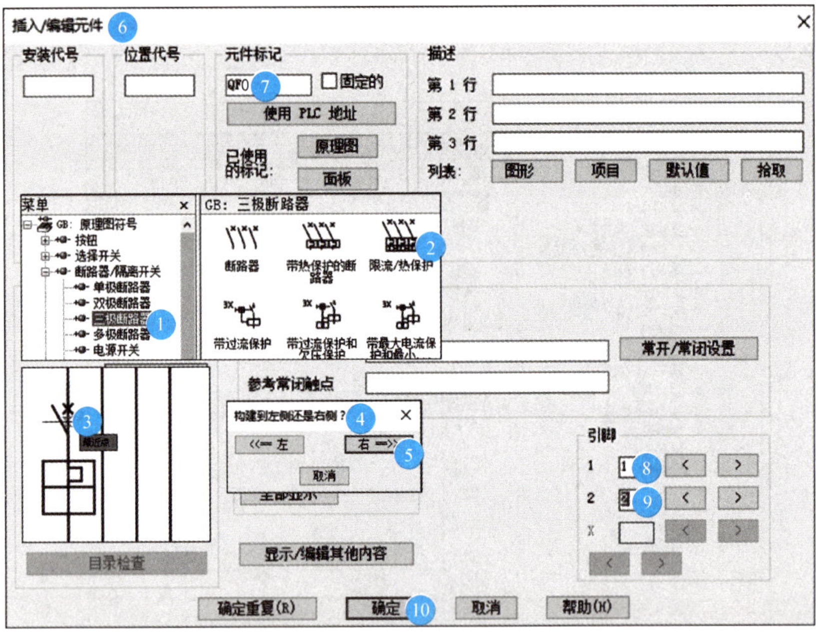

图 10-10　插入三极断路器

弹出“反转/翻转元件”对话框（4）。选择“翻转”（5），单击“确定”（6）。单击选中的三极断路器一个触头，该触头符号即翻转到导线之上。此时界面中的光标仍处于选择小方框状态，可继续用小方框选择其余两个触头符号，完成三极断路器符号的翻转操作。

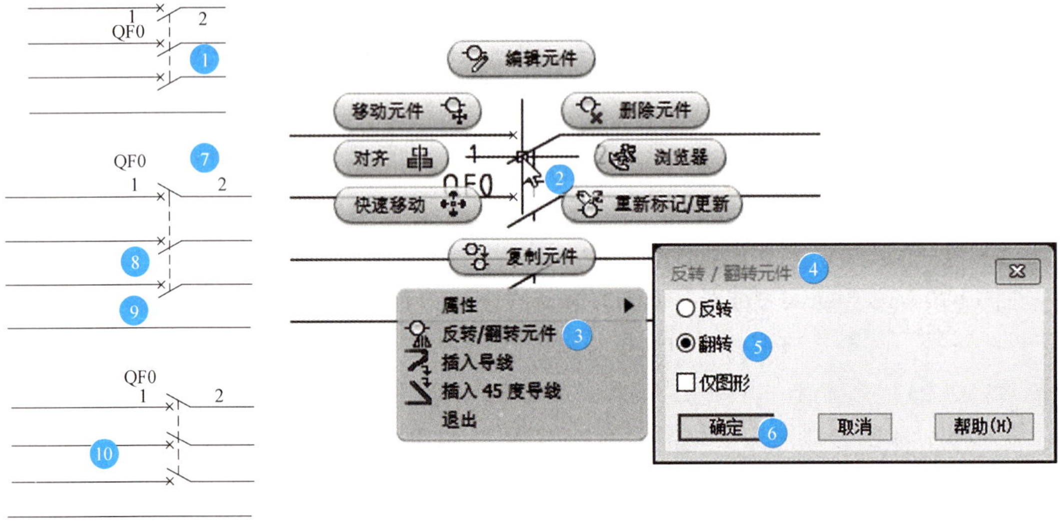

图 10-11　翻转三极隔离开关符号

二、补注引脚号

界面中三极隔离开关 QF0 目前仅标注了一对触头的引脚号。图 10-12 所示为补充标注另两对触头引脚号的过程。

将光标放置在三极断路器的第二对触头符号上，选择“编辑元件”（1），弹出“插

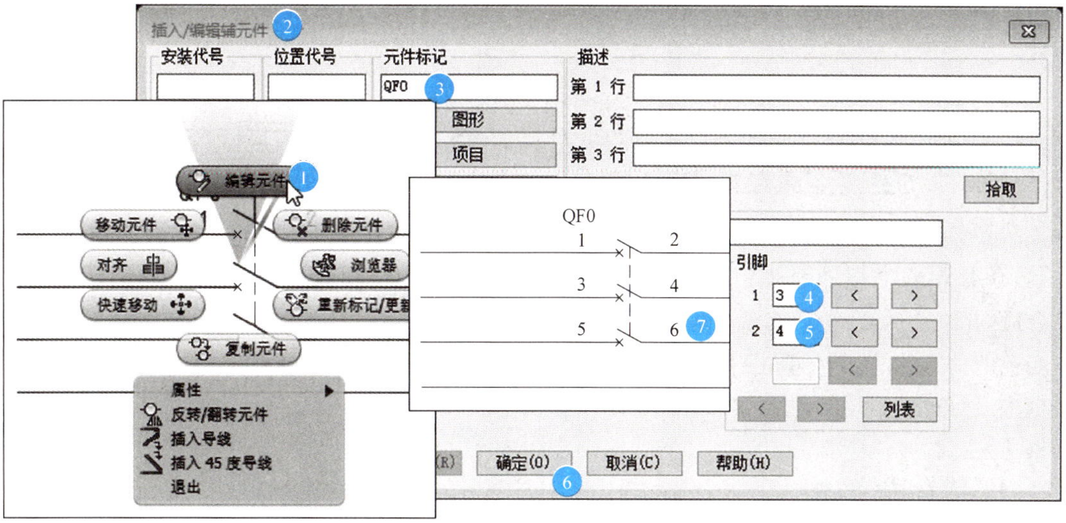

图 10-12 补充标注引脚号

入/编辑辅元件”对话框（②）。确认元件标记为“QF0”（③），设置第二对触头的引脚号：引脚-1 为“3”（④），引脚-2 为“4”（⑤），单击“确定”（⑥），完成第二对触头的引脚号补充标注（⑦）。采用相同的方法补充标注第三对触点的引脚号。

三、修改属性颜色

在 ACE 中，元件的各种文字符号称为元件的属性。图 10-13 所示为修改三极断路器元件文字符号 QF0 颜色的过程。双击 QF0 符号（①），弹出“增强属性编辑器”对话框（②）。打开“特性”选项卡（③），在颜色下拉列表框中选择目标颜色（④），返回“增

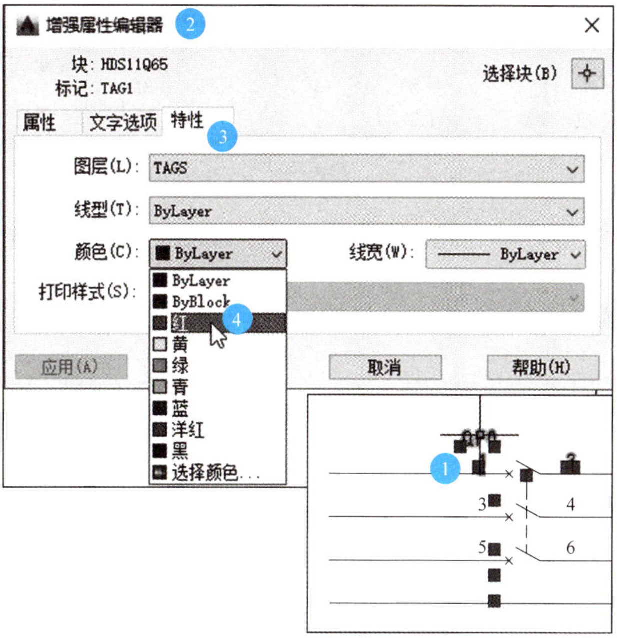

图 10-13 修改文字标记颜色

强属性编辑器”对话框，单击“确定”，赋予 QF0 新的颜色。引脚号 1～6 的颜色修改方法同此。

四、修改连线颜色

图 10-14 所示为修改断路器连线颜色的过程。选择一根需修改颜色的连线（①），右击。选择“特性”（②），界面左侧弹出“特性”对话框。单击“常规”（③）→“颜色”，在右旁的下拉列表框（④）中选择合适的颜色（⑤），完成三极断路器连线颜色的修改。完成后单击“特性”对话框左上角的“×”，退出“特性”对话框。

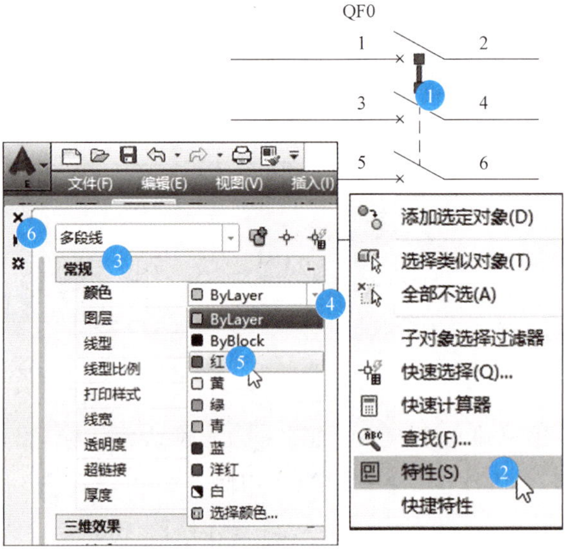

图 10-14　修改断路器连线颜色

五、修改层的颜色

修改图中元件和元件属性颜色的通用方法是：打开需修改颜色的所在层，修改层的颜色，以达到修改元件或元件属性颜色的目的。

图 10-15 所示为修改层颜色的过程。在“默认”选项卡（①）→“图层”（②）组→颜色下拉列表框中选择合适的颜色（④），即可完成所在层的颜色修改。

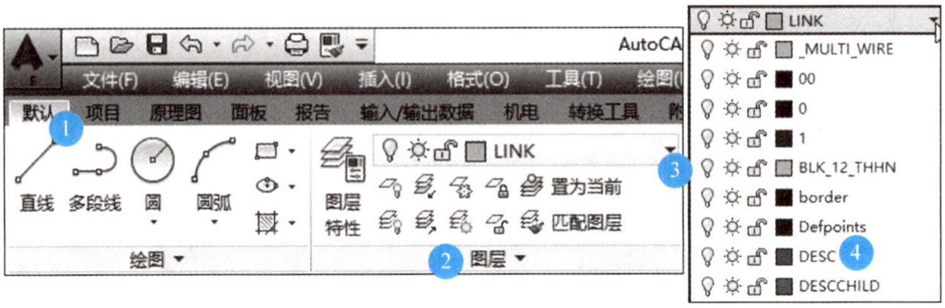

图 10-15　修改层颜色

10.3.2　插入电动机

图 10-16 所示为插入电动机 M1 的过程。在“插入元件”对话框左侧的菜单目录中选择“电动机控制”→“三相电动机”（①）。在右侧的三相电动机图符中选择“三相电动机”（②）。捕捉到三相线的端点（③）并单击，弹出“插入/编辑元件”对话框（④）。设置元件标记为“M1”（⑤），引脚-1 为“U”（⑥），引脚-2 为“V”（⑦），引脚-3 为“W”（⑧），单击“确定”（⑨），完成三相电动机图符的插入。

一、修改电动机的标记字

图 10-17 所示为将电动机标记字“M”修改为“M1”的过程。选中电动机图符（①），

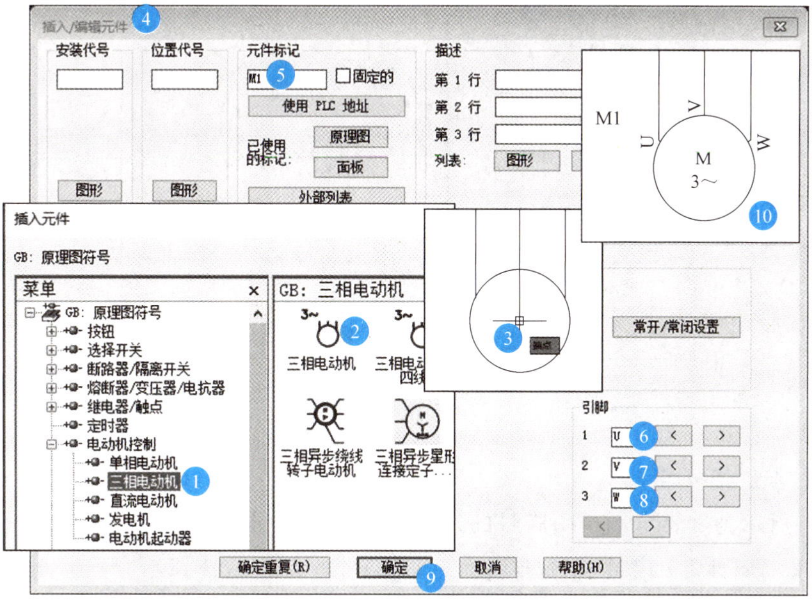

图 10-16 插入电动机

右击，在弹出的动态编辑菜单中，单击“属性”（2）→“编辑属性”（3）。此时光标变为选择小方框，再次选中电动机图符（4），弹出“编辑属性-M”（5）对话框。设置属性为“M1”（6），单击“确定”（7），界面中的电动机标记字修改为“M1”。

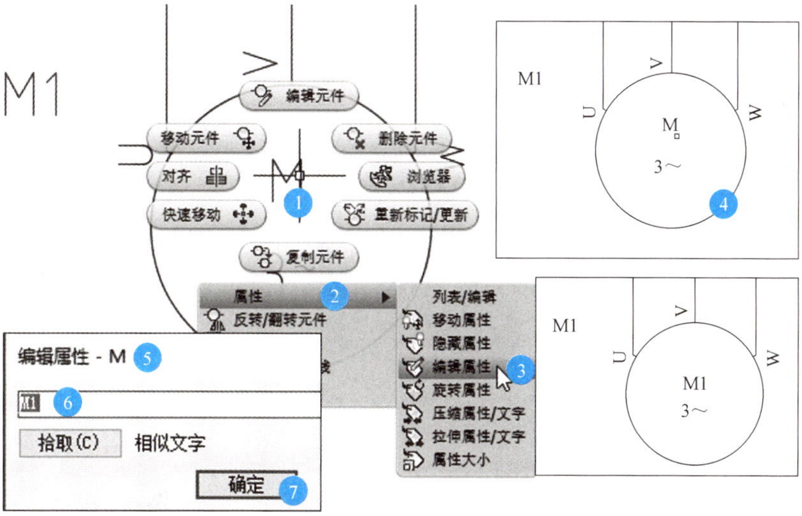

图 10-17 修改电动机标记字

图 10-18 所示为删除电动机符号外的文字符“M1”的过程。双击电动机图形符号外的文字符“M1”（1），弹出“增强属性编辑器”对话框（2）。“属性”选项卡中选择“TAG1”（3），删除值输入框中的“M1”（4），使之为空，单击“确定”（5），电动机文字符“M1”被删除。

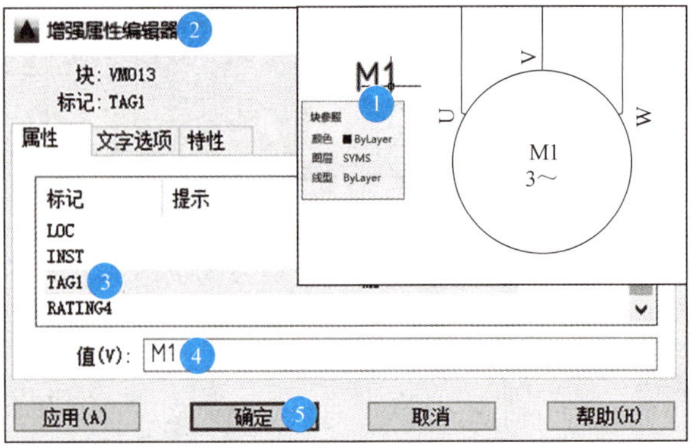

图 10-18　删除电动机符号外的文字符

二、旋转电动机属性

图 10-19 所示为旋转电动机引脚号的过程。选中电动机图符（①），右击，弹出动态编辑菜单。单击“属性”（②）→“旋转属性”（③），光标变为选择小方框。此时，单击一个引脚号（④）一次，引脚号逆时针旋转 90°；单击引脚号三次，引脚号逆时针旋转 270°，呈竖直状态。再单击其他引脚号，全部旋转到竖直状态（⑤）后，右击，退出属性编辑状态。

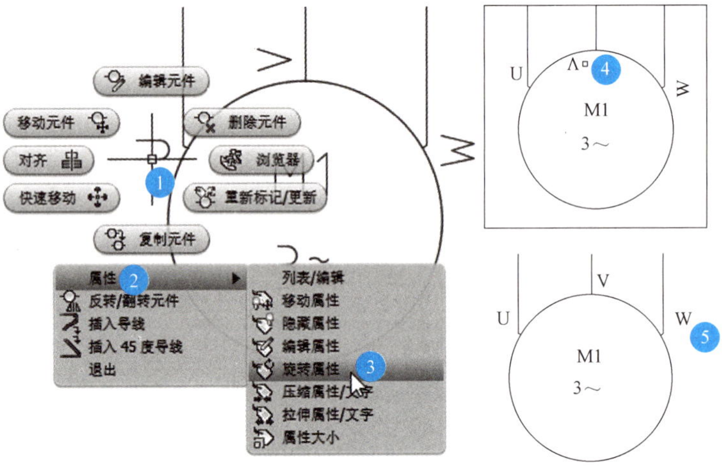

图 10-19　旋转电动机引脚号

三、移动电动机属性

图 10-20 所示为移动电动机属性的过程。选中引脚号“V”（①），右击，在弹出的动态编辑菜单中，选择“属性”（②）→“移动属性”（③），光标变为选择小方框，再次选中引脚号“V”（④）。此时光标变为十字形（⑤），移动光标，可发现选中的引脚号跟随光标移动，将引脚号移动至合适位置并单击，引脚号固定在当前位置，同时光标又一次变为选择小方框（⑥），可以再次选择并移动属性。移动属性操作完成后，在界面空白处单击鼠标，可退出移动属性编辑。

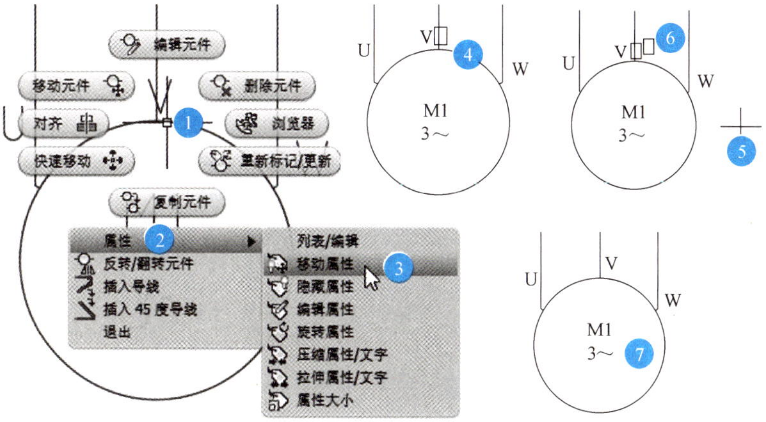

图 10-20 移动电动机属性过程

10.3.3 插入接触器

接触器元件包括接触器线圈、三极主触头和控制触头三种图形符号。线圈是控制三极主触头和控制触头的父元件，三极主触头和控制触头是受控于线圈的子元件。三种元件分布于图样的不同位置，但一个接触器的线圈、三极主触头和控制触头的文字符应相同。

一、插入三极主触头

图 10-21 所示为插入三极主触头的过程。切换到三极主触头所在图样，在“插入元件”对话框的菜单目录中选择“电动机控制”→“电动机起动器”（1），在原理图符菜单中单击“带三极常开触头的电动机起动器”（2）。此时界面中有随光标移动的一个交流接触器的主触头图符，将其放置在三相导线左侧第一根导线上（3）并单击，弹出“构建到左侧还是右侧?”提示框（4）。因选择了三相导线左侧的第一根导线，故选择“右”按钮（5），弹出“插入/编辑辅元件”对话框（6），如图 10-22 所示。

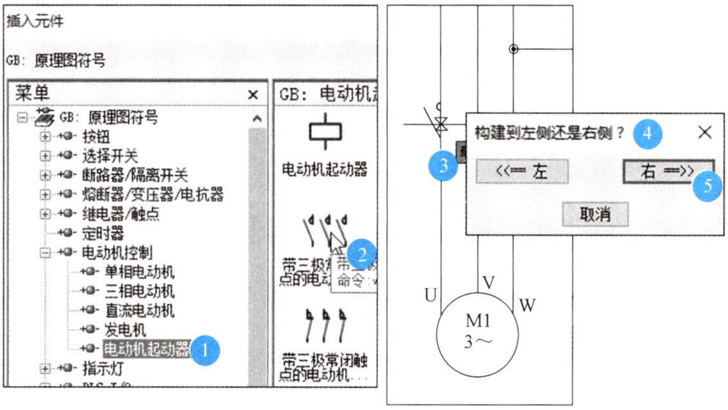

图 10-21 插入三极主触头

设置元件标记为“K”（7），这是一个临时的文字符，待 KM1 线圈插入后，用该临时文字符与 KM1 线圈进行匹配，匹配完成后将自动更改为“KM1”。在交互参考-引脚栏中，设置引脚-1 为“1L1”（8），引脚-2 为“2T1”（9）。单击“确定”（10），完成第一对主

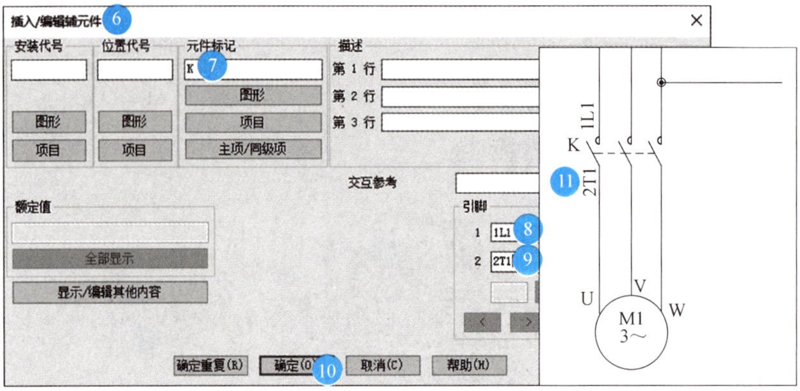

图 10-22　设置三极主触头

触头文字符的标注。目前仅有第一对主触头引脚号。对于第二对主触头的引脚号 3L2、4T2 和第三对主触头的引脚号 5L3、6T3，在界面中选择其中一对主触头文字符并右击，在动态编辑菜单中选择“编辑元件”，弹出“插入/编辑辅元件”对话框，可在该对话框中进行补充标注。

二、显示主触头标记

若插入接触器主触头后不显示临时标记 K，可按图 10-23 所示的操作过程，将主触头的临时标记显示在图上。双击主触头左侧的第一对主触头图符（❶），弹出“增强属性编辑器”对话框（❷）。在“属性”选项卡中选择“TAG2”（❸），设置值为“K”（❹），单击“确定”（❺），完成主触头临时标记的标注。

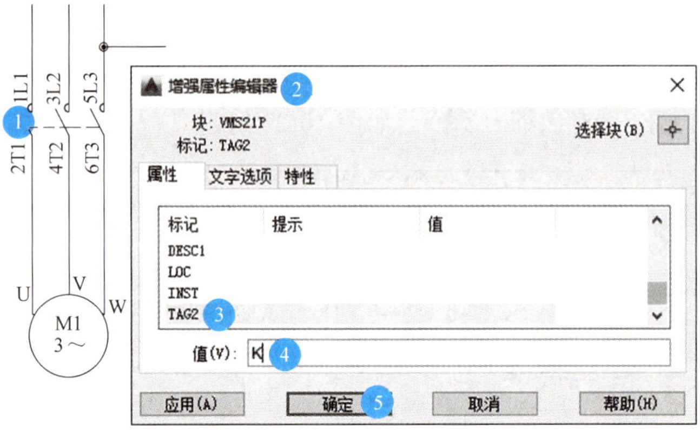

图 10-23　显示主触头标记

三、插入接触器线圈

图 10-24 所示为插入接触器线圈图符的过程。在“插入元件”对话框的菜单目录中选择“电动控制”→“电动机起动器”（❶），在原理图图符中选择“电动机起动器”（❷）。此时界面中出现随光标移动的接触器线圈图符（❸），在线圈支路线上找到合适的位置并单击鼠标，弹出“插入/编辑元件”对话框（❹）。设置元件标记为“KM1”（❺），引脚-1 为“A1”（❻），引脚-2 为“A2”（❼），单击“确定”（❽），完成接触器线圈图符的插入。

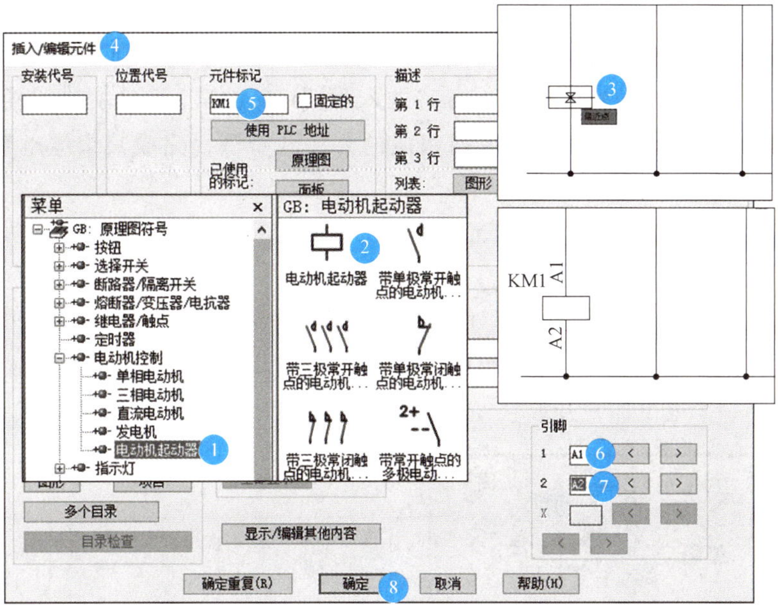

图 10-24 插入接触器线圈图符

10.3.4 插入继电器和触点

"继电器/触点"功能包括继电器线圈、常开触点和常闭触点等。

一、插入继电器触点和线圈

图 10-25 所示为插入继电器触点和线圈的过程。在"插入元件"对话框左侧的菜单目录中选择"继电器/触点"（❶），在右侧的原理图图符中出现"继电器常开触点"（❷）、

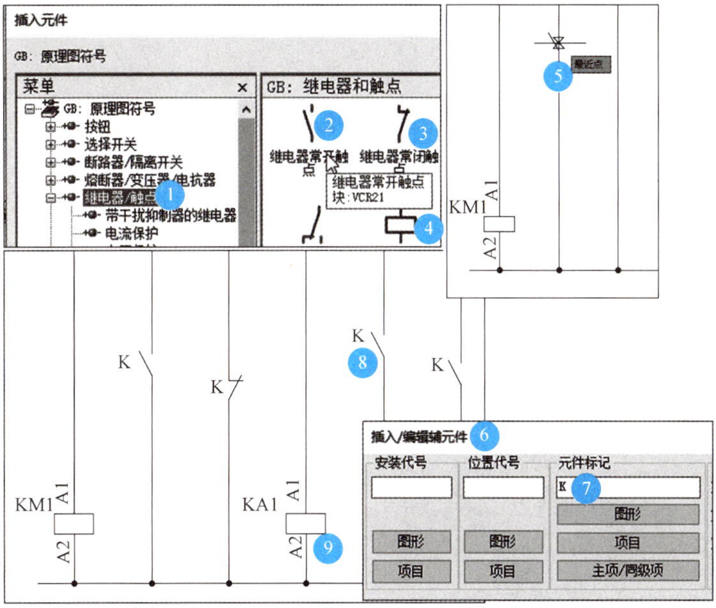

图 10-25 插入继电器触点和线圈

"继电器常闭触点"（3）、和"继电器线圈"（4）三个图形符号。选择"继电器常开触点"图符，在界面中的一条导线（5）上单击，弹出"插入/编辑辅元件"对话框（6）。保持元件标记为"K"（7）不变，单击"插入/编辑辅元件"工具中的"确定"，完成继电器常开触点图符（8）的插入。采用相似的方法和步骤，完成其余继电器触点的插入操作。

插入继电器线圈（9）时，设置元件标记为KA1，引脚-1为"A1"，引脚-2为"A2"。

二、常开、常闭触点置换

在ACE中，继电器常开触点和常闭触点可以实现快速置换，操作过程如图10-26所示。在"原理图"选项卡→"编辑元件"组中单击"切换常开/常闭"图标（1）。光标变为选择小方框，选择一个继电器常开触点（2），单击，常开触点变换成常闭触点（3）。

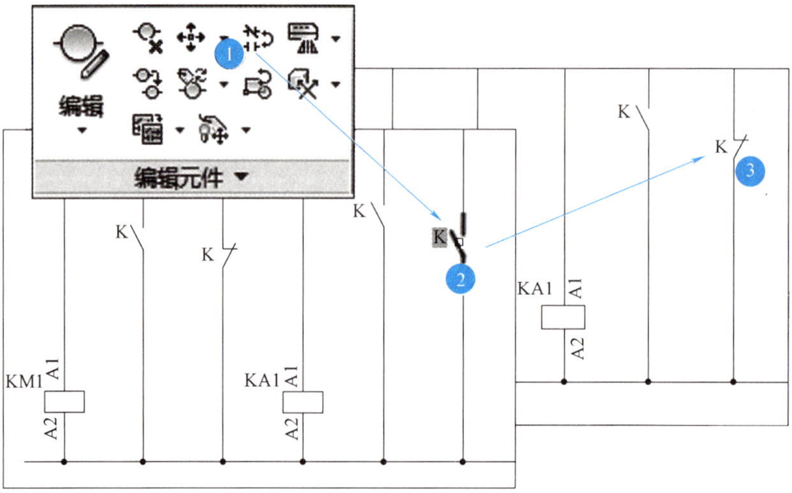

图10-26　常开触点和常闭触点快速置换

三、元件间对齐操作

以四个触点K对齐为例，操作过程如图10-27所示。在四个需要对齐的触点中选择1个触点（1）作为对齐基准，右击。在弹出的动态编辑菜单中单击"对齐"（2），界面中出现一条对齐基准线（3）。选择三个需要对齐到基准的元件（4~6），右击，四个触点K

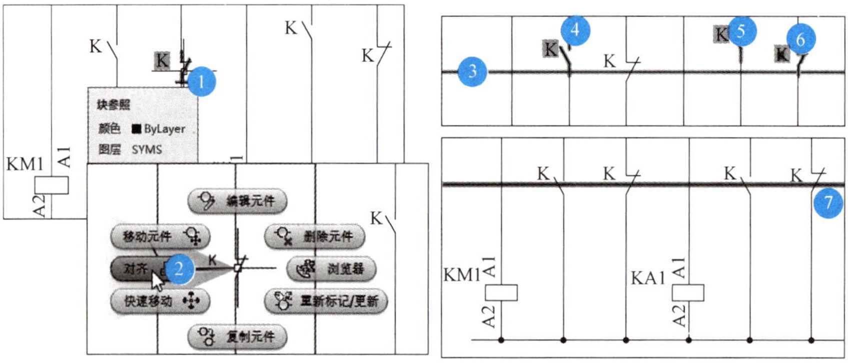

图10-27　元件间对齐

对齐到对齐基准线上（7）。

10.3.5 元件索引号的生成

在电气原理图中，线圈属于父零件，主触头和控制触点属于子元件，原理图完成后，线圈已标记为 KM1 和 KA1 等，而主触头和控制触点均临时标记为 K，通过为每一个子元件正确匹配父元件，ACE 将自动生成元件的索引号。

图 10-28 所示为自动生成接触器线圈 KM1 索引号的过程。从子元件着手，在主触头 K（1）上右击，在弹出的动态编辑菜单中单击“编辑元件”（2），弹出“插入/编辑辅元件”对话框（3）。保持元件标记为“K”（4）不变，单击“项目”按钮（5），弹出“种类 =‘MS’的完整项目列表”对话框（6）。

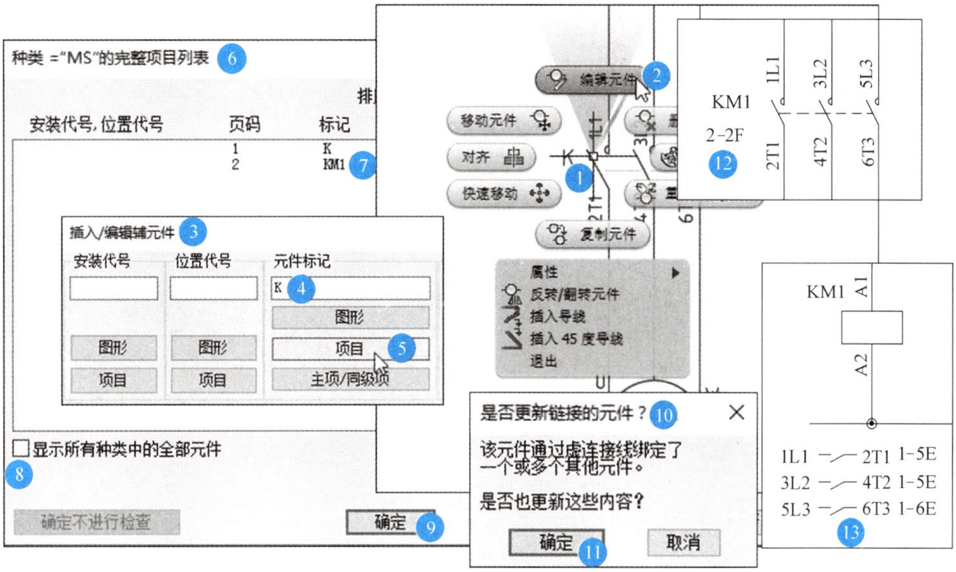

图 10-28 生成元件索引号

在安装代号、位置代号栏中，找到匹配的父元件，即页码为“2”，标记为“KM1”（7）的接触器线圈。如果这里没有显示匹配的父元件，可勾选“显示所有种类中的全部元件”（8），扩大查找范围。选中匹配的父元件后，单击“确定”（9），弹出提示框“是否更新链接的元件?”（10），单击“确定”（11）。

操作结果为界面中主触头的标记名由“K”自动更新为“KM1”，并指出了与之匹配的父元件的位置“2-2F”（12），即第 2 张的 2F 位置。只要在项目特性设置时，输入的图框的左上角坐标、X 向等分距离、Y 向等分距离三项数据正确，则索引位置也将正确（13）。

接触器线圈所在界面中，以项目特性设置时指定的图形格式，显示了接触器线圈的索引代号。至此便完成了该线圈与第 1 张中三个常开触头的匹配。

采用相同的方法，生成图 10-29 中一个 KM1 触头（1）、一个 KA1 常开触点（2）和一个 KA1 常闭触点（3）的索引号。在生成索引号的过程中，要在“插入/编辑辅元件”对话框中，补齐触头、触点的引脚号（4、5），否则在线圈的索引号中将相应缺失控制触头、触点的引脚号。

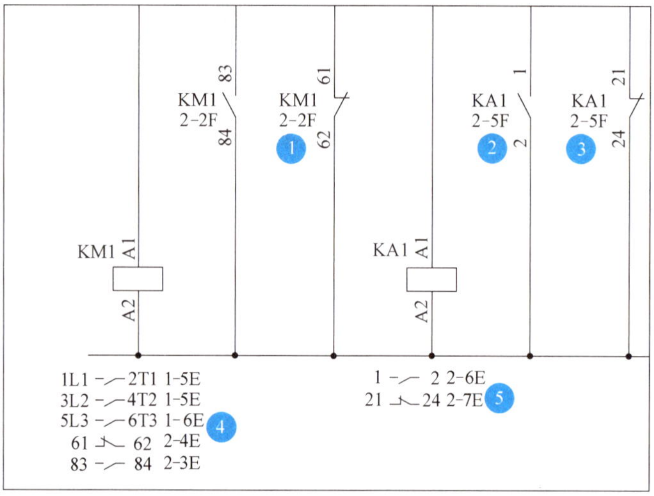

图 10-29 生成元件索引号结果

10.4 线号与交互

在电气原理图中，每一根导线均需标注唯一线号。在 ACE 中标注导线和编辑线号均有专门的工具。

10.4.1 插入线号

图 10-30 所示为插入线号的过程。在“原理图”选项卡→“插入导线/线号”组中单击“线号”图标（1），弹出“页码 1-导线标记”对话框（2）。设置导线标记模式为“连续”“L1”（3）开始，即导线编号从“L1”开始。单击“拾取各条导线”按钮（4）。在界面中连续拾取三根导线（5~7），选择完成后右击，导线上生成线号 L1、L2、L3（8~10），由于在线号设置中选择新线号为“在导线上”“居中”，此时的线号布置便遵循了这一设置结果。

10.4.2 移动线号

图 10-31 所示为移动线号的过程。在“原理图”选项卡→“编辑导线/线号”组中单击“移动线号”图标（1）。光标变为一个选择小方框，选中一个要移动的线号（2）。光标仍为一个选择小方框，在导线上选择一个准备放置线号的位置（3），单击，线号“L1”移动到了指定位置，同时光标仍为一个选择小方框（4），可以继续选择要移动的线号移动。若再次右击，将退出移动线号操作。

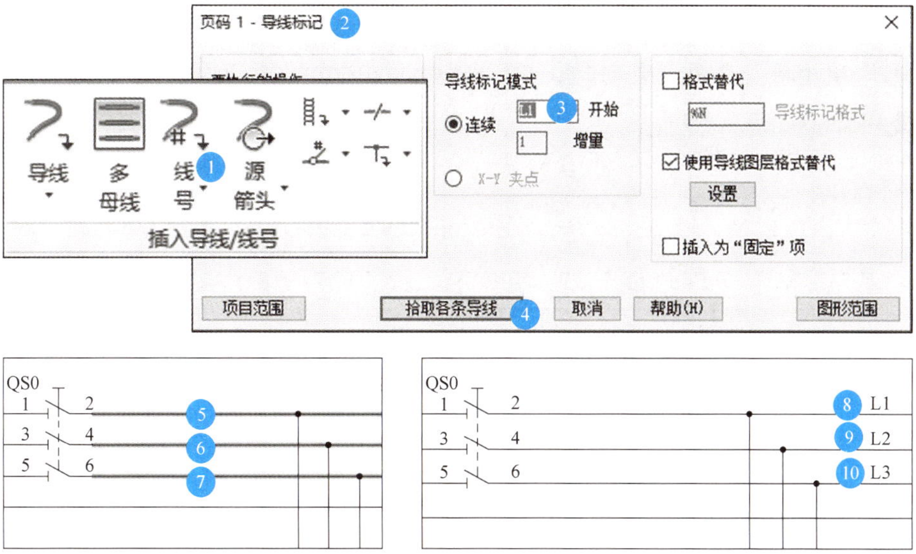

图 10-30　插入线号

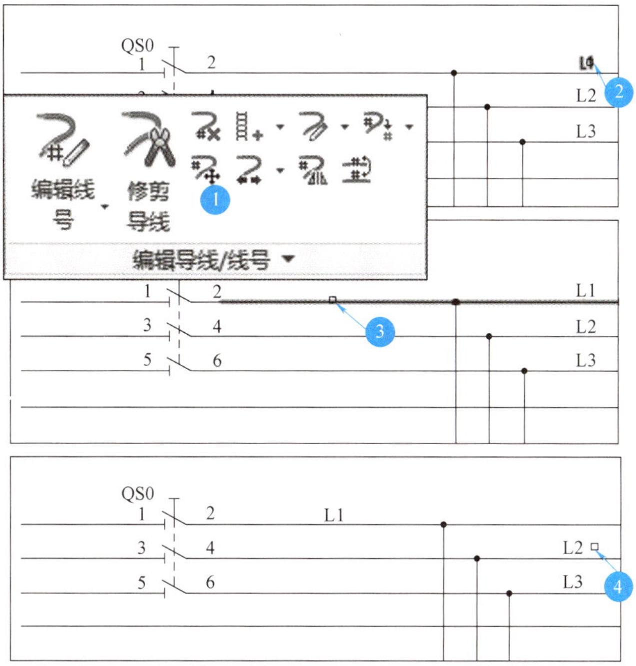

图 10-31　移动线号

10.4.3　线号交互

在两泵排水电气原理图第 1 张中，主电路的导线 L1 的右侧端点与第 2 张控制回路的上横置导线的左侧端点相连接。第 1 张主电路的导线 N 的右侧端点与第 2 张控制回路的下横置导线的左侧端点相连接。这一跨两页图样间的连接关系需用线号交互方式绘制。

一、插入源箭头

图 10-32 所示为调用源箭头的过程。切换到第 1 张图样，在”原理图“选项卡→“插入导线/线号”组中单击“源箭头”（1）下拉列表框中的“源箭头”图标（2），在界面中单击导线 L1 的右端点（3）。

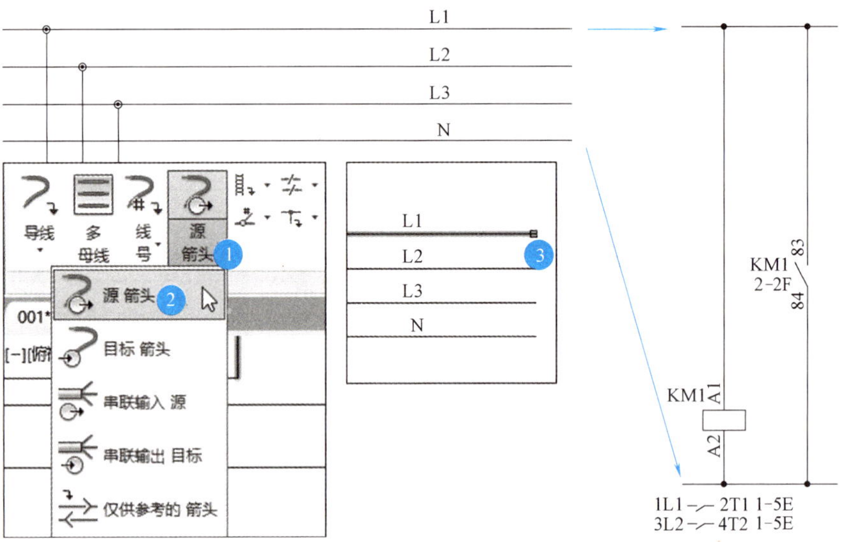

图 10-32　调用源箭头

图 10-33 所示为插入源箭头的过程。系统弹出“信号-源代号”对话框（4），设置“请为此源代号输入单词/短语代号-代号”为“L1”（5），原则上源箭头代号即为线号。单击“确定”（6），在弹出的“是否现在插入匹配的目标箭头?”提示框中，由于目标箭头在第 2 张图样中，此时无法切换到第 2 张图样中选择目标箭头，所以单击“否”（7），完成源箭头插入操作（8）。

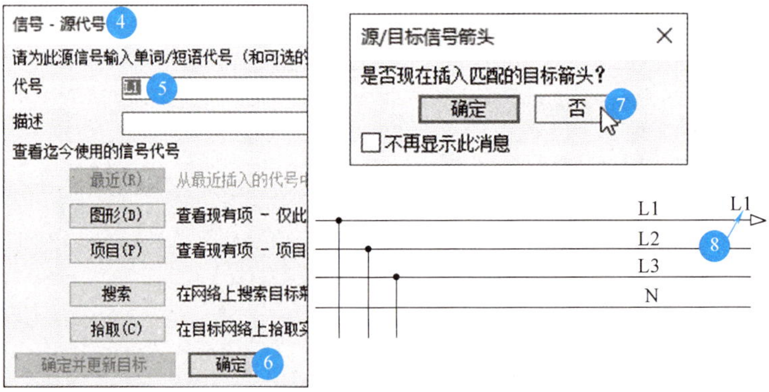

图 10-33　插入源箭头

二、插入目标箭头

目标箭头即电流接入的箭头，在第 2 张图样界面中插入目标箭头的过程如图 10-34 所示。

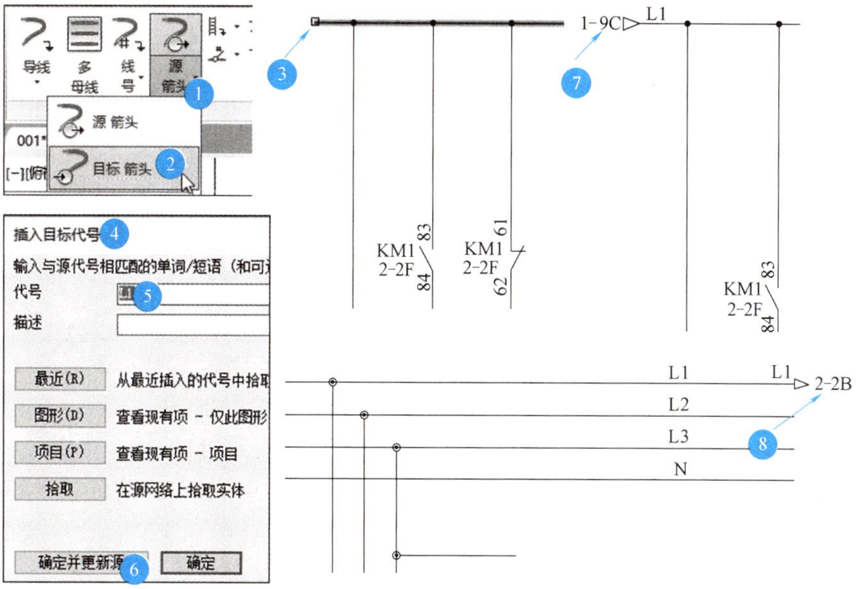

图 10-34　插入目标箭头

在“原理图”选项卡→“插入导线/线号”组中单击“源箭头”（1）下拉列表框中的“目标箭头”图标（2），在界面中单击横置导线的左端点（3）。在弹出的“插入目标代号”对话框（4）中，设置代号为“L1”（5），由于需要同步更新第 1 张中的线号交互标记，所以单击“确定并更新源”（6）。至此，第 2 张图样中标注了目标箭头，指出了接入地为 1-9C（7）。第 1 张图样中标注了线号交互标记，指出了接出地为 2-2B（8）。

课余

使用 ACE 绘制 C650 车床电气原理图，并整理绘制过程学习记录，作为课程学习成果作业提交。

第11章 S7-1200 CPU基础

CHAPTER 11

可编程序控制器（Programmable Logic Controller，PLC），在国际电工委员会（IEC）标准中的定义是：一种数字运算操作的电子系统，专为工业环境应用设计，用可编程的内部存储器存储程序，并在内部执行逻辑运算、顺序控制、定时、计数和算数操作等指令，经数字或模拟输入/输出接口控制各类机械运行，以及控制生产工艺过程。

11.1 S7-1200 CPU 的构成

S7-1200 PLC 是西门子 2009 年推出的基本型控制器。其 CPU 模块将微处理器、集成电源、输入/输出电路、内置 PROFINET（基于工业以太网的通信接口）、高速运动 I/O、多种工艺功能和模拟量输入接口等组合于一体，形成了紧凑的外观设计、灵活的硬件扩展、强大的通信能力和丰富的功能。

11.1.1 S7-1200 CPU 面板

S7-1200 PLC 目前有五个 CPU 型号，包括 CPU 1211C、CPU 1212C、CPU 1214C、CPU 1215C 和 CPU 1217C。图 11-1 所示为 CPU 1214C 型号中的一个模块，技术规格标号为 CPU 1214C DC/DC/Rly。

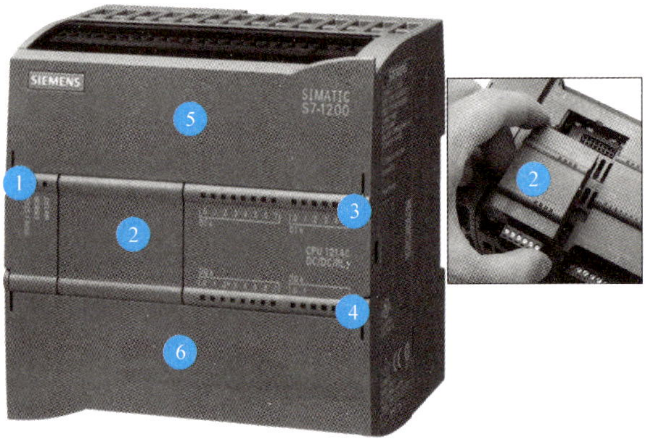

图 11-1 CPU 1214C DC/DC/Rly 模块

面板前有三类 PLC 状态指示灯（①）、信号安装板遮板（②）、输入状态指示灯（③）、输出状态指示灯（④）、输入接口遮板（⑤）和输出接口遮板（⑥）等。

PLC 状态指示灯（①）中，RUN/STOP 指示灯颜色为橙色时，指示 STOP 模式；绿色时，指示 RUN 模式；绿色和橙色交替闪烁时，指示 CPU 正在启动。ERROR 指示灯红色闪烁时，指示有错误，如 CPU 内部错误、存储卡错误或组态错误（模块不匹配）等；红色时，指示硬件出现故障。MAINT 指示灯在每次插入存储卡时闪烁。

拆卸下 CPU 上的信号安装板遮板（②），可以安装一个信号板（Signal Board，SB）。通过安装信号板，可以在不增加空间的前提下给 CPU 增加 I/O 点数。目前有数字量输入、数字量输出、数字量输入/输出以及模拟量输出等种类。

输入状态指示灯（③）用于指示各数字量输入的信号状态。输出状态指示灯（④）用于指示各数字量输出的信号状态。

打开输入接口遮板（⑤）和输出接口遮板（⑥）后，可以看到输入/输出的接线端子排和印制的接线图。

图 11-2 所示为 CPU 1214C DC/DC/Rly（订货号：6ES7214-1HG40-0XB0）模块接线图。输入接口分为 X10 组和 X11 组。在 X10 组中，从左往右共有 23 个引脚。

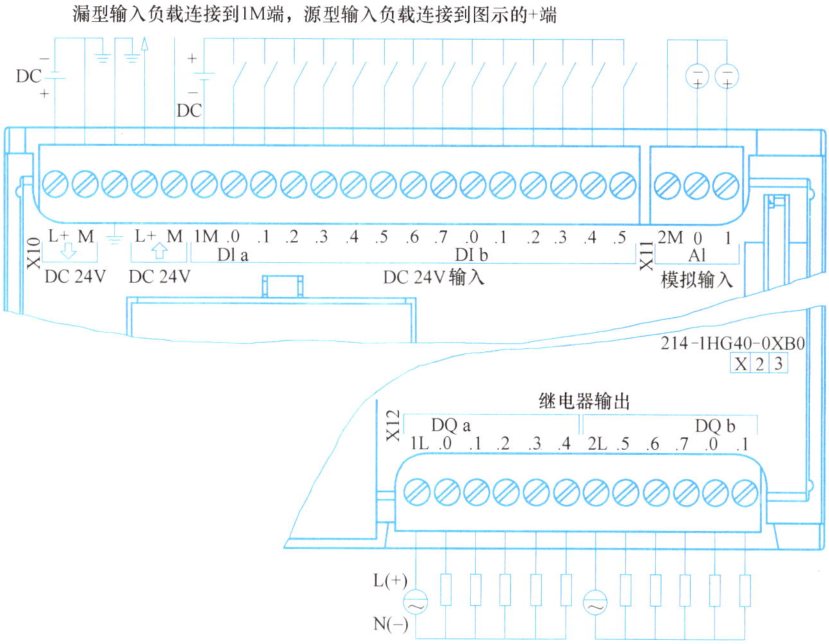

图 11-2 CPU 1214C DC/DC/Rly（订货号：6ES7214-1HG40-0XB0）模块接线图

引脚 1~3 分别为输入端口 L+/DC 24V、M/DC 0V 和功能性接地。

引脚 4、5 为 CPU 的传感器电源接口，分别为 L+/DC 24V 和 M/DC 0V，可为本机输入点和扩展模块输入点及扩展模块热继电器线圈提供 DC 24V 电源。

引脚 6 为 DC 0V 接入端口。

引脚 7~14 为 DI a 小组的输入端口，分别为 DI a.0、DI a.1、…、DI a.7。引脚 15~20 为 DI b 小组的输入端口，分别为 DI b.0、DI b.1、…、DI b.5。

引脚 21~23 为 X11 组 AI 接入端口，分别为 2M、AI 0 和 AI 1。

输出接口为 X12 组，分为 DQ a 和 DQ b 两个小组，共有 12 个引脚。

引脚 1~6 为 DQ a 小组的输出接口，分别为 1L、DQ a.0、…、DQ a.4。

引脚 7~12 为 DQ b 小组的输出接口，分别为 2L、DQ b.5、…、DQ b.7、DQ b.0、DQ b.1。

11.1.2　基于 S7-1200 PLC 的电动机正反转

基于 S7-1200 PLC 的电动机正反转电气原理图共 3 张，见附录 D 图 D-1～图 D-3。图 D-1 中，电源开关 QS 接入 AC 380V 电源对三相异步电动机供电，在正反转直接切换的主回路中，采用三相异步制动电动机。开关电源 VC1 接入 AC 220V 电，输出 DC 24V 电，以满足按下按钮 CPU 1214C DC/DC/ RLY（订货号：6ES7 214-1HG40-0XB0）的供电要求。220V 单相交流电源引自一根相线 L1 和一根零线 N。

在图 D-2 PLC 驱动输入中，L+和 M 接口接入 24V 直流电，接地接口中接出的线直接接在设备的金属外壳上。1M 接口接入直流电的 0V 端。正转控制按钮 SB1、反转控制按钮 SB2 和停止按钮 SB3 的出线端分别接在 I0.0、I0.1 和 I0.2 三个 PLC 的输入接口上，另一个进线端 L+接直流电的 24V 端。

在图 D-3 PLC 驱动输出中，1L1 接口接入交流电的 220V 的 L1 端。交流接触器 KM2 的常闭触点的一端和交流接触器 KM1 线圈串联在一起，另一端接 PLC 的输出接口 Q0.0，交流接触器 KM1 线圈的一端串联 KM2 的常闭触点，另一端接交流电的 N 端。与此相似，交流接触器 KM1 的常闭触点的一端和交流接触器 KM2 线圈串联在一起，另一端接 PLC 的输出接口 Q0.1，交流接触器 KM2 线圈的一端串联 KM1 的常闭触点，另一端接交流电的 N 端。于是，在 PLC 的 Q0.0 和 Q0.1 接口之外，KM2 和 KM1 常闭辅助触点形成电动机正转和反转的硬互锁关系。

11.1.3　S7-1200 PLC 程序运行原理

对于电动机正反转项目的控制逻辑，PLC 要运行一段程序才能实现。根据 IEC 61131-3 标准，共定义了五种 PLC 编程语言，分别为指令表（IL）、结构文本（ST）、梯形图（LD）、功能图块（FBD）和顺序功能图（SFC）。在西门子的编程软件中，五种 PLC 编程语言分别称为 STL、SCL、LAD、FBD 和 S7-GRAPH。

一、电动机正反转程序示例

梯形图是一种常用的 PLC 编程语言。图 11-3 所示为在 TIA Portal 软件中使用 LAD 编写的电动机正反转控制程序。

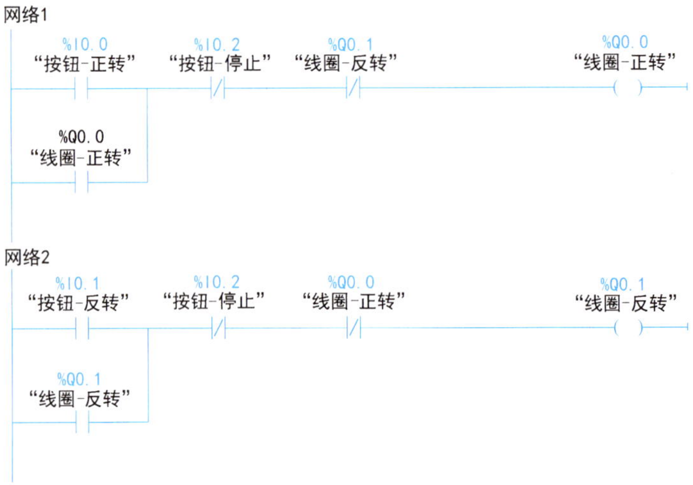

图 11-3　电动机正反转项目梯形图

根据图 D-2，按钮 SB1 接在 I0.0 接口，符号名为“按钮-正转”，按钮 SB2 接在 I0.1 接口，符号名为“按钮-反转”，按钮 SB3 接在 I0.2 接口，符号名为“按钮-停止”。根据图 D-3 的设计，线圈 KM1 接在 Q0.0 接口，符号名为“线圈-正转”，线圈 KM2 接在 Q0.1 接口，符号名为“线圈-反转”。

执行电动机正反转项目的 PLC 梯形图程序时，遵循“自上而下，从左往右”的执行顺序。

（一）当 SB1、 SB2 和 SB3 未按下时

根据“自上而下”的顺序，先执行网络 1 程序段，再执行网络 2 程序段。

执行网络 1 程序段时，由于 SB1 和 SB3 未按下，PLC 检测输入端 I0.0 和 I0.2 的电压为 0V（直流电），故 I0.0 赋值为 0，记为 I0.0=0，I0.2 赋值为 1，记为 I0.0=1,。同时左侧的 Q0.0 常开触点初始赋值为 0，记为 Q0.0=0，中间的 Q0.1 常闭触点初始赋值为 1，记为 Q0.1=1,。

程序执行按“从左往右”的顺序进行逻辑运算。左侧的 I0.0 与 Q0.0 进行或运算，结果为 0，再与 I0.2、Q0.1 进行两次与运算，结果为 0。这个运算结果记为 RLO=0。程序将 RLO=0 的结果赋值到右侧的线圈 Q0.0，于是右侧的 Q0.0 没有输出信号。

PLC 的梯形图程序与触点电路“等效”。即上述网络 1 程序段的执行过程可以等效为：左侧的 I0.0 和 Q0.0“并联”，I0.0 和 Q0.0“断开”，导致网络 1 支路“断开”，于是右侧的线圈 Q0.0“断开”，没有电信号输出。

接着执行网络 2 程序段，执行结果与网络 1 程序段类似，右侧的线圈 Q0.1“断开”，没有电信号输出。

（二）当 SB1 按下、 SB2 和 SB3 未按下时

先执行网络 1 程序段，因为按下了 SB1，触点 I0.0 接口上接入了 24V 直流电，触点 I0.0“闭合”，网络 1 支路“导通”，右侧的线圈 Q0.0“闭合”，于是左侧的触点 Q0.0“闭合”，形成对触点 I0.0 的自锁。右侧的线圈 Q0.0 接口上输出的是 220V 交流电，可直接驱动接在 Q0.0 接口上的 KM1 线圈接通，驱动主回路中的电动机正转起动。

再执行网络 2 程序段，由于 SB2 未按下，触点 I0.1 接口接入 0V 直流电，触点 I0.1“断开”，网络 2 支路“断开”，右侧的线圈 Q0.1“断开”，无电信号输出，即接口 Q0.1 上输出为 0V 交流电。

（三）当 SB3 按下时

先执行网络 1 程序段，因为按下了 SB3，触点 I0.2 接口上接入了 24V 直流电，触点 I0.2 由“常闭”转化为“断开”，网络 1 支路“断开”，右侧的线圈 Q0.0“断开”，无电信号输出。于是左侧的触点 Q0.0“闭合”解除，并转换为“断开”。

再执行网络 2 程序段，因为按下了 SB3，网络 2 支路“断开”，右侧的线圈 Q0.1“断开”，无电信号输出。也就是说，只要 I0.2 接口上接入了 24V 直流电，对应的常闭触点将“断开”。

（四）将 SB3 改为常闭按钮

将 SB3 改为常闭按钮、未按下 SB3 时，对应的输入接口上已接入了 24V 直流电，于是 PLC 程序中的对应常闭触点 I0.2“断开”，于是网络 1 和网络 2 支路均将“断开”。

解决这一问题的办法是，将网络 1 和网络 2 中的触点 I0.2 改为常开触点，如图 11-4 所示。

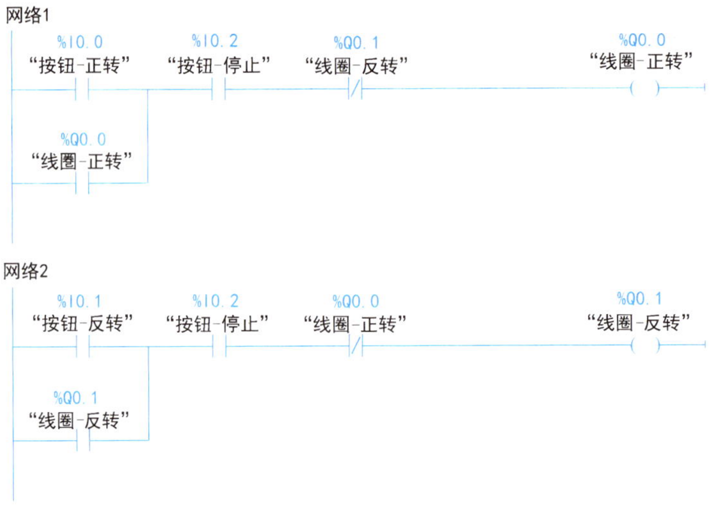

图 11-4 配合常闭按钮 SB3 的梯形图

程序修改后，当常闭按钮 SB3 未按下时，输入接口 I0.2 上接入了 24V 直流电，常开触点 I0.2 就转换为“导通”状态。而按下常闭按钮 SB3 时，输入接口 I0.2 上接入 0V 直流电，于是常开触点 I0.2 就转换为“断开”状态。

二、程序循环运行机制

上述程序似乎复原了电动机正反转的逻辑，但这段程序何时运行？运行多少次？假设这段程序只是在 PLC 开机时才运行，并且只运行一次。由于执行这段程序一次所需的时间小于 1ms，所以这段程序只能在 1ms 以内有效，其余时间将处于不运行状态。

在实际的电动机正反转控制中，随时按动按钮，程序均应处于运行状态。所以 PLC 开机后即执行这段程序，且一次执行完毕后，就立即重新从头开始执行下一次，如此无限往复循环，从而使这段程序始终处于运行状态。

当操作人员按动按钮后，循环运行的程序就会在 1ms 之内检测到这个按钮的状态，于是通过将新的程序运行结果赋值到线圈 Q0.0 或 Q0.1，使对应的接触器线圈 KM1 或 KM2 状态改变，执行按钮发出的指令。从程序检测到输入端按钮新的状态信息，到程序运行结果赋值到相应的输出线圈，其间仅需几毫秒，也就是说，当操作人员按下按钮后，延迟几毫秒后，按钮发出的指令就生效了。

11.2 S7-1200 CPU 的运行原理

在 S7-1500 CPU 之前，PLC CPU 内部运行时，程序会被编译为指令表 STL 语言，然后再被编译为机器语言运行。在 S7-1500 CPU 之后，PLC 中的 LAD、SCL、SFGRAPH 等程序语言将直接编译为机器语言执行，以淡化 STL 指令的作用。但了解 PLC CPU 中各类寄存器、存储器和程序按 STL 指令的执行过程，仍有助于透彻掌握 PLC 程序的编译和执行过程。

11.2.1 寄存器

在 S7-1200 CPU 中，寄存器种类主要有累加器、地址寄存器、状态字寄存器和数据块寄存器。

一、累加器

PLC-CPU 模块通常有四个累加器，分别命名为 ACCU1、ACCU2、ACCU3 和 ACCU4。ACCU 是累加器“Accumulator”的缩写。累加器是一种处理字节、字或双字的 32 位暂存器，用于存储操作数供 PLC 运算指令进行计算，计算结果也储存在累加器中。配合累加器的运算指令有加、减、乘、除、比较和移位等。由于 CPU 运算内核读写累加器的速度远快于读写存储器的速度，所以累加器大幅提升了 CPU 进行连续运算的速度。

例如，PLC CPU 模块计算 1+3+7，其指令表（STL）程序的运行过程见表 11-1。

表 11-1　PLC CPU 模块计算 1+3+7 的 STL 程序运行过程

STL 指令	运算过程和结果
L1	将 1 载入 ACCU1 中
L3	将 ACCU1 中的值传递到 ACCU2 中，再将 3 载入 ACCU1 中
+I	将 ACCU1 的值加上 ACCU2 的值，并将结果存放在 ACCU1 中
L7	将 ACCU1 中的值传递到 ACCU2 中，再将 7 载入 ACCU1 中
+I	将 ACCU1 的值加上 ACCU2 的值，并将结果存放在 ACCU1 中
运算结果	ACCU1 中的值变为 1+3+7 的运算结果值

二、地址寄存器

地址寄存器用于配合相关指令完成间接寻址的功能，一般为 32 位寄存器。PLC CPU 模块中通常有两个地址寄存器，分别命名为 AR1 和 AR2。AR 是“Address Register”的缩写。间接寻址时，地址寄存器用于存放基本地址。

三、状态字寄存器

状态字寄存器用于存储 CPU 执行指令的状态，是一个 16 位寄存器。每个 CPU 模块均只有一个状态寄存器。16 位中，第 0~8 位有预定义，其余位处在预留状态。CPU 运行指令过程中，状态寄存器会记录运行时的特殊状态，以保证指令的正常执行。

四、数据块寄存器

S7-1200 CPU 中，用于存放数据块（DB）的两个区域为 DI 和 DB。调用并运行数据块时，本次调用对应的背景数据块（Instance-DB）被载入 DI 中。通过 OPN 指令，可以将存储器中的一个数据块中的数据载入 DB 存储区或 DI 存储区，以使 CPU 更快捷地读取用户数据。

11.2.2 存储器

存储器分为装载存储器、工作存储器、系统存储器和断电保持存储器等。

一、装载存储器

装载存储器（Load Memory）用于存放代码块、数据块、系统数据（硬件组态信息）及用户编写的程序等。在 S7-1200 PLC 中，内部有装载存储器，同时也支持外部插入 MMC 卡，作为拓展装载存储器。内部的装载存储器和外部 MMC 卡均为断电保持型存储设备，以保证在故障和断电时，用户程序和硬件组态始终保留在装载存储器中。

二、工作存储器

工作存储器用于执行代码和处理用户程序数据，分为两个部分：代码存储区（Code Work Memory）和数据存储区（Data Work Memory）。PLC CPU 运行时，工作存储器从装载存储器中载入运行的指令，并存放在代码存储区，供 CPU 指令执行单元使用。而程序执行中使用的数据块、背景数据块和指令附带的数据等存储于数据存储区。数据存储区为 RAM 型存储器，断电后不保存数据。程序编写时可将数据块和背景数据块数据设置为存储在断电保持存储器中，以达到断电时仍保留数据的目的。

三、系统存储器

系统存储器用于存放用户程序的操作数据，主要有输入和输出过程映像（PII、PIQ）、位存储器（M）、定时器（T）、计数器（C）和本地堆栈（L）等。系统存储器集成在 CPU 中，不可扩展，但通过设置可以将其中的部分数据存储在断电保持存储器中。

（一）输入和输出过程映像（PII、PIQ）

输入过程映像（Process Image Input，PII）是存储输入接口数据的存储区，而输出过程映像（Process Image Output，PIQ）是存储输出接口上数据的存储区。以电动机正反转项目梯形图为例，如果在 PLC CPU 内部没有 PII 和 PIQ，则程序将按如下的方式执行。

1）执行网络 1，其步骤为：CPU 读取 I0.0、I0.2 的值，再读取 Q0.0 和 Q0.1 的值，运算得到 RLO 的值，将 RLO 的值发送给 Q0.0。

2）执行网络 2，其步骤为：CPU 读取 I0.1、I0.2 的值，再读取 Q0.0 和 Q0.1 的值，运算得到 RLO 的值，将 RLO 的值发送给 Q0.1。

执行网络 1 和网络 2 共需要两次“停顿”，用于读取输入接口上的值。以此类推，若 PLC 程序有 100 个程序段，则执行一次程序循环就要“停顿”100 次。

消除程序段之间“停顿”的方法是：在 CPU 模块内专门划分出一块过程映像存储区。程序将按照图 11-5 所示的顺序执行：在一个程序循环执行完、下一个循环开始前，CPU 一次性地扫描所有输出接口上的值，存入 PIQ 并刷新上一轮的值；CPU 一次性地扫描所有输入接口上的值，存入 PII 并刷新上一轮的值；程序开始新一轮循环，在一次循环中，执行各个程序段时，不再“停顿”读取输入和输出接口上的值，而是直接从 PII 中取值，运算后直接写入 PIQ。

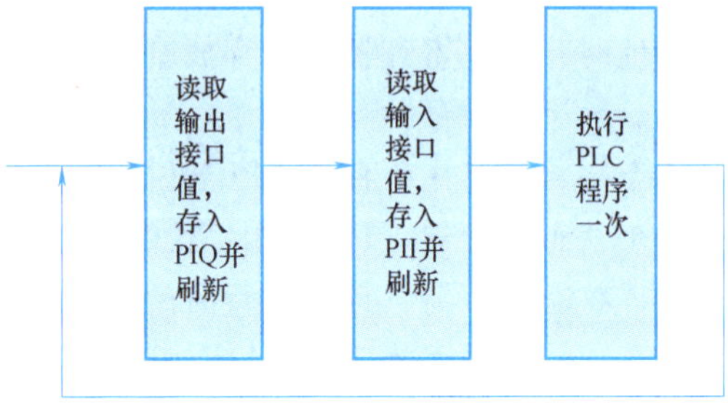

图 11-5　PLC CPU 的输入输出刷新工作机制

这一程序执行机制称为输入输出刷新工作机制。按照这一机制，执行一个电动机正反转控制项目程序，只“停顿”一次读取输入和输出接口上的值，执行有 100 段的 PLC 程序一次，也只需“停顿”一次。输入输出刷新工作机制提升了 PLC 程序执行的顺畅度。

（二）位存储器（M）

位存储器（M）的作用是为用户提供建立变量和存放数据的一个区域。该存储器的最小存储单位是位，即可存放一个二进制数位。在程序中使用该存储器时，直接写上字母 M 和地址即可，如 M5.6 表示位存储器中第 5 字节（从 0 开始计数）中的第 6 位；MW8 表示位存储器中第 8 字节开始组成一个字（16 位），即表示第 8 字节和第 9 字节合在一起的一个 16 位变量。

（三）定时器（T）

S7-1200 CPU 模块内设计了若干个定时器，用于存放定时器的定时值。程序中使用定时器指令时，需要指定定时器，如 T1、T2、T3 等。

（四）计数器（C）

与计时器类似，S7-1200 CPU 模块内设计了若干个计数器，用于存放计数器的计数值。程序中使用计数器指令时，需要指定计数器，如 C1、C2、C3 等。

（五）本地堆栈（L）

S7-1200 CPU 模块为每个 OB 块分配了一块 L 堆栈，用于存放临时数据。一个程序运行需要临时存储数据时，即可使用 L 堆栈。如 CPU 模块使用 L 堆栈计算 2×4+3×7，其指令表（STL）程序的运行过程见表 11-2。

表 11-2 使用 L 堆栈运算 2×4+3×7 的 STL 程序运行过程

STL 指令	运算过程和结果
L2	将 2 载入 ACCU1 中
L4	将 ACCU1 中的值传递到 ACCU2 中，再将 4 载入 ACCU1 中
* I	将 ACCU1 的值和 ACCU2 的值相乘，结果存放在 ACCU1 中
TLW0	将 ACCU1 的值存储到 L 堆栈第 0 字节起一个字（16 位）的空间中
L3	将 3 载入 ACCU1 中
L7	将 ACCU1 的值赋值到 ACCU2，将 7 载入 ACCU1 中
* I	将 ACCU1 的值和 ACCU2 的值相乘，，结果放入 ACCU1 中
LLW0	将 ACCU1 的值赋值到 ACCU2，将 L 堆栈第 0 字节起一个字（16 位）的空间中的数据载入 ACCU1 中
+I	将 ACCU1 的值和 ACCU2 的值相加，结果放入 ACCU1 中
运算结果	ACCU1 中的值变为 2×4+3×7 的运算结果值

PLC 程序调用 L 堆栈时，总是先向 L 堆栈中写数据，再在本段程序中读出数据。这个机制保证了每段程序可以使用相同的 L 堆栈地址临时存储数据，不必考虑 L 堆栈的存储空间已分配给其他程序使用的问题。对于临时存储数据，使用 L 堆栈比位存储区更为方便。

四、断电保持存储器

S7-1200 PLC 可通过软件将一部分存储器（M）、定时器（T）、计数器（C）和数据块的数据设置成断电保持状态，设置后的存储器称为断电保持存储器（Retentive Memory）。对于 TIA Portal 软件，建立的数据块默认为断电不保持，这一点与以往的 STEP 软件不同。

11.3 S7-1200 CPU 的编址与变量

PLC 程序运行时需要频繁地读写变量，但变量的值均存储在存储器中，所以 PLC 读写变量就是读写存储器中的值。为了便于 PLC 读写存储器中的值，需要定义一套地址规范。

11.3.1　地址规范

具体的地址规范定义为：只有 0 和 1 两个状态的数据，称为一位（Bit，即 1 位二进制数），每 8 位称为一个字节（Byte），每两个字节称为一个字（Word），每两个字节称为一个双字（Double Word）。

一、序位和寻址

在 M、I、Q、L 等存储器中，每一个存储器均对应一个字节。图 11-6 所示为一个字节的示例。一个字节从最右边的 0 位开始，向左对 8 个位进行排序，从右向左的序位号分别为 0、1、2、3、4、5、6、7，字节序位号即为地址。当程序读写一个变量和对应的存储器地址时，就能找到存储器中这个位中的数据。寻找存储器某个特定位置的行为称为寻址。

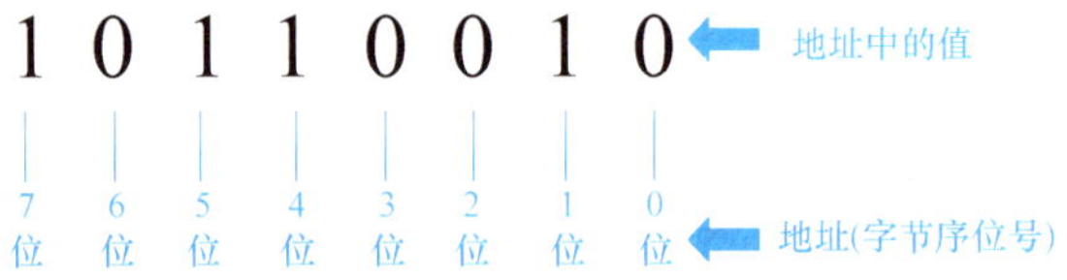

图 11-6　一个字节的地址序位号和地址中的值

二、绝对地址和符号地址

图 11-7 所示为绝对地址编写的梯形图，其中的 M2.0 和 Q4.7，M 和 Q 表示该变量，2.0 和 4.7 表示变量的地址。M2.0 表示 M 存储器，第 2 字节，第 0 位；Q4.7 表示输出映像存储器，第 4 字节，第 7 位。该段程序的运行原理是，当 M 存储器第 2 字节第 0 位为 1 时，Q 输出过程映像存储器第 4 字节第 7 位赋值为 1。

图 11-7　绝对地址编写的梯形图

这段程序使用 M2.0 和 Q4.7 表示变量及其地址，称为绝对地址（Absolute）。阅读这段程序必须记住 M2.0 和 Q4.7 对应的控制功能和内容，绝对地址较多时，阅读程序将较为困难。

为了增加 PLC 程序的易读性，TIA Portal 编程软件支持为每一个绝对地址取一个易于记忆的“别名”，这个“别名”称为符号地址（Tags）。图 11-8 所示为将 M2.0 和 Q4.7 的绝对地址和符号地址同时标注在梯形图中。

图 11-8　标注绝对地址和符号地址的梯形图

11.3.2　数据类型

数据类型指一个 PLC 变量在存储器中占用的空间以及该空间内数据的编码规则。早期的 PLC 只能处理布尔数据类型，随着 PLC 技术的发展和工程中控制对象的日趋复杂，PLC 可以处理的数据类型不断增多，配合处理不同数据类型的程序指令也不断增加。PLC 在定义变量时需要设置变量的数据类型，在使用指令、函数和函数块时，需要按照操作数规定的数据类型使用合适的变量。S7-1200 PLC 可以处理的数据类型主要有基本数据、复杂数据、PLC 数据、参数数据、系统数据和硬件数据等类型。

一、基本数据类型

S7-1200 CPU 支持的基本数据包括位、位序列、整数、浮点数、日期和时间、字符等类型，见表 11-3。

表 11-3　S7-1200 CPU 支持的基本数据汇总

分类	类型/位	长度/位	值范围	配合指令举例
位	布尔(Bool)	1	False/0 或 True/1	M0.0、I1.0、Q0.1
位序列	字节(Byte)	8	16#0~16#FF	IB2、MB10
	字(Word)	16	16#0~16#FFFF	MW10、DB1.DBW2
	双字(DWord)	32	16#0000_0000~16#FFFF_FFFF	MD10、DB1.DBD8
整数	短整型(Sint)	8	-128~127	MB0、DB1.DBB4
	无符号短整型(USint)	8	0~255	MB0、DB1.DBB4
	整数(Int)	16	-32768~32767	MW2、B1.DBW2
	无符号整型(UInt)	16	0~65535	MW2、B1.DBW2
	双整数(DInt)	32	-2147483648~147483647	MD6、DB1.DBD8
	无符号长整型(UDInt)	32	0~4294967295	MD6、DB1.DBD8
浮点数	浮点数(Real)	32	-3.402823e+38~-1.175495e-38 0 +1.175 495e-38~+3.402823e+38	MD100、DB1.DBD8、Tag_name
	长浮点数(LReal)	64	-1.7976931348623158e+308~ -2.2250738585072014e-308 0 +2.2250738585072014e-308~ +1.7976931348623158e+308	DB_name.var_n ame
日期和时间	定时(Time)	32	T#-24D20H31M23S648MS~ T#24D20H31M23S647MS	TIME#10d20h30m20s630ms 500h10000m
	日期 Time(IEC)	16	0~65535 对应 D#1990-1-1~ D#2169-6-6	D#2009-12-31
	Time_of_Day(TOD)	32	TOD#0:0:0.0~TOD#23:59:59.999	TOD#10:20:30.400
字符	Char	8	ASSCII 编码,16#00~16#FF	'a'、CHAR#'a',
	WChar	16	UNICODE 编码,16#0000~ 16#FFFF	'A','t','@','ä','Σ'

二、复杂数据类型

复杂数据类型是基本数据类型的组合。S7-1200 CPU 支持的复杂数据类型有字符串、日期时间（DTL)、结构（Struct）和数组（Array）等，见表 11-4。

表 11-4　S7-1200 CPU 支持的字符串和日期时间类型

分类	数据类型	长度	值范围	配合指令举例
字符串	字符串(String)	n+2 字节	n=0~254 字节	"ABC"
	较长字符串(WString)	n+2 个字	n=0~65534 个字	"a123@XYZ.COM"
日期时间	年 YEAR(UInt)	Byte0~1	1970~2262	DTL 类型的数据范围为：DTL.#1970-01-01-00：00：00.0 ~ DTL.#2262-04-11-23：47：16.854775807。可以在数据块、OB/FC/FB 接口区、PLC 数据类型中定义。定义 DTL 时起始值必须包括年、月、日、时、分、秒，TIA Portal 软件自动计算星期的值。使用 DTL 时，可以使用整个变量，也可以用其中的一个部分，如变量名.YEAR、变量名.MINUTE 等
	月 MONTH(USInt)	Byte 2	1~12	
	日 DAY(USInt)	Byte 3	1~31	
	星期 WEEKDAY(USInt)	Byte 4	1(星期日)~7(星期六)	
	小时 HOUR(USInt)	Byte 5	0~23	
	分 MINUTE(USInt)	Byte6	0~59	
	秒 SECOND(USInt)	Byte7	0~59	
	纳秒 NANOSECOND(UDInt)	Byte8~11	0~999999999	

（一）结构数据

在数据块中建立变量时，可以建立结构（Struct）类型变量。一个结构类型变量被建立后，进一步在这个结构中建立若干个变量，最终组成一个整体结构。结构中的变量类型可以是基本数据、用户自定义的数据类型（User-Defined Data Types，UDT）以及数组等。某些程序和指令可以操作整个结构，大多数程序和指令可以处理和使用结构中的某一个变量。

图 11-9 所示为 DB6 定义的一个名称为“Static”的变量，该变量嵌套了一层共两个结构数据类型，一个为由面粉、黄油、盐和水四个浮点数数据类型元素，组成名称为“原料”的结构数据，另一个由蛋糕、面包和甜甜圈三个浮点数数据类型元素，组成名称为“成品”的结构数据。在 S7-1200 CPU 中，结构数据的嵌套深度最多为 8 层。

（二）数组

数组（Array）是由固定数目和固定编号的一组同一种数据类型的元素组成的数据结构。如数组 Array［20..100］of Real，表示由 20~100 共 81 个（编号 20~100）实数变量组成的数据结构体，其中每一个变量称为该数组的一个元素。

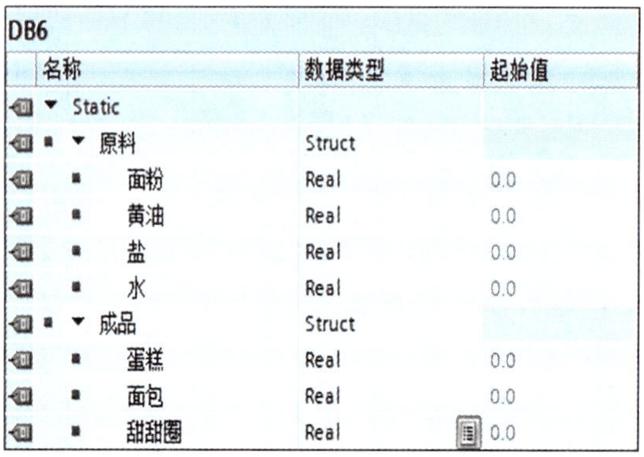

图 11-9　STRUCT 数据类型实例

若要建立表示 100 个电动机属性的变量，则可在一个数据块中建立一个名为“MotorData”的变量，变量类型定义为 Array［1..100］of Motor，于是实际的数据块中就建立了 100 个（编号 1~100）变量类型为 Motor（UDT）的变量，每个变量都包括名为“Motor”的 UDT 中的一套变量。

定义一个二维数组：Array［20..100，1..30］of Real（逗号前的“20..100”是第一坐标，范围为 20~100；逗号后的“1..30”是第二坐标，范围为 1~30）。从第一坐标范围中任意取一个值，从第二坐标范围中任意取一个值，即可组成一个二维坐标。该二维坐标将对应一个实型变量，这个数组共建立了 81×30=2430 个实型变量。在 PLC 程序中引用这个二维数组中的某个元素的方式是 Array［35，26］，表示第一坐标为 35、第二坐标为 26 所对应的一个实型变量，二维数组相当于一个矩阵。采用相似的方法，还可以建立三维数组。数组的具体用法见表 11-5。

表 11-5　Array 数据类型用法表

<table>
<tr><th>数据类型</th><th colspan="3">数组语法</th></tr>
<tr><td rowspan="3">Array</td><td colspan="3">定义式：Name［index1_min..index1_max，index2_min..index2_max］ of 数据类型
①全部数组元素必须是同一数据类型
②元素数值可以为负，但下限必须小于或等于上限
③数组维数为 1～6
④用逗号分隔多维的编号范围
⑤不允许使用嵌套数组
⑥数组的存储器大小＝一个元素的大小×数组中的元素的总数</td></tr>
<tr><td>数组索引</td><td>有效索引数据类型</td><td>数组索引规则</td></tr>
<tr><td>常量或变量</td><td>USInt，SInt，ULnt，Int，UDInt，Dint</td><td>限值：－32768～＋32767
有效：常量和变量混合
有效：常量表达式
无效：变量表达式</td></tr>
</table>

三、UDT

在 TIA Portal V15 中，可以建立 UDT，软件中的名称为 PLC 数据类型。UDT 是一种由多个不同数据类型的元素组成的数据结构，元素的数据类型有基本数据、Struct、数组以及其他 PLC 数据等类型。UDT 嵌套 UDT 的深度最多为 8 层。

四、参数数据类型

参数（Variant）数据类型可以定义要传送到功能（FC）或功能块（FB）的参数。Variant 数据类型的实参是一个可以指向不同数据类型变量的指针，可以指向基本数据类型、复杂数据类型和 UDT 等。Variant 数据类型的操作数不占用背景数据块或工作存储器中的空间，但将占用 CPU 上的装载存储器的存储空间。Variant 数据类型属性见表 11-6。

表 11-6　Variant 数据类型属性

<table>
<tr><th>表示法</th><th>格式</th><th>长度/B</th><th>配合输入指令举例</th></tr>
<tr><td rowspan="2">符号</td><td>操作数</td><td rowspan="4">0</td><td>MyTag</td></tr>
<tr><td>数据块名称．操作数名称．元素</td><td>MyDB. StructTag. FirstComponent</td></tr>
<tr><td rowspan="2">绝对</td><td>操作数</td><td>%MW10</td></tr>
<tr><td>数据块编号．操作数类型长度</td><td>P#DB10. DBX10. 0 INT 12</td></tr>
</table>

五、系统数据类型

系统数据类型（SDT）是由系统提供的具有预定义结构的数据类型，该结构不可更改。SDT 只能用于特定指令，见表 11-7。

表 11-7　常用的系统数据类型

系统数据类型	长度/B	说明或配合使用的指令
IEC_TIMER	16	定时器结构。此数据类型用于 TP、TOF、TON 和 TONR 指令

（续）

系统数据类型	长度/B	说明或配合使用的指令
IEC_SCOUNTER	3	计数器结构，其计数为 SInt 数据类型。此数据类型用于 CTU、CTD 和 CTUD 指令
IEC_USCOUNTER	3	计数器结构，其计数为 USInt 数据类型。此数据类型用于 CTU、CTD 和 CTUD 指令
IEC_COUNTER	6	计数器结构，其计数为 Int 数据类型。此数据类型用于 CTU、CTD 和 CTUD 指令
IEC_UCOUNTER	6	计数器结构，其计数为 UInt 数据类型。此数据类型用于 CTU、CTD 和 CTUD 指令
IEC_DCOUNTER	12	计数器结构，其计数为 DInt 数据类型。此数据类型用于 CTU、CTD 和 CTUD 指令
IEC_UDCOUNTER	12	计数器结构，其计数为 UDInt 数据类型。此数据类型用于 CTU、CTD 和 CTUD 指令
ERROR_STRUCT	28	编程或 I/O 访问错误的错误信息结构。此数据类型用于 GET_ ERROR 指令
CONDITIONS	52	定义的数据结构，定义了数据接收开始和结束的条件。此数据类型用于 RCV_ GFG 指令
TCON_Param	64	指定数据块结构，用于存储通过工业以太网（PROFINET）进行的开放式通信的连接说明
VOID	—	VOID 数据类型不保存任何值。如果输出不需要任何返回值，则使用此数据类型。例如，如果不需要错误信息，则可以在输出 STATUS 上指定 VOID 数据类型

六、硬件数据类型

硬件数据类型由 CPU 提供，是根据 PLC 硬件配置中设置的模块存储的特定硬件数据的常量，反映 PLC 系统硬件状态。在用户程序中插入用于控制或激活已组态模块的指令时，可将这些硬件数据类型用作参数。S7-1200 CPU 可用的硬件数据类型见表 11-8。

表 11-8　S7-1200 CPU 可用的硬件数据类型

数据类型	基本数据类型	说明或配合使用的指令举例
HW_ANY	Word	任何硬件组件（如模块）的标识
HW_IO	HW_ANY	I/O 组件的标识
HW_SUBMODULE	HW_IO	中央硬件组件的标识
HW_INTERFACE	HW_SUBMODULE	接口组件的标识
HW_HSC	HW_SUBMODULE	高速计数器的标识。此数据类型用于 CTRL_HSC 指令
HW_PWM	HW_SUBMODULE	脉冲宽度调制的标识。此数据类型用于 CTRL_PWM 指令
HW_PTO	HW_SUBMODULE	高速脉冲的标识，此数据类型用于运动控制
AOM_IDENT	DWord	AS 运行系统中对象的标识

（续）

数据类型	基本数据类型	说明或配合使用的指令举例
EVENT_ANY	AOM_IDENT	用于标识任意事件
EVENT_ATT	EVENT_ANY	用于标识可动态分配给 OB 的事件。此数据类型用于 ATTACH 和 DETACH 指令
EVENT_HWINT	EVENT_ATT	用于标识硬件中断事件
OB_ANY	Int	用于标识任意 OB
OB_DELAY	OB_ANY	用于标识发生延时中断时调用的 OB。此数据类型用于 SRT_DINT 和 CAN_DINT 指令
OB_CYCLIC	OB_ANY	用于标识发生循环中断时调用的 OB
OB_ATT	OB_ANY	用于标识可动态分配给事件的 OB。此数据类型用于 ATTACH 和 DETACH 指令
OB_PCYCLE	OB_ANY	用于标识可分配给循环程序事件类别事件的 OB
OB_HWINT	OB_ATT	用于标识发生硬件中断时调用的 OB
OB_DIAG	OB_ANY	用于标识发生诊断错误中断时调用的 OB
OB_TIMEERROR	OB_ANY	用于标识发生时间错误时调用的 OB
OB_STARTUP	OB_ANY	用于标识发生启动事件时调用的 OB
PORT	UInt	用于标识通信端口。此数据类型用于点对点通信
CONN_ANY	Word	用于标识任意连接
CONN_OUC	CONN_ANY	用于标识通过工业以太网（PROFINET）进行开放式通信的连接

课余

用 S7-1200 CPU 实现电动机起停控制功能，要求如下：

1）绘制 PLC 控制电动机起停电气原理图。

2）编写对应 PLC 程序。

第12章 TIA Portal编程案例

CHAPTER 12

TIA Portal 软件包括 TIA Portal STEP7、TIA Portal WinCC、TIA Portal Stardrive 和 TIA Portal SCOUT 等。TIA Portal STEP7 用于组态 SIMATIC S7-1200/1500/300/400 PLC 和 WinAC 系列控制器的软件。TIA Portal WinCC 用于 SIMATIC 触摸型和多功能型面板、新型 SIMATIC 人机界面精简及精智系列面板及基于 PC 多用户系统上的数据采集与监视控制系统（SCADA）的组态应用。TIA Portal Stardrive 用于西门子驱动产品的配置和参数设置。TIA Portal SCOUT 用于工程系统集成、一体化编程、参数设定、测试、调试和故障诊断等。

采用 TIA Portal STEP7 V15 编制电动机正反转控制项目 PLC 程序的过程分为新建项目和程序编制两个阶段。

12.1 新建项目

双击“TIA Portal STEP7 V15”图标，启动软件，打开如图 12-1 所示的 Portal 视图。在

图 12-1 Portal 视图

Portal 视图中的左侧菜单栏中，“启动”（①）处于激活状态因而呈白色。中间是新建项目的导航栏，目前“打开现有项目”（②）处于激活状态。

在右侧栏目中，最近使用的列表框列出了最近编辑的 PLC 项目及存放路径（③）。

继续编辑最近的 PLC 程序时，选择最近使用的列表框中的一个项目，单击下方的“打开”按钮（④），进入该项目编辑流程。

若继续编辑的 PLC 程序不在最近使用的列表框中，则单击下方的“浏览”按钮（⑤），在弹出的“打开现有项目”对话框中，找到准备编辑的 PLC 所在文件夹及程序文件，单击“打开现有项目”对话框中的“打开”按钮，进入该项目编辑流程。

本例欲新建项目，有导航法和项目视图法两种创建方法。

12.1.1 导航法

单击中间新建项目导航栏中的“创建新项目”（⑥），右侧栏目中弹出“创建新项目”对话框，进入导航创建流程，如图 12-2 所示。

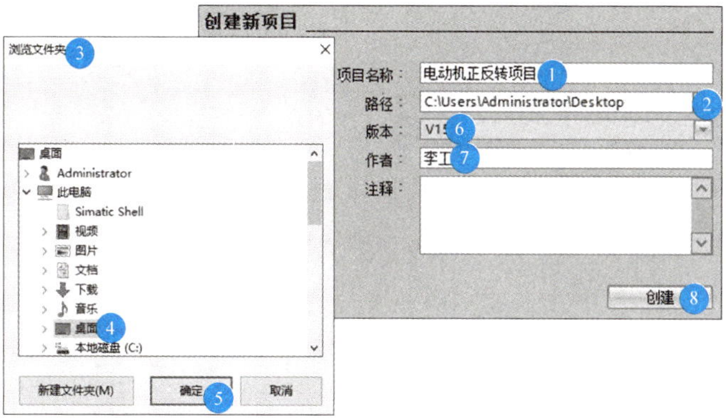

图 12-2 创建新项目右侧导航栏目

一、项目基本设置

在右侧的“创建新项目”对话框中，设置项目名称为“电动机正反转项目”（①）。单击路径右侧的“…”按钮（②），弹出“浏览文件夹”对话框（③），选择项目工作文件存放位置（如桌面）（④），单击“确定”（⑤），返回“创建新项目”对话框。版本选择“V15”（⑥）（表示编辑该程序的版本是 TIA Portal STEP7 V15，该设置呈灰色，不可更改），设置作者为“李工”（⑦），完成后，单击“创建”（⑧）。弹出“正在创建”对话框，等待片刻，中间导航栏中激活“新手上路”，右侧栏目中弹出“新手上路”对话框（①），如图 12-3 所示。

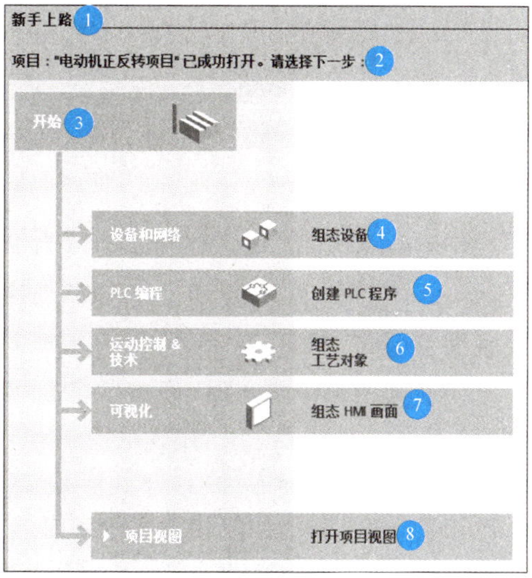

图 12-3 “新手上路”对话框

在“新手上路”对话框中，显示“项目：‘电动机正反转项目’已成功打开。请选择下一步（②）：”。“开始”（③）导航包括“设备和网络——组态设备”（④）、“PLC 编程——创建 PLC 程序”（⑤）、“运动控制 & 技术——组态工艺对象”（⑥）、“可视化——组态 HMI 画面”（⑦）和“项目视图——打开项目视图”（⑧）几个步骤。单击“组态设备”，界面的左、中、右三栏均发生变化。

二、 CPU 硬件组态

S7-1200 PLC 自动化系统需要对各硬件进行组态、参数配置和通信互连。软件中的硬件组态要与实际系统中的硬件完全一致，PLC 系统启动时，CPU 会自动监测软件的预设组态与系统的实际组态是否一致，如果不一致，就会报错。

单击“组态设备”后，Portal 视图将发生改变，如图 12-4 所示。在 Portal 视图左侧栏中，“设备与网络”（①）被激活。在中间栏中，单击“添加新设备”（②），在右侧栏中弹出“添加新设备”对话框（③）单击“控制器”图标（④），选择“控制器”→SIMATIC S7-1200”→“CPU”→“CPU 1214C DC/DC/Rly”→“6ES7 214-1HG40-0XB0”（⑤）。

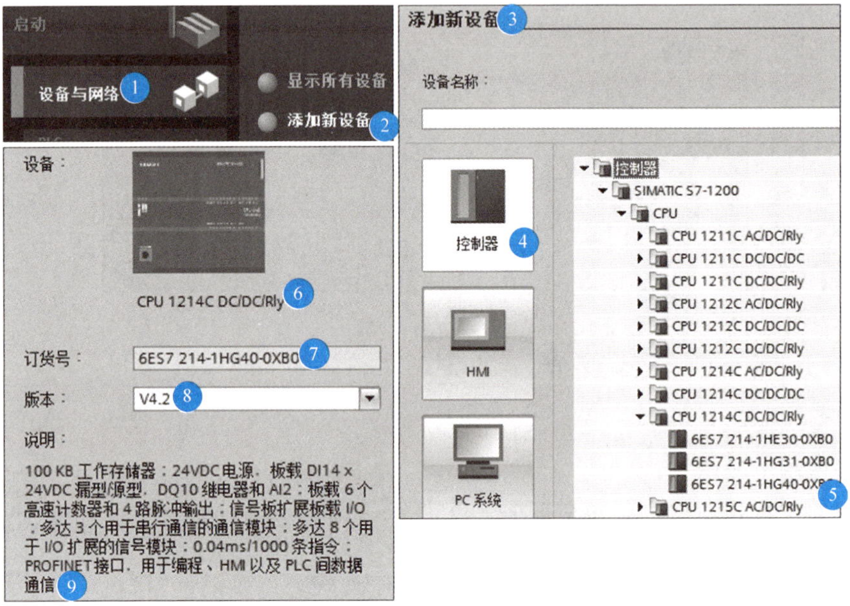

图 12-4　CPU 硬件组态

选择 CPU 硬件后，在左侧栏中将显示该设备的相关技术参数。设备为“CPU 1214C DC/DC/Rly”（⑥），订货号为“6ES7 214-1HG40-0XB0”（⑦），版本为“V4.2”（⑧），以及说明（⑨）等。

双击右侧栏目中的 CPU 硬件“6ES7 214-1HG40-0XB0”，等待片刻，打开“TIA Portal STEP7 V15”工作界面，如图 12-5 所示。

三、 Portal 工作界面

Portal 工作界面的构成较为复杂，由八部分组成。

① 标题栏。当前显示“Siemens-C：\ Users\Administrator\Desktop\电动机正反转项目\电动机正反转项目。

② 菜单栏。有“项目”“编辑”“视图”“插入”“在线”“选项”“工具”“窗口”和“帮助”等命令菜单。

③ 工具栏。显示 16 个常用的工具图标。

④ 项目树。当前显示“电动机正反转项目”及其下方的“添加新设备”“设备与网络”“未分组的设备”“Security 设置”“公共数据”“文档设置”及“语言和资源”等，还有“在线访问”“读卡器/USB 存储器”等。

⑤ 组态界面。有“拓扑视图”“网络视图”和“设备视图”三个标签，当前显示的是“设备视图”选项卡，界面中左侧为电动机正反转控制项目硬件组态结果，右侧为“设备概览”。

⑥“选项”列表。有“硬件目录”“在线工具”“任务”和“库”四个选项，当前显示的是“硬件目录”。

⑦“详细视图”。当前在项目树中选中的是“PLC_1［CPU 1214C DC/DC/Rly］”，“详细视图”中显示的是“PLC_1［CPU 1214C DC/DC/Rly］”的详细信息。

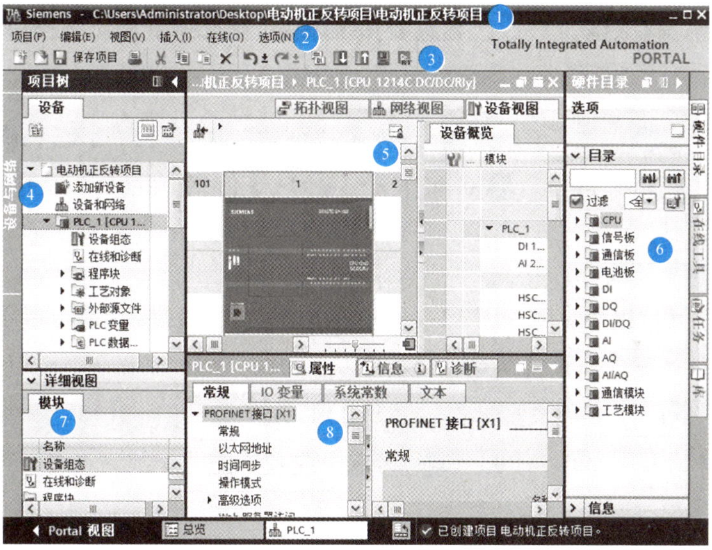

图 12-5 硬件组态后的界面

⑧ 组态机架上硬件的“属性”选项卡。当前显示的是 CPU 的硬件属性信息。其中有“常规”“IO 变量”“系统常量”和“文本”信息显示项目和“属性”“信息”和“诊断”信息显示项目。

12.1.2 项目视图法

双击“TIA Portal STEP7 V15”图标，启动软件，打开 Portal 视图。单击 Portal 视图中左侧菜单栏最下方的“项目视图”，进入 TIA Portal STEP7 V15 原始界面，如图 12-6 所示。

一、项目基本设置

在 Portal 原始界面中，项目信息处于空白状态，随着项目设计的展开，项目信息会逐渐在各个位置显示。

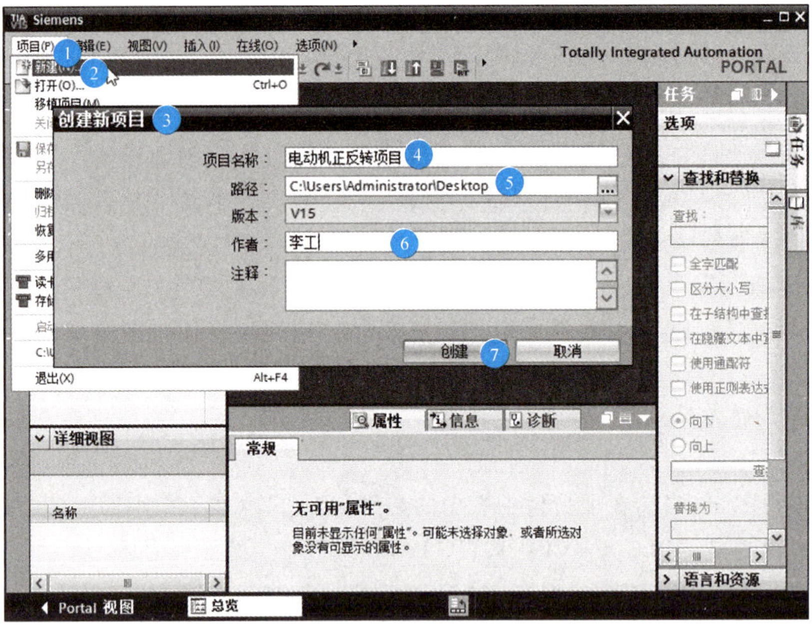

图 12-6　Portal 原始界面

单击“项目”（①）→“新建”（②），弹出“创建新项目”对话框（③）。设置项目名称（④）、项目文件存入路径（⑤）和作者（⑥）等信息，完成后单击“创建”（⑦），返回 Portal 原始界面。

二、CPU 硬件组态

S7-1200 CPU 硬件组态过程如图 12-7 所示。界面左侧项目树（①）中选择“电动机正反转项目”（②）→“添加新设备”（③），双击，弹出的“添加新设备”对话框（④）。单击“控制器”图标（⑤），选择“控制器”→“SIMATIC S7-1200”→“CPU”→“CPU 1214C DC/DC/Rly”→“6ES7 214-1HG40-0XB0”（⑥），双击或者单击“添加新设备”对话框中的“确定”按钮，完成 CPU 硬件组态。

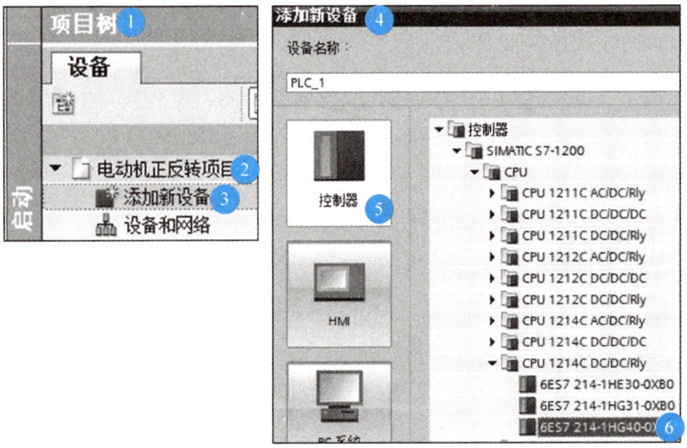

图 12-7　CPU 硬件组态

12.1.3 属性浏览和设置

电动机正反转控制项目硬件组态结果如图 12-8 所示。选用的 CPU 硬件安装在组态机架上。S7-1200 PLC 的硬件组态机架上有 12 个硬件安装位，分别为 103、102、101、1、2、3、4、5、6、7、8 和 9。其中，1 号位是 CPU 的安装位，电动机正反转项目只需组态一个 CPU 硬件，即可完成项目控制要求。

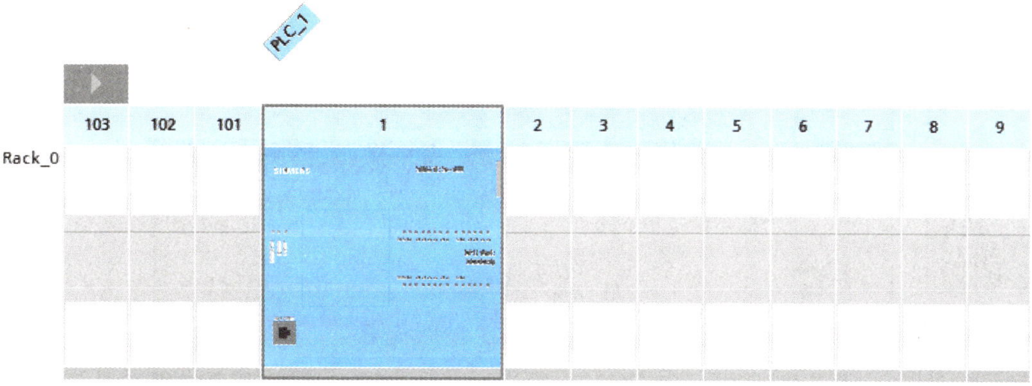

图 12-8 电动机正反转控制项目硬件组态结果

单击组态机架中 1 号位的 CPU，在组态界面下方的“属性”窗口中将显示该 CPU 硬件的属性信息。在“属性”窗口中可以浏览 CPU 属性信息，设置 I/O 位号等。

一、CPU 属性浏览

浏览 CPU 属性信息的方法如图 12-9 所示。单击硬件信息栏右端的“浮动”图标（①），硬件“属性”窗口（②）将展开为一个独立的浮动窗口。在“常规”选项卡中，选择“常规”（③）→“目录信息”（④），右侧显示 CPU 的常规信息，包括短名称（⑤）、描述（⑥）、订货号（⑦）和固件版本（⑧）等，单击“更新模块说明”按钮（⑨）时，可以看到最新的信息。选择“常规”→“标识与维护”（⑩），右侧显示 CPU 的标识和维护相关信息，其中安装日期（⑪）指 CPU 在软件中进行硬件组态的日期。

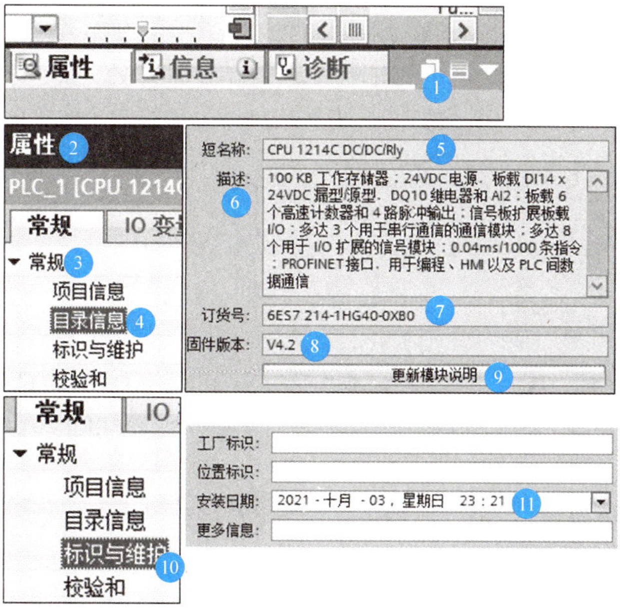

图 12-9 浏览 CPU 属性信息

二、CPU I/O 位号设置

S7-1200/1500 CPU 与以往 S7-300/400 CPU 的不同之一是，在特定的场合，输入/输出接口位号可以根据需要重新设置。其设置方法如图 12-10 所示。单击硬件信息栏右端的“浮动”图标（①），“属性”窗口展开为一个独立的浮动窗口（②）。在“常规”选项卡中，选择“DI 14/DQ 10”（表示该 CPU 有 14 个 DI 接口和 10 个 DQ 接口）→“I/O 地址”（③），右侧栏中显示 I/O 地址的默认信息。其中输入地址-起始地址为 0（④），输入地址-结束地址为“1”，表示输入地址的起始接口为 I0. X，结束接口为 I1. X。根据这个信息可以推断，所有输入地址接口编号为 I0. 0～ I0. 7 及 I1. 0～ I1. 5，共 14 个输入接口。

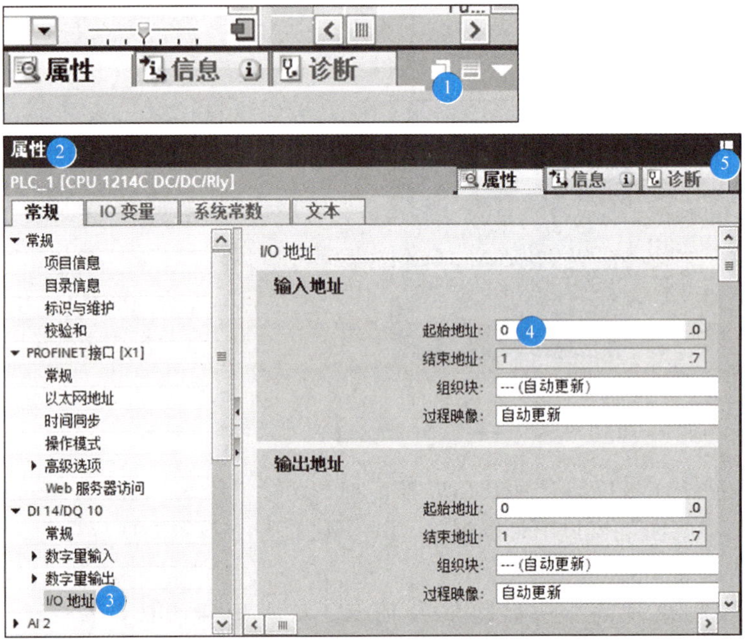

图 12-10 S7-1200 CPU 的 I/O 位号设置

单击起始地址输入框，出现提示信息：值范围：[0…1022]”，提示可将默认的“0”设置为“0～1022”中的任意一个值。如将起始地址修改为“10”，则结束地址自动更新为“11”，即该 CPU 的 14 个输入接口编号被修改为 I10. 0～ I10. 7 及 I11. 0～ I11. 5。输出地址的修改方法相同。

CPU 属性浏览或修改完成后，单击“属性”窗口标题栏右端的“嵌入”图标（⑤），“属性”窗口将重新嵌入到组态界面的下方。

12.2 梯形图程序的创建

S7-1200 PLC 梯形图程序编制分为编制变量表和编制梯形图两个步骤。

12.2.1 编制变量表

电动机正反转控制项目 I/O 分配和控制逻辑见表 12-1。

表 12-1 电动机正反转控制项目 I/O 分配和控制逻辑

PLC 接口编号	电器名称及符号	控制逻辑
输入 I0.0	按钮 SB1(常开)	按下 SB1,主回路电动机 M 正转
输入 I0.1	按钮 SB2(常开)	按下 SB2,主回路电动机 M 反转
输入 I0.2	按钮 SB3(常开)	按下 SB3,主回路电动机 M 停止转动
输出 Q0.0	交流接触器线圈 KM1 和常闭触点 KM2	KM1 得电,主回路电动机 M 正转
输出 Q0.1	交流接触器线圈 KM2 和常闭触点 KM1	KM2 得电,主回路电动机 M 反转

电动机正反转控制项目的变量表编制如图 12-11 所示。在项目树中，选择“设备”(①)→“电动机正反转项目”→“PLC_1 [CPU 1214C DC/DC/Rly]”(②)→“程序块”→“main [OB1]”“PLC 变量”(③)→“添加新变量表”(④)，弹出默认变量表(⑤)。单击名称单元格第一行，输入“按钮-正转”(⑥)。单击数据类型单元格第一行右端的“▼”(⑦)，在下拉列表框中选择“Bool”(⑧)。单击地址单元格第一行右端的“▼”(⑨)，在下拉列表框中，设置操作数标识符为“I”(⑩)，地址为“0”(⑪)，位号为“0”(⑫)，完成后单击“√”按钮(⑬)，于是默认变量表第一行的地址为“%I0.0”(⑭)。

采用相同的方法，完成第 2~5 行(⑮~⑱)中的默认变量的设置。

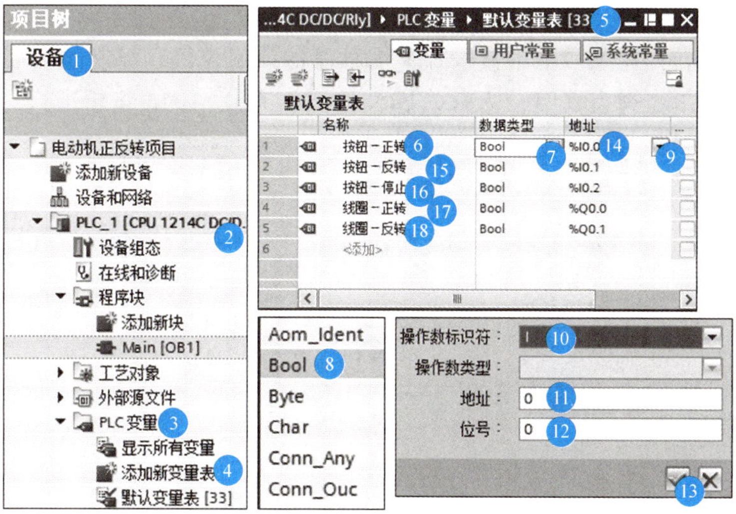

图 12-11 编制变量表

12.2.2 编制梯形图

梯形图程序编制界面如图 12-12 所示。在项目树(①)中选择“设备”(②)→“电动机正反转项目”→“PLC_1 [CPU 1214C DC/DC/Rly]”(③)→“程序块”(④)→“Main [OB1]”(⑤)，双击，显示窗口(⑥)。

在程序编制界面右侧，展开“指令”(⑦)列表框，其中有“收藏夹”(⑧)、“基本指令”(⑨)、“扩展指令”(⑩)、“工艺”(⑪)、“通信”(⑫)和“选件包”(⑬)等选项。当前展开的是“基本指令”选项。

中间的梯形图程序编制界面中，上方有五个常用指令图标（⑭）。若单击界面标题栏右端的“浮动”图标（⑮），梯形图程序编制界面将成为一个独立的浮动窗口。

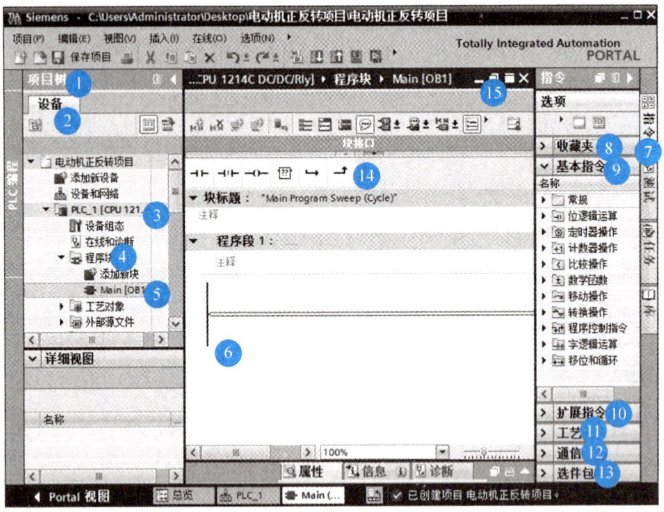

图 12-12　梯形图程序编制界面

一、拖移触点和线圈

以电动机正反转控制项目中第一段梯形图程序的编制为例，编制过程如图 12-13 所示。在界面右侧的指令下拉列表框中，选择“基本指令”（①）→“位逻辑运算”（②）。

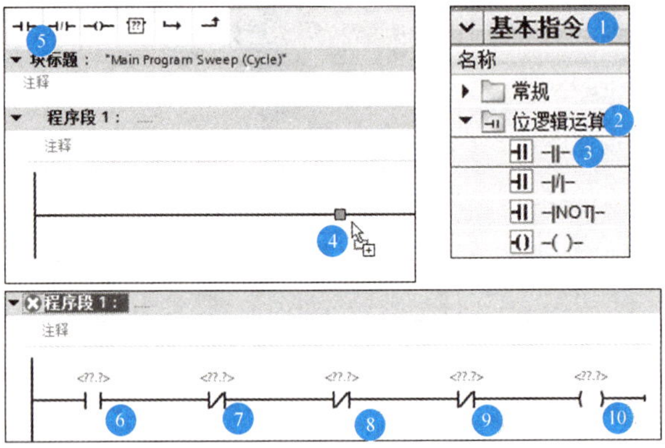

图 12-13　编制电动机正反转控制项目梯形图程序第一行

选择常开触点图形符号（③），按住鼠标，拖移至界面中出现的绿色小方框附近（④）释放。或者选择梯形图编制界面上方的常开触点图形符号（⑤），按住鼠标，拖移至界面中出现的绿色小方框附近释放。梯形图左侧出现一个红色位号<??.？>的常开触点（⑥），同时标题栏显示：“？ 程序段 1:”。

采用相同的方法，为梯形图第一行程序添加三个常闭触点（⑦~⑨）和一个线圈（⑩）。

二、编制并联支路

梯形图并联支路程序的编制过程如图 12-14 所示。在界面中单击第一行左侧的连线（①），单击界面上方“打开分支”图标（②），或者在界面右侧的指令下拉列表框中，选择“基本指令”→“常规”（④）→“打开分支”（⑤）。鼠标将其拖移到界面中（③）放置。单击并联行右端（⑥），单击界面上方“嵌套闭合”图标，拖移到界面中（⑧）放置，完成并联支路上触点的放置。

三、编辑触点和线圈位号

编辑触点和线圈位号的过程如图 12-15 所示。双击梯形图程序第一行左端的常开触点上方的红色位号<??. ? >，单击展开默认符号表的图标工具（①），在展开的默认符号表中，单击选择“按钮-正转”，完成界面中第一行左端的常开触点位号的编辑（②③）。

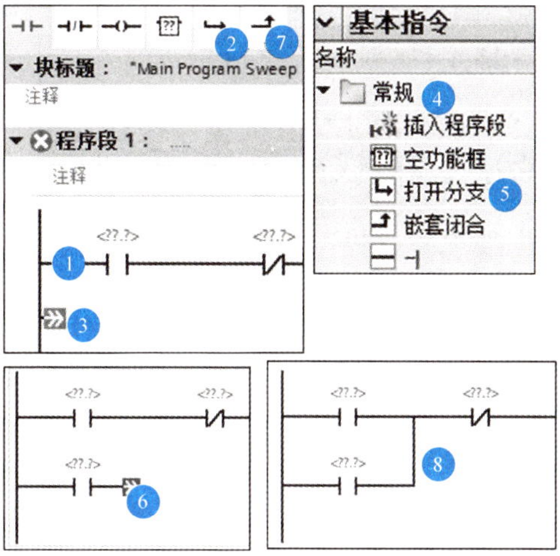

图 12-14　编制程序的并联支路

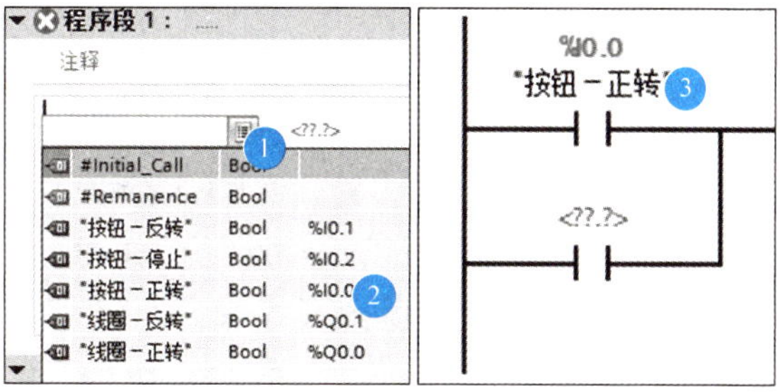

图 12-15　编制触点和线圈的位号

采用相同的办法，完成第一段梯形图程序中各个触点和线圈位号的编辑，如图 12-16 所示。完成后程序标题栏中的“程序段 1:”（①）前方的“?”消失，说明程序段 1 编制格式正确。在完成的程序段 1 中，同时显示了两种地址位号：绝对地址位号（②）和符号名地址地址（③）。界面上方的图标工具栏中，有一个“绝对/符号操作数”图标（④），单击该工具，在梯形图程序编制界面中将出现三种地址标注方案。第一种即当前的绝对地址位号和符号名称同时标注方案，第二种是绝对地址标注方案，第三种是符号名称标注方案。

采用相同方法和过程完成程序段 2 的编制。

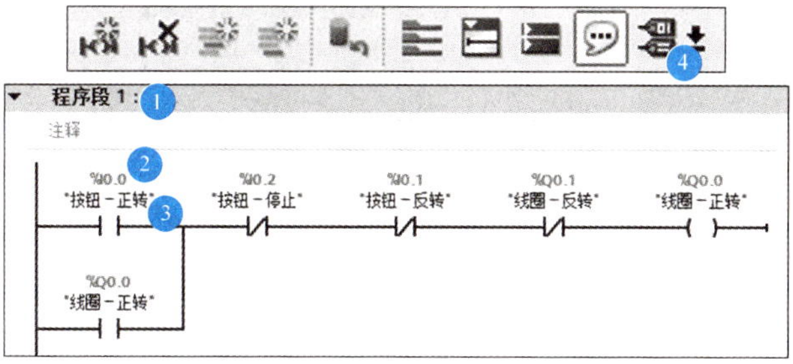

图 12-16　程序段 1 编制完成结果

12.3 PLC 仿真调试

PLCSIM 是 PLC 的仿真软件，它可以在没有实际硬件的情况下，对 CPU 的程序进行仿真调试。仿真调试过程分为程序编译、装载硬件和程序、构造仿真器以及程序调试四个步骤。

12.3.1 程序编译

S7-1200 PLC 梯形图程序编制完成后，即可进行程序编译，如图 12-17 所示。打开需编译的程序（本例仅有程序 OB1 需要编译），单击图标工具栏中的“编译”图标（①），软件自动进入程序编译，直至编译完成。

编译完成后，在程序编辑界面下方“信息”→“编译”选项卡中将呈现编译信息。本例的编译信息为“块已成功编译”（②），“编译完成（错误：0；警告：0）”（③），说明程序编制正确，可以正常运行。如 PLC 程序有误，则程序编译中将出现警告与错误，提醒可能存在的问题。程序编制出现错误，程序编译通不过，程序将无法执行。

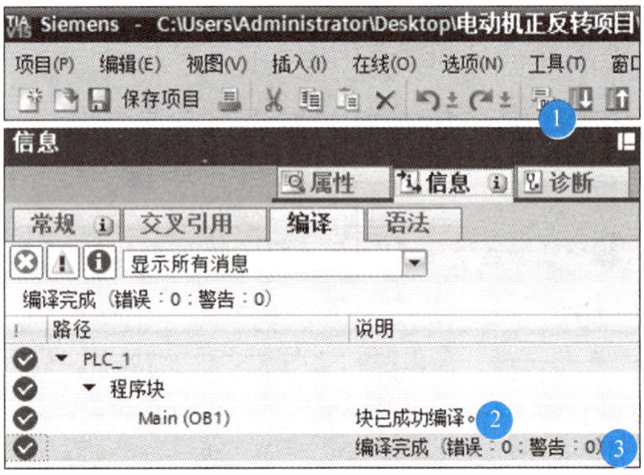

图 12-17 PLC 程序编译过程

12.3.2 装载硬件和程序

硬件组态和程序装载到仿真器后，才能开启程序仿真过程。装载过程与前期操作有关，若前期未进行任何装载操作，则装载软硬件分为启动 PLCSIM、下载预览以及下载结果检查三个步骤。若前期进行过相关操作，软件可能自动越过下载设置步骤。

一、调用 PLCSIM

调用 PLCSIM 的过程如图 12-18 所示。单击“在线”（①）→“仿真”（②）→“启动”（③）。或者直接单击界面工具栏中的“开始仿真”图标（④），调出 PLCSIM，PLCSIM 将以紧凑视图方式呈现。

刚打开 PLCSIM，界面显示“未组态的 PLC［SIM-1200］”（⑤），“RUN/STOP”呈橙色的未上电状态（⑥），以

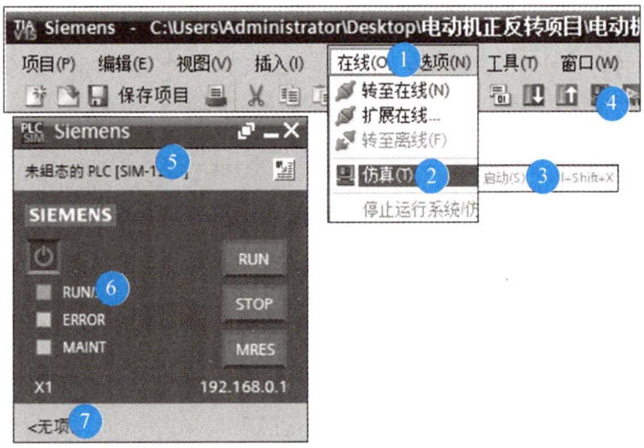

图 12-18 调用 PLCSIM 紧凑视图

及“<无项目>”（即 PLCSIM 中未下载任何项目和程序）的状态（7）。

二、下载预览

PLCSIM 紧凑视图出现后，等待片刻，弹出“扩展的下载到设备”窗口，如图 12-19 所示。在“扩展的下载到设备”窗口中，组态访问节点属于“PLC_1”栏中显示本例的 CPU 类型，在接口类型中，显示为“PN/IE”（8）。单击“开始搜索”按钮（9），操作完成后，左侧显示计算机与 PLC 连接的图中，闪烁 LED 呈橙色（10）。在右侧的选择目标设备栏中，显示“CPUcommon”的条目，其接口类型为“PN/IE”（11），选择该设备（12），单击“下载”按钮（13），弹出“下载预览”窗口（14），如图 12-20 所示。

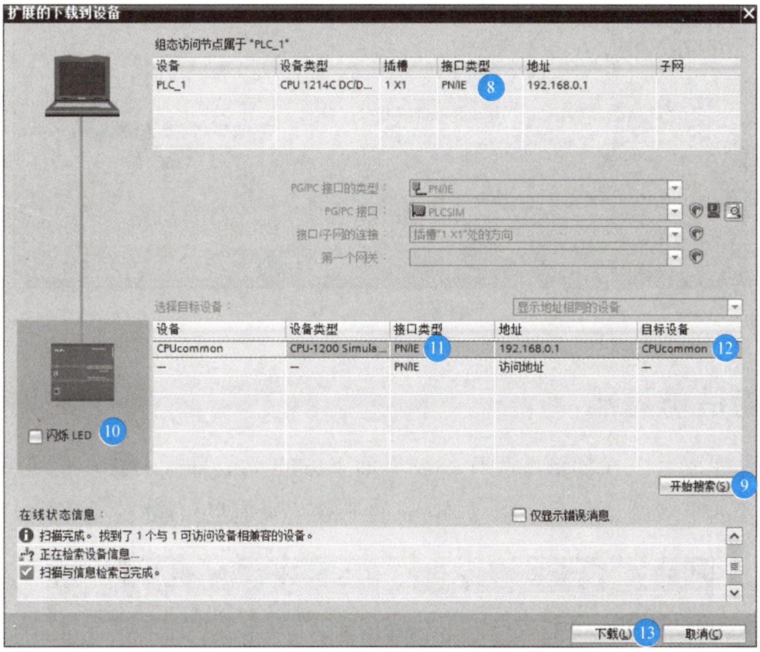

图 12-19 PLC 下载设置

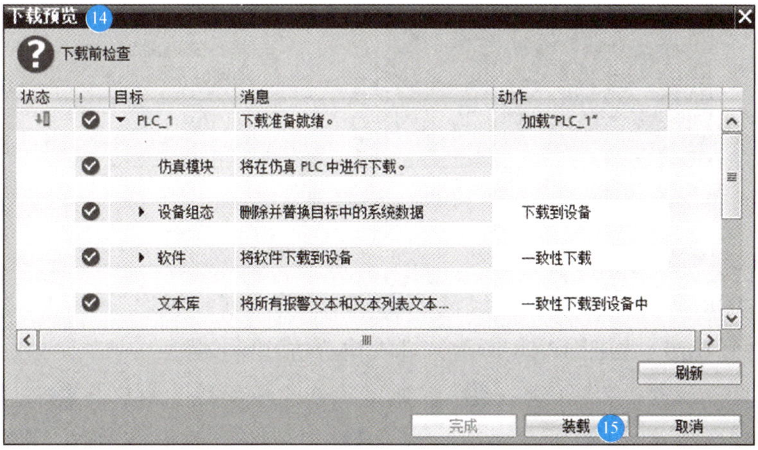

图 12-20 下载预览

在“下载预览”窗口中，显示 PLC_1 下载准备就绪，以及关于仿真模块、设备组态、软件及文本库等下载前的信息供查阅。检查正确后，单击“装载”按钮（⑮），进入软硬件下载到 PLCSIM 中的步骤。

三、下载结果检查

软硬件下载完成后，自动弹出“下载结果”窗口（⑯），如图 12-21 所示。首先需要确认 PLC_1 下载到设备已顺利完成的信息，其次在启动模块右侧的“动作”设置下拉列表框（⑰）中，选择“无动作”（⑮），然后单击“完成”按钮（⑲）。

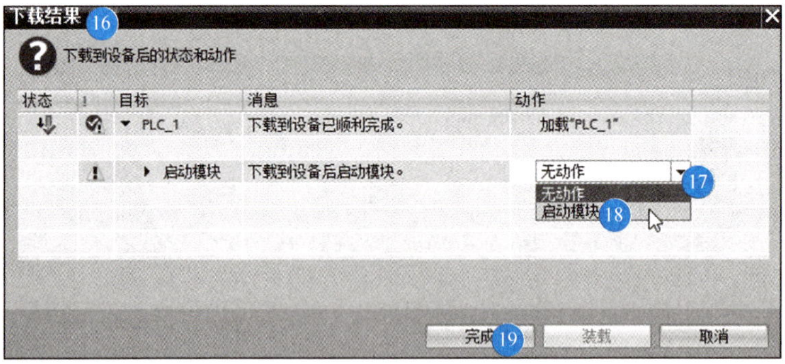

图 12-21　下载结果浏览

12.3.3　构造仿真器

装载软硬件完成后，在梯形图程序编制界面下方的“信息”（⑳）→“常规”选项卡中，将显示硬件配置的下载结果信息，以及 Main 的下载结果信息（㉑），如图 12-22 所示。

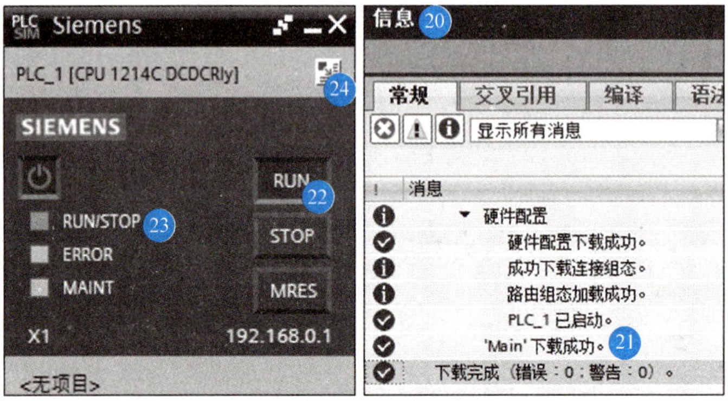

图 12-22　下载完成状态

同时在 PLCSIM 紧凑视图中，下载完成后将显示 PLC 的具体型号。按下“RUN”按钮（㉒），RUN/STOP 前的小方框变为绿色（㉓）。单击“切换视图”按钮（㉔），弹出 S7-PLCSIM V15 仿真视图，如图 12-23 所示，进入构造仿真器步骤。

单击“项目”（①）→“新建”（②），弹出“创建新项目”窗口（③）。设置项目名称为“电动机正反转仿真”（④），路径为桌面（⑤）。单击“创建”按钮（⑥），等待片刻，弹出“电动机正反转仿真/电动机正反转仿真”窗口，如图 12-24 所示。并在桌面上建立了

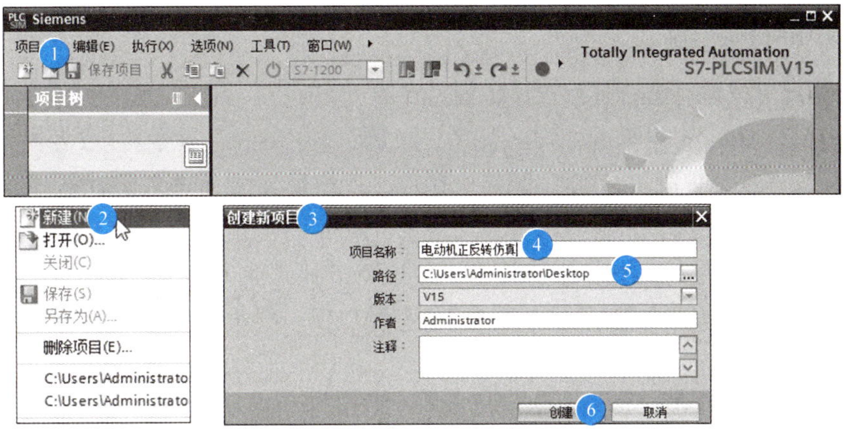

图 12-23　新建仿真项目

"电动机正反转仿真"工作文件夹。

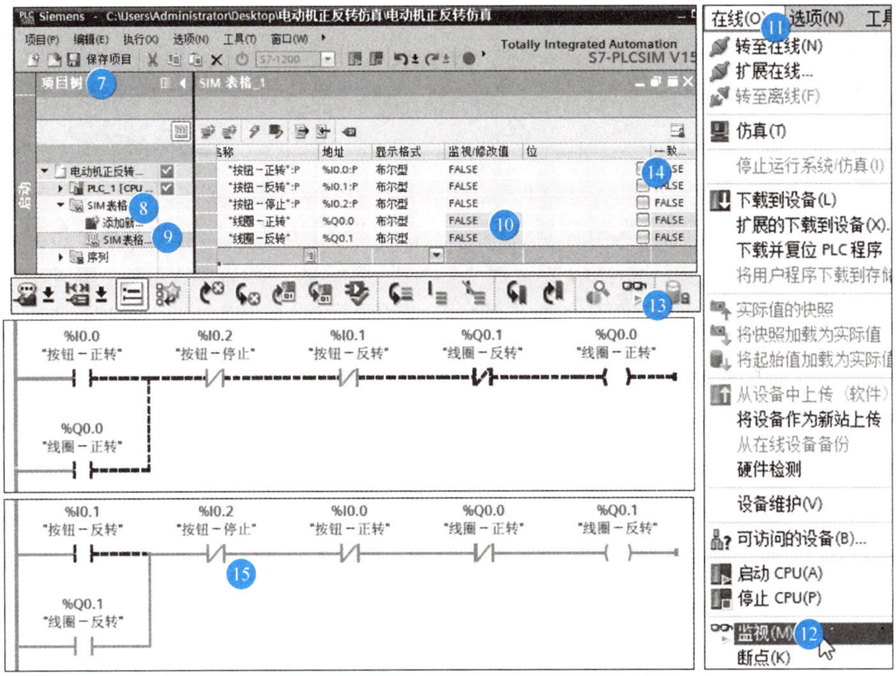

图 12-24　程序仿真和调试过程

在项目树（⑦）中选择"电动机正反转…"→"SIM 表格"（⑧），双击"SIM 表格…"（⑨），右侧显示 SIM 表格_1，将所有参与仿真的元件填入表格中。通过单击名称所在列的单元格，选择单元格中右端出现的"添加"按钮，从 PLC 变量表中将"按钮-正转""按钮-反转""按钮-停止""线圈-正转""线圈-反转"等五个仿真控制元件填写到 SIM 表格_1 中（⑩）。当一个仿真控制元件的符号名填入名称单元格后，地址、显示格式等单元格将自动填入相关数据。填写完成后，单击 S7-PLCSIM V15 仿真视图中的"保存项目"按钮。

12.3.4 程序调试

仿真器构造完成后，即可进行程序仿真。在图 12-24 中，切换到每一个程序的编制界面（本例仅有 OB1 一个编程界面），单击“在线”（⑪）→“监视”（⑫），或者按下梯形图编制界面中的“启用/禁止监视启用”图标（⑬），程序编制界面进入调试状态。在该状态中，梯形图中的实线支路表示通路，虚线支路表示断路。

将梯形图编制界面和 S7-PLCSIM V15 仿真视图同时显示在屏幕中。在仿真视图右侧的“按钮-正转”符号名所在行的“位”单元格（⑭）中，双击，以模拟按下再松开按钮的动作。

观察梯形图仿真结果。当双击“按钮-正转”位单元格时，“线圈-正转”得电，并对常开触点“按钮-正转”自锁。再双击“按钮-反转”位单元格时，“线圈-反转”得电，并对常开触点“按钮-反转”自锁。双击“按钮-停止”（⑮）位单元格时，“线圈-正转”和“线圈-反转”所在支路全部断路。

课余

试设计一个单按钮控制灯线路，要求按动一次瞬时按钮 I0.0，输出 Q0.0 灯亮，再按动一次按钮 I0.0，输出 Q0.0 灯灭。请按新建项目编制变量表，编制梯形图，编译程序，装载软硬件，构造仿真器，调试验证程序的步骤，完成学习记录，提交。

第13章 S7-1200基本指令

CHAPTER 13

S7-1200 PLC 编程以梯形图（LAD）为主，同时兼用少量的结构文本（SCL）。进入 TIA Portal 程序编制界面后，可在右侧栏中展开指令系统，其中基本指令包括常规、位逻辑运算、定时器操作、计时器操作、比较操作、数学函数、移动操作、转换操作、程序控制指令、字逻辑运算和移位和循环类。

13.1 位逻辑运算指令

使用位逻辑运算指令可以实现最基本的位逻辑的操作，包括触点和赋值、置位和复位、以及升沿和降沿指令等。

13.1.1 触点和赋值指令

常开触点指令等效于继电器的常开触点，常闭触点指令等效于继电器的常闭触点，赋值指令等效于继电器的线圈。有了触点和赋值指令，继电器控制回路能实现的功能均可在 PLC 控制系统中实现。

触点和赋值指令图形符号如图 13-1 所示。①为常开触点指令，②为常闭触点指令，③为取反 RLO 指令（即对操作数结果取反），④为输出赋值指令，⑤为输出赋值取反指令。

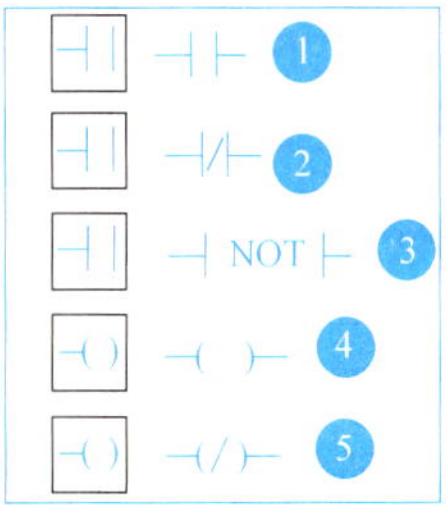

图 13-1 触点和赋值指令图形符号

一、触点和赋值指令示例

图 13-2 所示为起停控制环节的梯形图程序与控制回路的对应关系。编程元件地址分配为：起动按钮 SB1—常开触头 I0.0、停止按钮 SB2—常闭触头 I0.2、接触器线圈 KM—Q0.0。

常开触头 I0.0 和 Q0.0 构成了或运算关系，等效于电气回路中的并联连接。或运算结果与常闭触头 I0.2 构成了与运算关系，等效于电气回路中的串联连接。

从等效的角度解读梯形图程序，I0.0 断开时，Q0.0 失电无输出。I0.0 闭合时，Q0.0 得电有输出，并使常开触头 Q0.0 闭合，对 I 0.0 形成自锁。当 I0.2 断开时，Q0.0 失电，无输

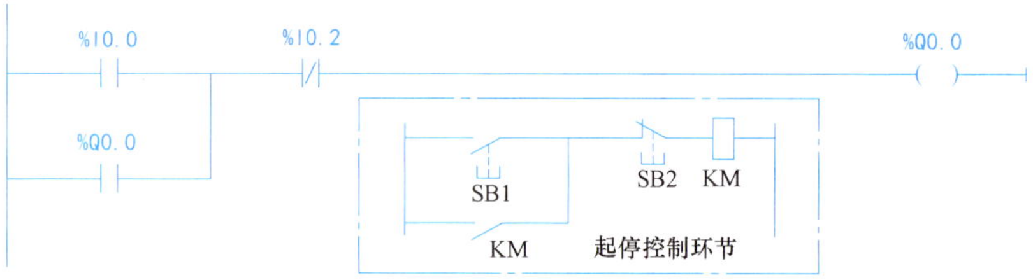

图 13-2　起停控制环节的梯形图程序与控制回路的对应关系

出，并解除常开触头 Q0.0 对 I0.0 的自锁。

二、取反和赋值取反指令示例

图 13-3 所示为取反和赋值取反指令示例。当 I0.0 对应按钮未按下时，I0.0 的值为 1，记为 I0.0=1。与 Q0.0 进行或运算，运用布尔运算法：$\overline{I0.0}$+Q0.0=1+0=1。取反后的值记为：RLO=0。再与 I0.2 进行与运算，记为 RLO+$\overline{I0.2}$=0+1=1。输出取反赋值后结果为 0。

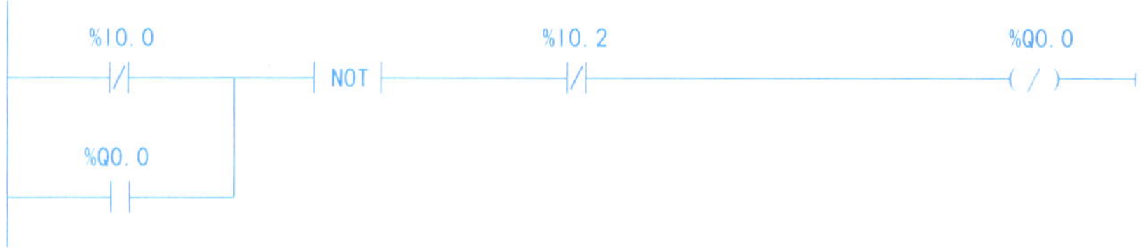

图 13-3　取反和赋值取反指令示例

取反和赋值取反指令增加了梯形图编程的灵活性。

13.1.2　置位和复位指令

置位和复位指令图形符号如图 13-4 所示。❶为复位输出指令，❷为置位输出指令，❸为置位位域指令，❹为复位位域指令，❺为置位/复位触发器指令，❻为复位/置位触发器指令。

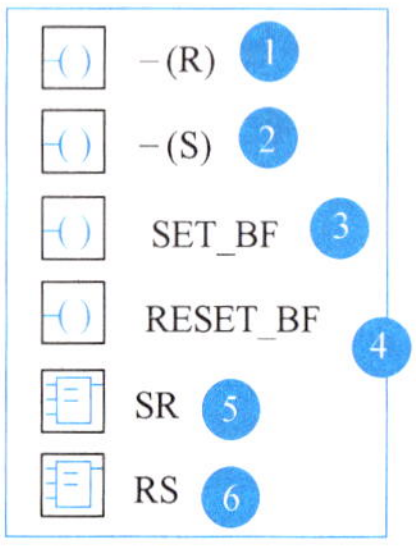

图 13-4　置位和复位指令图形符号

一、置位和复位输出指令示例

图 13-5 所示为置位和复位输出指令示例。网络 1 中，置位指令 S 前面的 I0.0 接通，执行置位指令，Q0.1 为闭合状态，随后 I0.0 立即断开，Q0.0 仍保持闭合状态。网络 2 中，复位指令 R 前面的 I0.1 接通时，执行复位指令，使 Q0.1 立即断开，I0.1 随即断开，Q0.1 保持断开状态。

二、置位位域和复位位域指令示例

置位位域和复位位域指令可以从某个特定地址开始，对多个控制位进行置位/复位操作。以图 13-6 为例，I0.0=1 时，置位位域指令前的 RLO=1，于是，对以 M2.0 起的 12 个位赋值 1，12 个位分别为 M2.0、M2.1、…、M2.7 共 8 个位，以及 M3.0、M3.1、M3.2、M3.4 共 4 个位，合计为 12 个位。

三、置位优先和复位优先指令

置位/复位触发器（SR）和复位/置位触发器（RS）分别称为复位优先触发器和置位优

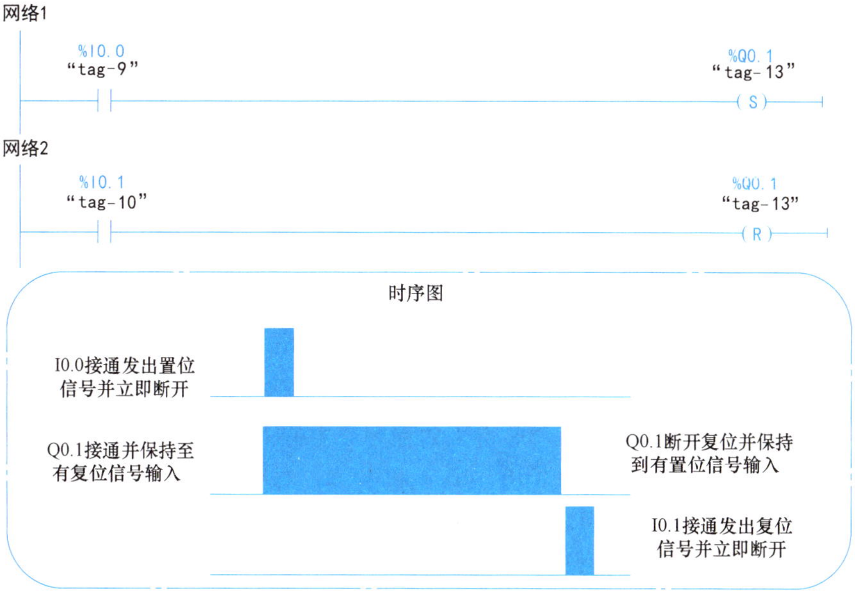

图 13-5 置位和复位输出指令示例

图 13-6 置位位域指令示例

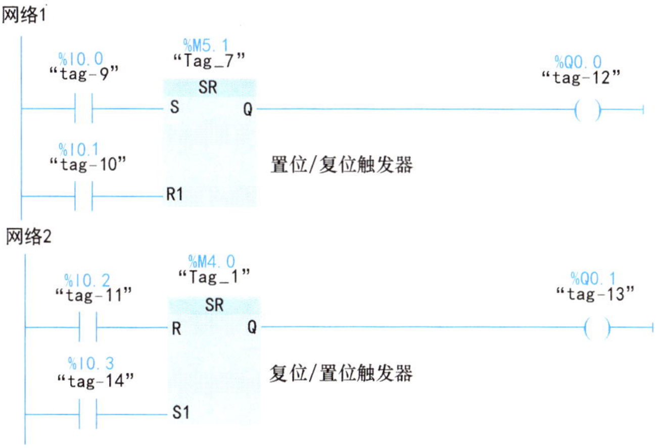

图 13-7 SR 和 RS 指令

先触发器，如图 13-7 所示。

（一）置位/复位触发器（SR）

在网络 1 中采用了置位/复位触发器。当 S 端接入的 I0.0 为 = 1、R1 端接入的 I0.1 = 0 时，SR 触发器被置位，M5.1 = 1，输出端 Q0.0 = 1。当 I0.0 为 = 0、I0.1 = 1 时，M5.1 = 0，

输出端 Q0.0=0。当 I0.0 为 =1、I0.1 =1 时，先执行置位 Q0.0=1，再立即执行复位，Q0.0=0，M5.1 先赋值为 1，随即又赋值为 0，最终结果 M5.1=0，Q0.0=0，故又称为复位优先触发器。

（二）复位/置位触发器（RS）

在网络 2 中采用了复位/置位触发器。当 S1 输接入的 I0.3 为 =1、R 端接入的 I0.2=0 时，RS 触发器被置位，M4.0=1，输出端 Q0.1=1。当 I0.3 为 =0、I0.2=1 时，M4.0=0，输出端 Q0.1=0。当 I0.3 为 =1、I0.2=1 时，先执行复位，输出端 Q0.1=0，再立即执行置位，M4.0 先复位为 0，随即又置位为 1，最终结果 M4.0=1，Q0.1=1，故又称为置位优先触发器。

（三）三人抢答器程序

图 13-8 所示为一位主持人和三位抢答人的程序。主持人面前的复位按钮对应 I0.4 ，三个抢答人面前的抢答按钮分别对应 I0.0、10.1 和 I0.2，对应的抢答成功的灯分别为 Q0.0、Q0.1、Q0.2。三人抢答时，任意一人抢先按下按钮，对应的指示灯亮，且其余两人的指示灯被锁住不能点亮。主持人按复位按钮，抢答重新开始。

设第一位抢答人率先按下按钮，网络 1 中，I0.0=1，RS 中 M4.3 赋值为 1，Q 端输出高电平，使 Q0.0=1，灯 1 点亮，同时，网络 2 和网络 3 中，常闭触头 Q0.0 赋值为 0，使两位抢答人的灯被锁住。当主持人按下按钮时，I0.4 =1，三个 RS 均被复位，使 M4.3 =0，M4.4=0，M4.5=0，三个 RS 的 Q 端输出低电平，使 Q0.0=0，Q0.1=0，Q0.2=0，程序恢复到等待三位抢答人抢答的状态。

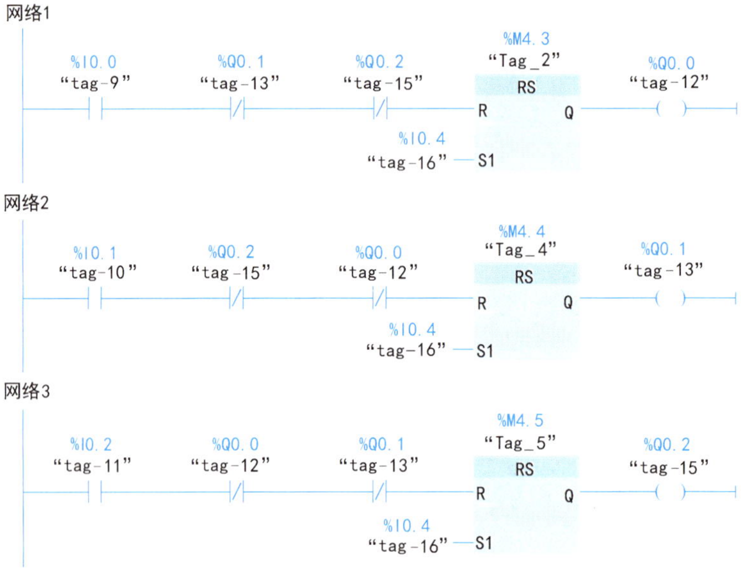

图 13-8 一位主持人和三位抢答人的程序

13.1.3 升沿和降沿指令

升沿和降沿指令图形符号如图 13-9 所示。❶为扫描操作数的信号上升沿，❷为扫描操作数的信号下降沿，❸为在信号上升沿时置位操作数，❹为在信号下降沿时置位操作数，

❺为扫描 RLO 的信号上升沿，❻为扫描 RLO 的信号下降沿，❼为检查信号的上升沿，❽为检查信号的下降沿。

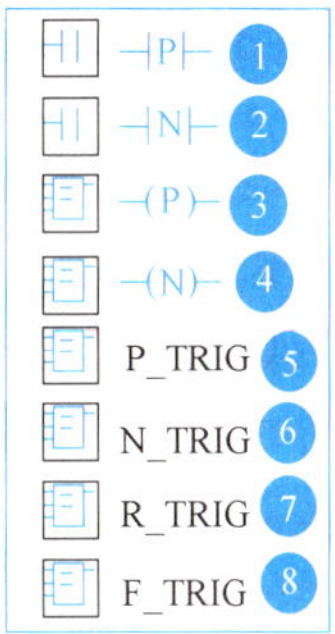

图 13-9　升沿和降沿指令图形符号

一、扫描操作数的信号升降沿指令

扫描操作数的信号上升沿指令用于在一个特定操作数信号从 0 到 1 跳跃的瞬间触发一个输出，扫描操作数的信号下降沿指令用于在一个特定操作数信号从 1 到 0 跳跃的瞬间触发一个输出。

图 13-10 所示为扫描操作数的信号升降沿指令示例。在网络 1 中，扫描操作数的信号上升沿指令通过扫描特定操作数 I0.0 的值，将其与上一个程序循环中存储在 M4.3 中的值进行比较，根据不同的比较结果，执行不同的操作逻辑。

图 13-10　扫描操作数的信号升降沿指令示例

1）如果上一个程序循环时存入的 M4.3=0，而本次网络 1 中扫描操作数的信号上升沿 P 指令扫描的 I0.0=1，说明该操作数出现了上升沿，P 指令向置位位域的 SET-BF 指令给出输出。输出的结果为：M4.0=1，M4.1=1，M4.2=1，M4.3=1。之后 P 指令再将 I0.0=1 的值赋给 M4.3，使 M4.3=1，作为下一个程序循环时比较本轮操作数值的基准值，此值即为本轮的状态值，也是下一轮的比较基准值。

2）如果上一个程序循环时存入的 M4.3=0，本次扫描的 I0.0=0，说明该操作数一直为 0，没有上升沿，P 指令不向 SET-BF 指令输出，SET-BF 指令也保持原状。比较完成后，P 指令将 I0.0=0 的值赋给 M4.3，使 M4.3=0，作为下一轮的比较基准值。

3）如果上一个程序循环时存入的 M4.3=1，本次扫描的 I0.0=1，说明该操作数一直为 1，没有上升沿，P 指令不向 SET-BF 指令输出，SET-BF 指令也保持原状。比较完成后再将 I0.0=1 的值赋给 M4.3，使 M4.3=1，作为下一轮的比较基准值。

4）如果上一个程序循环时存入的 M4.3=1，本次扫描的 I0.0=0，说明该操作数出现了下降沿，但 P 指令是扫描操作数的信号上升沿指令，故不向 SET-BF 指令输出，SET-BF 指令也保持原状。比较完成后再将 I0.0=0 的值赋给 M4.3，使 M4.3=0，作为下一轮的比较基准值。

网络 2 由扫描操作数的信号下降沿 N 指令和复位区域 RESET-BF 指令组成，其执行逻辑的解读方法相似。网络 1 中的 M4.3 和网络 2 中的 M4.5 主要有两条使用规则：①M4.3 和 M4.5 只能在程序中使用一次，不能在程序的其他位置被改写；②只能使用 M 变量、全局

DB 变量和静态局部变量（Static），不能使用临时局部数据变量或 I/O 变量。

二、在信号升降沿置位操作数指令

图 13-11 所示为在信号上升沿置位操作数的 P 线圈指令和在信号下降沿置位操作数的 N 线圈指令示例。网络 1 中，当 I0.0 和 I0.1 与运算结果为 1 时，赋值给 M4.0，并与上一轮存储的比较基准值 M4.3 进行比较，确定是否产生了上升沿。若此时 M4.3=0，就确认产生了上升沿，于是右侧的 P 线圈接通一个周期，之后再将 M4.0 的值赋给 M4.3，作为下一轮的比较基准值。

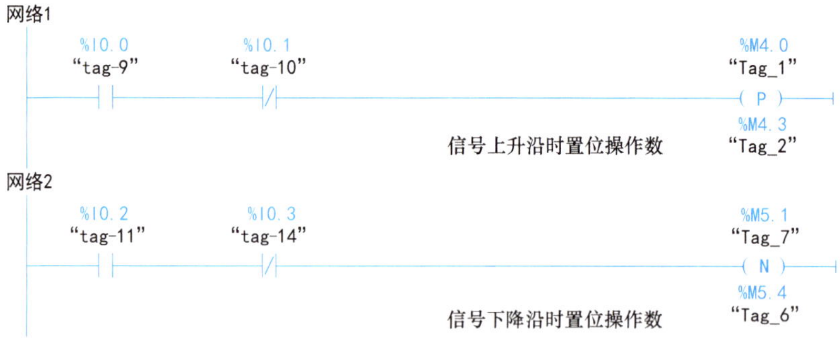

图 13-11　在信号升降沿置位操作数指令示例

网络 2 中，当 I0.2 和 I0.3 与运算结果为 0 时，赋值给 M5.1，并与上一轮存储的比较基准值 M5.4 进行比较，确定是否产生了下降沿。若此时 M5.4=1，就确认产生了下降沿，于是右侧的 N 线圈接通一个周期，之后再将 M5.1 的值赋给 M5.4，作为下一轮的比较基准值。

三、扫描 RLO 的信号升降沿指令

图 13-12 所示为扫描 RLO 的信号上升沿 P_TRIG 指令与扫描 RLO 的信号下降沿 N_TRIG 指令示例。对于程序第一行的 P_TRIG 指令，每一次程序循环时，CLK 输入端检测前面的 RLO 运算值，并将其与上一轮存储的比较基准值进行比较，当比较后确认处于从 0 到 1 的上升沿（Positive）时，其 Q 端就在一个扫描周期中保持输出（又称为保持一个扫描周期的高电平）；若没有出现上升沿，就不在一个扫描周期中保持输出（又称为保持一个扫描周期的低电平）。

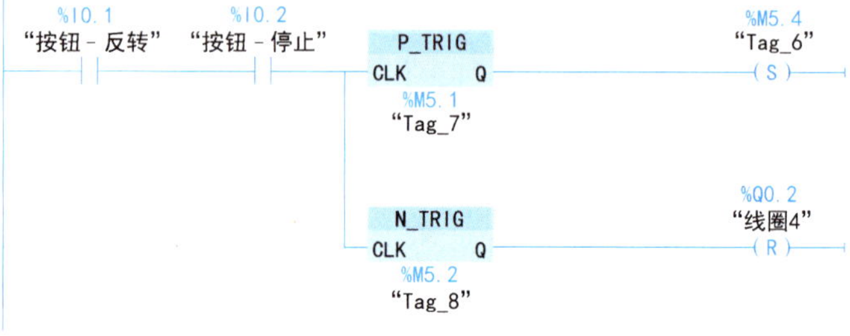

图 13-12　扫描 RLO 的信号升降沿指令示例

对于处于程序第二行的 N_TRIG 指令，每一次程序循环时，CLK 输入端检测前面的 RLO 运算值，与上一轮存储的比较基准值进行比较，当比较后确认处于从 1 到 0 的下降沿（Negative）时，其 Q 端就在一个扫描周期中保持输出；若没有出现下降沿，就不在一个扫描周期中保持输出。编制程序时，P_TRIG 指令和 N_TRIG 指令均不能放在电路的开始处和结束处。

四、检测信号升降沿指令

图 13-13 所示为检测信号上升沿 R_TRIG 指令和检测信号下降沿 F_TRIG 指令示例。

在网络 1 中，R_TRIG 指令检测操作数 I0.0 和 I0.4 进行与运算，再与 I0.3 进行或运算

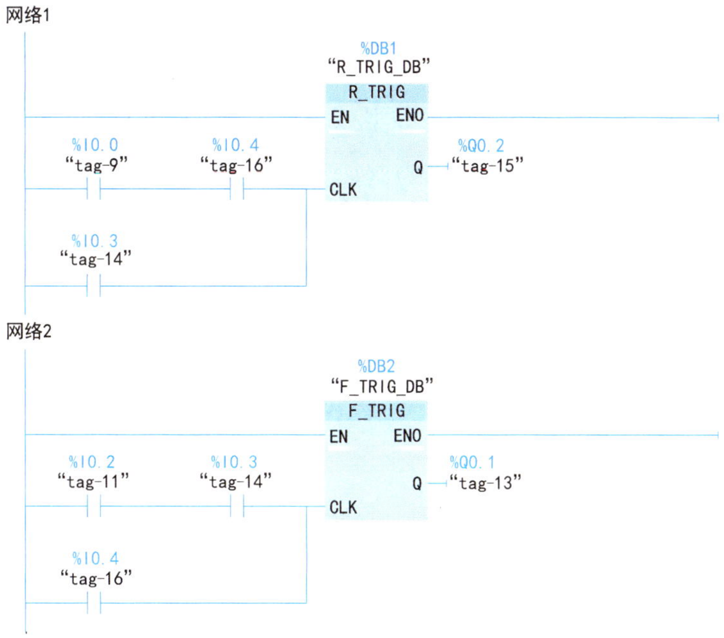

图 13-13 R_TRIG 和 F_TRIG 指令示例

得到 RLO 值，RLO 值输入 CLK 后，将与上一次程序循环时存储在 R_TRIG_DB 变量中的值进行比较，比较结果确认 CLK 的状态从 0 变成 1 时，就在 Q 输出端生成一个信号上升沿，使 Q0.2 在一个扫描周期内为 1，同时将 RLO 的值赋给 R_TRIG_DB，用作下一轮程序循环的比较基准值。在其他任何情况下，该指令输出的信号状态均为 0。

在网络 2 中，F_TRIG 指令检测操作数 I0.2 和 I0.3 进行与运算，再与 I0.4 进行或运算得到 RLO 值，RLO 值输入 CLK 后，将与上一次程序循环时存储在 F_TRIG_DB 变量中的值进行比较，比较结果确认 CLK 的状态从 1 变成 0 时，就在 Q 输出端生成一个信号下降沿，使 Q0.1 在一个扫描周期内为 1。

五、设置时钟存储位

S7-1200 PLC 程序编制开始前，根据用户企业的 PLC 编程规范，应在 CPU 中专门划出若干寄存器，将其定义为时钟存储器，设置过程如图 13-14 所示。

调出设备视图，右击组态机架上的 CPU（①）。选择“更改设备”（②）→“属性”（③），单击，弹出“属性”窗口（④），如图 13-15 所示。

在“常规”列表中，选择“脉冲发生器”→“系统和时钟存储器”（⑤），在右侧的“时钟存储器位”选项卡中，设置时钟存储器字节的地址为“0”（⑥），勾选“启用时钟存储器字节”（⑦），结果划出了八个时钟存储器位，分别为 10Hz 时钟（M0.0）、5Hz 时钟（M0.1）、2.5Hz 时钟（M0.2）、2Hz 时钟（M0.3）、

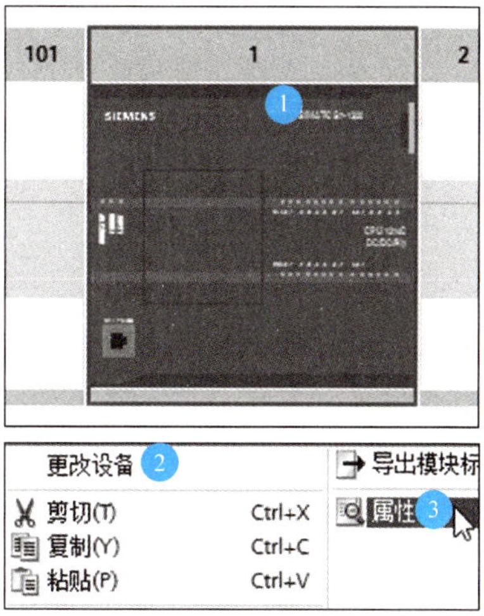

图 13-14 调出 CPU 的属性过程

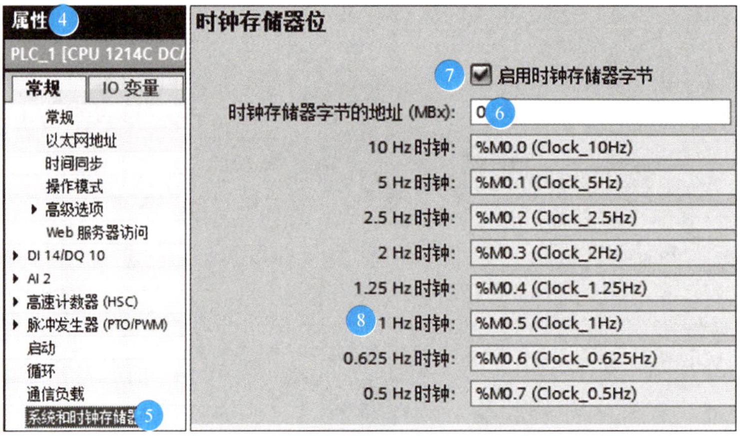

图 13-15 时钟存储器设置方法

1.25Hz 时钟（M0.4）、1Hz 时钟（M0.5）、0.625Hz 时钟（M0.6）和 0.5Hz 时钟（M0.0）。本例使用了 M0.5（8）。

六、故障信息显示程序示例

图 13-16 所示为故障信息显示程序示例。其中 I0.0 为故障传感器，I0.1 为复位按钮，Q0.0 为故障指示灯。在网络 1 中，当 P 指令的扫描操作数 I0.0=1 时，与 M2.0 的值进行比较，若 M2.0=0，就确认产生了上升沿。P 指令产生一个输出，同时将 I0.0 的值赋给 M2.0，作为下一轮程序循环的比较基准值，置位 S 指令赋值 M2.1=1。在网络 3 中，常开触点 M2.1 闭合，S7-1200 CPU 中设置了 M0.5 是一个 1Hz 时钟存储器位，即该时钟存储器以 1Hz 频率自动持续地发送脉冲信息，于是，Q0.0 持续输出 1Hz 的脉冲信息，与 Q0.0 对应的故障显示灯就以 1Hz 的频率闪烁。

图 13-16 故障信息显示程序示例

当故障信号未消除时，网络 3 中的常开触点 I0.0 闭合，此时按下复位按钮 I0.1 时，网络 2 中常开触点 I0.1 闭合，R 指令复位，M2.1 赋值为 1。网络 3 中的常开触点 M2.1 断开，常闭触点 M2.1 和常开触点 I0.0 均闭合，输出 Q0.0 保持接通，于是故障信号指示灯常亮。

当故障信号消除后，P 指令的扫描操作数 I0.0=0。P 指令不产生输出，于是右侧的置位 S 指令保持原有状态，使网络 3 中的 Q0.0 保持有故障时的闪烁状态。此时按下复位按钮 I0.1，右侧的 R 指令复位，赋值 M2.1=0。于是网络 3 中的 M2.1 常开触点断开，常开触点 I0.0 也断开，结果输出 Q0.0 断开，故障信号指示灯熄灭。

13.2 定时器操作指令

S7-1200 PLC 使用的定时器指令图形符号如图 13-17 所示。①为生成脉冲指令，②为生成脉冲缩写指令，③为接通延时指令，④为接通延时缩写指令，⑤为关断延时指令，⑥为关断延时缩写指令，⑦为时间累加指令，⑧为时间累加缩写指令，⑨为复位定时器指令，⑩为加载持续时间指令。S7-1200 PLC 使用 IEC 标准的定时器。IEC 标准的定时器采用正向计时方式，每次调用时，CPU 将自动为定时器分配一个背景数据块。

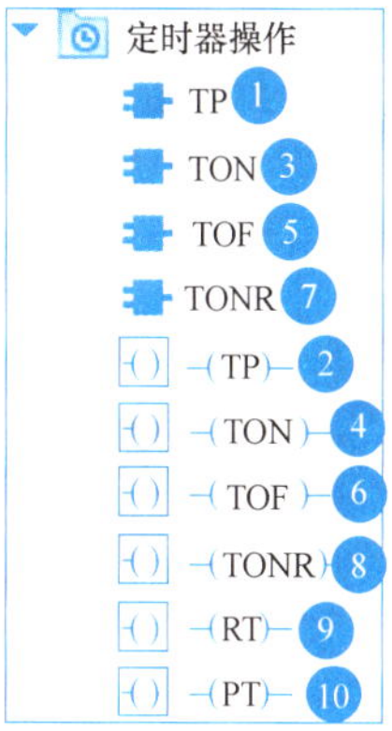

图 13-17 定时器指令图形符号

13.2.1 生成脉冲指令

图 13-18 所示为调用生成脉冲指令 TP 的过程。在 TIA Portal 编程界面中，用鼠标拖移生成脉冲指令 TP 到梯形图中并放置后，弹出“调用选项”窗口（①）。系统自动为指令分配了一个背景数据块：“IEC_Timer_0_DB”（②），在“自动”（③）选项中，系统自动赋予编号为“3”（④），即 DB3，单击“确定”（⑤），完成 TP 指令的调用。

定时器指令用一个方框表示。方框内上方的“TP”（⑥）表示生成脉冲定时器。“TP”下方的“Time”（⑦）表示该指令使用 Time 型数据的时间变量进行计时，S7-1200 PLC 只能用时间型变量。在该指令的 PT 端（⑨）需要连接一个时间型变量，或输入一个时间立即数作为预设时间。指令的 ET 端（⑫）也需要连接一个时间型变量，用于存放定时器计时经过的时间，变量类型与该定时器指令上的选择一致，均为时间型变量。

指令的背景数据块为 DB3，定时器选择 Time 型数据进行计时。定时器输入端 IN（⑧）左侧接入 I0.0，预计时间输入端设置的时间为 T#5s，即 5s 预计定时。定时器输出端 Q（⑩）外接线圈 Q0.0（⑪）。定时经过的时间输出端 ET 连接了一个表示时间的变量 MD20。

一、背景数据块参数表

程序编制完成后，在图 13-18 所示的项目树中选择“PLC_1[CPU 1214C DC/DC/Rly]”（⑬）→“程序块”（⑭）→“系统块”（⑮）→“程序资源”（⑯），即可看到系统自动分配的背景数据块“IEC_Timer_0_DB[DB3]”（⑰）。双击，弹出该背景数据块的参数及数据类型

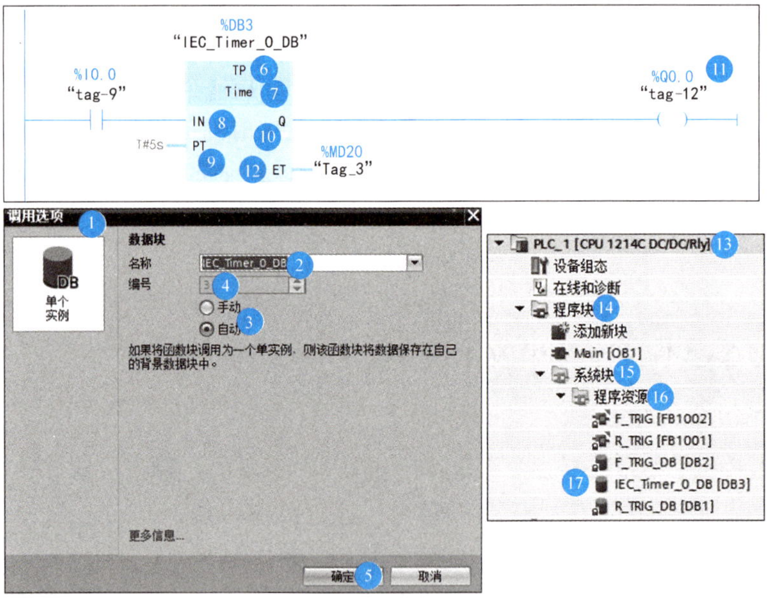

图 13-18 生成脉冲指令 TP

表，如图 13-19 所示。

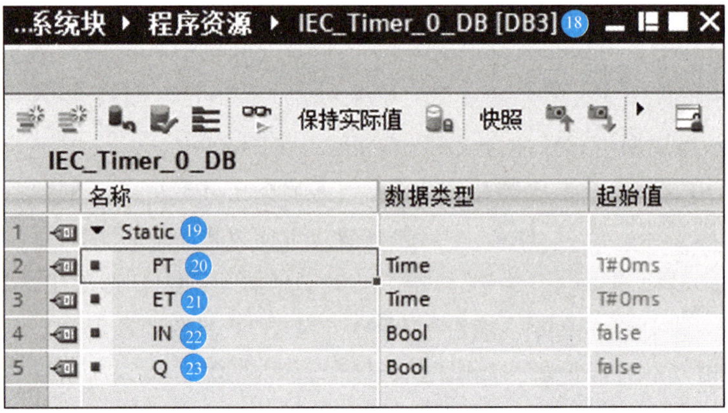

	名称	数据类型	起始值
1	▼ Static 19		
2	PT 20	Time	T#0ms
3	ET 21	Time	T#0ms
4	IN 22	Bool	false
5	Q 23	Bool	false

图 13-19 背景数据块 DB3 参数及数据类型表

图 13-19 给出了生成脉冲指令 TP 的四个静态（Static）参数（⑲），以及每一个参数的数据类型、起始值等内容。其中 PT（⑳）和 ET（㉑）参数的数据类型为“Time”，起始值为“T#0ms”。IN（㉒）和 Q（㉓）参数的数据类型为“Bool”，起始值为“false”。

二、生成脉冲指令时序

图 13-20 所示为生成脉冲指令 TP 的时序图，用于说明定时器的定时原理。

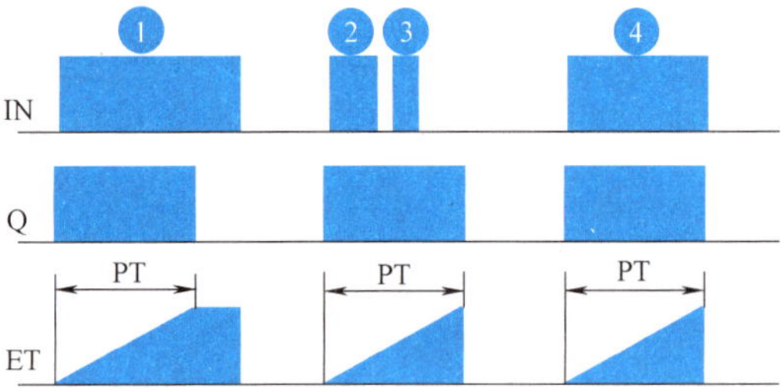

图 13-20 生成脉冲指令 TP 的时序图

状态①，IN 端导通时长>预设的计时值。IN 端接入信号 1，Q 端开始输出，定时器开始计时，ET 端开始保存当前计时值。计时到达预设值后，Q 端停止输出，因 IN 端信号仍为1，ET端继续保存到达值。接着IN端接入信号0，ET端恢复为0。

状态❷，IN端导通时长<预设的计时值。IN端接入信号1，Q端开始输出，定时器开始计时，ET端开始保存当前计时值。随即IN端在计时未到达预设值时接入信号0，Q端保持输出，ET端保持计时。

状态❸，IN端在计时未到达预设值时再次接入信号1，Q端保持输出，ET端保持计时。计时到达预设值后，Q端停止输出。因IN端接入信号0，ET端恢复为0。

状态❹，IN端导通时长=预设的计时值。IN端接入信号1，Q端开始输出，定时器开始计时，ET端开始保存当前计时值。计时到达预设值时，IN端则刚好接入信号0，于是Q端停止输出，ET端恢复为0。

在生成脉冲指令TP中，IN端接入信号1，Q端开始输出，直到定时器到达预设值。ET端以IN端上升沿为起点，开始保存当前计时值，并保持一个计时周期。

三、生成脉冲缩写指令（TP）

图13-21所示为生成脉冲缩写指令（TP）示例。该指令块内的“TP”表示生成脉冲缩写指令（TP），“TP”下方的“Time”表示该指令使用Time型数据的时间变量进行计时。

图13-21 生成脉冲缩写指令（TP）示例

指令上方需要填写一个IEC定时器类型的变量，通常使用IEC定时器的DB，下方填写定时的时间或链接一个时间型变量。该指令前端支路上信号的输入与生成脉冲指令TP的IN端等效，后端支路信号的输出与生成脉冲指令（TP）的Q端输出等效。

在网络1中，当I0.0导通，执行生成脉冲缩写指令（TP），形成输出并计时，5s计时到达后，输出停止。在网络2中，生成脉冲缩写指令（TP）产生输出时，常开触点“IEC_Time_0_DB”.Q=1，使Q0.0=1，5s计时到达后，“IEC_Time_0_DB”.Q=0，使Q0.0=0。

相较于生成脉冲指令TP，生成脉冲缩写指令（TP）没有ET端，同样的控制要求，多了一段程序，多了一个编程元件。

13.2.2 接通延时指令

图13-22所示为接通延时指令TON示例及其时序图。

状态❶，IN端导通时长>预设的计时值。IN端接入信号1时，定时器开始计时，ET端开始保存当前计时值，Q端因计时未到达预设值，故无输出。IN端保持导通至计时结束，Q端开始输出，ET端保存最终的计时值。接着IN端接入信号0，Q端停止输出，ET端恢复为0。

状态❷，IN端导通时长<预设的计时值。IN端接入信号1时，定时器开始计时，Q端

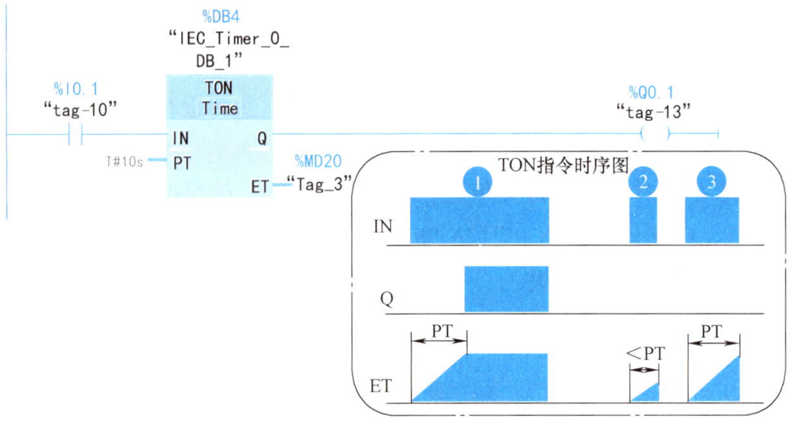

图 13-22 接通延时指令 TON 示例及其时序图

因计时未到达预设值，故无输出，ET 端开始保存当前计时值。接着 IN 端在计时未到达预设值时就接入信号 0，Q 端仍无输出，ET 端恢复为 0。

状态③，IN 端导通时长 = 预设的计时值。IN 端接入信号 1 时，定时器开始计时，ET 端开始保存当前计时值，Q 端因计时未到达预设值，故无输出。接着在到达计时预设值时，IN 端接入信号 0，此时 Q 端因计时刚好未到达预设值，故无输出，ET 端恢复为 0。

在接通延时指令 TON 时，IN 端接入信号 1，Q 端要等待至计时到达预设值后才开始输出，接着 IN 端接入信号 0，Q 端就停止输出。ET 端以 IN 端上升沿为起点，开始保存当前计时值，在 IN 端接入信号 0 时，恢复为 0。

图 13-23 所示为接通延时缩写指令（TON）示例。在网络 1 中，当 I0.0 接通时，执行接通延时缩写指令（TON），进行计时，接通延时缩写指令（TON）不产生输出，10s 计时到达后，接通延时缩写指令（TON）产生输出；当 I0.0 断开时，输出停止。在网络 2 中，当 I0.0 接通时，常开触点 "IEC_Time_0_DB_1".Q = 0，Q0.1 = 0，10s 计时到达后，常开触点 "IEC_Time_0_DB_1".Q = 1，Q0.1 = 1；当 I0.0 断开时，在下降沿时刻，常开触点 "IEC_Time_0_DB_1".Q = 0，使 Q0.1 = 0。

图 13-23 接通延时缩写指令（TON）示例

13.2.3 关断延时指令

图 13-24 所示为关断延时指令 TOF 示例及其时序图。当 IN 端接入的脉冲信号①和②之

间的不导通时长>预设的计时值时，IN 端接入信号 1，Q 端开始输出。接着 IN 端接入信号 0，定时器开始计时，ET 端开始保存当前计时值。计时到达预设值后，Q 端停止输出，ET 端保持最终的计时值，直至 IN 端再次接入信号 1 时，恢复为 0。

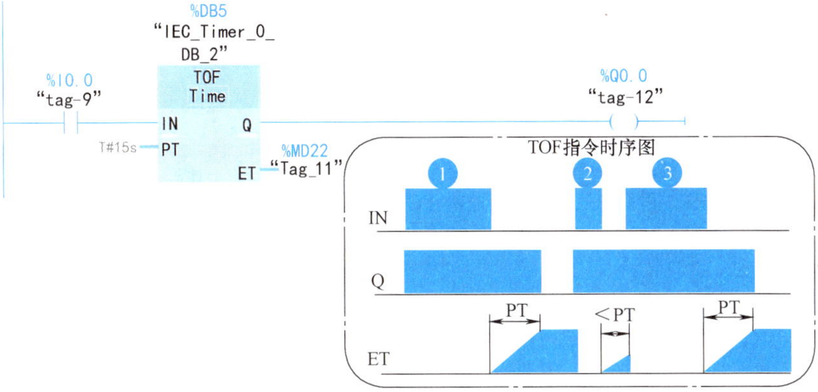

图 13-24 关断延时指令 TOF 示例及其时序图

当 IN 端接入的脉冲信号❷和❸之间的不导通时长<预设的计时值时，IN 端接入信号 1 后，Q 端开始输出。接着 IN 端接入信号 0，定时器开始计时，ET 端开始保存当前计时值。在计时尚未到达预设值时，IN 端再次接入信号 1，于是 Q 端因为计时尚未到达预设值，故保持输出，ET 端立即恢复为 0，接着 IN 端关断。定时器重新启动计时，ET 端开始保存当前计时值。计时到达预设值后，Q 端停止输出，ET 端保持最终计时值，直到 IN 端再次接入信号 1 后，恢复为 0。

在关断延时指令 TOF 中，IN 端接入信号 0，Q 端要等待至计时到达预设值后才停止输出。ET 端要等待 IN 端再次接入信号 1 后才恢复为 0。

图 13-25 所示为关断延时缩写指令（TOF）示例。在网络 1 中，当 I0.0 接通时，关断延时缩写指令（TOF）立即产生输出，关断时保持并计时，15s 计时到，输出停止。在网络 2 中，当 I0.0 接通时，常开触点 "IEC_Timer_0_DB_2".Q = 1，Q0.1 = 1；当 I0.0 断开时，保持 15s 输出，15s 计时到，常开触点 "IEC_Timer_0_DB_2".Q = 0，Q0.1 = 0。

图 13-25 关断延时缩写指令（TOF）示例

13.2.4 时间累加指令

图 13-26 所示为时间累加器指令 TONF 示例及其时序图。

状态①，IN 端导通时长<预设的计时值。IN 端接入信号 1 时，定时器开始计时，ET 端开始保存当前计时值，Q 端因计时未到达预设值，故无输出。接着 IN 端在未达到预设值时，接入信号 0，Q 端无输出，ET 端保存当前计时值。

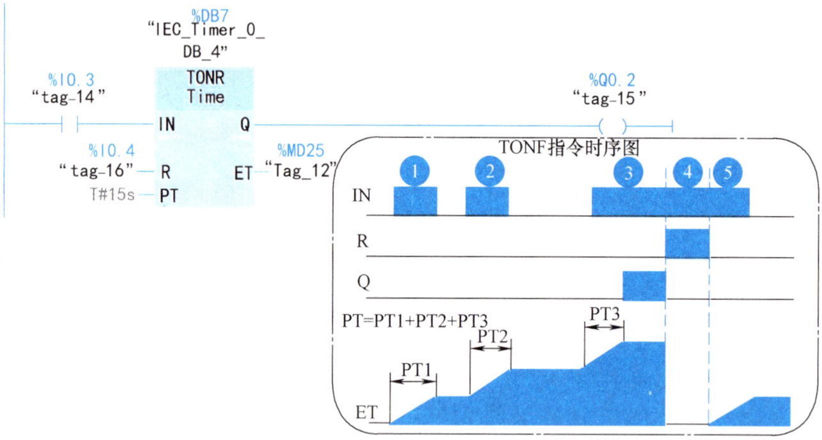

图 13-26 时间累加器指令 TONF 示例及其时序图

状态②，IN 端导通时长<剩余的预设计时值。IN 端再次接入信号 1 时，定时器以上次保存的计时值为起点累计计时，ET 端开始保存累计的计时值，Q 端计时未到达预设值，故无输出。接着 IN 端在仍未达到预设值时接入信号 0，Q 端无输出，ET 端保存当前的累计计时值。

状态③，IN 端导通时长>剩余的预设计时值。IN 端再次接入信号 1 时，定时器以上次保存的计时值为起点累计计时，ET 端开始保存累计的计时值。Q 端计时未到达预设值，故无输出。接着 IN 端在仍未到达预设值时接入信号 0，Q 端因计时到达开始输出，定时器停止计时，ET 端保存当前的累计计时值。

状态④，IN 端保持接通，时间累加器指令的 R 端（复位端）接入信号 1。Q 端因复位停止输出。ET 端恢复为 0。

状态⑤，复位结束，当 IN 端仍保持接通时，定时器又开始计时，ET 端保存当前计时值。接着 IN 端关断，ET 端保存累加的计时值，Q 端只要计时未到达预设值，就不会有输出。

在时间累加器指令 TONF 中，Q 端要等待至计时到达预设值才开始输出，但 IN 端关断不能使 Q 端的输出停止，等待至出现复位信号，Q 端的输出才能停止。

13.2.5 复位定时器指令

图 13-27 所示为时间累加器缩写指令（TONF）和复位定时器指令（RT）联合使用示例。时间累加器缩写指令（TONF）的前端等效于时间累加器指令 TONF 的 IN 端，后端支路信号输出等效于时间累加器指令 TONF 的 Q 端输出，但是该指令没有 R 端。在网络 1 中，当定时器计时时间累加至预设值后，网络 2 中的 Q 端就始终处于输出状态，无法停止输出。

为使 Q 端可以停止输出，必须增加复位定时器指令（RT），见网络 3。当 I0.1 导通时，复位定位器指令使网络 1 中的时间累加器缩写指令（TONR）重置，从而置网络 2 中 “IEC_

图 13-27 时间累加器缩写指令（TONF）和复位定位器指令（RT）联合使用示例

Timer_0_DB".Q 为 0，使 Q 端停止输出。

13.2.6 加载持续时间指令

图 13-28 所示为加载持续时间指令示例。在网络 1 中，接通延时缩写指令（TON）的预设时间为 15s。在网络 2 中，加载持续时间指令（PT）的预设时间为 5s。

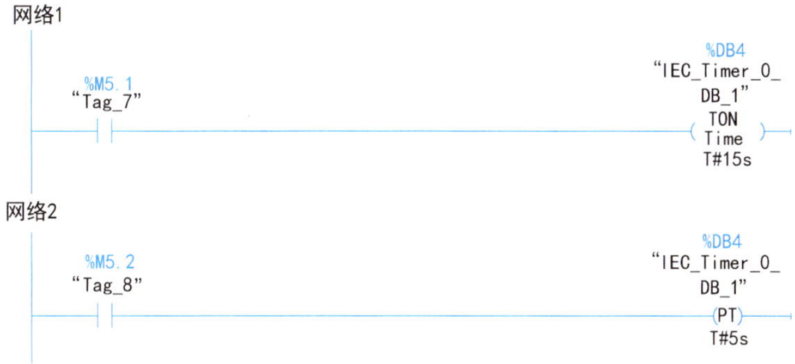

图 13-28 加载持续时间指令示例

程序的执行原理为：在网络 1 中，变量 M5.1=1、（TON）指令在上升沿时，将 15s 写入"IEC_Timer_0_DB_1" 内，此时若网络 2 中的变量 M5.2 始终为 0，则（PT）指令始终不运行，"IEC_Timer_0_DB_1" 内写入的 15s 始终不会改变，（TON）定时器按 15s 的预设时间运行。

但若 "IEC_Timer_0_DB_1" 内写入 15s，（TON）定时器按 15s 运行期间，M5.2=1，则（PT）指令立即将 5s 写入 "IEC_Timer_0_DB_1" 内，15s 被改写为 5s，于是（TON）定时器最终按 5s 的预设时间运行。

13.2.7 周期振荡电路示例

使用接通延时指令 TON 设计一个周期振荡电路，要求实现灯亮 1s，灯灭 1s 的闪烁效果。设计的程序示例如图 13-29 所示。

程序启动后，开启第一个 1s 周期。在网络 1 中，常闭触点 M2.0=1，定时器 DB8 开始

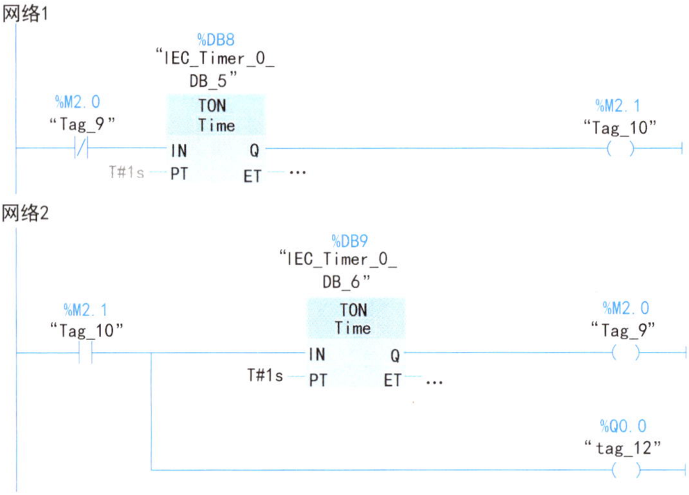

图 13-29　周期振荡电路程序示例

计时，未到达 1s 预值时，右侧的 M2.1=0。在网络 2 中，常开触点 M2.1=0，下行的输出 Q0.0=0，灯灭。定时器 DB9 无法启动，定时器 DB9 右侧 M2.0=0。

定时器 DB8 计时到达预设值 1s 后，开启第二个 1s 周期。在网络 1 中，右侧线圈 M2.1=1。在网络 2 中，常开触点 M2.1=1，Q0.0 灯亮，定时器 DB9 开始计时，定时器 DB9 计时未到达预设值 1s 时，右侧线圈 M2.0=0。

定时器 DB9 计时到达预设值 1s 后，在网络 2 中，右侧线圈 M2.0=1。在网络 1 中，常闭触点 M2.0=0，定时器 DB8 停止，右侧 M2.1=0。导致网络 2 中的常开触点 M2.1=0，下行的 Q0.0=0，灯灭。同时定时器 DB9 停止，右侧线圈 M2.0=0，又使网络 1 中的常闭触头 M2.0=1，回到第一个 1s 周期的开始状态，又开启新一轮的第一个 1s 周期。

13.3　计数器操作指令

S7-1200 PLC 使用的计数器指令图形符号如图 13-30 所示。❶为加计数器指令，❷为减计数器指令，❸为加减计数器指令。三条计数器指令的计数速率受所在组织块执行速率的限制，如果需要更高速计数，还可使用 CPU 内置的高速计数器。

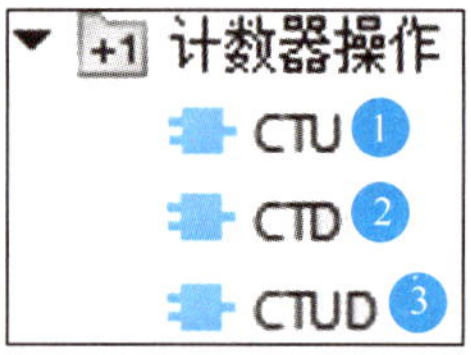

图 13-30　计数器指令图形符号

13.3.1　加计数器指令

图 13-31 所示为加计数器指令 CTU 示例及其时序图。在调用 CTU 指令时，系统自动为指令分配了一个背景数据块：IEC_Counter_0_DB，计数器指令用一个方框表示。方框内上方的“CTU”表示加计数器。在“CTU”下方有一个选定的计数的数据格式。

设置计数的数据格式的步骤如下：单击计数数据格式（❶），展开后的下拉列表框中有

“Int”（2）、“SInt”（3）、“DInt”（4）、“USint”（5）、“UInt”（6）和“UDInt”（7）等格式。这里选择“UInt”，这是一个16位的无符号整数型数据格式，值的范围为0~65535。指令的CU端连接输入信号，R端连接一个复位信号，PV端为预设计数值，CV端保存当前计数值，如果CV端的值≥PV端预设计数值，则Q=1。

CU端第一个输入信号出现时，在上升沿处，计数器加1显示在CV端，第二个输入信号出现时再加1，第三个输入信号出现时，再次加1后=PV端预设计数值3，故Q端产生输出。第四个输入信号出现时，再加1后>PV端预设计数值3，Q端保持输出。接着R端出现一个输入信号，在上升沿处，CV端恢复为0，Q端停止输出。

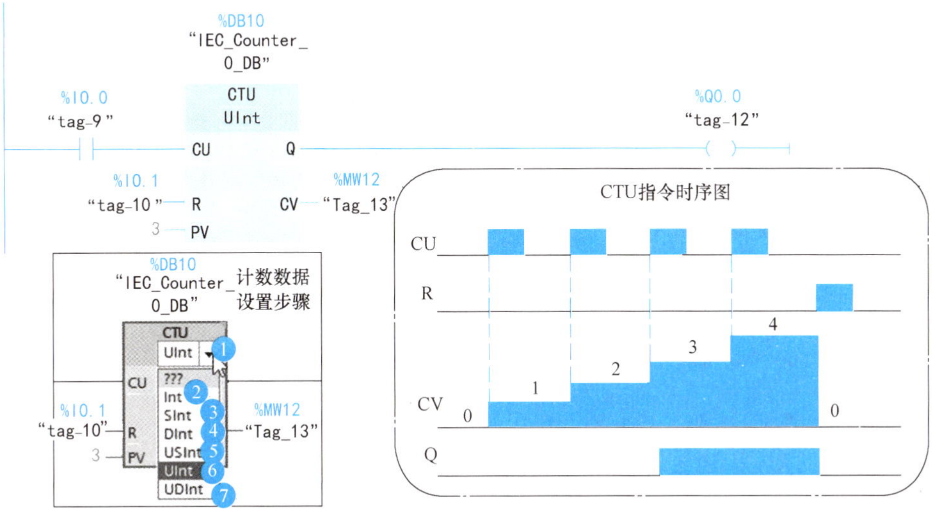

图 13-31　加计数器指令 CTU 示例及其时序图

13.3.2　减计数器指令

图13-32所示为减计数器指令CTD示例及其时序图。LD端第一个输入信号出现前，因CV端值≤0，故Q端有输出。LD端第一个输入信号出现时，在上升沿处，PV端的预设计

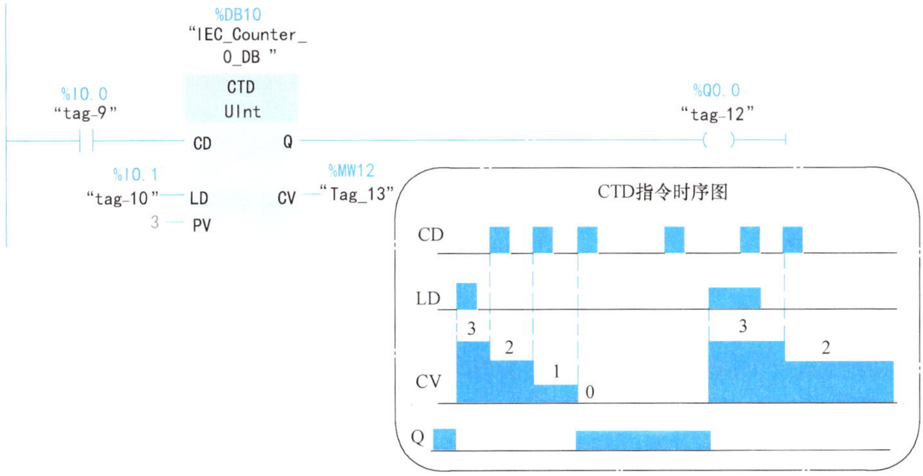

图 13-32　减计数器指令 CTD 示例及其时序图

数值 3 加载到计数器中，使 Q 端停止输出。

CD 端第一个输入信号出现时，在上升沿处，计数器减 1。CD 端第二个输入信号出现时，在上升沿处，计数器再减 1。CD 端第三个输入信号出现时，在上升沿处，计数器再次减 1，此时 CV 端值 = 0，故 Q 端产生输出并保持至下一次 CV 端值>0 为止。在 CV 端值 = 0 期间，CD 端的输入信号对计数器运行不产生影响。

LD 端第二个输入信号出现前，在上升沿处，PV 端的预设计数值 3 加载到计数器中，使 Q 端再次停止输出。在 LD 端第二个信号保持期间，CD 端出现的信号对 Q 计数器运行不产生影响。接着，CD 端第六个输入信号出现，在上升沿处，计数器减 1。

13.3.3　加减计数器指令

图 13-33 所示为加减计数器指令 CTUD 示例及其时序图。CU 端第一个输入信号产生前，因 CV 端计时值 = 0，故 QD 端产生一个输出。

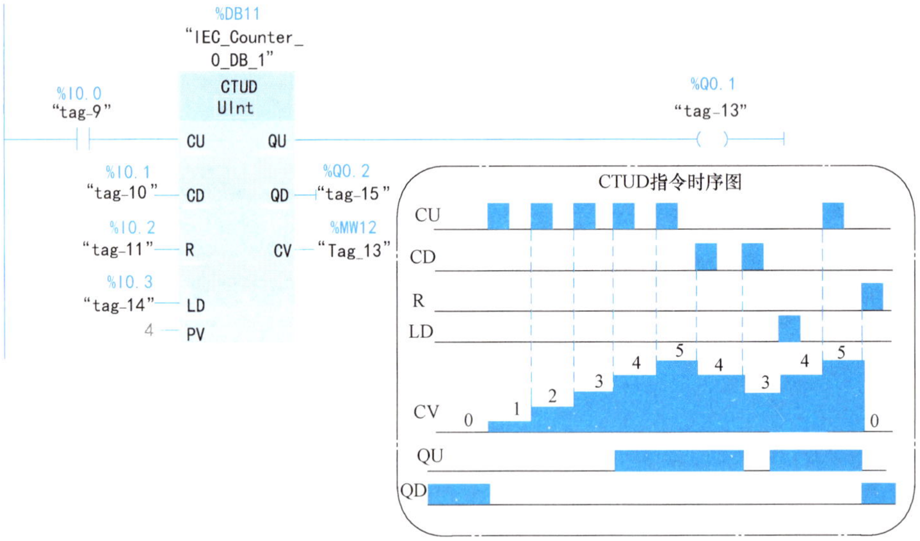

图 13-33　加减计数器指令 CTUD 示例及其时序图

CU 端第一个输入信号产生时，计数器加 1，使 CV 端计数值 = 1>0，故 QD 端停止输出。但 QD 端计数值<预设计数值 4，故 QU 端不产生输出。

CU 端第二个输入信号产生时，计数器加 1，CV 端计数值 = 2。CU 端第三个输入信号产生时，计数器加 1，CV 端计数值 = 3。CU 端第四个输入信号产生时，计数器加 1，CV 端计数值 = 4，故 QU 端产生输出。CU 端第五个输入信号产生时，计数器加 1，CV 端计数值 = 5>4，故 QU 端保持输出。

接着，CD 端第一个输入信号产生，计数器值减 1 = 4，QU 端保持输出。CD 端第二个输入信号产生，计数器值减 1 = 3<4，故 QU 端停止输出。

当 LD 端输入一个信号时，预设的计数值 4 加载到计数器中，结果使计数器值 = 4，故 QU 端再次产生输出。接着 CU 端第六个输入信号产生时，计数器加 1，CV 端计数值 = 5>4，故 QU 端保持输出。

最后，R 端输入一个信号，使计数器复位，CV 端计数值 = 0，故 QD 端再次产生输出。

13.3.4 展厅人数指示程序

一个展厅中最多可容纳 100 人同时参观。展厅的进口通道和出口通道上各装一个传感器，每当有一人进出，传感器就发出一个脉冲信号。设计的 PLC 控制程序要求：当展厅内不足 100 人时，绿灯亮，表示可以进入；当展厅满 100 人时，红灯亮，表示不准进入。

图 13-34 所示为展厅人数指示程序示例。其中 I0.0 为启动按钮，I0.1 为进口传感器，I0.2 为出口传感器，Q0.0 为绿色指示灯，Q0.1 为红色指示灯。

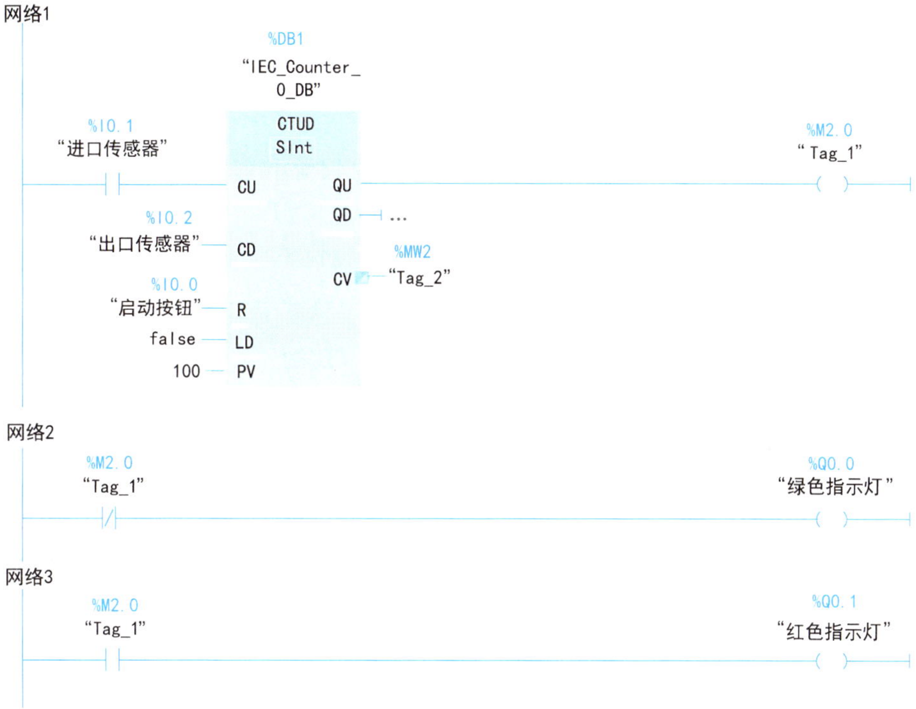

图 13-34 展厅人数指示程序示例

在网络 1 中，调用一个 CTUD 计数器，数据类型设置为 SInt，这是一个 8 位短整型数据，值范围为-128~127。CU 端连接进口传感器，监测进入展厅的人数。CD 端连接出口传感器，监测走出展厅的人数。PV 端预设计数值 100。CV 端显示展厅内的人数。LD 端和 QD 端空置。

按下启动按钮 I0.0 一次，预设计数值加载到计数器中。此时因 CV 端当前计数值<100，故 QU 端没有输出，导致网络 2 支路中的 M2.0 常闭触点接通，绿色指示灯 Q0.0 亮；网络 3 支路中的 M2.0 常开触点断开，红色指示灯 Q0.1 灭。

之后 CU 端每接入一个脉冲，表示有一人进入展厅，CTUD 计数器加 1；CD 端每接入一个脉冲，表示有一人走出展厅，CTUD 计数器减 1。但只要 CV 端当前计数值<100，QU 端就没有输出，故绿色指示灯 Q0.0 亮，红色指示灯 Q0.1 灭。

CV 端当前计数值=100 时，QU 端就会产生输出，导致网络 2 支路中的 M2.0 常闭触点断开，绿色指示灯 Q0.0 灭；网络 3 支路中的 M2.0 常开触点闭合，红色指示灯 Q0.1 亮。

13.4　其余基本指令

S7-1200 PLC 基本指令中，位逻辑运算、定时器操作和计数器操作三类指令是常用的基础性指令。除三类基础性指令之外，还有七类基本指令。在不同的控制项目中，七类基本指令的常用程度各不相同，需要 PLC 程序编写者在 S7-1200 PLC 的指令系统中查阅符合控制要求的关键性和常用性指令，进行较为深入和透彻的研究。

13.4.1　指令功能查阅

查阅指令的方法和过程如图 13-35 所示。以查阅比较操作 CMP = =指令为例，在程序编制界面右侧的指令选项栏中，展开“比较操作”，光标在 CMP = =指令图形符号（①）上停留片刻，界面中出现“等于”指令（②）的简单信息窗口。

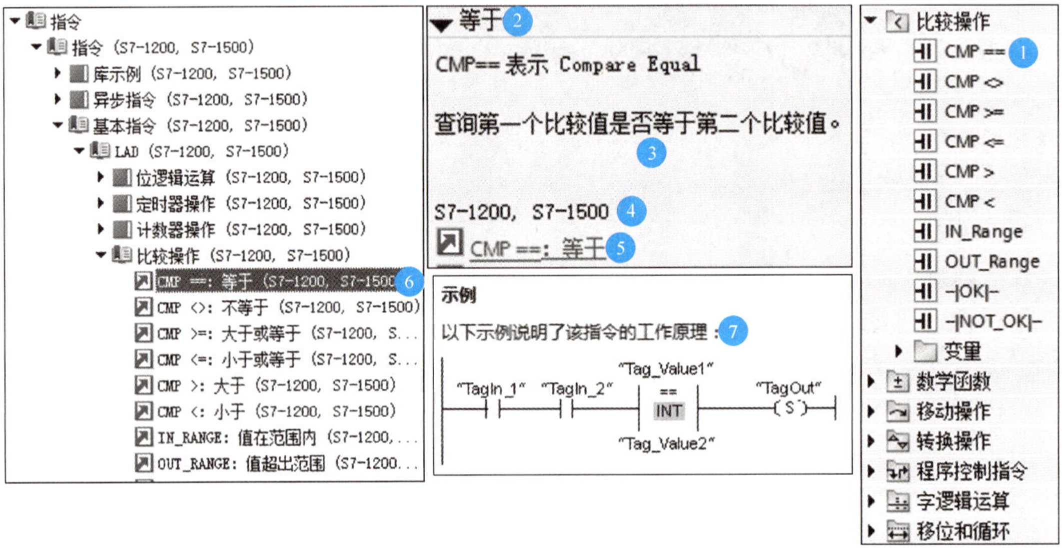

图 13-35　CMP = =指令查阅过程

简单信息窗口中说明了“等于”指令的功能（③），以及适用于 S7-1200、S7-1500（④）。若需进一步查阅更为详细的指令信息，则单击信息窗口中的“CMP = =：等于”（⑤）。

打开 TIA Tortal 信息系统，将光标并停留在“指令”→“基本指令”→“比较操作（S7-1200，S7-1500）”→“CMP = =：等于（S7-1200，S7-1500）”（⑥）上。在信息系统的右下方窗口中，对“CMP = =：等于”指令进行了详细解释，并给出了使用示例（⑦）。

13.4.2　比较操作指令

比较操作指令主要用于数值的比较以及数据类型的比较。具体指令功能见表 13-1。

表 13-1　比较操作指令功能汇总

指令	功能说明
等于:CMP = = 不等于:CMP<>	比较两个位字符串、整数、浮点数、字符串、定时器、日期和时间、Array of <数据类型>(Array 限值固定/可变)以及 Struct、Variant、ANY、PLC 数据类型。条件满足,输出 1;条件不满足,输出 0
大于或等于:CMP>= 小于或等于:CMP<= 大于:CMP>) 小于:CMP<	比较两个位字符串、整数、浮点数、字符串、定时器、日期和时间等。条件满足,输出 1;条件不满足,输出 0
值在范围内:IN_RANGE 值在范围外:OUT_RANGE	判断整数、浮点数是否在设定范围之内或之外。条件满足,输出 1;条件不满足,输出 0
检查有效性:OK 检查无效性:NOT_OK	判断浮点数是否满足 IEEE 754 关于浮点数定义的标准。条件满足,输出 1;条件不满足,输出 0
比较变量类型和变量数据类型—— 是否相等:EQ_Type 是否不相等:NE_Type	比较 Variant 类型的变量与另一个变量的数据类型(数据范围包括位字符串、整数、浮点数、定时器、日期和时间、字符串、Array、PLC 数据类型)是否相同或不同。条件满足,输出 1;条件不满足,输出 0
比较 ARRAY 元素数据类型与变量数据类型—— 是否相等:EQ_ElemType 是否不相等:NE_ElemType	比较数组的元素变量与另一变量的数据类型是否相同或不同。条件满足,输出 1;条件不满足,输出 0
检查等于指针:IS_NULL 检查不等于指针:NOT_NULL	检查变量类型为 Variant 的变量是空指针或不是空指针。条件满足,输出 1;条件不满足,输出 0
检查 ARRAY	检查变量类型为 Variant 的变量是否为数组类型。是数组输出 1,不是数组输出 0
比较 EQUAL 间接寻址 DB 的数据类型与某一种数据的类型:EQ_TypeOfDB	两个数据类型相同输出 1,不相同输出 0
比较 UNEQUAL 间接寻址 DB 的数据类型与某一种数据的类型:NE_TypeOfDB	两个数据类型不相同输出 1,相同输出 0

13.4.3　数学函数指令

数学函数指令用于实现基本的加减乘除、指数和三角函数等功能。具体指令功能见表 13-2。

表 13-2　数学函数指令功能汇总

指令	功能说明
计算:CALCULATE	用于自定义一个数学表达式(也可以使用字逻辑运算符)。表达式中不能有常数,输入输出数据类型保持一致
加:ADD,减:SUB,乘:MUL,除:DIV	计算两个整数变量、浮点数变量及两个常数之间的加减乘除
返回除法的余数:MOD	计算两个整数变量、两个常数做除法后的余数
取反:NEG	更改有符号整数输入数据、有符号浮点数输入数据的正负号
递增:INC 递减:DEC	使整数类型数据自加 1 或自减 1

（续）

指令	功能说明
计算绝对值:ABS	计算有符号的整数、有符号的浮点数及常数的绝对值
获取最小值:MIN,获取最大值:MAX	计算相同数据类型（包括整数、浮点数、DTL、DT）的变量或者常数的最小值、最大值
设置限值:LIMIT	将整数、浮点数、Time、TOD、Date、DTL、DT 数据类型的变量或者常数限定输出在设定的最小值和最大值之间
计算平方:SQR,计算平方根:SQRT	计算浮点数变量或者常数的平方、平方根
计算自然对数:LN,计算指数值:EXP	计算浮点数变量或者常数的自然对数、以自然对数 e 为底的指数值
计算正弦值:SIN,计算余弦值:COS,计算正切值:TAN	计算弧度制的浮点数变量或者弧度制的常数的正弦值、余弦值、正切值
计算反正弦值:ASIN,计算反余弦值:ACOS,计算反正切值:ATAN	计算浮点数变量或者常数的反正弦值、反余弦值或反正切值。输出角度为弧度制
返回小数:FRAC	计算浮点数变量或者常数的小数部分的值
取幂:EXPT	计算以浮点数变量为底或者以常数为底，以整数变量或者浮点数变量或者常数为指数的值

13.4.4　移动操作指令

移动操作指令主要用于各种数据的移动、相同数据的不同排列转换，以及实现 S7-1200 CPU 的间接寻址功能中的移动操作。具体指令功能见表 13-3。

表 13-3　移动操作指令功能汇总

指令	功能说明
移动值:MOVE	相同数据类型变量间的移动（不包括位和字符串类型）
取消序列化:Deserialize	将 Byte 数组在不打乱数据顺序的情况下，转换为 UDT、Struct 和 Array 等数据类型
序列化:Serialize	将 UDT、Struct、Array 等数据类型在不打乱数据顺序的情况下，转换为 Byte 数组
块移动:MOVE_BLK	将输入数组元素开始的变量，依据指定长度，连续移动到输出数组开始的变量。要求输入的数组元素和输出的数组元素的数据类型相同，且只能是基本数据类型。
移动块:MOVE_BLK_VARIANT	将输入的变量连续传送到输出的变量。通常输入输出为数组或单个变量，要求输入输出的变量或数组元素变量数据类型相同，需要指定输入和输出的起始传送位置（从 0 开始），以及传送元素的个数
不可中断的存储区移动:UMOVE_BLK	除在移动过程中不可被中断程序打断之外，其他功能与 MOVE_BLK 相同
填充块:FILL_BLK	将输入变量依据指定长度，连续填充到以输出的数组元素开始的数组中。要求输入变量和输出的数组元素数据类型相同，且只能是基本数据类型
不可中断的存储区填充:UFILL_BLK	除在填充过程中不可被中断程序打断之外，其他功能与 FILL_BLK 相同
将位序列解析为单个位:SCATTER	用于将位序列（Byte，Word，DWord）分解为 Bool 数组（8 元素，16 元素，32 元素）
将位序列 Array 的元素解析为单个位:SCATTER_BLK	将输入位序列数组元素开始的变量，依据指定长度，分解到输出 Bool 数组开始的变量

（续）

指令	功能说明
将各个位组合为位序列:GATHER	将 Bool 数组(8 元素,16 元素,32 元素)合并为位序列(Byte、Word、DWord)
将单个位合并到位序列 Array 的多个元素中:GATHER_BLK	将输入 Bool 数组元素开始的变量,依据指定长度,合并到输出位序列数组开始的变量
交换:SWAP	将 Word/Dowrd 数据类型的变量字反序后输出
读出 VARIANT 变量值:VariantGet	将变量类型为 Variant 的变量,读取到指定变量
写入 VARIANT 变量值:VariantPut	将指定变量写入到变量类型为 Variant 的变量
获取 Array 元素的数量:Count Of Elements	读取输入数组的元素数量
读取 Array 的下限:LOWER_BOUND 读取 Array 的上限:UPPER_BOUND	当 FC/FB 的参数为变长数组 Array[?]时,读取实参数指定维度的下限、上限

13.4.5 转换操作指令

转换操作指令主要用于基本数据类型的显式转换，根据转换源和目的变量确定转换双方的数据类型。具体指令功能见表 13-4。

表 13-4 转换操作指令功能汇总

指令	功能说明
转换值:CONVERT	用于基本类型数据的显式转换
取整:ROUND,浮点数向上取整:CEIL,浮点数向下取整:FLOOR,截尾取整:TRUNC	将浮点数据类型的变量或常数根据规则转换为整数或常数。对应的四个规则分别为:四舍五入、向上取整、向下取整以及截去小数
SCALE_X:缩放	将一个[0,1]区间中的小数,等比例放大或缩小到另一个区间中,然后输出另外那个区间中对应的数值
NORM_X:标准化	将指定区间中的一个数值等比例标准化到区间[0,1]中,然后输出区间[0,1]中对应的数值

13.4.6 程序控制指令

程序控制指令包含程序跳转、程序退出和错误处理等。具体指令功能见表 13-5。

表 13-5 程序控制指令功能汇总

指令	功能说明
若 RLO="1",则跳转:-(JMP) 若 RLO="0",则跳转:-(JMPN)	当跳转指令前的 RLO 值为 1 或为 0 时,程序立即跳转到指定标签的网络执行
跳转标签:LABEL	用定义跳转指令指向的网络段
定义跳转列表:JMP_LIST	根据输入变量的值,决定跳转到的标签
跳转分支指令:SWITCH	根据输入变量的值和比较条件,决定跳转到的标签
返回:--(RET)	当指令前的 RLO=1 时,结束当前执行的 OB、FC、FB 程序,并且可以设置该块的 ENO
限制和启用密码合法性:ENDIS_PW	指定是否可以为 CPU 合法化组态的密码,甚至在密码正确的情况下,也可以阻止正常连接

（续）

指令	功能说明
重置周期监视时间：RE_TRIGR	用于重新触发 CPU 的循环时间监控。根据 CPU 组态中所设置的时间，重新启动循环监视时间
退出程序：STP	用于将 CPU 设置为 STOP 模式，从而结束程序的运行。是否从 RUN 模式转换为 STOP 模式，具体取决于 CPU 的组态
获取本地错误信息：GET_ERROR	查询程序块内的错误，通常为编程错误或访问错误
获取本地错误 ID：GET_ERR_ID	查询块内发生的错误，该错误通常为访问错误
测量程序运行时间：RUNTIME	用于测量整个程序、单个块或命令序列的运行时间

13.4.7　字逻辑运算指令

字逻辑运算指令主要用于实现位序列的与、或以及异或等运算。具体指令功能见表 13-6。

表 13-6　字逻辑运算指令功能汇总

指令	功能说明
与运算：AND 或运算：OR，异或运算：XOR	用于多个位序列数据类型变量的与、或以及异或运算
求反码：INVERT	对输入 IN 的各个位的信号状态取反
解码：DECO	读取输入值作为输出值的位号，将输出值对应位号上的值置 1，其余位的值置 0，如果该指令执行成功，则使能 ENO 端的信号状态为 1，同时在 OUT 端输出置位后的值
编码：ENCO	选择输入值的最低有效位，将该位号写入到输出 OUT 对应的位
选择：SEL	根据开关（输入 G 端）的情况，选择输入 IN0 端 或 IN1 端中的一个值，复制到输出 OUT。如果输入 G 端的信号状态为 0，则移动输入 IN0 端的值。如果输入 G 端的信号状态为 1，则将输入 IN1 的值移动到输出 OUT 中
多路复用：MUX	根据输入参数的值，将多个输入值之一复制到输出
多路分用：DEMUX	将输入的内容复制到指定的输出

13.4.8　移位和循环指令

移位和循环指令主要用于实现位序列的左右移动或者循环移动等功能。具体指令功能见表 13-7。

表 13-7　移位和循环指令功能汇总

指令	功能说明
右移：SHR，左移：SHL	将位序列数据类型或整数数据类型的变量或常数右移或左移到指定位数。移出的位丢失。对于空出的位，位序列数据类型变量补 0，整数数据类型变量用符号位的信号状态填充
循环右移：ROR，循环左移：ROL	将位序列数据类型的变量或者常数右移或左移到指定位

13.4.9　其他基本指令案例

编写工程项目的 PLC 程序，需要根据控制要求，在 S7-1200 PLC 的指令系统中查阅较为合适的指令，实现较优化的程序编制。

一、单个按钮控制双灯

要求第一次按下按钮，1 号灯亮；第二次按下按钮，1 号灯和 2 号灯同时亮；第三次按下按钮，1 号灯和 2 号灯灭；第四次按下按钮回到第一次的状态，进入新一轮循环。

程序设计如图 13-36 所示。其中 I0.0 为按钮，Q0.0 为 1 号灯，Q0.1 为 2 号灯。在网络 1 中调用一个 CTU 计数器，数据类型设置为 USInt，这是一个 8 位的无符号短整型数据，其值范围为 0~255。CU 端连接常开按钮 I0.0，R 端连接一个中间变量 M2.0，PV 端预设计数值=5（任何一个大于 3 的数均可以），CV 端显示按钮计数值。

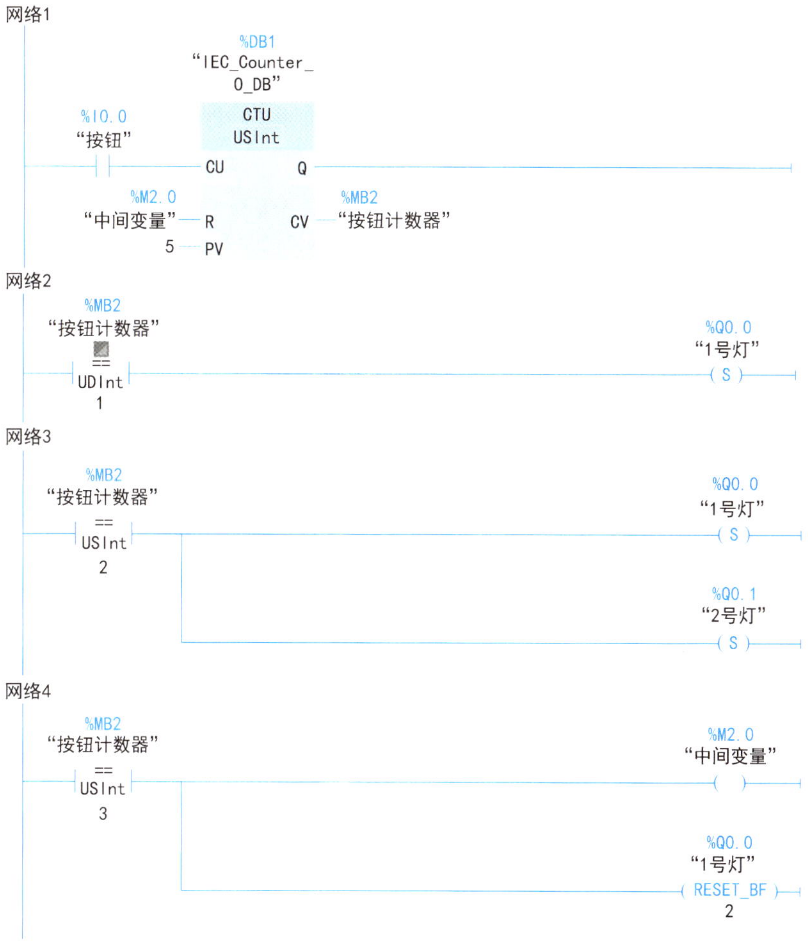

图 13-36 单个按钮控制双灯程序示例

第一次按下按钮 I0.0 时，网络 1 中的计数器执行计数，加 1=1 显示在 CV 端，Q 端产生输出。在网络 2 中调用一个比较器==，比较器的数据类型必须与计数器的数据类型保持一致。上端的操作数 MB2 即为网络 2 中计数器 CV 端的值，将其与下方的操作数 1 比较，满足等于的条件，于是产生一个输出，使 1 号灯亮。在网络 3 和网络 4 中调用的比较器==的条件均不满足，故均不产生输出，此时 2 号灯处于熄灭状态。

第二次按下按钮 I0.0 时，网络 1 中的计数器加 1=2 显示在 CV 端，Q 端保持输出。网络 2 中的比较器==条件不满足，不向 1 号灯输出。但在网络 3 中的比较器==条件满足，向

1 号灯和 2 号灯产生输出，使 1 号灯和 2 号灯同时亮。网络 4 中的比较器==的条件不满足，故均不产生输出。

第三次按下按钮 I0.0 时，只有网络 4 中的比较器==的条件满足，结果 M2.0=1，产生一个复位信号接入网络 1 中的计数器的 R 端，使计数器复位。而 RESET_BF 复位位域指令执行，使 Q0.0 和 Q0.1 两个灯熄灭。

二、模拟量变送器信号转换

S7-1200 PLC 可以处理的模拟量分为普通模拟量和特殊模拟量两类。普通模拟量包括电流（AD）、电压（VD）、功率（WD）、频率（FD）、温度（TT）、重量（LD）、位置（PT）、压力（PE）、转速（RT）和角度（AG）等，需要转换成可接收的直流模拟量电信号才能传输到几百米外的控制器或显示设备上。将被测物理量转换成可传输直流电信号的设备称为变送器。除普通模拟量之外，S7-1200 PLC 还可以处理热电阻（RTD）和热电偶（TC）两种特殊模拟量。

（一）变送器的输出电信号

变送器输出的直流电信号分为电压信号和电流信号两类。输出的电压信号有±2.5V、±5V 和±10V 三种，常用电压信号为 0~5V、0~10V 以及 1~5V。输出的电流信号有 0~20mA、4~20mA 两种。其中，4~20mA 电流传输模拟量信号具有明显优势，首先电流信号不容易受干扰，且电流源内阻无穷大，导线电阻串联在回路不影响精度，在普通双绞线上就可以传输数百米。上限取 20mA 是因为该电流的通断引起的火花能量不足以引燃瓦斯，可以防爆。下限避免取 0mA 的原因是为了检测断线。正常工作时电流不会低于 4mA，当传输线因故障断路，环路电流降为 0。常取 2mA 作为断线报警。

（二） PLC 模拟量接入线制

模拟量与 S7-1200 PLC 连接有四线制、三线和两线制三种方式。以 S7-1200 CPU 为例，其自带两路模拟量输入接口，只能接入两线制的 0~10V 电压模拟量信号，如图 13-37 所示。

变送器输出直流 0~10V 时，变送器的-端接 CPU 上的 2M 接口，+端接 CPU 上的 0 或 1 接口。当变送器输出直流 4~20mA 时，由于不能直接接到 CPU 的接口上，因此需使用一个 500Ω 的电阻，但必须注意这种方式的功率消耗，确保电阻两端外加 DC 24V 电压时，电阻功率消耗至少为 1.16W。

压力变送器是典型的输出直流 4~20mA 的两线制仪表，如图 13-38 所示。正面为测量显

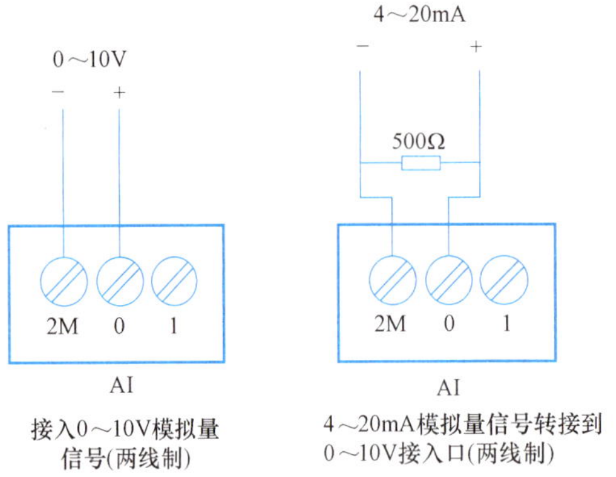

图 13-37　S7-1200 CPU 的模拟量接口

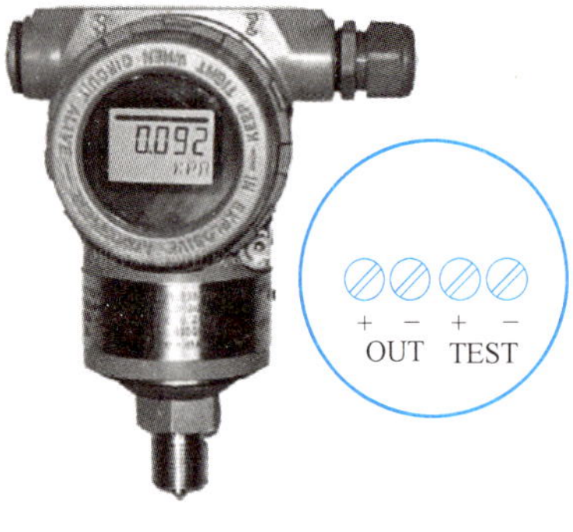

图 13-38　压力变送器

示屏，背面为接线端子，其中 TEST 端的+和–为测量压力的两个端子，用于传输变送直流电信号的是 OUT 端的+和–两个端子，两个端子既要传送 4~20mA 的信号，又要接入电源，是典型的两线制仪表。

两线制变送器与 PLC 的接线方式如图 13-39 所示。模拟量信号（AI）模块上的 L+端和变送器的+端都接到 DC 24V 的正极，模拟量信号模块上的 M、0–端都接到 DC 24V 的负极，模拟量信号模块上的 0+端和变送器的–端连接。

三线制变送器与 PLC 的接线方式如图 13-40 所示。模拟量信号（AI）模块上的 L+端和变送器的+端都接到 DC 24V 的正极，模拟量信号模块上的 M、0–端和变送器的–端都接到 DC 24V 的负极，模拟量信号模块上的 0+端和变送器的 OUT 端连接。

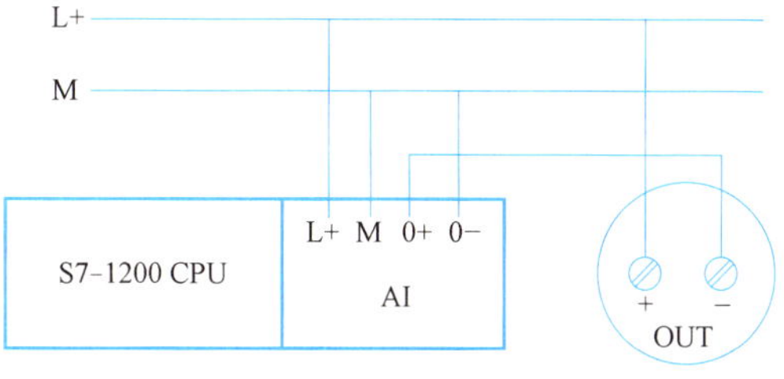

图 13-39 两线制变送器与 PLC 的接线方式

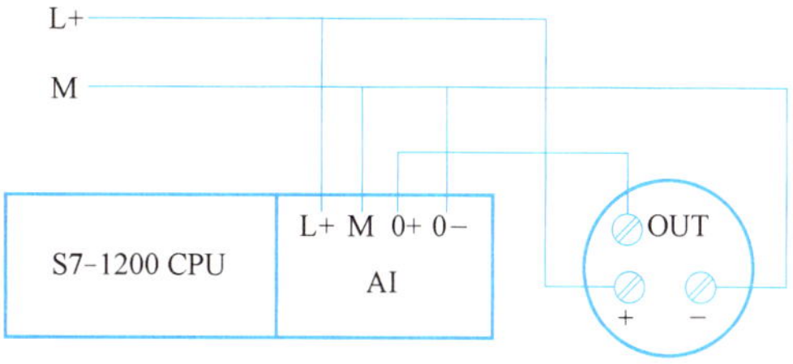

图 13-40 三线制变送器与 PLC 的接线方式

四线制变送器与 PLC 的接线方式如图 13-41 所示。模拟量信号模块上的 L+端和变送器电源的+端都接到 DC 24V 的正极，模拟量信号（AI）模块上的 M 端和变送器电源的–端都接到 DC 24V 的负极，模拟量信号模块上的 0+端和变送器的 OUT 端的+端连接，模拟量信号模块上的 0–端和变送器的 OUT 端的–端连接。

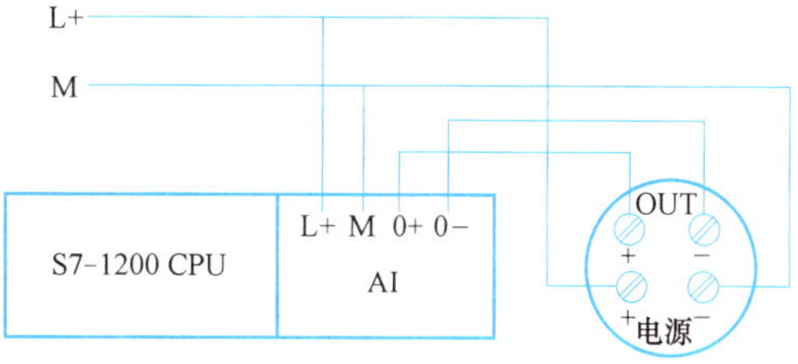

图 13-41 四线制变送器与 PLC 的接线方式

（三）CPU 模拟量输入输出

PLC 中共有数字输入量（I）、数字输出量（Q）、模拟输入量（IW）和模拟输出量（QW）。其中，PLC 中模拟量的输入和输出过程如图 13-42 所示。

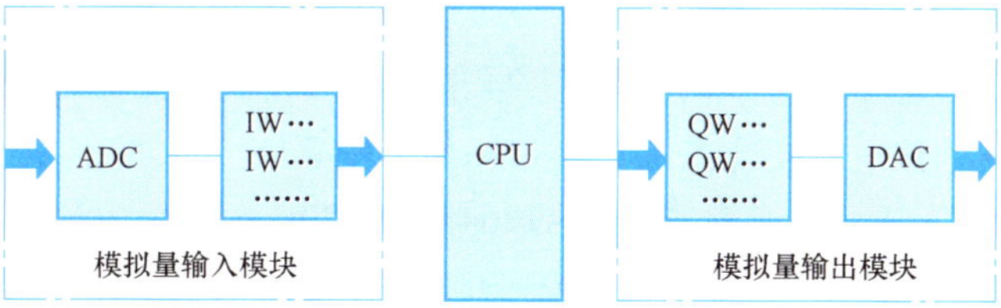

图 13-42 PLC 中模拟量的输入和输出过程

当一个模拟量从输入接口接入后，经过 PLC 模拟量输入模块的模/数转换（ADC），得到 0~27648 范围内的一个数，该数寄存在输入结果存储器（IW）中，CPU 读取结果存储器中的数据进行运算。当运算结果需要输出到模拟量输出模块，实现对模拟量输出接口上的执行器的控制时，即可输出 0~27648 范围内的一个数，寄存到输出结果存储器（QW）中，通过 PLC 模拟量输出模块的数/模转换（DAC）输出一个直流电压信号或直流电流信号，以驱动模拟量输出接口上的执行器产生控制动作。

（四）变送器输入量处理示例

以一个量程为0~10MPa的压力变送器为例，其输出信号为0~10V，即输出信号10V表示压力值10MPa。该模拟量可以直接接入S7-1200 CPU自带的模拟量通道。接入后的模拟量数据经模/数转换为0~27648的数字（数据类型为Int），寄存在地址为IW64的输入结果寄存器中。假设当前输入PLC的数值为N，N为0~27648中的一个数字，编写一段程序将N值转换成一个0~10MPa（即0~10000kPa）的压力值P。转换计算公式为$P=10000N/27648$（kPa），转换程序如图13-43所示。

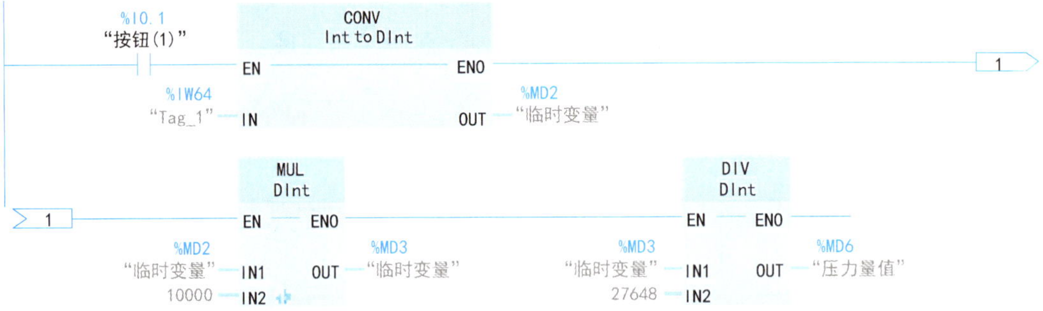

图13-43　压力变送器量值转换程序

当按下按钮I0.1时，第一步执行转换指令CONV。该指令的IN端为从模拟量模板上输入的0~27648的数值，该数值是一个16位整数数据类型（Int），值范围为-32768~32767。后续经过乘法运算后，数据存储需要32位。在PLC程序中，数据处理需要统一数据类型，故在转换指令CONV中，将数据类型转换为一个32位的双整数（DInt）数据类型，值范围为-2147483648~2147483647。转换后的数据存储于临时变量MD2中。

第二步在乘法器MUL中执行10000N的运算，乘法器MUL的IN1端输入来自转换器的临时变量，IN2为常数1000，乘法结果仍存储于临时变量MD3中（存储后将覆盖上次存储的临时数据）。

第三步在除法器DIV中执行MD3/27648的运算，运算结果即为压力量值，存储于MD6中。

三、模拟输入量的标准化和标定

模拟输入量的标准化和标定示例如图13-44所示。PLC模拟量接口接入来自电流输入型模拟量信号板的数据，该电流变化范围为4~20mA，表示0~70℃的温度值。经模/数转换后寄存在IW64中，0~20mA的数值范围为0~27648，4~20mA的数值范围为5530~27648。要求编写PLC程序，将4~20mA的模拟量在0~70℃的温度值范围中标定，并将标定值输出和显示在一个变量中。

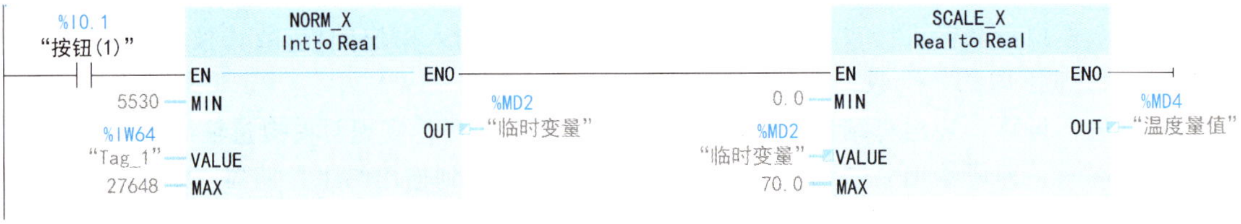

图13-44　模拟输入量的标准化和标定示例

程序实现分为两个步骤。第一步将任意一个电流的有效值范围 5530~27648 中的数标准化为 0~1 的工程值范围中的数，第二步将在 0~1 的工程值范围中的数标定为 0~70℃ 的温度值范围中的数。

当按下按钮 I0.1 时，第一步执行标准化指令 NORM_X。该指令的 MIN 端和 MAX 端设定了数据的限制范围为 5530~27648，VALUE 端从模拟量模板上的 IW64 接口中输入 5530~27648 中的一个数，该数值是一个 16 位整数数据类型（Int）。16 位整数数据的值范围为 -32768~32767。后续经过标准化后将成为一个浮点数（Real），其值范围为 -3.402823e+38~-1.175495e-38。故 NORM_X 执行 Int to Real 的数据类型转换，转换后得到一个 0~1 工程值范围中的数，存储在 MD2 中。

第二步执行 SCALE_X 指令。该指令的 MIN 端和 MAX 端设定了数据标定的范围为 0~70℃，VALUE 端接入从 NORM_X 指令输出的 MD2 的值。OUT 端输出标定后的 0~70℃ 范围的一个温度量值，存储在 MD4 中。

课余

一、如图 13-45 所示，两条运输带顺序相连，为了避免运送的物料在 1 号运输带堆积，按下起动按钮 I0.3，1 号运输带开始运行，8s 后 2 号运输带自动起动。停机的顺序与起动的顺序刚好相反，即按下停止按钮 I0.2 后，先停止 2 号运输带运行，8s 后再停止 1 号运输带运行。PLC 通过 Q1.1 和 Q0.6 控制两台电动机 M1 和 M2。

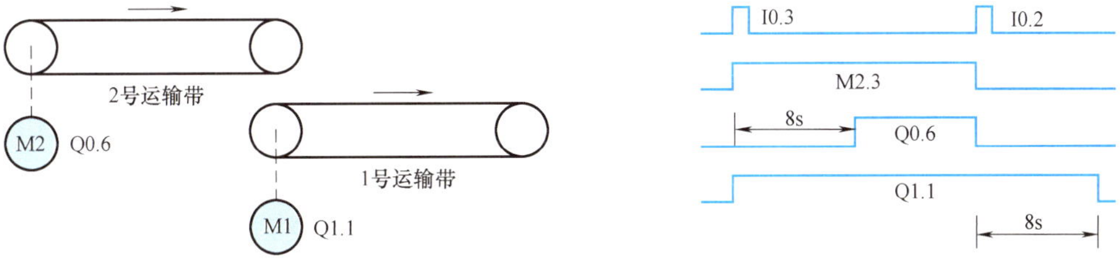

图 13-45 两条运输带运行控制

二、如图 13-46 所示，一种量程为 -100~500℃ 的温度变送器，输出信号为 4~20mA，选用模拟量输入模块，将 0~20mA 的电流信号转换为数字 0~27648。

1）选择 S7-1200 PLC 模块，完成硬件，设计外围连接线路。

2）设转换后得到的数字为 N，求以 0.1℃ 为单位的温度值，并编写温度显示值程序。

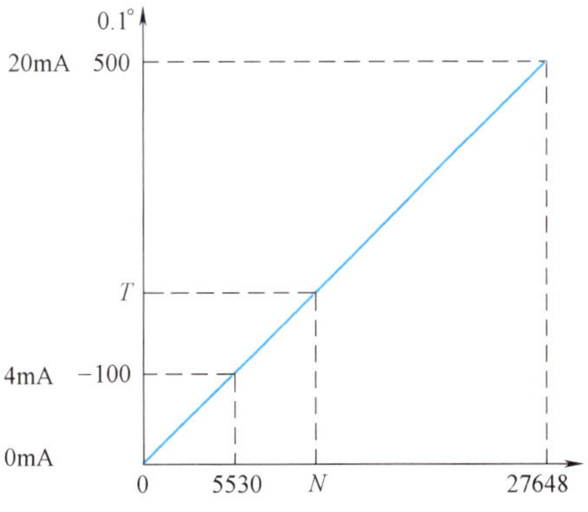

图 13-46 一种温度变送器的量程范围

第14章 CHAPTER 14 S7-1200梯形图的编制

梯形图是从继电器控制系统原理图演变来的，具有简单明了的优点。在 S7-1200 PLC 控制系统中，梯形图的编制与 PLC 硬件组态、编程规则、用户程序块和用户程序结构等密切相关。

14.1 S7-1200 硬件组态

在 S7-1200 PLC 控制系统中，CPU 上自带有若干输入接口和输出接口，但当自带的输入接口或输出接口的类型和数量不足时，需要进行硬件组态，以扩展输入接口和输出接口的类型和数量。编制梯形图时，需要建立梯形图每一个外部输入变量与 PLC 对应输入接口的联系，以及建立梯形图每一个外部输出变量和 PLC 对应输出接口的联系。同时，PLC 上每一个输入接口和每一个输出接口又必须与实际的 CPU 硬件组态结果吻合。

14.1.1 S7-1200 硬件模块

S7-1200 PLC 硬件模块主要有 CPU、信号、通信和附件四个类别。每一个类别中均有若干型号供选用。

一、CPU 模块

S7-1200 CPU 模块型号有 CPU 1211C、CPU 1212C、CPU 1214C、CPU 1215C 和 CPU 1217C 等。每一种 CPU 型号又有不同的电源电压和输入输出类型：①DC/DC/DC，电源电压范围 DC 20.4～28.8V/晶体管输入/晶体管输出；②AC/DC/Dly，电源电压范围 AC 85～264V/晶体管输入/继电器输出；③DC/DC/Rly，电源电压范围 DC 20.4～28.8V/晶体管输入/继电器输出。

二、信号模块

S7-1200 PLC 处理的信号有数字量输入（DI）、数字量输出（DQ）、模拟量输入（AI）和模拟量输出（AQ）四类。信号模块分为数字量模块和模拟量模块两类。数字量模块有数字量输入、数字量输出和数字量输入/输出三种，模拟量模块也有模拟量输入、模拟量输出和模拟量输入/输出三种。

图 14-1 为 SM 1221 DI 16×24VDC 信号模块（SM）。①为输入接口的状态指示灯，②为输出接口的状态指示灯，③为总线连接器滑动接头，在左侧和 CPU 或其他模块拼合后，用螺钉旋具子按下该滑动接头后左移，即可将该信号模块和左侧的 CPU 或其他模块组装在一起。

若扩充的接口数量较少，可选用一块信号板（SB）装到 CPU 面板上，以扩充若干个点的输入接口和输出接口。

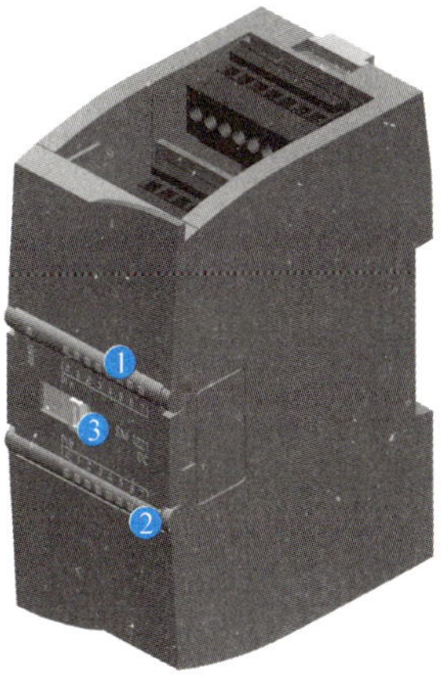

图 14-1 SM 1221 DI 16×24VDC 信号模块

（一）信号板和信号模块组态

TIA Portal 中信号板和信号模块的组态示例如图 14-2 所示。在硬件机架上已装载了一个 CPU 模块（CPU 1214C DC/DC/Rly），将信号板组态到 CPU 中。在右侧展开的硬件目录中，选择“信号板”→“DI/DQ”→“DI 2/DQ 2×DC 24V”→“6ES7 223-3BD30-0XB0”（①），将该信号板拖移到 CPU 1214C DC/DC/Rly 的信号板遮板位置（②）。

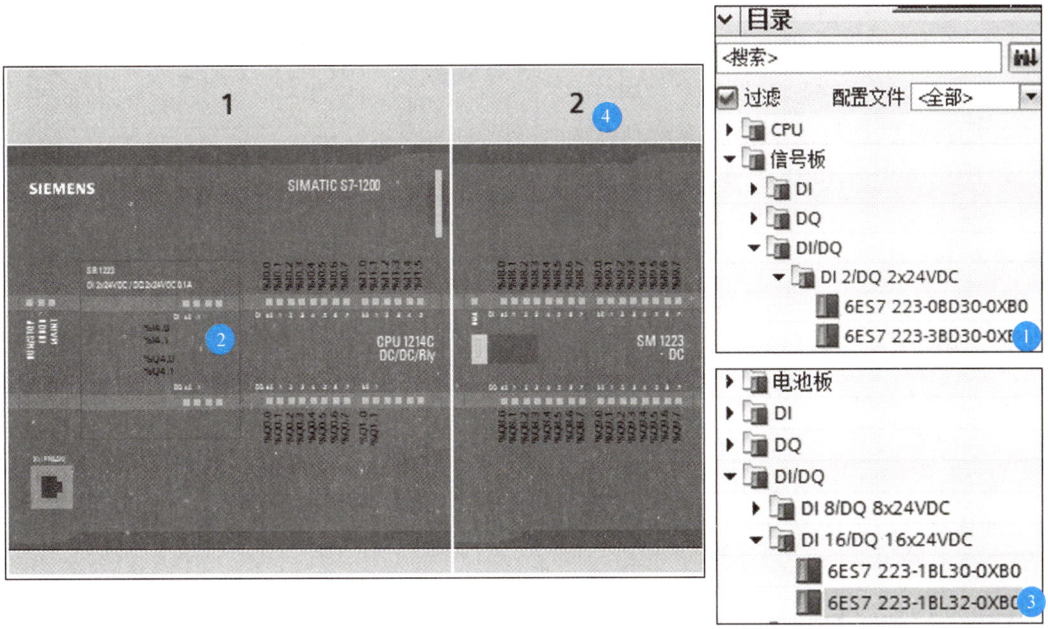

图 14-2 信号板和信号模块的组态示例

将信号模板组态到 CPU 的右侧机架位置。在右侧展开的硬件目录中，选择“DI/DQ”→“DI 16/DQ 16×24VDC”→“6ES7 223-1BL32-0XB0”（③），将该信号模块拖移到 CPU 1214C DC/DC/Rly 右侧的机架的 2 号槽位位置（④）。

（二）信号板和信号模块信息

组态完成后，查阅信号板信息和设置 I/O 地址的方法如图 14-3 所示。在设备视图中选择 CPU 模块上的信号板，在设备视图下方的信息窗口中，打开“常规”选项卡（①），选择“常规”（②），右侧调出信号板信息。常规信息-名称信息为“DI 2/DQ 2×DC 24V_1”，目录信息-短名称信息为“DI 2/DQ 2 信号板”，描述信息为“信号板 DI 2×DC 24V 漏型/源型和 DQ 2×DC 24V；可组态输入延时，插入式端子排；对 CPU 1211C 和 1212C；允许使用一个附加的 HSC”。订货号信息为“6ES7 223-0BD30-0XB0”。

单击“I/O 地址”（③），在右侧输入地址信息栏中，设置起始地址为“2”（④），结束地址自动变换为“2”。在输出地址信息栏中，设置起始地址为“2”（⑤），结束地址自动变换为“2”。即组态到 CPU 模块上的信号板的 2 个输入接口的地址为 I2.0 和 I2.1，2 个输出地址接口的地址为 Q2.0 和 Q2.1。

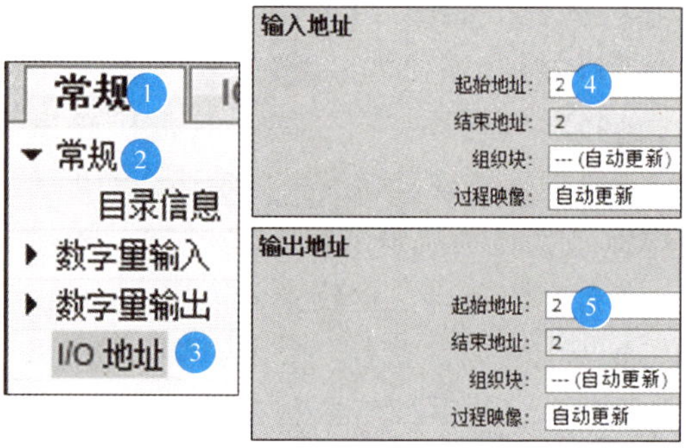

图 14-3　信号板信息查阅和 I/O 地址设置

类似的方法可查阅信号模块信息和设置 I/O 地址的方法如图 14-4 所示。在设备视图中选择 2 号槽位上的信号模块，在设备视图下方的信息窗口中，打开“常规”选项卡（⑥），选择“常规”（⑦），右侧调出信号模块信息。常规信息-项目信息为“DI 16/DQ 16×DC 24V_1”，目录信息-短名称信息为“SM 1223 DI 16/DQ 16×DC 24V”，描述信息为“数字量输入/输出模块 DI 16×DC 24V 漏型/源型及 DQ 16×DC 24V；可组态输入延时；插入式端子块”。订货号信息为“6ES7 223-1BL32-0XB0”。

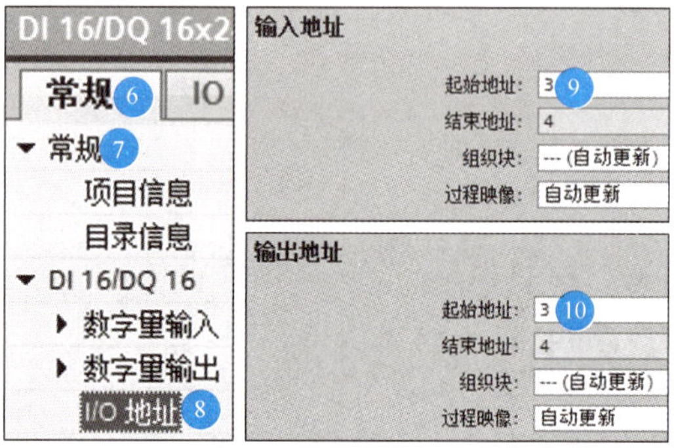

图 14-4　信号模块信息查阅和 I/O 地址设置

单击“I/O 地址”（⑧），在右侧输入地址信息栏中，设置起始地址为“3”（⑨），结束地址自动变换为“4”。在输出地址信息栏中，设置起始地址为“3”（⑩），结束地址自动变换为“4”。即信号模块有 16 个输入接口，地址分别为 I3.0~I3.7，I4.0~I4.7；有 16 个输出地址接口，地址分别为 Q3.0~Q3.7，Q4.0~Q4.7。

三、通信模块

S7-1200 PLC CPU 本身集成的 PROFINET 接口可用于编程、HMI 通信和 PLC 间的通信，另外还可在 CPU 的左侧扩展三个通信模块（CM）或通信处理器（CP）。

通信模块可以使 CPU 支持 PROFIBUS、RS485/422、RS232（适用于 PtP、Modbus、USS）和 AS-i 主站。通信处理器可以提供其他通信功能，如通过 GPRS、LTE、IEC、DNP3 或 WDC 网络连接到 CPU。各类通信模块和通信处理器如图 14-5 所示。

（一） PROFIBUS

S7-1200 PLC 可通过 CM 1234-5 通信模块作为主站连接到 PROFIBUS 网络。CM 1234-5 模块作为 DP 主站，可作为 DP V0/V1 从站的通信对象；也可以通过 CM 1242-5 通信模块，成为从站，连接到 PROFIBUS 网络。CM 1242-5 模块作为从站，可成为 DP V0/V1 主站的通信对象。PROFIBUS DP 从站、PROFIBUS DP 主站、AS-i（左侧三个通信模块），以及 PRO-

FIBUS 均采用单独的通信网络，不会相互制约。

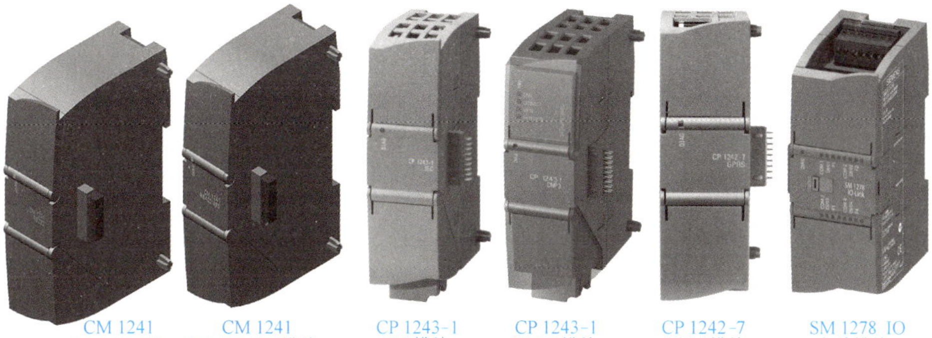

图 14-5　各类通信模板和通信处理器

（二）RS232、RS422 和 RS485

通信模块 CM 1241 RS232、CM1241 RS485/422 和通信板 CB 1241 RS485 提供了 PtP 的接口，最多可以连接 3 个 CM（类型不限）外加 1 个 CB，总计可提供 4 个通信接口。

四、附件

S7-1200 PLC 附件主要有电池板、扩展电缆、电源模块、输入仿真器、存储卡和电位器模块等。

（一）电池板

电池板用于在 CPU 断电后长期保持实时时钟。它可插入 S7-1200 CPU 本体正面的插槽中，但必须将之添加到设备组态中，并将硬件配置下载到 CPU 后，电池板才能正常工作。电池（型号 CR1025）不随电池板提供，需由用户另行购买。

（二）扩展电缆

S7-1200 CPU 提供一根长 2m 的扩展电缆，用于连接安装在扩展机架上的 I/O 模块。一个 S7-1200 CPU 最多使用一根扩展电缆。

（三）电源模块

电源模块（PM 1207）输入 AC 120V/230V，输出 DC 24V/2.5A，用于补充 S7-1200 PLC CPU 模块本身电流供应不足，同时具备过高电压保护功能，保护 S7-1200 PLC CPU 模块。实物如图 14-6 所示。

图 14-6　电源模块（PM 1207）

（四）输入仿真器

输入仿真器（SIM 1274）用于程序编写阶段调试 S7-1200 PLC 系统程序，可模拟数字量及模拟量输入。实物如图 14-7 所示。

（五）存储卡

S7-1200 CPU 使用的存储卡为 SD 卡，容量为 4MB ~ 32GB，实物如图 14-8 所示。

SD 存储卡的功能为：①用作程序卡，可以将用户文件存储于程序卡中，而不存储于 CPU 中，一旦拔出存储卡，项目就无法运行；②用作传送卡，作为向多个 S7-1200 CPU 传送项目文

图 14-7　输入仿真器（SIM 1274）

件的介质；③用于更新 S7-1200 CPU 的固件版本；④存储跟踪（Trace）测量结果；⑤在忘记 CPU 密码的场合，可用作清除 CPU 内容的项目文件和密码，将 CPU 重置为出厂设置状态。

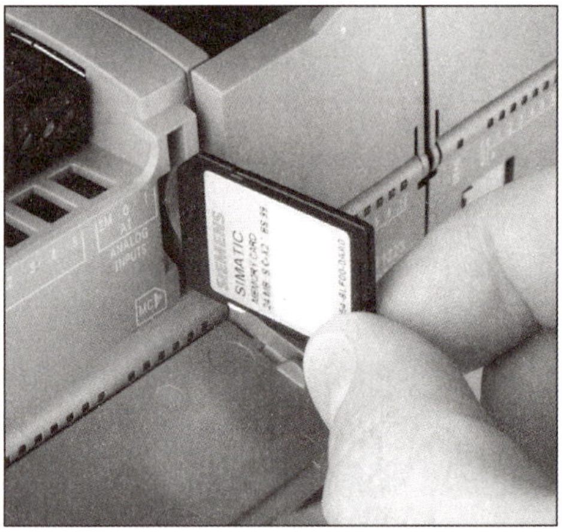

图 14-8　SD 存储卡装入 CPU

（六）电位器模块

电位器模块按照正比于电位器位置的关系输出电压，为两个 CPU 模拟量输入提供 DC 0~10V 的驱动电压。顺时针旋转电位器（向右）将增大电压输出，逆时针旋转（向左）将减小电压输出。

14.1.2　S7-1200 扩展配置

S7-1200 PLC 的扩展配置由 S7-1200 PLC 的基本单元和 S7-1200 PLC 的扩展模块组成。如图 14-9 所示的 S7-1200 PLC 扩展配置示例中，❶为 CP1242-7 GPRS 模块，❷为 CM 1241 RS485 模块，❸为 CM 1243-5PROFIBUS DP-MASTER 模块，❹为 CPU 1214C DC/DC/Rly 模块，❺为 SM 1223 DC/DC 模块，❻为 SM 1223 DC/Rly 模块。

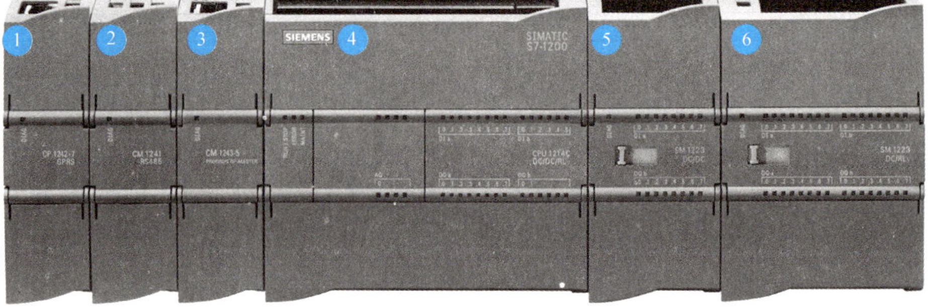

图 14-9　S7-1200 PLC 扩展配置示例

一、本体最大 I/O 能力

S7-1200 CPU 本体最大 I/O 能力取决于四个因素：①CPU 输入/输出过程映像区的大小；②CPU 本体的 I/O 点数，当本体的 I/O 不能满足使用要求时，可以通过 PROFINET 或者 PROFIBUS 网络连接分布式 I/O 方式扩展；③CPU 带扩展模块的数目，见表 14-1；④CPU 的 DC 5V 总线电源容量能否满足所有扩展模块的需要，CPU 通过总线为扩展模块提供 DC 5V 的电源，不能扩展，所有扩展模块的 DC 5V 电流消耗总量不能超过该 DC 5V 电源提供的电流额定值。

表 14-1　S7-1200 CPU 技术参数

<table>
<tr><th colspan="2">CPU 型号</th><th>CPU 1211C</th><th>CPU 1212C</th><th>CPU 1214C</th><th>CPU 1215C</th><th>CPU 1217C</th></tr>
<tr><td colspan="2">物理尺寸(长×宽×高)/mm</td><td colspan="2">90×100×75</td><td>110×100×75</td><td>130×100×75</td><td>150×100×75</td></tr>
<tr><td colspan="2">类型</td><td colspan="4">DC/DC/DC,AC/DC/Rly,DC/DC/Rly</td><td>DC/DC/DC</td></tr>
<tr><td rowspan="3">用户存储器</td><td>工作</td><td>50KB</td><td>75KB</td><td>100KB</td><td>125KB</td><td>150KB</td></tr>
<tr><td>负载</td><td colspan="2">1MB</td><td colspan="3">4MB</td></tr>
<tr><td>保持性</td><td colspan="5">10KB</td></tr>
<tr><td rowspan="2">本体 I/O</td><td>数字量</td><td>6 点输入/4 点输出</td><td>8 点输入/6 点输出</td><td colspan="3">14 点输入/10 点输出</td></tr>
<tr><td>模拟量</td><td colspan="3">2 点输入</td><td colspan="2">2 点输入/2 点输出</td></tr>
<tr><td rowspan="2">过程映像大小</td><td>输入(I)</td><td colspan="5">1024B</td></tr>
<tr><td>输出(Q)</td><td colspan="5">1024B</td></tr>
<tr><td colspan="2">位存储器(M)</td><td colspan="2">4096B</td><td colspan="3">8192B</td></tr>
<tr><td colspan="2">信号模块(SM)扩展</td><td>无</td><td>2</td><td colspan="3">8</td></tr>
<tr><td colspan="2">信号板(SB)、电池板(BB)或通信板(CB)</td><td colspan="5">1</td></tr>
<tr><td colspan="2">通信模块(CM)(左侧扩展)</td><td colspan="5">3</td></tr>
<tr><td rowspan="5">高速计数器</td><td>总计</td><td colspan="5">最多可组态 6 个使用任意内置或 SB 输入的高速计数器</td></tr>
<tr><td>1MHz</td><td colspan="4"></td><td>Ib. 2~Ib. 5</td></tr>
<tr><td>100/80kHz</td><td colspan="5">Ia. 0~Ia. 5</td></tr>
<tr><td>30/20kHz</td><td></td><td>Ia. 6~Ia. 7</td><td colspan="2">Ia. 6~Ib. 5</td><td>Ia. 6~Ib. 1</td></tr>
<tr><td>200kHz</td><td colspan="5"></td></tr>
<tr><td rowspan="4">脉冲输出</td><td>总计</td><td colspan="5">最多可组态 4 个使用任意内置或 SB 输出的脉冲输出</td></tr>
<tr><td>1MHz</td><td colspan="4">—</td><td>Qa. 0~Qa. 3</td></tr>
<tr><td>100kHz</td><td colspan="4">Qa. 0~Qa. 3</td><td>Qa. 4~Qb. 1</td></tr>
<tr><td>20kHz</td><td></td><td>Qa. 4~Qa. 5</td><td colspan="2">Qa. 4~Qb. 1</td><td>—</td></tr>
<tr><td colspan="2">存储卡</td><td colspan="5">SIMATIC 存储卡(选件)</td></tr>
<tr><td rowspan="2">数据日志</td><td>数量</td><td colspan="5">每次最多打开 8 个</td></tr>
<tr><td>大小</td><td colspan="5">每个数据日志为 500MB 或受最大可用装载存储器容量限制</td></tr>
<tr><td colspan="2">实时时钟保持时间</td><td colspan="5">通常为 20 天,40℃ 时最少为 12 天(免维护超级电容)</td></tr>
<tr><td colspan="2">PROFINET 以太网通信端口</td><td colspan="3">1</td><td colspan="2">2</td></tr>
<tr><td colspan="2">实数数学运算执行速度</td><td colspan="5">2.3μs/指令</td></tr>
<tr><td colspan="2">布尔运算执行速度</td><td colspan="5">0.08μs/指令</td></tr>
</table>

二、扩展配置电源计算

如果扩展模块供电要求超过了 CPU 模块的 DC 24V 电源的额定电流值，需要考虑用外部 DC 24V 电源进行供电。硬件组态完成后，需进行电源供给计算。

（一）模块电源供给和消耗

S7-1200 CPU 的供电能力及本体数字量消耗的电流见表 14-2。S7-1200 数字扩展模块所消耗的电流见表 14-3。S7-1200 模拟扩展模块所消耗的电流见表 14-4。S7-1200 信号板所消耗的电流见表 14-5。S7-1200 通信模块所消耗的电流见表 14-6。

表 14-2　S7-1200 CPU 的供电能力及本体数字量消耗的电流

CPU 型号	电流供应/mA		CPU 数字量电流消耗/mA	
	DC 5V	DC 24V	DC 5V	DC 24V
CPU 1211C	750	300	—	4(每点输入)
CPU 1212C	1000	300		
CPU 1214C	1600	400		
CPU 1215C	1600	400		
CPU 1217C	1600	400		

表 14-3　S7-1200 数字扩展模块所消耗的电流

数字扩展模块型号	订货号	电流消耗/mA	
		DC 5V	DC 24V
SM 1221 8×DC 24V 输入	6ES7 221-1BF32-0XB0	105	4(每点输入)
SM 1221 16×DC 24V 输入	6ES7 221-1BH32-0XB0	130	4(每点输入)
SM 1222 8×DC 24V 输出	6ES7 222-1BF32-0XB0	120	
SM 1222 16×DC 24V 输出	6ES7 222-1BH32-0XB0	140	
SM 1222 8×继电器输出	6ES7 222-1HF32-0XB0	120	11(每点输出)
SM 1222 16×继电器输出	6ES7 222-1HH32-0XB0	135	11(每点输出)
SM 1223 8×DC 24V 输入/8×DC 24V 输出	6ES7 223-1BH32-0XB0	145	4(每点输入)
SM 1223 16×DC 24V 输入/16×DC 24V 输出	6ES7 223-1BL32-0XB0	185	4(每点输入)
SM 1223 8×DC 24V 输入/8×继电器输出	6ES7 223-1PH32-0XB0	145	4(每点输入) 11(每点输出)
SM 1223 16×DC 24V 输入/16×继电器输出	6ES7 223-1PL32-0XB0	180	4(每点输入) 11(每点输出)

表 14-4　S7-1200 模拟扩展模块所消耗的电流

模拟扩展模块型号	订货号	电流消耗/mA	
		DC 5V	DC 2V
SM 1231 4×模拟量输入	6ES7 231-4HD32-0XB0	80	45
SM 1231 8×模拟量输入	6ES7 231-4HF32-0XB0	90	45
SM 1232 2×模拟量输出	6ES7 232-4HB32-0XB0	80	45(无负载)
SM 1232 4×模拟量输出	6ES7 232-4HD32-0XB0	80	45(无负载)
SM 1234 4×模拟量输入/2×模拟量输出	6ES7 234-4HE32-0XB0	80	60(无负载)
SM 1231 4×TC 模拟量输入	6ES7 231-5QD32-0XB0	80	40
SM 1231 4×RTD 模拟量输入	6ES7 231-5PD32-0XB0	80	40

表 14-5 S7-1200 信号板所消耗的电流

信号板型号	订货号	电流消耗/mA	
		DC 5V	DC 24V
SB 1223 2×DC 24V 输入/2×DC 24V 输出	6ES7 223-0BD32-0XB0	50	4(每点输入)
SB 1232 1 路模拟量输出	6ES7 232-4HA32-0XB0	15	40(无负载)
SB 1221,200kHz 4×DC 5V 输入	6ES7 221-3AD32-0XB0	40	15(每点输入)+15
SB 1222,200kHz 4×DC 5V 输出	6ES7 222-1AD32-0XB0	35	15
SB 1223,200kHz 2×DC 5V 输入/2×DC 5V 输出	6ES7 223-3AD32-0XB0	35	15(每点输入)+15
SB 1221,200kHz 4×DC 24V 输入	6ES7 221-3BD32-0XB0	40	7(每点输入)+20
SB 1222,200kHz 4×DC 24V 输出	6ES7 222-1BD32-0XB0	35	15
SB 1223,200kHz 2×DC 24V 输入/2×DC 24V 输出	6ES7 223-3BD32-0XB0	35	7(每点输入)+30

表 14-6 S7-1200 通信模块所消耗的电流

通信模块型号	订货号	电流消耗/mA	
		DC 5V	DC 24V
CM 1241 RS232	6ES7 241-1AH32-0XB0	200	—
CM 1241 RS422/485	6ES7 241-1CH32-0XB0	220	—

(二)组态的电源计算示例

S7-1200 PLC 组态配置了 CPU 1214C AC/DC/继电器型、1×SM 1231 4×13 位模拟量输入、3×SM 1223 8 DI 输入/8 继电器输出和 1×SM 1221 8DI 输入，一共有 46 点输入和 34 点输出。由表 14-2 可计算得出各模块的电源供给和电流消耗，见表 14-7。

表 14-7 S7-1200 PLC 电源供给和电流消耗

CPU 电源计算	DC 5V	DC 24V
供给:CPU 1214C AC/DC/Rly	1600mA	400mA
电流消耗:CPU 1214C,14 点输入	0mA	14×4mA = 56mA
电流消耗:1×SM 1231	1×80mA = 80mA	1×45mA = 45mA
电流消耗:3×SM 1223	3×145mA = 435mA	3×8×4mA = 96mA
		3×8×11mA = 264mA
电流消耗:1×SM 1221	1×105mA = 105mA	8×4mA = 32mA
总消耗	(80+435+105)mA = 620mA	(56+45+96+264+32)mA = 493mA
电流盈余	(1600−620)mA = 980mA	(400−493)mA = −93mA

计算结果表明，CPU 供给的 DC 5V 电源，供给额定电流值 1600mA>电流总消耗 620mA，盈余 980mA。CPU 供给的 DC 24V 电源，供给额定电流值 400mA<电流总消耗 493mA，差额 93mA。故需要外部 DC 24V 电源对扩展模块进行供电。

14.2 梯形图编制方法

梯形图是一种将 CPU 内部等效成由内部继电器的线圈、常开触点、常闭触点或指令盒等内部控制元件组成的等效控制回路。梯形图的执行方式是“自上而下、由左至右、循环往复、顺序执行”。梯形图执行方式与继电器控制回路的执行方式存在差别，有时会产生两者在执行结果方面存在差异。

如图 14-10 所示，左侧的继电器控制回路中，线圈 KM1 与线圈 KM2 均接通，因线圈 KM2 接通，导致常闭触点 KM2 断开，但常闭触点从闭合到断开有一个时间延迟，故执行结果是线圈 KM1 和 KM2 同时通电，随后 KM1 断电。在右侧的梯形图中，先执行第一行，即 I0.0 接通，线圈 Q0.0 接通，然后执行第二行，Q0.1 接通，完成第一次扫描；进入第二次扫描后，线圈 Q0.0 因常闭触点 Q0.1 断开而断开，而 Q0.1 接通，执行结果是 Q0.0 和 Q0.1 同时通电，随即 Q0.0 保持断开。继电器控制回路与梯形图执行结果相同。

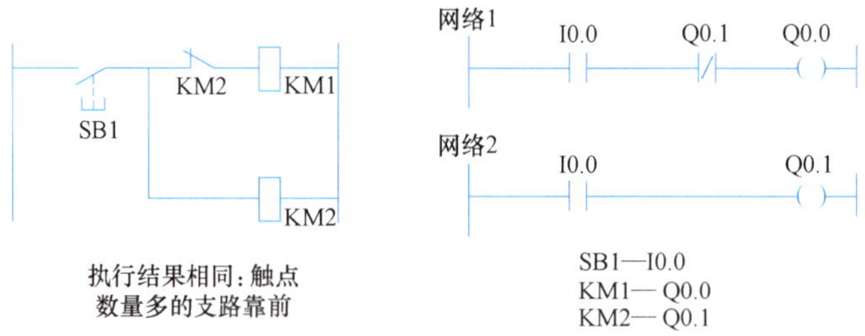

图 14-10 继电器控制回路执行方式与梯形图执行方式比较（一）

如图 14-11 所示，左侧的继电器控制回路，线圈 KM1 与线圈 KM2 均接通，然后 KM1 断开。执行结果是线圈 KM1 和 KM2 同时接通，随后 KM1 断开。而右侧的梯形图中，先执行第一行，触点 I0.0 接通，线圈 Q0.1 接通，然后执行第二行，因常闭触点 Q0.1 断开，线圈 Q0.0 不能接通。执行结果是 Q0.1 接通，Q0.1 始终断开。继电器控制回路与梯形图执行结果不同。

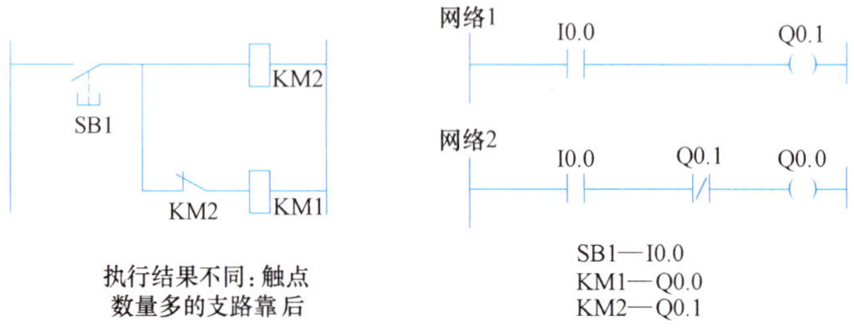

图 14-11 继电器控制回路执行方式与梯形图执行方式比较（二）

14.2.1 内部控制元件特性

CPU 内部控制元件在梯形图中的逻辑功能与继电器中线圈、常开触点和常闭触点等控制元件在继电器控制回路中的逻辑功能等效，但两者在结构和动作原理等方面存在差异。

一、物理结构不同

CPU 梯形图中的线圈、触点等在物理意义上只是 CPU 内部输入寄存器或输出存储器中的一个存储位。继电器控制元件则是一个真实的物理结构。

二、通断机理不同

CPU 内部控制元件的通断机理是，控制元件对应的存储位被 CPU 赋值为 1，该控制元件等效为通状态，若该存储位赋值为 0，则该控制元件等效为断状态。

继电器控制元件通状态是一对触点发生实际接触的结果，断状态是一对触点实际脱离接触的结果。

三、通断切换不同

CPU 内部控制元件的通断切换过程是 CPU 对存储位状态数据的赋值过程。若对常开触点对应的存储位数据赋值 1，即完成从断到通的状态切换。同理，对常闭触点对应的存储位数据赋值 0，完成从通到断的状态切换。切换过程用时仅为几微秒。

继电器控制元件进行通断切换是一个物理触点由脱离接触到完全接触，或者由完全接触到脱离接触的过程，这种物理性的通断切换必定有时间延迟，一般需用时 0.1~1s。

四、触点数量不同

CPU 从输入继电器 I0.0 相应的存储位中取出了位数据 0，将之存入另一个存储器中的一个存储位，被存入的存储位就成了受 I0.0 继电器控制的一个常开触点，被存入的数据为 0；如在取出位数据 0 之后先进行取反操作，再存入一个存储器的一个存储位，则该存储位就成了受继电器 I0.0 控制的一个常闭触点，该位存入的数据为 1。由于 CPU 内部有足够多的存储器，使得位数据转移操作和赋值可以无限次进行，而每进行一次操作，就可产生一个梯形图中的继电器受控触点。由此可见，梯形图中内部控制元件可以无限次反复使用。

而在一个实体继电器或接触器中，常开触点、常闭触点和线圈的数量是有限的。如一个 NC1-0910 交流接触器，仅有一对常开触点和一个控制线圈。

14.2.2 梯形图的编制规则

梯形图的编制规则是最为重要的经验归纳，已成为 PLC 应用领域共同的规范。

一、程序行的规则

梯形图应按自上而下、从左至右的顺序绘制。每一行的画法规则是从左母线开始，经过各种触点的逻辑连接，最后以线圈或指令盒结束于右母线。每一行的画法规则还包括如下三个要点：

1）线圈不能直接接在左母线上，如果确有需要，可通过特殊的中间继电器（如常 ON 特殊中间继电器 SM0.0）将线圈与左母线隔开，如图 14-12 所示。

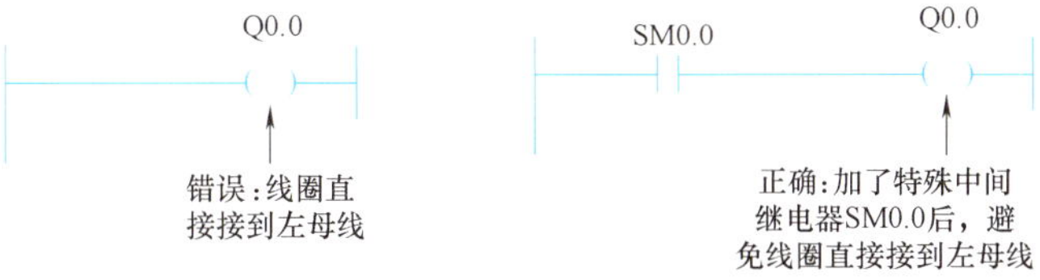

图 14-12 线圈接到左母线的错例和修改

2）触点、比较指令、升沿检测指令和降沿检测指令等均不能直接接在右母线上。

3）线圈必须接在右母线上。如图 14-13 所示，左图的错误在于线圈 Q0.0 没有接在右母线上，以及常开触点 I0.1 直接接到了右母线上。右图通过调换线圈 Q0.0 和常开触点 I0.1，纠正了错误。

二、元件次数规则

元件次数规则有如下三个要点：

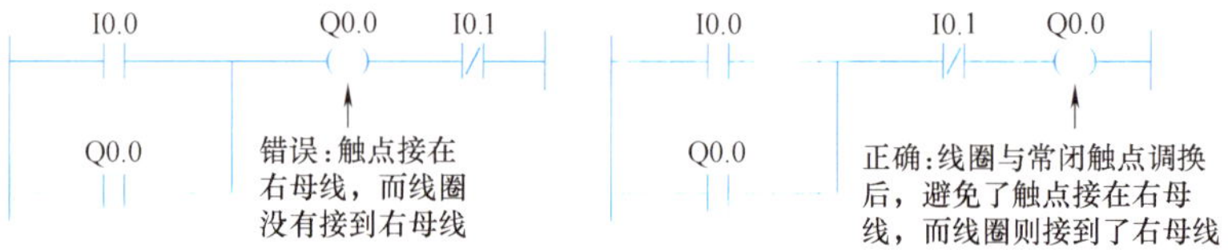

图 14-13 线圈没有接到右母线和触点接到右母线的错例和修改

1）根据 CPU 内部控制元件的物理结构，梯形图中的常开触点、常闭触点、定时器和计数器等在梯形图中不限使用次数，可重复使用。

2）相同操作数的输出线圈在一个程序中使用 2 次及以上时，称为双线圈输出，如图 14-14 所示。双线圈输出容易引起逻辑混乱，引发误动作，需避免使用。

3）不同操作数的线圈可以并联输出，三个线圈并联输出示例如图 14-15 所示。

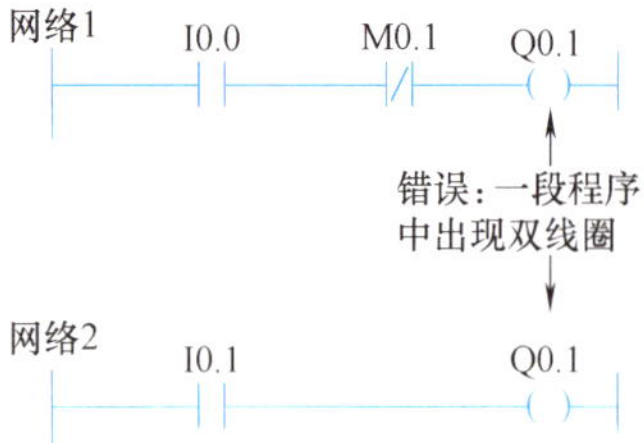

图 14-14 双线圈输出错例

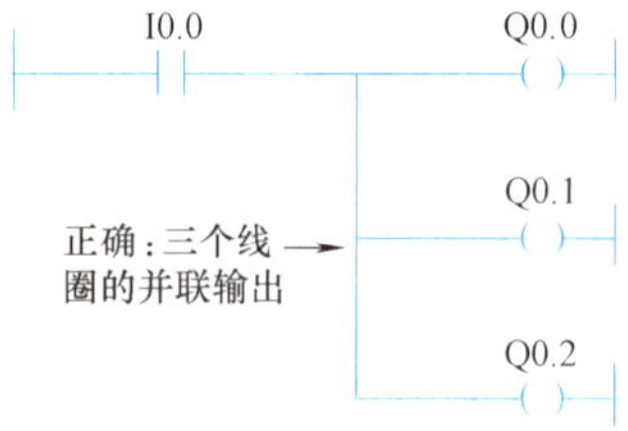

图 14-15 三个线圈并联输出示例

三、分支判断规则

梯形图中的分支导致梯形图逻辑难以理解，甚至出现触点无法工作的错误。以图 14-16 为例，对于存在分支的梯形图，需要理解单向顺行、单向逆行和双向冲突三个通路的机理。

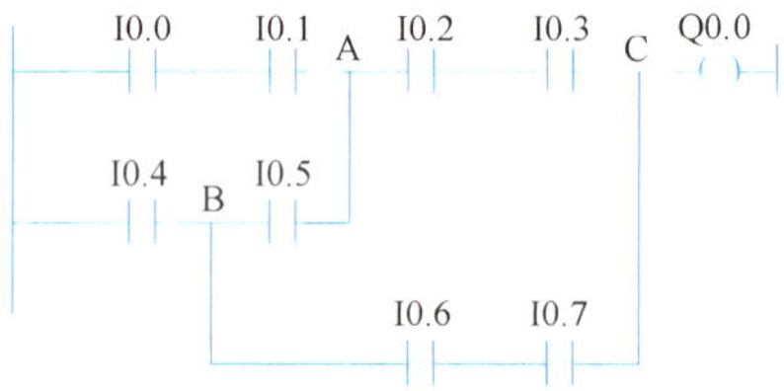

图 14-16 复杂分支梯形图的三个机理

（一）单向顺行机理

单向顺行支路有两条。其一是从左母线出发，经 I0.0、I0.1 到达 A。从一个点继续向右母线流动时，存在 2 个以上的流动分支，故称 A 点为分支点。到达分支点 A 后，再经 I0.2、I0.3、C、Q0.0，即可顺利到达右母线。

其二是从左母线出发，经 I0.4 到达分支点 B。到达分支点 B 后，再经 I0.6、I0.7、C、Q0.0，可顺利到达右母线。

以上两条支路的扫描信息路径符合 CPU 从左往右的扫描机制，所以是可以接通的。

（二）单向逆行机理

单向逆行支路也有两条。其一是从左母线出发，经 I0.0、I0.1、A、I0.5 到达 B，再经 I0.4，就会回到左母线。但从 B 经 I0.4 回到左母线这一段是永久性的断路，其原因是 CPU 永远不会从右往左扫描产生从右往左的信息流。故这一段支路可以等效为扫描信息流动的单向道，只能从左母线，经 I0.4 到达 B，但不能从 B 经 I0.4 回到左母线。实际上，梯形图中每一条支路均是单向道，均不能使扫描信息流向左母线。

典型的单向逆行支路还有，从左母线出发，经 I0.0、I0.1、A、I0.2、I0.3 到达 C，再经 I0.7、I0.6 到达 B。到达 B 后，一是从 B 经 I0.4 到左母线是单向逆行支路，不能接通；二是从 B，经 I0.5 到达 A，于是又形成了从 C 向 A 的单向逆行支路，即从 C 到 A 也是永远不能接通的。故在 C 点只会向右流向 Q0.0，永远不能向下流向 I0.7。根据 C 点的这个分支的通断特性，就可以将 C 点排除出分支点。

（三）双向冲突机理

双向冲突支路指在两条信息支路中存在一段双向通行的支路。一条信息支路是从左母线出发，经 I0.0、I0.1、A、I0.5、B、I0.6、I0.7、C、Q0.0 到达右母线，另一条信息支路是从左母线出发，经 I0.4、B、I0.5、A、I0.2、I0.3、C、Q0.0 到达右母线，于是两条信息支路在 A 到 B 段产生了从 A 经 I0.5 到达 B，以及从 B 经 I0.5 到达 A 的双向信息流动。

根据 CPU 的扫描机制，一段支路上信息的双向流动是不能发生的。其机理与该段支路上的常开触点 I0.5 的工作机理相关，常开触点 I0.5 中的位值与一个逻辑运算结果（RLO）运算后，结果将存储于 I0.5 中。但在双向流动的支路中，常开触点中的位值可能与来自 A 处的 RLO 进行运算，也可能与来自 B 处的 RLO 进行运算，于是产生两个运算结果，将哪一个结果存储于 I0.5？将使 CPU 无所适从。因此 CPU 不接收这一双向扫描信息，TIA Portal 也拒绝编译存在双向冲突的梯形图。

（四）双向冲突判断

判断双向冲突的方法分为三步。第一步，找出所有可能的分支点，本例中有 A、B、C 三点。第二步，运用单向顺行机理和单向逆行机理，判断分支点的正伪。本例中，A 点和 B 点存在两条顺行通路，C 只有一条顺行通路，故 A 点和 B 点是两个分支点。第三步，判断两个分支点之间是否存在冲突。当两个分支点之间存在触点元件，就会发生双向冲突。本例中 A 点和 B 点之间有一个常开触点，故 A 到 B 的支路发生双向冲突。

四、短接处理规则

在图 14-17 所示的梯形图中，左图 A 点和 B 点均为分支点，C 点不是分支点。因 A 点和 B 点之间由一条支路短接而成，支路中没有触点元件，故不存在双向冲突。

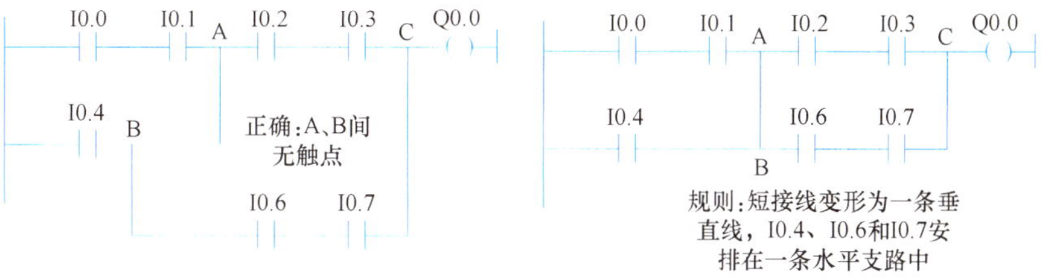

图 14-17　短接处理规则

（一）变形处理

由于短接支路难以理解，故需要进行变形。变形的规则是：将短接线变形为一条垂直的连接线，同时将两条平行的水平支路（I0.4 支路和 I0.6、I0.7 支路）安排在一条水平支路中。

（二）删除处理

在图 14-18 所示的梯形图中，上图从左母线出发，经 I0.0 到达 A，无论 I0.1 是断开还是闭合，均将通过 A、C、B 支路接到 I0.2，到达 Q0.0。即 I0.1 触点在支路中是多余的。

下图删除多余的触点 I0.1，多余触点被删除后，保持了原有的执行逻辑，同时梯形图又趋于简洁和容易理解。

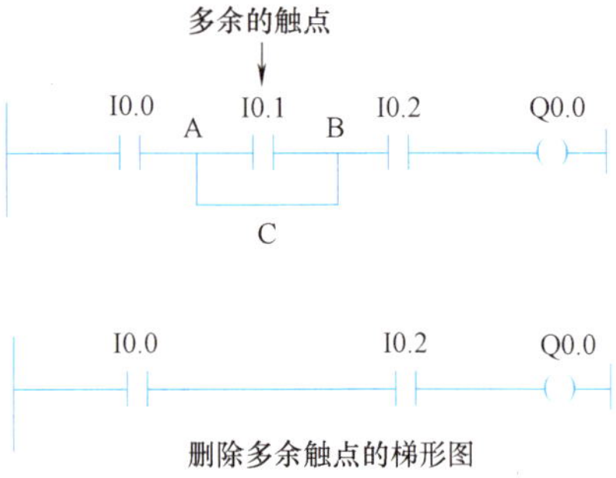

图 14-18　多余触点删除处理

五、并联移动规则

在图 14-19 所示的梯形图中，由一个触点、三条支路组成的并联块、两条支路组成并联块，串接到右侧的线圈 Q0.0。该梯形图较为复杂，也难以理解，需根据五条移动规则进行修改：①并联块要左移；②并联块中并联支路越多，位置越靠左；③并联块中，触点数量多的支路要上移；④触点数量越多的支路位置越靠上；⑤并联块程序行位置前移到串联块程序行之前。

根据五条移动规则，修正后的梯形图如图 14-20 所示。依据并联移动规则修正后，梯形图符合了通常的阅读习惯。

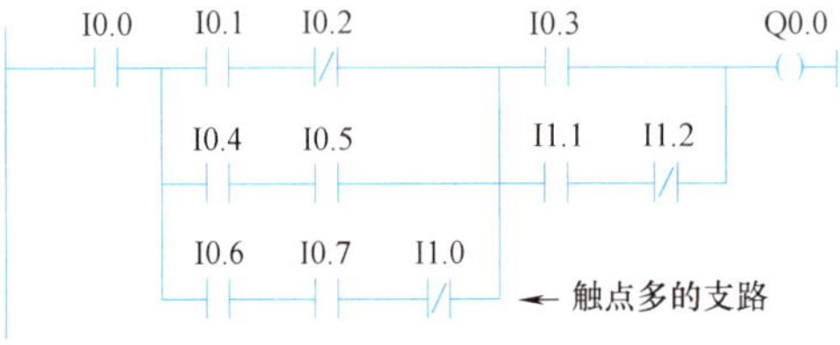

图 14-19　多个并联块梯形图（修正处理前）

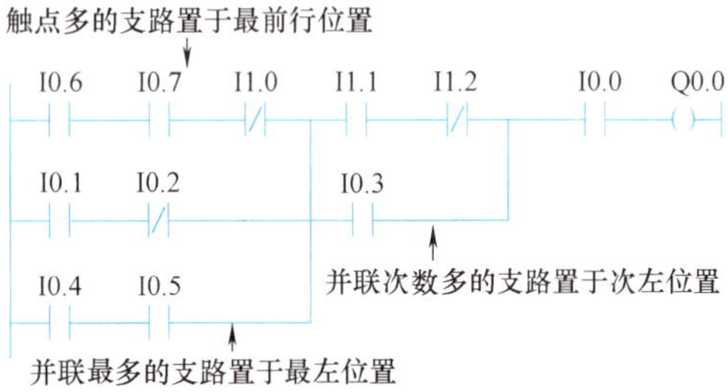

图 14-20　多个并联块梯形图（修正处理后）

14.2.3　PLC 替代应用案例

由继电器组成的电气控制回路通常分为主回路和控制回路两个部分。采用 PLC 替代继电器控制时，主回路基本保持不变，但控制回路的配电要根据选用的 PLC 型号重新设计，PLC 梯形图可参照原控制回路进行逐行转换。在转换过程中，按照梯形图编制方法和规则进行修正和简化。以继电器控制的电动机串电阻减压起动和反接制动项目为例，将 PLC 替代应用分为研读继电器控制逻辑、设计 PLC 控制原理图、转换和修正梯形图三个阶段。

一、研读继电器控制逻辑

图 14-21 所示为继电器控制的电动机串电阻减压起动和反接制动电气原理图。主电路中合上 QF 后，当主触头 KM1 闭合、KM3 断开，三相交流电经 QF、FU、KM1、*R*、FR 到达电动机 M 绕组，形成串电阻减压起动回路。到达稳定转速后，主触头 KM3 闭合，三相交流电经 QF、FU 和 KM1，沿最小电阻路径绕过 *R*，经 KM3、FR 到达电动机绕组，形成全压起动，电动机 M 进入稳速运行状态。

制动时，主触头 KM1 断开，KM2 闭合，三相交流电经 QF、FU、KM2、*R*、FR 到达电动机 M 绕组，向电动机转子施加制动反转转矩。电动机接近零转速时，主触头 KM2 断开，撤除制动反转转矩，电动机停转。

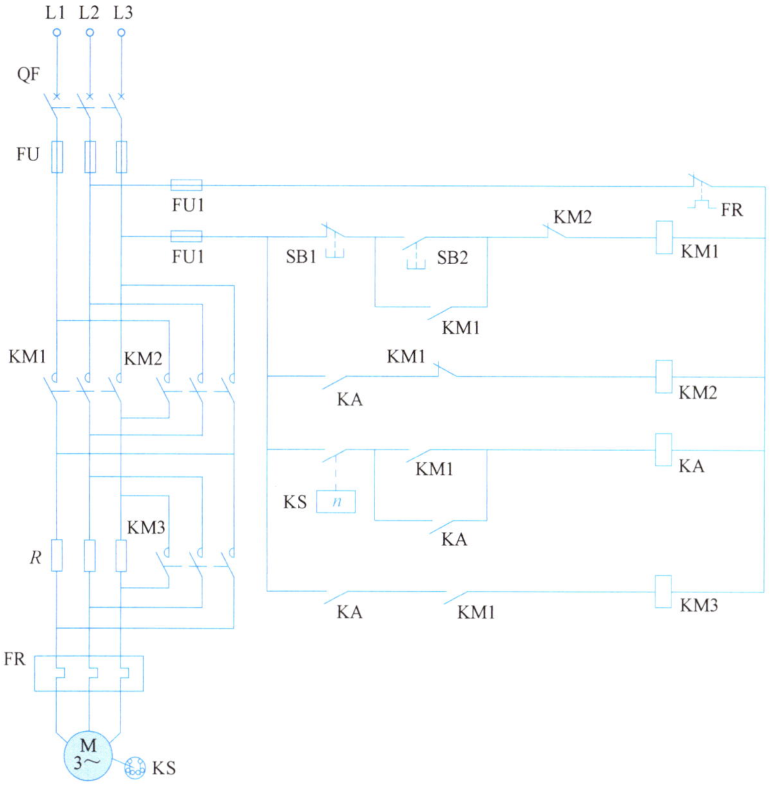

图 14-21 继电器控制的电动机串电阻减压起动和反接制动电气原理图

（一）按下 SB2

在控制回路中，按下 SB2，线圈 KM1 通电，并通过常开触点 KM1 闭合，对按钮 SB2 形成自锁，故线圈 KM1 所在支路接通，主回路中形成电动机串电阻减压起动回路。

电动机 M 起动后达到速度继电器 KS 额定转速后，速度继电器常开触点 KS 闭合，因该触点所在支路的常开触点 KM1 已闭合，故继电器线圈 KA 闭合，并通过常开触点 KA 对常开触点 KM1 形成自锁。继电器线圈 KA 一旦通电，导致 KM3 线圈所在支路接通，线圈 KM3 通电。即主回路中，主触头 KM1、KM3 闭合，KM2 断开，电动机 M 进入全压稳定运行状态。

（二）按下 SB1

SB1 是停止开关，按下 SB1，导致线圈 KM1 所在支路断开，线圈 KM3 所在的支路随之断开。由于线圈 KA 所在支路保持接通，故此时线圈 KM2 所在支路中，因常开触点 KA 保持接通，常闭触点 KM1 恢复接通，故使线圈 KM2 通电。即主回路中，主触头 KM1、KM3 断电，KM2 通电，于是电动机转子被施加了制动反转转矩，电动机 M 快速降速。

当电动机转速降到速度继电器 KS 低额定转速时，常开触点 KS 断开，导致线圈 KA 断开，进一步使线圈 KM3 所在支路断开，于是，线圈 KM3 断开，电动机 M 中的制动反转转矩撤除，电动机摆脱反转趋势并停转。

二、设计 PLC 控制原理图

用 S7-1200 CPU 1214C DC/DC/Rly（订货号：6ES7214-1HG40-0XB0）实现串电阻减压起动和反接制动的电气原理图共 3 张，见附录 E 图 E-1～图 E-3。在图 E-1 中，按 CPU 模块

的供电要求，设计通过 L4 线和 N 线向开关电源 VC1 输入 AC 220V 电，经开关电源输出 DC 24V 电，供给 CPU 的输入接口；同时 L4 线和 N 线直接向 CPU 的输出端供给 AC 220V 电。

在图 E-2 中，SB1、SB2 和 KS 的常开触点一端分别接至 S7-1200 CPU 1214C DC/DC/Rly 自带的 I0.0、I0.1、I0.3 三个输入接口，L+、M、1M 三个输入接口上接入 DC 24V 电。

在图 E-3 中，KM1、KM2 和 KM3 三个线圈的一端分别接至 S7-1200 CPU 1214C DC/DC/Rly 自带的 Q0.0、Q0.1、Q0.3 三个输出接口。其中线圈 KM1 支路串联 KM2 常闭触点，线圈 KM2 支路串联 KM1 常闭触点，形成硬件互锁。热继电器常闭触点 FR 接在 KM1、KM2 和 KM3 线圈的共同“出口”处，形成过载发热保护环节。AC 220V 电接至 1L1 接口和 FR 的接入端。

三、转换和修正梯形图

根据 PLC 控制原理图设计确定了外部电器与 PLC 输入/输出接口之间的连接关系，见表 14-8。

表 14-8 电动机串电阻减压起动和反接制动控制项目 PLC 输入/输出接口分配表

序号	输入信号	符号	地址分配	备注	序号	输出信号	符号	地址分配	备注
1	停止按钮	SB1	I0.0	CPU 1214	4	起动线圈	KM1	Q0.0	CPU 1214
2	起动按钮	SB2	I0.1	CPU 1214	5	制动线圈	KM2	Q0.1	CPU 1214
3	速度继电器触点	KS	I0.2	CPU 1214	6	全压运行线圈	KM3	Q0.2	CPU 1214

在图 E-3 电动机制动 PLC 控制输出驱动中，热继电器常闭触点作为保护环节，连接在 PLC 输出接口的外部。根据这一设计，继电器控制回路的逻辑关系如图 14-22 所示。

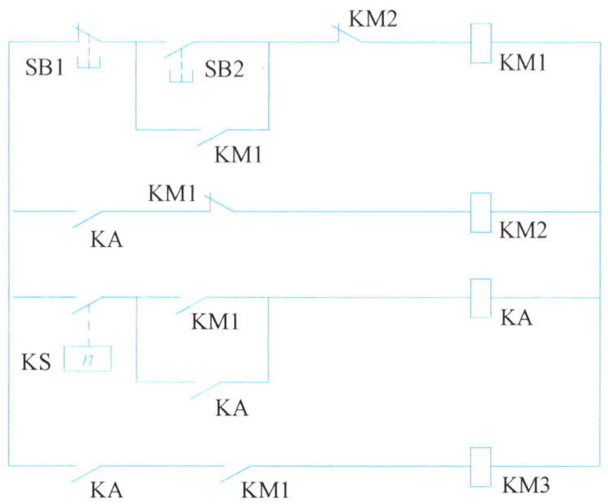

图 14-22 电动机串电阻减压起动和反接制动控制的逻辑关系

以图 14-22 中最左侧导线作为梯形图的左母线，最右侧的导线作为梯形图的右母线，可以逐行转换为 PLC 梯形图，转换后的梯形图有四行对应的程序行，如图 14-23 所示，左图的梯形图需要依据梯形图编制规则进行修正。

1）根据并联移动规则①，将网络 1 和网络 3 程序行中的并联块移动到最左位置。

2）根据并联移动规则⑤，将网络 3 程序行和网络 2 程序行对调位置。

3）根据并联移动规则处理后，将网络 3 程序行和网络 4 程序行合并为一行。两行程序合并后，程序的执行逻辑必须保持与合并前一致。

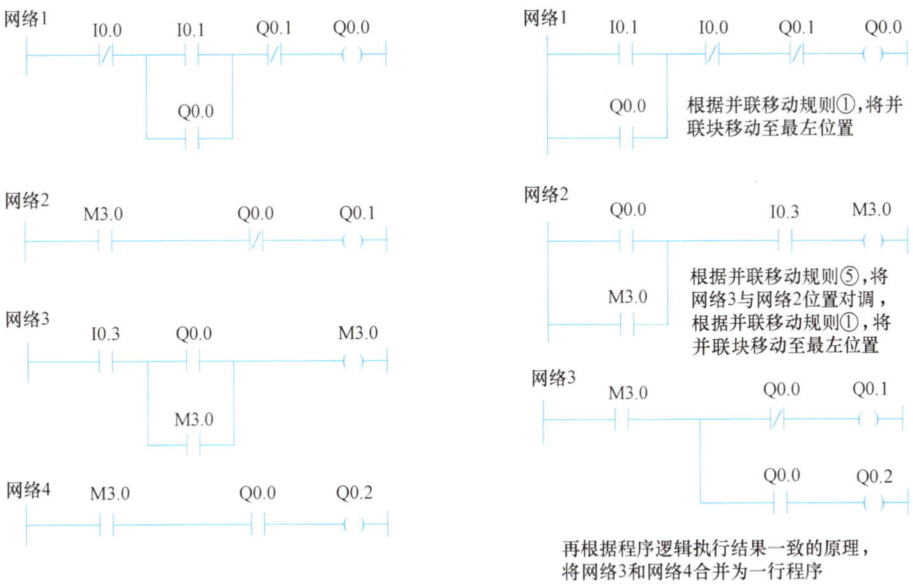

图 14-23 逐行转换 PLC 梯形图的修正

14.3 用户程序块

在 S7-1200 中，用户可以通过编写不同的程序块，将各个用户程序嵌套在一起，实现复杂的功能。程序块功能类似于子程序，但功能更为强大。根据程序块的类型和功能，用户程序块分为组织块（Organize Block，OB）、函数（Function，FC）、函数块（Function Block，FB）和数据块（Data Block，DB）四种类型，基本功能见表 14-9。

表 14-9 S7-1200 中的用户程序块的基本功能

程序块	简要描述
OB	操作系统与用户程序的接口，决定用户程序的结构
FC	用户编写的包含经常使用的功能的子程序，无存储区
FB	用户编写的包含经常使用的功能的子程序，有存储区。可将值存储在背景数据块中，即使块执行完毕，这些值仍然有效
DB	存储用户数据的数据区域，包括全局数据块和背景数据块。全局数据块用于存储程序，数据格式由用户定义。背景数据块用于保存相关 FB 块的输入、输出变量和静态变量

14.3.1 OB

OB 的基本功能包括循环程序处理、自动化系统启动、中断响应程序和错误处理等。在 S7-1200 CPU 中，不同编号的 OB 对应不同的启动事件，完成不同的系统功能，享有不同的优先等级，见表 14-10。

表 14-10　各种事件优先等级

序号	事件类型	启动事件	默认优先等级	可能的 OB 编号	允许的 OB 数量
1	程序循环	启动或结束上一个程序循环	1	默认为 1，≥123	≥1
2	启动	STOP 到 RUN 的切换	1	默认为 100，≥123	≥0
3	时间中断	已到达启动时间	2	≥10	最多 2 个
4	延时中断	延时时间结束	3	≥20	最多 4 个
5	循环中断	循环时间结束	8	≥30	
6	状态中断	CPU 已接收到状态中断	4	55	0 或 1
7	更新中断	CPU 已接收到更新中断	4	56	0 或 1
8	制造商或配置文件特定中断	CPU 已接收到制造商或配置文件特定中断	4	57	0 或 1
9	诊断中断	模块检测到错误	5	82	0 或 1
10	插拔中断	删除/插入分布式 I/O 模块	6	83	0 或 1
11	机架错误中断	分布式 I/O 的错误		86	0 或 1
12	硬件中断	上升沿（最多 18 个）、下降沿（最多 16 个） HSC 计值＝参考值（最多 6 次）、HSC 计数方向变化（最多 6 次）、HSC 外部复位（最多 6 次）	18 18	≥40	最多 50 个
13	时间错误中断	超出最大循环时间还在执行调用程序、因错过时间中断导致时间丢失和队列溢出、因中断负载过高导致中断丢失	22	80	0 或 1
14	MC-Interpolator	用于闭环控制	24	92	0 或 1
15	MC-Servo	用于闭环控制	25	91	0 或 1
16	MC-PorServo	将在 MC-Servo 之前直接调用		67	0 或 1
17	MC-PostServo	将在 MC-Servo 之后直接调用		95	0 或 1

一、程序循环 OB

程序循环通常是用户编写的主程序，默认为 OB1。在 S7-1200 中，允许建立多个程序循环，如 OB1、OB123 和 OB124 等。PLC 将按照编号从小到大的顺序依次执行，即先执行 OB1，再执行 OB123、OB124 等。除 OB1，新建立的程序循环，其编号必须大于等于 123。

二、启动 OB

操作系统从 STOP 切换到 RUN 时，将执行一次启动 OB，启动 OB 执行完成后，CPU 才开始执行程序循环 OB。

三、时间中断 OB

时间中断 OB 用于在时间可控的应用中实现在某个预设时间到达时只运行一次用户程序中的某个部分，或者在设定的触发日期到达后，按每分/小时/天/周/月等周期运行。在设置并激活了时间中断，且程序中存在相应 OB 的情况下，才能运行时间中断 OB。时间中断 OB 操作指令为 ACT_TINT（激活时间中断）、SET_TINTL（设定时间中断 OB 的参数）、CAN_TINT（取消未执行的时间中断）和 QRY_TINT（查询时间中断的状态）等。

四、延时中断 OB

延时中断 OB 在一段设置的延时时间后启动，操作指令为 SRT_DINT（启动延时中断）、CAN_DINT（取消启动的延时中断）和 QAY_DINT（查询延时中断的状态）等。

五、循环中断 OB

循环中断 OB 按设定的时间间隔循环执行。如时间间隔为 100ms，指在程序执行期间会每隔 100ms 调用循环中断 OB 一次。循环中断 OB 有循环时间和相移两个参数。循环时间指循环中断的间隔时间，单位为 ms，范围为 1～60000。相移指循环中断 OB 启动的相位偏移量，单位为 ms，范围为 0～100，必须是 0.001 的倍数。在 TIA Portal 软件中设置循环时间和相移两个参数的方法如图 14-24 所示。

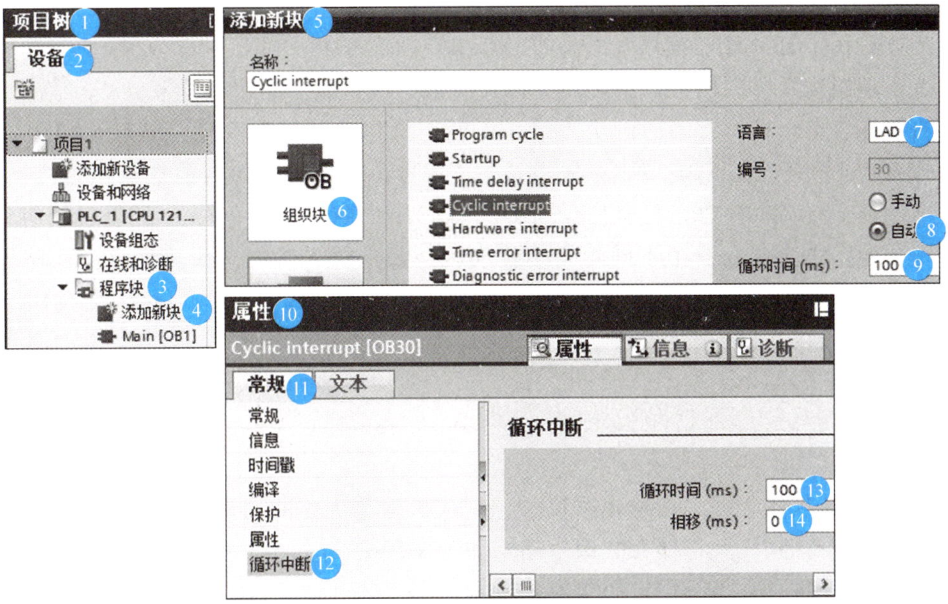

图 14-24 循环中断 OB 循环时间和相移的设置

在 OB1 编制界面中，在左侧“项目树”（①）中选择“设备”（②）→相应 PLC 站点→“程序块”（③），双击“添加新块”（④），弹出“添加新块”对话框。

单击“组织块”（⑥），选中“Cyclic interrupt”，在展开的窗口中，设置语言为“LAD”（⑦），编号选择“自动”（⑧），设置循环时间（本例设置循环时间为“100”）（⑨）。设置完成后单击“确定”按钮。

在 OB1 编制界面下方的“属性”（⑩）窗口中，打开“常规”（⑪）选项卡，单击“循环中断”（⑫），在右侧展开的循环中断窗口中，设置循环时间（⑬）和相移值（⑭），本例设置循环时间为“100”，相移为“0”）。在 OB1 中，循环中断 OB 的操作指令为 SET_CINT（可置位循环中断 OB 的参数、OB 块号、时间间隔 ms 和相移）、QRY_CINT（查询循环中断的当前参数）等。

六、硬件中断 OB

在 RUN 模式下，CPU 立即响应硬件中断事件，调用相关的硬件中断 OB。执行硬件中断程序时，不会受到主程序扫描和过程映像刷新时间的影响，可适应需要快速响应的应用场合。

七、时间错误中断 OB80

时间错误中断 OB80 主要用于操作系统处理时间故障。当程序执行时间超过最大循环时间，或者发生时间错误事件时，CPU 将触发 OB80。

八、诊断中断 OB82

诊断中断 OB82 用于操作系统响应诊断错误。如激活诊断功能模块检测到故障状态发生变化时，向 CPU 发送诊断中断请求，从而触发 OB82。

九、插拔中断 OB83

插拔中断 OB83 用于操作系统响应对模块的移除或者插入模块等操作。S7-1200 PLC 本地模块不支持热插拔，拔出或者插入中央机架模块，将导致 CPU 进入停止模式。

十、机架错误中断 OB86

机架错误中断 OB86 用于操作系统响应 PROFIBUS-DP 和 PROFINET-IO 分布式站通信故障。

组织块是操作系统和用户程序之间的接口。组织块只能由操作系统来启动。各种组织块由不同的事件启动，且具有不同的优先级，而循环执行的主程序则在组织块 OB1 中。每个组织块的编号必须唯一，不能使用系统默认 OB 编号。组织块的执行前提是出现启动事件，但同时出现多个启动事件时，只有启动事件（如诊断中断或时间间隔）可以启动组织块的执行。每个组织块均对应一个不同等级的优先级，最低优先等级为 1（对应主程序循环），最高优先等级为 27（对应时间错误中断）。优先级高的 OB 可以中断优先级低的 OB，当出现多个启动事件时，CPU 按优先等级处理 OB，即先执行优先级较高的 OB，然后执行优先级较低的 OB。

14.3.2　DB

DB 用于存储程序数据。新建数据块时，默认状态是优化的块访问，且数据块中存储变量的属性是非保持的。DB 存储在装载存储器和工作存储器时，与 M 存储区的功能类似，均为全局变量。不同的是，M 存储区的大小在 CPU 技术规范中已经定义且不可扩展，但 DB 由用户定义，只要不超过装载存储器和工作存储区的大小即可。DB 包括全局数据块、背景数据块、基于系统数据类型或 PLC 数据类型的数据块以及 CPU 数据块等。

一、全局数据块

全局数据块必须事先定义后才能在程序中使用。在 TIA Portal 软件中定义全局数据块的过程如图 14-25 所示。在 OB1 编制界面中，在左侧“项目树”（❶）中，选择“设备”（❷）→相应 PLC 站点→“程序块”（❸），双击“添加新块”（❹），弹出“添加新块”（❺）对话框。单击“数据块”（❻），设置类型为“全局 DB”（❼），编号选择“手动”（❽）时，可以设置全局数据块的编号（❾），范围为 1~59999。设置完成后单击“确定”按钮（❿），完成全局数据块的创建。

二、背景数据块

背景数据块与 FB 相关联，用于存储 FB 的输入、输出参数及静态变量。这些变量只能在 FB 中定义，不能在背景数据块中直接创建。OB1 调用 FB 时，可以为之分配一个已经创建的背景数据块，也可直接定义一个背景数据块，直接定义的背景数据块将默认为该 FB 的背景数据块。

图 14-25　全局数据块的定义

三、基于系统数据类型的数据块

基于系统数据类型的数据块属于一种固定格式的数据块，可用于特定的功能要求，如图 14-26 所示。在“添加新块”（1）对话框中，单击“数据块”（2），展开右侧窗口。在类型下拉列表框（3）中除了“全局 OB”外，其余为基于系统数据类型的数据块。选择一种基于系统数据类型的数据块，如 TCON_Param（4），可用于开放式用户通信。单击“确定”，即可完成一种基于系统数据类型的数据块的创建。

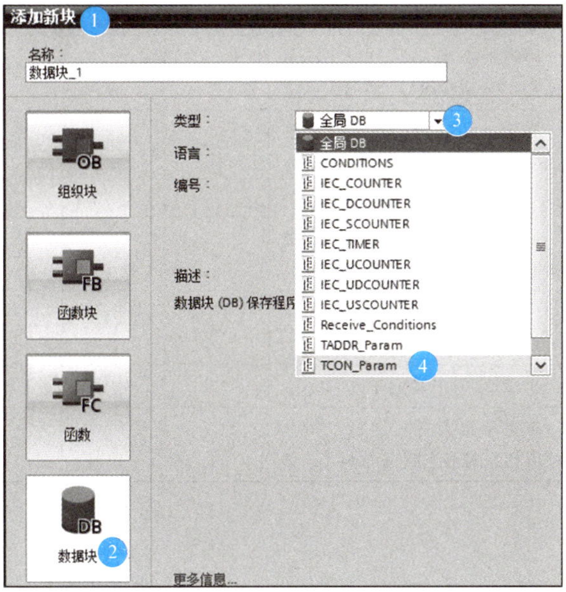

图 14-26　基于系统数据类型的数据块的创建

四、基于 PLC 数据类型的数据块

PLC 数据类型（UDT）是一种由多个不同数据类型元素组成的数据结构，元素可以是基本数据类型，也可以是 Struct、数组等复杂数据类型，以及其他 PLC 数据类型等。UDT 可以在 DB、OB/FC/FB 的接口区、PLC 变量表 I 和 Q 处使用。在 TIA Portal 软件中，仅需创建一次 UDT，然后可通过指定 UDT 创建所需的数据块。

五、 CPU 数据块

CPU 数据块用于在 PLC 在线模式中监视 CPU 数据块的变量值。该数据块在 CPU 运行期间，通过指令 CREATE_DB 生成，具有写保护功能，无法在离线项目中创建。操作该数据块的指令有 CREATE_DB（在装载存储器及工作存储器中创建新的数据块）、ATTR_DB（读取数据块的属性）和 DELETE_DB（删除由 CREATE_DB 创建的数据块）等。

14.3.3 FC

FC 是一种不带存储区的功能块，属于用户编程的块。FC 的临时变量存储在局部数据堆栈中，当 FC 执行结束后，临时数据随之消失。若有必要保存临时数据，可通过编写指令将临时数据传递到全局数据块中，由于技术路径较为复杂，一般不采用这种方式。FC 类似于子程序，子程序仅在被其他程序调用时才执行，编写用户程序时使用 FC，可以将若干个任务编写在不同的 FC 中，在 OB1 中的不同位置调用同一个 FC，可以简化 OB1 的程序代码和减少扫描时间。由于 FC 没有自己的存储区，所以必须为其指定实际参数。FC 接口区的读写访问和数据类型见表 14-11。

表 14-11　FC 接口区的读写访问和数据类型

接口类型	读写访问	描述	标准数据类型	Array Struct String WString DT	Array[*]	Void	Variant
Input	只读	调用函数时，将用户程序传递到 FC 中，实参可以为常数	√	√	√	×	√
Output	读写	调用函数时，将 FC 执行结果传递到用户程序中，实参不能为常数	√	√	√	×	√
InOut	读写	接收数据后进行运算，然后将执行结果返回，实参不能为常数	√	√	√	×	√
Temp	读写	仅在 FC 调用时生效，用于存储临时中间结果的变量	√	√	×	×	√
Return	读写	返回值，属于输出参数	√	√	×	√	×
Constant	只读	声明常量为符号名后，FC 中可以使用符号名代替常量	√	√	×	×	×

14.3.4 FB

FB 与 FC 一样，属于用户编程的块，功能类似于子程序。但 FB 是一种自带存储区的功

能块，自带的存储功能区称为背景数据块，故传递给 FB 的参数和静态变量都保存在背景数据块中，临时变量保存在本地数据堆栈中。

当 FB 执行结束时，保存在背景数据块中的数据不会丢失，但保存在本地数据堆栈中的数据（临时变量）将丢失。在编写调用 FB 的程序时，必须指定背景数据块的编号，调用时可以在 OB1 中或通过人机界面接口访问这些背景数据。一个 FB 可以有多个背景数据块，称为多重背景模型，可使 FB 用于不同的被控对象。调用 FB 时，背景数据块自动生成，其接口区的读写访问和数据类型见表 14-12。

表 14-12　FB 接口区的读写访问和数据类型

接口类型	读写访问	描述	标准数据类型	Array Struct String WString DT	Array[*]	Void	Variant
Input	只读	调用函数时，将用户程序传递到 FB 中，实参可以为常数	√	×	×	×	√
Output	读写	调用函数时，将 FB 执行结果传递到用户程序中，实参不能为常数	√	×	×	×	×
InOut	读写	接收数据后进行运算，然后将执行结果返回，实参不能为常数	√	√	√	×	√
Temp	读写	临时变量仅在 FB 调用时生效，用于存储临时中间结果的变量	√	√	×	×	√
Static	读写	不参与参数传递，用于存储中间过程值，可被其他程序块访问	√	√	×	√	×
Constant	只读	声明常量为符号名后，FC 中可以使用符号名代替常量	√	√	×	×	×

14.4　用户程序结构案例

S7-1200 PLC 提供了线性化和结构化等三种用户程序结构。在线性程序结构中，用户程序全部编写在 OB1 中，该程序结构简单，不涉及 FC、DB、FB、局域变量和中断等较复杂的概念，适用于较为简单的程序。

单层程序结构如图 14-27 所示。用户程序被分为若干个 FB 和若干个 FC，每一个 FB 或 FC 各自单独执行一个局部任务。在 OB1 中，通过调用各个 FB 或 FC 接收每一个被调用的 FB 或 FC 的执行结果返回值，再在 OB1 中的调用位置继续执行程序扫描。在无嵌套调用结构中，由操作系统 OS 调用的 OB1 在程序结构中起主循环程序的作用，功能块（FC）或功能块（FB）控制着不同的过程任务，相当于主循环程序的子程序。

更为复杂的分层程序结构如图 14-28 所示。操作系统在每一个循环中调用 OB1，同时执行 OB1 中的程序。在 OB1 中，程序根据任务进行多次分层，每一层程序作为上一层程序的子程序，同时调用下一层的子程序，形成嵌套调用。从程序循环 OB 或启动 OB 开始，允许的嵌套深度为 16 层；从任意中断事件 OB 开始，允许的嵌套深度为 6 层。用户程序的执行顺序为：执行完 OB 之后，进入 RUN 模式，然后执行程序循环 OB，进入 OB 后，按照 OB 中编写的顺序，执行 OB 中的 FB 和 FC 块。

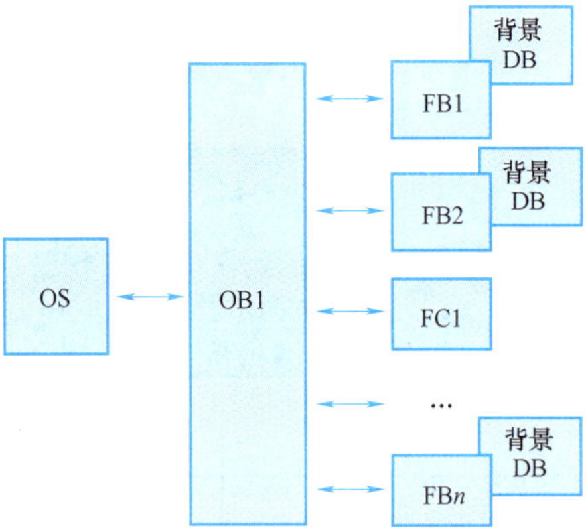

图 14-27 单层程序结构

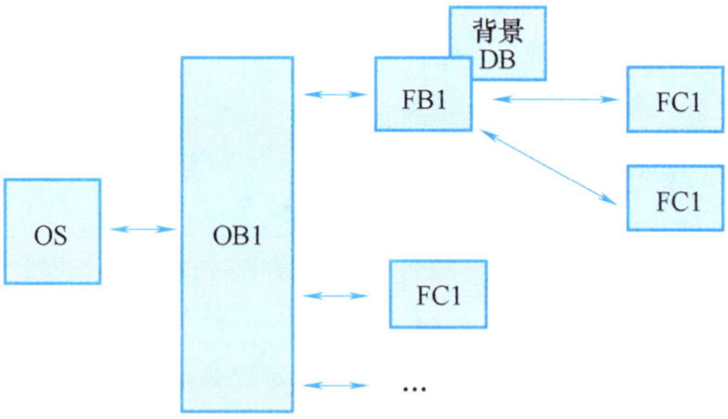

图 14-28 分层程序结构

14.4.1 八台电动机控制项目

基于 S7-1200 PLC 控制八台电动机正反停项目的电气原理图共 10 张，见附录 F 图 F-1~图 F-10）。图 F-1~图 F-3 所示为电动机 1~8 正反停 PLC 控制主回路，八台电动机均采用制动三相异步电动机，以消除正反转之间的惯性。根据设计，八台电动机正反停控制项目需要 DI 点 24 个，DQ 点 16 个。因此，选用 CPU 1214C DC/DC/Rly（订货号：6ES7 214-1HG40-0XB0）模块，模块上自带了 14 个 DI 点和 10 个 DQ 点。在此基础上，再选配 SM 1221 DI 16×DC 24V（订货号：6ES7 221-1BH32-0XB0）输入信号模块 1 个，自带 16 个 DI 点；选配 SM 1222 DQ 8×Rly（订货号：6ES7 222-1HF32-0XB0）输出信号模块 1 个，自带 8 个 DQ 点。根据该 PLC 的组态方案，总计有 DI 点 30 个（>24 个），DQ 点 18 个（>16 个），DI 点和 DQ 点数目满足控制项目的要求。

图 F-3 的配电方案为：L1 导线和 N 导线向图 F-6 中的 PLC 输出接口供 AC 220V 电；同时通过开并电源 VC 输出端的 L79 导线和 L80 导线，向图 F-4 的 PLC 输入驱动接口供 DC 24V 电。

图 F-4 和图 F-5 所示为电动机 1~4 正反停 PLC 控制输入驱动。图 F-6 所示为电动机 1~4 正反停 PLC 控制输出驱动。图 F-7 和图 F-8 所示为电动机 5~8 正反停 PLC 控制输入驱动。图 F-9 和图 F-10 所示为电动机 5~8 正反停 PLC 控制输出驱动。

根据上述设计，基于 S7-1200 PLC 控制八台电动机正反转项目的 I/O 分配见表 14-13。

14.4.2 八台电动机控制的线性化程序

八台电动机控制的线性化的程序全部编写在 OB1 中，每台电动机均有单独的正转起动、反转起动和停止三个控制按钮，且正反转之间需形成可靠的互锁。

表 14-13 基于 S7-1200 PLC 控制八台电动机正反转项目的 I/O 分配表

序号	输入信号	符号	地址分配	备注	序号	输出信号	符号	地址分配	备注
1	M1-正转按钮	SB1	I0.0	CPU 1214	13	M1-正转线圈	KM1	Q0.0	CPU 1214
2	M1-反转按钮	SB2	I0.1	CPU 1214	14	M1-反转线圈	KM2	Q0.1	CPU 1214
3	M1-停止按钮	SB3	I0.2	CPU 1214	15	M2-正转线圈	KM3	Q0.2	CPU 1214
4	M2-正转按钮	SB4	I0.3	CPU 1214	16	M2-反转线圈	KM4	Q0.3	CPU 1214
5	M2-反转按钮	SB5	I0.4	CPU 1214	17	M3-正转线圈	KM5	Q0.4	CPU 1214
6	M2-停止按钮	SB6	I0.5	CPU 1214	18	M3-反转线圈	KM6	Q0.5	CPU 1214
7	M3-正转按钮	SB7	I0.6	CPU 1214	19	M4-正转线圈	KM7	Q0.6	CPU 1214
8	M3-反转按钮	SB8	I0.7	CPU 1214	20	M4-反转线圈	KM8	Q0.7	CPU 1214
9	M3-停止按钮	SB9	I1.0	CPU 1214					
10	M4-正转按钮	SB10	I1.1	CPU 1214					
11	M4-反转按钮	SB11	I1.2	CPU 1214					
12	M4-停止按钮	SB12	I1.3	CPU 1214					
21	M5-正转按钮	SB13	I8.0	SM 1221	33	M5-正转线圈	KM9	Q12.0	SM 1222
22	M5-反转按钮	SB14	I8.1	SM 1221	34	M5-反转线圈	KM10	Q12.1	SM 1222
23	M5-停止按钮	SB15	I8.2	SM 1221	35	M6-正转线圈	KM11	Q12.2	SM 1222
24	M6-正转按钮	SB16	I8.3	SM 1221	36	M6-反转线圈	KM12	Q12.3	SM 1222
25	M6-反转按钮	SB17	I8.4	SM 1221	37	M7-正转线圈	KM13	Q12.4	SM 1222
26	M6-停止按钮	SB18	I8.5	SM 1221	38	M7-反转线圈	KM14	Q12.5	SM 1222
27	M7-正转按钮	SB19	I8.6	SM 1221	39	M8-正转线圈	KM15	Q12.6	SM 1222
28	M7-反转按钮	SB20	I8.7	SM 1221	40	M8-反转线圈	KM16	Q12.7	SM 1222
29	M7-停止按钮	SB21	I9.0	SM 1221					
30	M8-正转按钮	SB22	I9.1	SM 1221					
31	M8-反转按钮	SB23	I9.2	SM 1221					
32	M8-停止按钮	SB24	I9.3	SM 1221					

一、PLC 硬件组态

进入 TIA Portal 软件后，按电气原理图设计结果，建立硬件组态，如图 14-29 所示。其中机架 1 号槽位为 CPU 1214C DC/DC/Rly（订货号：6ES7 214-1HG40-0XB0），2 号槽位为 SM 1221 DI 16×DC 24V 输入信号模块（订货号：6ES7 221-1BH32-0XB0），3 号槽位为 SM 1222 DQ8×Rly 输出信号模块（订货号：6ES7 222-1HF32-0XB0）。

二、设置 PLC 变量表

完成硬件组态后，在项目树中，选择“PLC_1[CPU 1214C DC/DC/Rly]”→“PLC 变量”，单击“添加新变量”，然后双击添加的“变量表_1”，弹出空白变量表，根据八台电动机控制的 I/O 分配表设置 PLC 变量。以电动机 M1 为例，设置的 PLC 变量有 M1-正转按钮、M1-反转按钮、M1-停止按钮、M1-正转线圈以及 M1-反转线圈共五个 PLC 变量，八台单独的电动机合计有 40 个 PLC 变量，如图 14-30 所示。

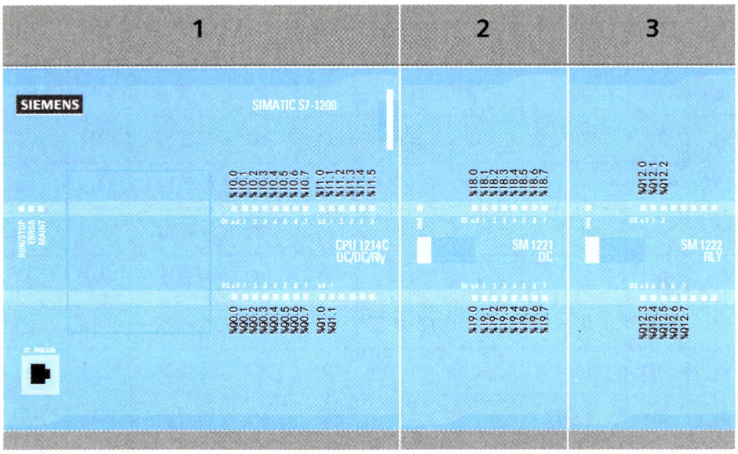

图 14-29　八台电动机控制的 PLC 硬件组态

八电动机PLC基于OB1 ▸ PLC_1 [CPU 1214C DC/DC/Rly] ▸ PLC变量

变量表_1

	名称	数据类型	地址
1	M1-正转按钮	Bool	%I0.0
2	M1-反转按钮	Bool	%I0.1
3	M1-停止按钮	Bool	%I0.2
4	M2-正转按钮	Bool	%I0.3
5	M2-反转按钮	Bool	%I0.4
6	M2-停止按钮	Bool	%I0.5
7	……（共计40个变量）		

图 14-30　八台电动机控制的 PLC 变量表

三、编写 OB1 程序

PLC 变量表设置完成后，在项目树中选择“PLC_1[CPU 1214C DC/DC/Rly]”→“程序块”，双击“Mian［OB1］”，弹出 OB1 梯形图编制界面，编写的八台电动机单独控制的 PLC 程序如图 14-31 所示。

在网络 1 中，按下 M1-正转按钮，M1-正转线圈接通，对 M1-正转按钮形成自锁，电动机 M1 正转起动。按下 M1-停止按钮，M1-正转线圈断开。在网络 2 中，按下 M1-反转按钮，M1-反转线圈接通，对 M1-反转按钮形成自锁，电动机 M1 正转起动。按下 M1-停止按钮，M1-反转线圈断开。在两行程序中，M1-反转线圈和 M1-正转线圈、M1-反转按钮和 M1-正转按钮两组常闭触点构成双重互锁。在电气原理图中，Q0.0 和 Q0.1 接口外还有常闭触点 KM2 和常闭触点 KM1 构成硬互锁。

网络 3 和网络 4 程序行的执行逻辑类似。基于 OB1 的八台电动机单独控制的 PLC 程序共有 16 行。每一行有 6 个编程元件，PLC 扫描每一行程序需要进行 5 次逻辑运算，一个扫描周期内共计进行 80 次逻辑运算。

基于 OB1 的 PLC 程序无论有多少台电动机处于运行状态中，在一个扫描周期中总是要完成 16 个程序行的扫描，以及 80 次的逻辑运算。即使只有一台电动机处于运行状态，也是如此。

图 14-31 基于 OB1 的八台电动机单独控制 PLC 程序

14.4.3 八台电动机控制的结构化程序

八台电动机单独控制的结构化程序包括基于无参 FC、基于有参 FC 以及基于 FB 和 DB 三种程序结构。

一、基于无参 FC 的梯形图编制

基于无参 FC 的梯形图编制的思路是：首先为每一台电动机编制 1 个无参的 FC 块，共计 8 个无参 FC 块。再编制 OB1 程序，依次调用 8 个无参 FC 程序。

（一）添加 FC 新块

在完成八台电动机单独控制的 PLC 硬件组态和变量表设置后，添加 FC 新块的过程如图 14-32 所示。在项目树（1）中选择“八电动机 PLC 基于 FC 无参（编程项目名）”（2）→“PLC_1［CPU 1214C DC…］”（3）→“程序块”，双击“添加新块”（4），弹出“添加新块”对话框（5）。

单击“函数”图标（6），设置名称为“M1 正反转控制”（7），选择语言为“LAD”（8），选择编号为“自动”（9），自动设置编号为“1”（选择自动编号时，不能修改），单击“确定”（10），进入 FC 块梯形图编制界面，同时项目树中出现“M1 正反转控制

图 14-32　添加 FC 新块

[FC1]”目录。

（二）无参 FC1 梯形图

编制的无参 FC1 块中的梯形图如图 14-33 所示。该梯形图仅用于控制电动机 M1 的正反转，梯形图中每一个控制元件均引用了 PLC 变量。

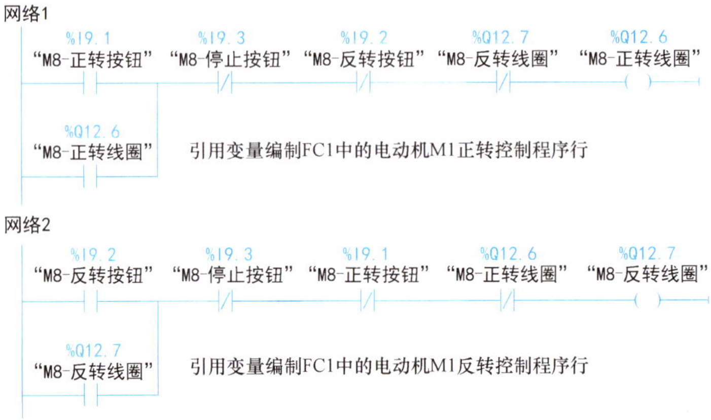

图 14-33　无参 FC1 块中的梯形图

对于电动机 M2 的正反转控制，编写类似的无参 FC2 块，为八台电动机单独控制编写的无参 FC 块梯形图为 FC1、FC2、…、FC8。完成后，项目树中显示了八个无参 FC 块，如图 14-34 所示。

（三） OB1 调用无参 FC

八个无参 FC 梯形图编制完成后，双击程序块中的“Main [OB1]”，弹出 OB1 梯形图编制界面，在项目树中选择“M1 正反转控制 [FC1]”，按住鼠标，将之拖移到梯形图第一行，接着将 FC2 也拖移到梯形图第一行，FC3 和 FC4 拖移到第二行，FC5 和 FC6 拖移到第三行，FC7 和 FC8 拖移第四行，完成后如图 14-35 所示。梯形图每一行可以放置的 FC 块数目不限。

若八台电动机中仅有 M1 和 M2 运行，则 OB1 在扫描到“%FC1”时，将调用无参 FC1 子程序进行扫描及逻辑运算，共计扫描 2 个程序行，进行 5 次逻辑运算。在这种情况下，一个扫描周期中，OB1 共扫描八个调用块，调用 2 个无参 FC，共计扫描 4 个程序行，进行 10 次逻辑运算。相较于线性化的 OB1 程序，CPU 扫描梯形图的行数和进行逻辑计算的次数明显减少。

（四）无参 FC 块仿真

在完成八个 FC 块梯形图及 OB1 后，按照程序编译、装载硬件和程序、构造仿真器以及程序调试四个步骤，进行基于无参 FC 块八电动机控制项目的仿真。

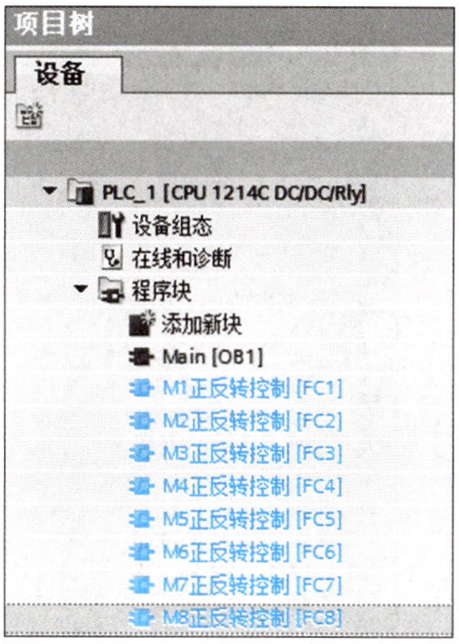

图 14-34　项目新增八个无参 FC 块

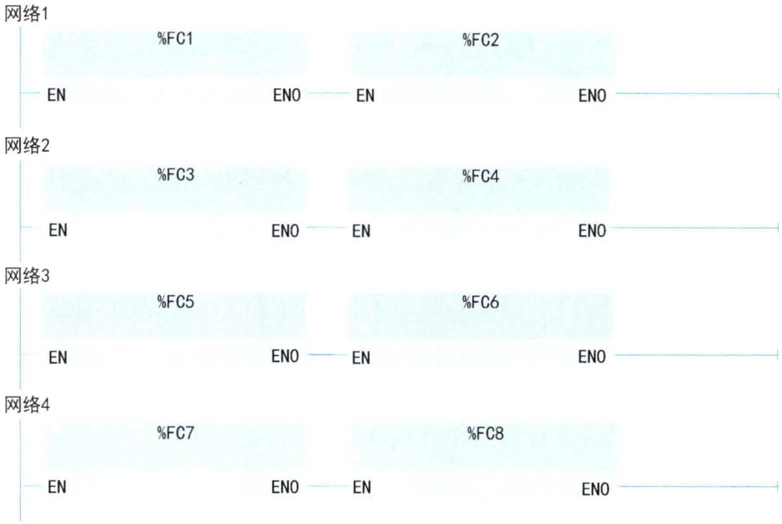

图 14-35　基于八个无参 FC 的 OB1 程序调用程序

1）程序编译。调出 OB1 梯形图，单击常用工具栏中的“编译”图标，编译 OB1 梯形图。采用相同的方法，打开八个 FC 块，逐一完成梯形图的编译操作。

2）装载硬件和程序。单击常用工具栏中的“开始仿真”图标，弹出仿真器紧凑视图和“下载预览”对话框。单击“下载预览”对话框中的“装载”按钮，完成后弹出“下载结果”对话框。在“下载结果”对话框中，设置动作为“启动模块”，单击“完成”按钮，将 PC 组态硬件和编写的所有梯形图下载到仿真器中。

3）构造仿真器。按下仿真器紧凑视图中的“RUN”按钮和“切换视图”按钮。弹出 S7-PLCSIM V15 仿真视图，如图 14-36 所示。

单击“项目”（❶）→“新建”，弹出“创建新项目”对话框。设置项目名称为“八电动机无参 FC 仿真”，选择合适的文件夹位置后，单击“创建”按钮，软件通过一系列的硬件组态后，完成仿真项目文件的创建过程。

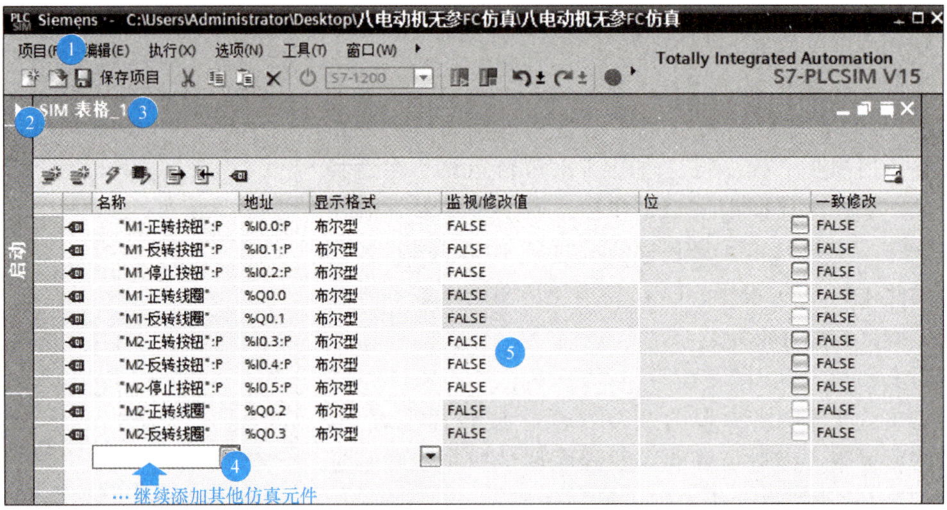

图 14-36　基于八个无参 FC 的 SIM 表格

单击左侧启动栏上端“▶”（②），展开 S7-PLCSIM V15 仿真视图的项目树，选择“八电动机无参 FC 仿真”→“SIM 表格”，双击“SIM 表格_1”，右侧弹出 SIM 表格_1（③）。

在名称下方的单元格中，单击右端的“添加”图标，以电动机 M1 为例，将变量表中 M1-正转按钮、M1-反转按钮、M1-停止按钮、M1-正转线圈和 M1-反转线圈五个仿真控制元件添加到 SIM 表格_1 中，八台电动机共有 40 个仿真控制元件，完成后单击 S7-PLCSIM V15 仿真视图中的“保存项目”图标。

4）程序调试。以 OB1 和 FC1 调试为例，调出 OB1 和 FC1 梯形图编制界面，分别按下梯形图编制界面中的“启用/禁止监视”图标，使两个界面进入仿真调试状态。在 S7-PLCSIM V15 仿真视图中，逐一双击 M1-正转按钮、M1-反转按钮和 M1-停止按钮，以观察 OB1 和 FC1 梯形图的逻辑执行过程和结果，以验证和调试梯形图。

二、基于有参 FC 的梯形图编制

基于有参 FC 的梯形图编制的思路是：编写一个八台电动机通用的有参 FC 块，再编制 OB1 程序，根据八台电动机不同的工作状态，有选择地调用 FC 块，即电动机处于工作状态才调用通用的 FC 块，通用的 FC 块中梯形图执行结果也仅返回给调用 FC 的电动机。

（一）编制 FC 块形参表

在完成八电动机单独控制的 PLC 硬件组态和变量表设置后，在项目树中选择“八电动机 PLC 基于 FC 有参（编程项目名）”→“程序块”，双击“添加新块”，弹出“添加新块”对话框。选择“函数”图标，设置名称为“正反转控制子程序”，语言为“LAD”（梯形图），单击“确定”，进入 FC 块梯形图编制界面，同时项目树中出现“正反转控制子程序 [FC1]”目录。对于有参 FC 的梯形图编制，必须设置形参表，其步骤分为展开形参表、设置形参等。

1）展开形参表。形参是形式参数的简称，形式参数是一种通用的变量，形式参数在 FC 中被调用时，通过 OB1 程序将每一个形式参数与实际的 PLC 变量建立一一对应关系，使 FC 中的梯形图按照调用对应关系的 PLC 变量运行。设置形参表的过程如图 14-37 所示。

在 FC 块梯形图编制界面上端有块接口（❶），块接口下方有“（收拢形参表）”▲图标和“展开形参表”▼图标（❷），单击“展开形参表”图标，展开电动机正反转子程序（❸）的形参表。

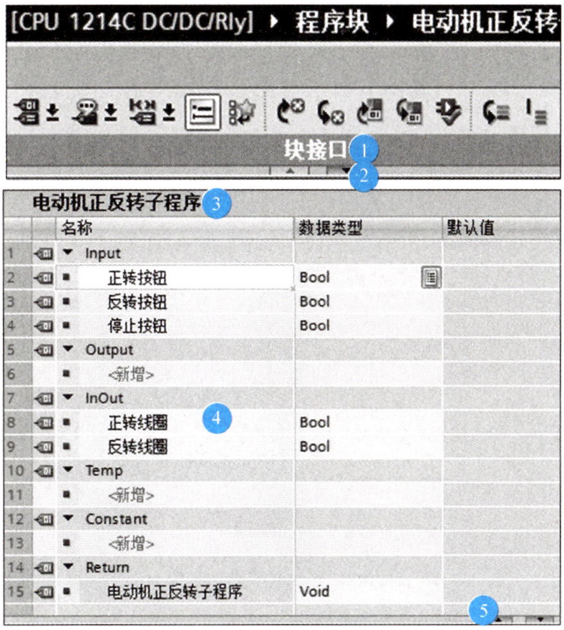

图 14-37 八电动机控制项目 FC 块形参表设置

2）设置形参。在展开的形参表中，六类形参的涵义为：Input 表示输入参数，由调用它的块提供 PLC 输入变量的数据；Output 表示输出参数，返回给调用它的块的程序执行结果数据，该类参数不能进行读写操作；InOut 表示输入和输出参数，初值由调用它的块提供，块执行后将执行结果返回给调用它的块，该类参数可以进行读写操作；Temp 表示临时数据，暂时保存局部数据堆栈中的数据，临时数据在执行块时使用，执行完后，不能保存；Return 表示返回值，是一种输出参数。

在 Input 中，设置正转按钮、反转按钮和停止按钮三个形参。因在梯形图中有自锁环节，该环节执行时需要对输出值进行读写操作，故在 InOut 中，设置正转线圈和反转线圈两个形参。软件自动为 Return 设置了电动机正反转子程序的形参。形参表设置完成后，单击“收拢形参表”图标。

（二）编制 FC 块梯形图

在 FC 块梯形图编制界面，使用设置的形参编写 FC 块，即电动机正反转控制的有参 FC 梯形图如图 14-38 所示。

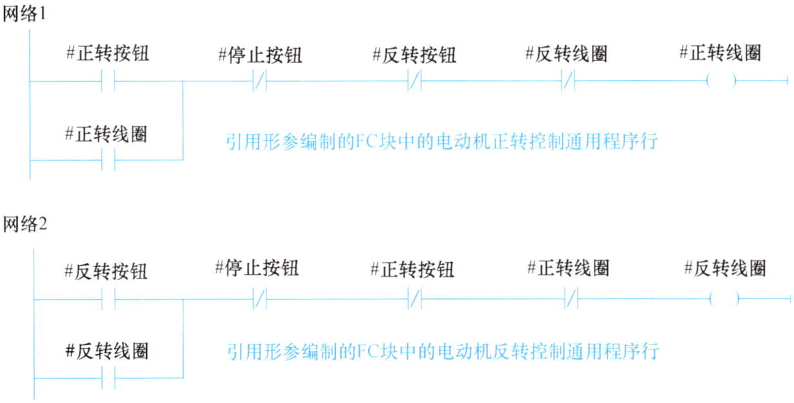

图 14-38 电动机正反转控制的有参 FC 梯形图

（三）编写 OB1 梯形图

有参 FC 块梯形图编制完成后，双击程序块中的“Main［OB1］”，弹出 OB1 梯形图编制界面。在项目树中，选择“电动机正反转控制子程序［FC1］”，按住鼠标左键，将之拖移到梯形图第一行，接着为5个形参接口对接电动机M1的5个PLC变量。完成后再将FC1拖移到梯形图第一行，安排在上一个调用块之后，并为其对接电动机M2的5个PLC变量。一行中放置的FC调用块的数目不限。采用相同的办法，完成第二行、第三行和第四行的FC调用块，如图14-39所示。

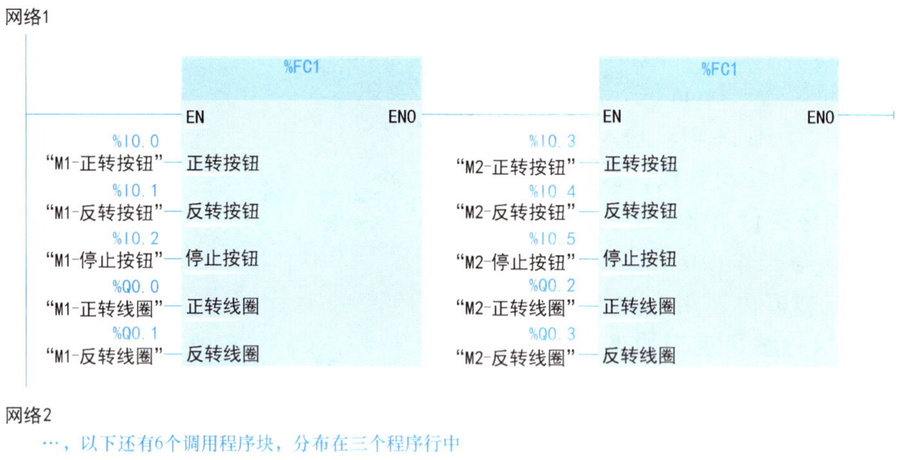

图14-39　OB1中调用有参FC块的梯形图

在有参FC块的梯形图中的八台电动机正反转控制的8个调用中，每一次使用同一个FC块，仅需将每一台电动机的PLC变量与有参FC的形参进行8次匹配，即可完成OB调用程序的编写。与基于无参FC的梯形图相比，当8个FC块的梯形图结构相同时，使用有参FC块可以减少FC块的数目。

三、基于FB的梯形图编制

在电动机正反转控制项目中，正转操作和反转操作之间过于频繁时，将急剧增大电动机绕组中的瞬时电流，甚至产生火花和烧损绕组，必须对八台电动机正反转梯形图进行完善。完善后的正反转控制梯形图的逻辑是：当一台电动机的正转按钮按下时，在 N 秒（如10s）内按下反转按钮将失效，N 秒后，再按下反转按钮有效。实现以上控制逻辑需要增加定时器功能，而定时器的预设值需要使用背景数据块，故电动机正反转控制子程序需采用FB。

（一）添加FB新块

在完成八台电动机单独控制的PLC硬件组态和变量表设置后，添加FB新块的过程如图14-40所示。在项目树（❶）中选择“八电动机PLC基于FB”（❷）→“PLC_1［CPU 1214C DC/DC/Rly］”（❸）→“程序块”（❹），双击“添加新块”（❺），弹出“添加新块”对话框（❻）。

单击“函数块”图标（❼），设置名称为“八电动机基于FB”（❽），选择语言为“LAD”（❾），选择编号为“自动”（❿），自动设置编号为“1”（选择自动编号时，不能修改）。设置完成后单击“确定”，进入FB块梯形图编制界面，同时项目树中出现“八电动机正反转基于FB［FB1］”目录。

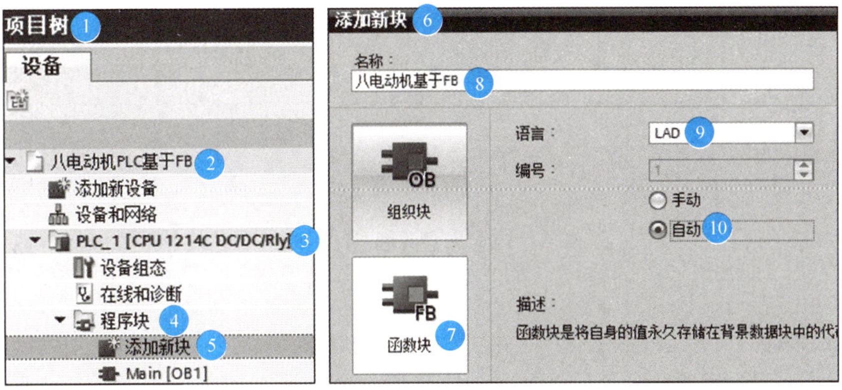

图 14-40　添加 FB 新块案例

（二）设置 FB 形参表

在 FB 块梯形图编制界面中，单击块接口下方的“展开形参表”图标，展开的形参表如图 14-41 所示。FB 形参表中六类形参的涵义为：Input 表示输入参数，由调用它的块提供 PLC 输入变量的数据；Output 表示输出参数，返回给调用它的块的程序执行结果数据，该类参数不能进行读写操作；InOut 表示输入和输出参数，初值由调用它的块提供，块执行后将执行结果返回给调用它的块，该类参数可以进行读写操作；Static 表示静态变量，用于 FB 背景数据块中存储静态中间结果，FB 会保留静态数据，直到数据被覆盖；Temp 表示临时数据，暂时保存局部数据堆栈中的数据，临时数据在执行块时使用，执行完后，不能保存；Constant 表示常数值，为块指定常数。

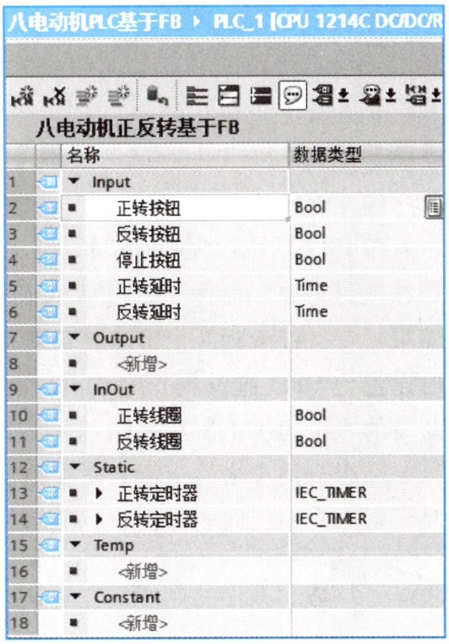

图 14-41　八电动机控制项目 FB 形参表设置

在八电动机正反转控制项目 FB 形参表的 Input 中设置正转按钮、反转按钮、停止按钮、正转延时和反转延时五个形参，正转延时和反转延时的数据类型设置为 Time。因在梯形图中有自锁环节，该环节执行时需要对输出值进行读写操作，故在 InOut 中设置正转线圈和反转线圈两个形参。在 Static 中设置正转定时器和反转定时器两个形参，两个形参的数据类型设备为 IEC_TIMER。

（三）编写 FB 块梯形图

在 FB 块梯形图编制界面，使用设置的形参编写 FB 块，即电动机正反转控制的有参 FB 梯形图如图 14-42 所示。在网络 1 中，双击正转按钮、正转线圈和正转定时器输出，并对正转按钮自锁；而在网络 2 中，正转定时器 . Q 常闭触点断开。

接着在网络 2 中，双击反转按钮，导致网络 1 断路，正转定时器关断，在正转延时未到达期间网络 2 中的正转定时器 . Q 常闭触点保持断开，反转线圈和反转定时器均不能输出。正转定时器计时到达后，网络 2 中的正转定时器 . Q 常闭触点才能恢复闭合，再按下反转按钮，反转线圈和反转定时器才能输出。

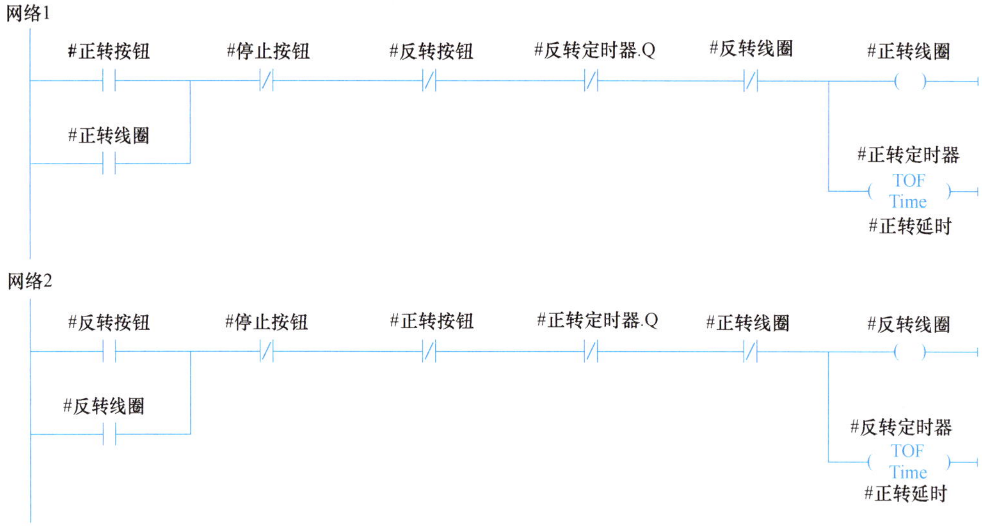

图 14-42 电动机正反转控制的有参 FB 梯形图

（四）编写 OB1 梯形图

有参 FB 梯形图编制完成后，双击程序块中的“Main［OB1］”，弹出 OB1 梯形图编制界面，在项目树中，选择“八电动机正反转控制基于 FB［FBT］”，按住鼠标，将之拖移到梯形图第一行，接着为 7 个形参接口对接电动机 M7 的 7 个 PLC 变量。其中，正转延时和反转延时设置为 10s。拖移操作完成后，软件自动为调用的 FB1 分配一个背景数据块，即项目树中新增的八电动机正反转控制基于 FB_DB［DB7］。完成后，再一次将 FB1 拖移到梯形图第一行上一个调用块之后，为其对接电动机 M8 的 7 个 PLC 变量。一行中放置的 FC 调用块的数目不限。采用相同的办法，完成第二行、第三行和第四行的 FB 调用块，如图 14-43 所示。

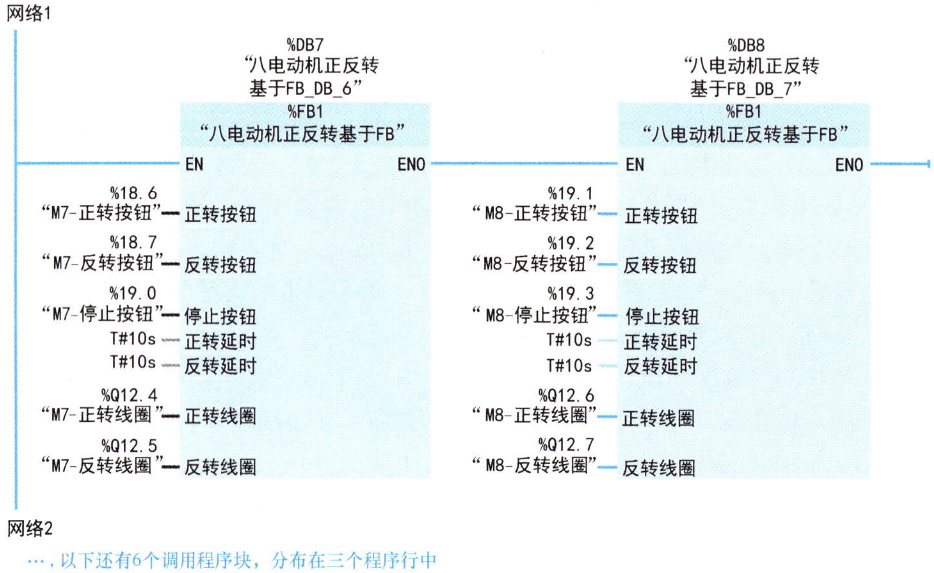

图 14-43 OB1 中调用有参 FB 的梯形图

基于 FB 的 OB1 调用梯形图编制完成后，在项目树中将新增与八台电动机对应的背景数据块，如图 14-44 所示。

（五）有参 FB 块仿真

在完成一个有参 FB 块梯形图、OB1 块以及八个背景数据块后，即可进行基于有参 FB 的八台电动机正反转控制程序进行仿真，共有七个步骤：①各个块逐一进行编译；②装载硬件和程序；③将仿真器紧凑视图转换为 S7-PLCSIM V15 仿真视图；④新建仿真项目；⑤设置 SIM 表格_1，设置八台电动机的 40 个仿真控制元件；⑥开启 OB1 块和 FB1 块的启用/禁止监视；⑦通过双击 SIM 表格_ 1 中的八台电动机的正转按钮、反转按钮和停止按钮，仿真和调试八台电动机正反转控制项目的梯形图。

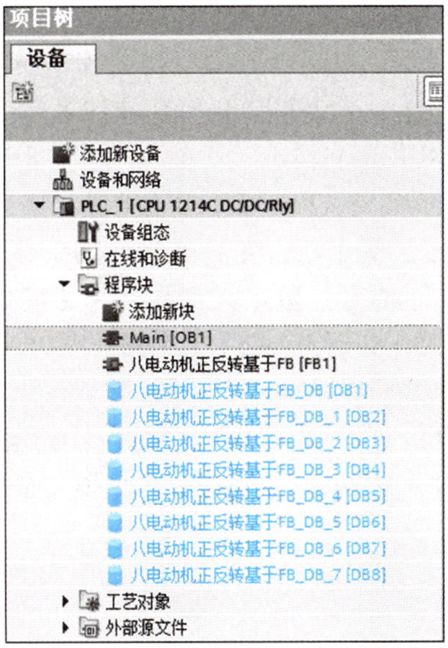

图 14-44 项目新增八个 FB 的背景数据块

课余

一、基于继电器控制的两台电动机顺序起动控制电气原理图如图 14-45 所示。重新设计为采用 S7-1200 PLC 控制，要求如下：

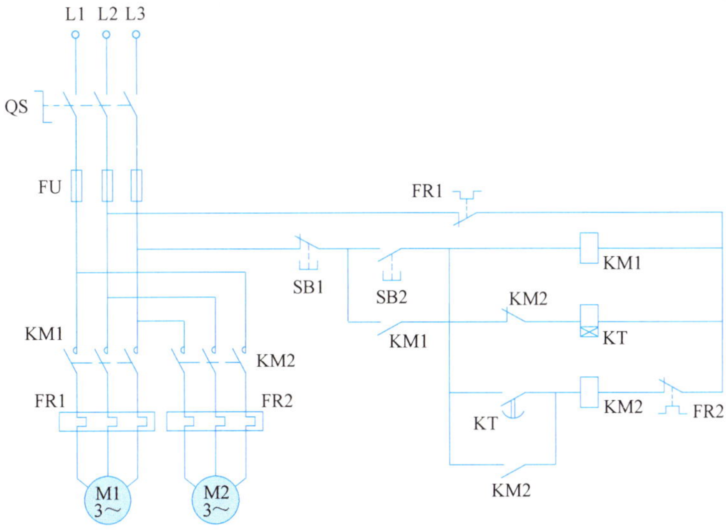

图 14-45 基于继电器控制的两台电动机顺序起动控制电气原理图

1. 解读两台电动机顺序起动控制的执行逻辑。
2. 选择合适的 S7-1200 CPU，绘制基于 S7-1200 PLC 控制的两台电动机顺序起动控制的电气原理图。

3. 编写基于 S7-1200 PLC 控制的电动机顺序起动控制的梯形图，进行程序仿真调试。

二、一个 S7-1200 PLC 硬件组态由 CPU 1214C AC/DC/Rly、一个 SB 1223 2×DC 24V 输入/2×DC 24V 输出、三个 SM 1223 8DC 输入/8 路继电器输出以及一个 SM 1221 8DC 输入组成，查询 S7-1200 PLC 相关手册，核算其电源功率与电流容量。

三、一个压力变送器量程的下限为 0MPa，上限为 High MPa，经 A-D 转换后得到 0~27648 的整数，数字 N 和压力 P 之间的转换公式为：$P=\mathrm{High}\times N/27648$。目前有四路压力检测输入，分别为 IW64、IW66、IW96 和 IW98，输出压力值对应存储在 MD10、MD14、MD18 和 MD22。

1）选择 S7-1200 PLC 模块，绘制外围接线图。

2）基于 FC 块结构化程序编写 PLC 程序。

第15章 HMI组态应用案例
CHAPTER 15

HMI是Human Machine Interface的缩写，即人机界面（触摸屏）。HMI具有过程可视化、设备控制、报警和错误显示与管理、数据记录和归档及配方的管理等功能。

过程可视化指通过HMI，将生产运行中的设备的状态和参数（如可变化颜色的文字、曲线图、彩虹图和表格等）显示在HMI上，便于操作人员查看。设备控制指通过触摸屏向生产运行中的设备直接下达操作指令和参数等。报警和错误显示与管理指在HMI上直接显示出相关的报警信息和错误的发生点，便于操作人员在现场迅速解决问题，恢复生产。数据记录和归档指HMI中对生产过程中的数据进行简单的记录和归档，便于现场快捷查看和调试等。配方的管理指在HMI中对每种产品的生产工艺参数进行管理。

本章以设计电动机正停反控制项目的HMI监控界面为例，介绍HMI的设计方法和步骤。

15.1 电气接线设计

在电动机正停反控制项目中，选用S7-1200 CPU 1214C DC/DC/DC模块（订货号：6ES7 214-1AG40-0XB0），以及SIMATIC精简系列7″显示屏的KTP700 Basic（订货号：6AV2 123-2GB03-0AX0）。

15.1.1 电气供电和I/O分配

6ES7 214-1AG40-0XB0是CPU 1214C型号中的一个模块，其输入和输出端供电为DC 24V，模块接线如图15-1所示。KTP700 Basic 6AV2 123-2GB03-0AX0的供电也为DC 24V，与CPU之间用PROFINET网线通信，如图15-2所示。

根据电动机正停反的控制要求以及选用的S7-1200 PLC的CPU模块和触摸屏，设计供电方案、I/O接口分配。

开关电源从主回路的一根三相导线和一根零线接入220V单相交流电，输出DC 24V电供到CPU和触摸屏。

电动机正停反的三个输入信号电器为正转按钮、反转按钮和停止按钮，两个输出信号电器为正转交流接触器和反转交流接触器。由于触摸屏可以替代物理按钮器件，故分配内部编程元件 M2.1 为正转按钮，M2.2 为反转按钮，M2.3 为停止按钮。输出端 Q0.0 接电动机正转控制交流接触器线圈，Q0.1 接电动机反转控制交流接触器线圈。

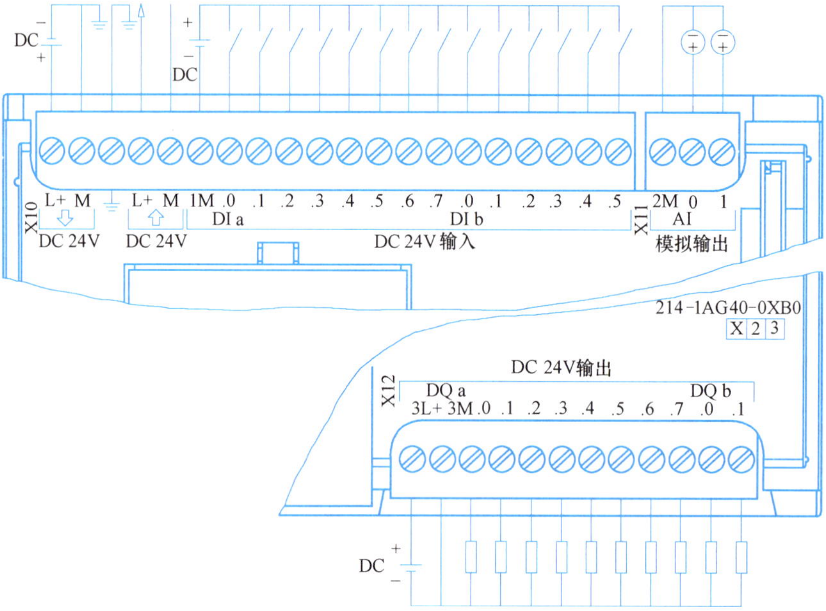

图 15-1 6ES7 214-1AG40-0XB0 模块接线图

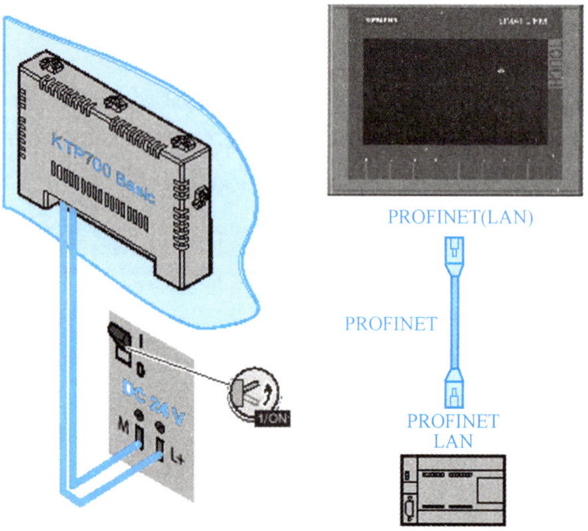

图 15-2 KTP700 Basic 接线图

15.1.2 PLC 和 HMI 电气原理图

基于 S7-1200 PLC 和触摸屏的电动机正停反电气原理图共 4 张，如附录 G 图 G-1 ~ 图 G-4 所示。在图 G-1 中，电源开关 QS 之后的熔断器 FU 用作短路保护，热继电器 FR 用作热过载保护。QS1 将 AC 220V 接到开关电源 VC1 输入端，输出 DC 24V，经 L18 导线和 L19

导线为 PLC 和触摸屏供电。

在图 G-2 中，增加一个闭锁式常开触点停止按钮 SB，接至 PLC 的 I0.0 接口，在调试或触摸屏故障时，可以通过手动方式操作停止按钮 SB，使电动机停转。PLC 的 I0.0 接口上也可接入一个闭锁式常闭触点的停止按钮，但在 TIA Portal 中，只能按每一个输入接口上接入为常开触点进行编程，程序调试成功后，需将所有对应的编程元件取反。开关电源的 DC 24V 电接至 L+和 M 端，从 L+端引出的 DC 24V 电接至输入端的 SB 上端，M 端引出 DC 0V 接至 1M 端。从 1M 端和 SB 上端引出的 DC 24V 电再转接到 PLC 输出端供电接口。

在图 G-3 中，3L+端接入 DC 24V，3M 端接入 DC 0V。Q0.0 端接入控制电动机正转的 KM1 线圈，并串联互锁的常闭触点 KM2。Q0.1 端接入控制电动机反转的 KM2 线圈，并串联互锁的常闭触点 KM1。KM1 和 KM2 线圈的出线端接到热继电器的常闭触点上。输出端连接的两个交流接触器的线圈工作电压为 DC 24V，可以选择 3TS 型或 NC1 型交流接触器，两种型号的接触器均可配装 DC 24V 线圈。

在图 G-4 中，CPU 模板和触摸屏用 PROFINET 网线进行通信，开关电源输出的 DC 24V 电连接至触摸屏的 L+和 M 端。

15.2 PLC 组态和编程

启动 TIA Portal 软件到达第一个界面后，直接单击左下方的项目视图，进入工作界面。单击菜单栏“项目”→“新建”，弹出“创建新项目”对话框，设置项目名称为“电动机正停反（PLC+触摸屏）”，路径为“选择的工作文件所在位置”，如 C:\Users\ Administrator\ Desktop。单击“创建”，等待片刻，完成创建新项目。

15.2.1 硬件组态

硬件组态指在 TIA Portal 工作界面中搭建 PLC 控制系统，要求控制系统中选用的 CPU 模块和触摸屏型号与实际完全一致。

一、添加 CPU 和 HMI 设备

添加 CPU 模块和 HMI 的过程如图 15-3 所示。在项目树中，选择“设备”→“电动机正停反（PLC+触摸屏）”，双击“添加新设备”（①）。

在弹出的“添加新设备”对话框中，单击“控制器”图标（②），根据基于 S7-1200 PLC 和触摸屏控制的电动机正停反项目的设计和选型结果，在右侧展开的控制器中，选择“SIMATIC S7-1200”→“CPU”→“CPU 1214C DC/DC/DC”→“6ES7 214-1AG40-0XB0”（③），单击“确定”。

等待片刻，工作界面中弹出电动机正停反（PLC+触摸屏）的设备视图（④），选用的 CPU 模块出现在机架中。

采用相同的方法，单击“HMI”图标（⑤），在右侧展开的 HMI 中选择“SIMATIC 精简系列面板”→“7″显示屏”→“KTP700 Basic”→“6AV2 123-2GB03-0AX0”（⑥），单击“确

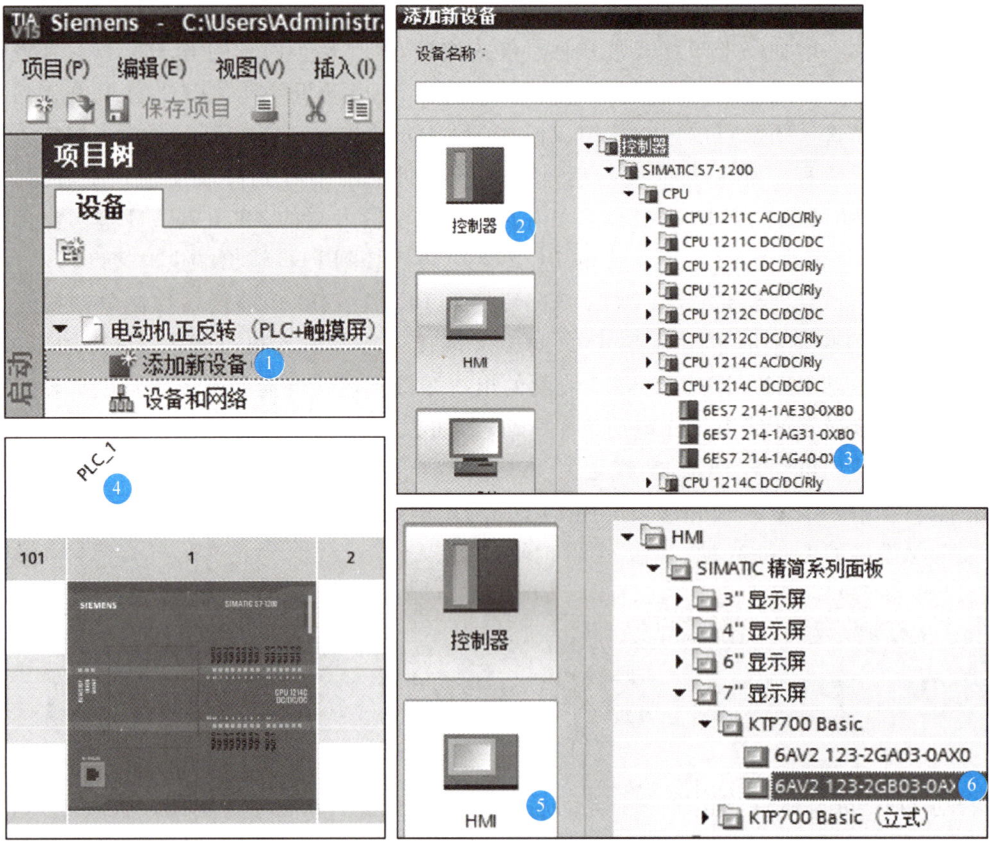

图 15-3　CPU 和 HMI 硬件组态

定”，弹出“HMI 设备向导：KTP700 Basic PN”对话框。

按照向导进行组态操作，优点是过程完整，缺点是缺乏灵活性。由于电动机正停反控制项目较为简单，向导中有些步骤是不需要的，故单击“HMI 设备向导：KTP700 Basic PN”对话框中的“取消”，弹出“取消 HMI 设备向导？”提示框，单击“确定”，工作界面中出现 KTP700 Basic 的组态初始界面，如图 15-4 所示。

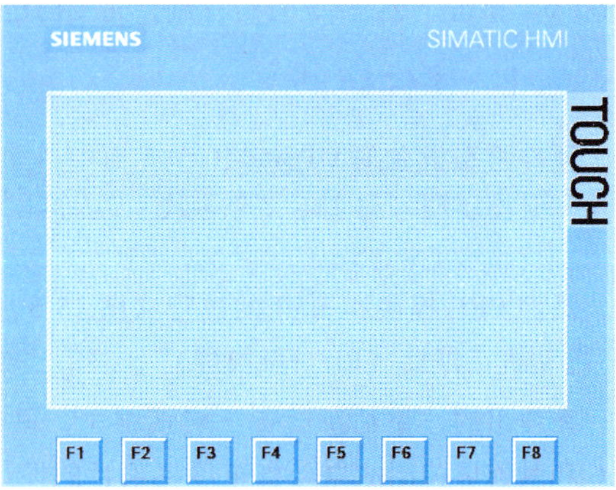

图 15-4　KTP700 Basic 的组态初始界面

二、建立 CPU 和 HMI 通信

建立 CPU 和 HMI 通信的过程如图 15-5 所示。在项目树中选择“设备”→“电动机正停反（PLC+触摸屏）”，双击“设备和网络”（①）。

等待片刻，CPU（②）和 HMI（③）同时出现在网络视图中。

选中 CPU 的网络接口（④），按住鼠标左键向 HMI 网络接口移动，到达（⑤）后释放，在 CPU 和 HMI 之间便建立了 PN/IE_1 的通信。

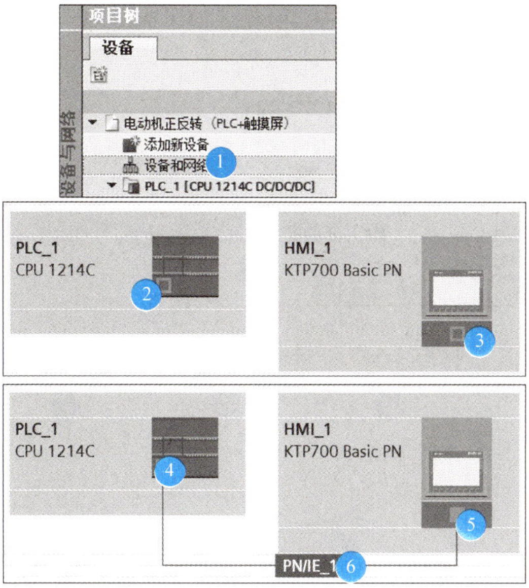

图 15-5　建立 CPU 和 HMI 通信

15.2.2　PLC 编程

PLC 编程分为变量表定义和程序编写两个步骤。

一、定义 PLC 变量表

定义 PLC 变量表的方法和过程如图 15-6 所示。在项目树中选择“设备”→“电动机正反转（PLC+触摸屏）”→“PLC_1[CPU 1214C DC/DC/Rly]”→“PLC 变量”→“添加新变量表”（1），双击下方出现的“变量表_1[0]”（2）。弹出电动机正停反（PLC+触摸屏）（3）的变量表编辑界面，根据 I/O 分配设计，在变量表_1 中填写完成六个编程元件的名称、数据类型和地址（4），要求数据类型、地址两项内容和 I/O 分配设计结果完全一致。

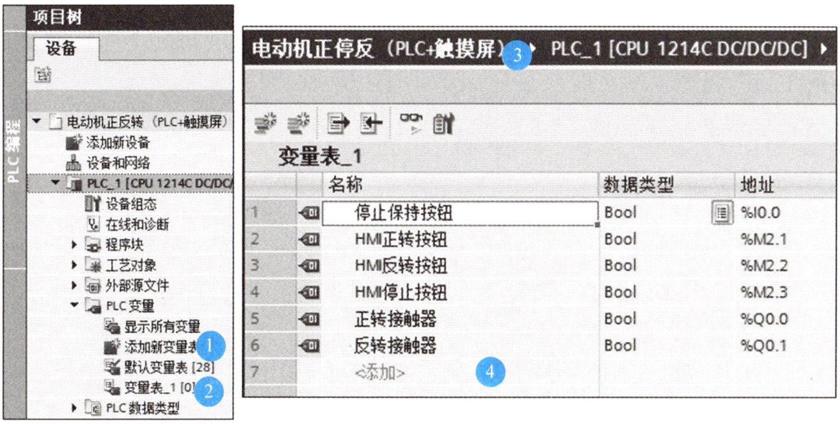

图 15-6　定义 PLC 变量表

二、编写 PLC 程序

基于 S7-1200 PLC 和触摸屏控制的电动机正停反程序的编制过程和结果如

图 15-7 所示。在项目树中选择“设备”→“PLC_1[CPU 1214C DC/DC/Rly]”→“程序块”，双击“Main［OB1］”，进入编程界面。

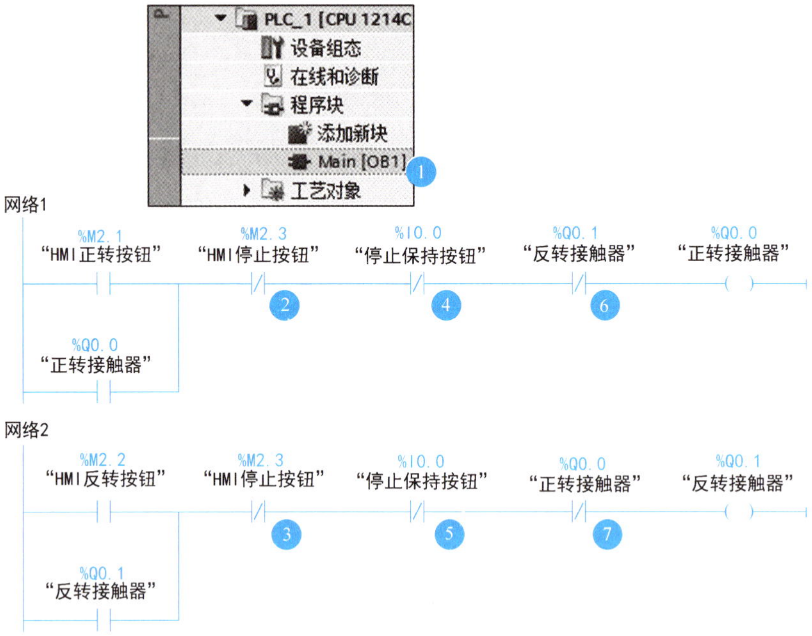

图 15-7　基于 S7-1200 PLC 和触摸屏控制的电动机正停反程序

程序中的 HMI 停止按钮②和③使用触摸屏画面中的停止按钮。但程序中的停止保持按钮④、⑤使用一个连接在 CPU 的 I0.0 接口上的保持型常开触点按钮。反转接触器的常闭触点⑥和⑦构成了电动机正转和反转的互锁，与接在 Q0.0 和 Q0.1 输出接口外部的两个物理常闭触点形成双重互锁关系，以增加设备的安全性。

15.2.3　HMI 画面

HMI 画面既是电动机正停反工作状态的监控画面，也是对电动机正停反的操作画面。

一、HMI 画面布置

HMI 画面布置创建结果如图 15-8 所示。在 TIA Portal 下方单击“画面_1”（①），将空

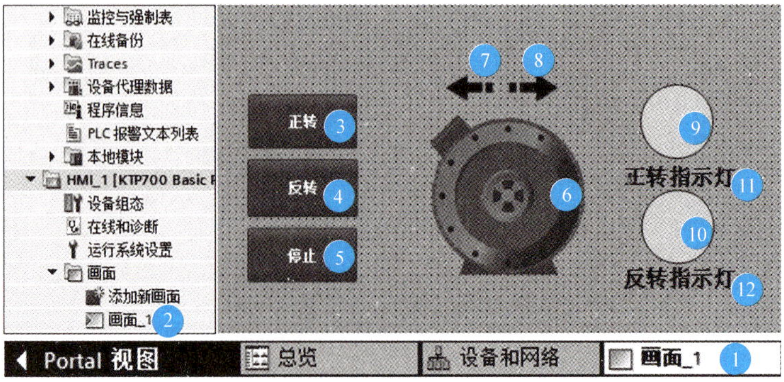

图 15-8　电动机正停反 HMI 画面

画面显示在工作界面中。如果画面_1 已关闭，则在左侧项目树中选择“HML_1[KTP700 Basic…]”→“画面”，双击“画面_1”(②)，可调出画面_1。

（一）调用按钮图形

根据项目控制要求，HMI 画面中的正转、反转和停止（图 15-8 中③~⑤）三个按钮的调用路径参考：展开工作界面右侧的工具箱，在“选项”→“元素”中选择“按钮”，按住鼠标左键拖移到画面合适位置释放，按钮大小可以调节，将按钮上的“Text”标签修改为“正转”“反转”和“停止”。

（二）调用电动机模型

画面中的电动机模型（图 15-8 中的⑥）是一个图片，调用参考路径如图 15-9 所示。展开工作界面右侧的工具箱，选择“选项”→“图形”（①）→“WinCC 图形文件夹”（②）→“Equipment”（③）→“Automation [EMF]”(④)→“Motors”(⑤)。在下方的图形窗口中选择一个合适的图标模型（⑥），拖移到画面中。

（三）调用正反停箭头图形

画面中表示电动机正停反的箭头（图 15-8 中的⑦和⑧）的调用路径如图 15-10 所示。在工具箱中选择“选项”→“图形”→“WinCC 图形文件夹”→“Navigate &operate”→“Button icons[PNG]”→“Blue grey”→“26×22”。在下方的图形窗口中选择①和②图标。

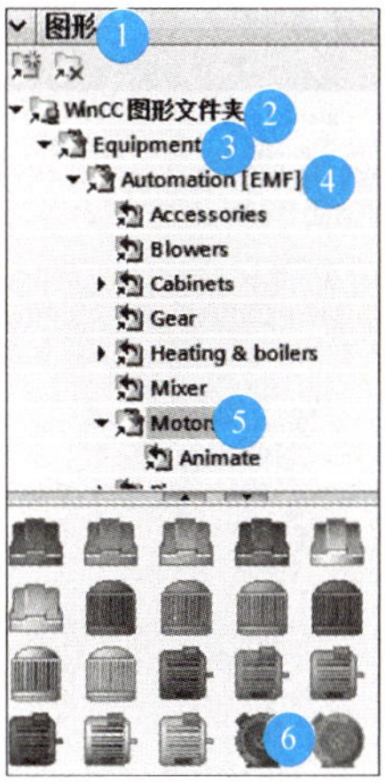

图 15-9 电动机模型调用路径

图 15-10 电动机正停反箭头图形

（四）调用指示灯图形

画面中表示电动机运行状态的指示灯图形（图 15-8 中的⑨和⑩）的调用路径为：在工具箱中选择“选项”→“基本对象”选择圆形并拖移到画面中。

（五）调用标注文字

画面中两个指示灯的标注文字（图 15-8 中的⑪和⑫）的调用路径为：在工具箱中选择“选项”→“基本对象”→“文本域”，拖移到画面中后，修改文本域名称。

二、HMI 元件定义

在 HMI 画面布置的元件中，两个指示灯的标注文字“正转指示灯”“反转指示灯”以及电动机模型图标在 HMI 的监控或操作过程中始终保持不变，属于静态元件。除了静态元件，其余元件均会在 HMI 的监控或操作过程中发生某种变化，属于动态元件。每一个动态元件均需进行定义。

（一）定义正停反箭头的可见性

表示电动机正转的箭头定义要求是：在正转状态时可见，其余状态下不可见。其定义过程如图 15-11 所示。

在 HMI 画面中，选择正转箭头图标（1），右击，选择“属性”（2）。在工作界面下方的信息栏中单击“动画”标签（3），选择“显示”→“添加新动画”（4），双击。在弹出的“添加动画”对话框（5）中选择“可见性”（6），结果如图 15-12 所示。

在左侧的“动画”→“显示”中增加了可见性目录。在右侧的“可见性”窗口中，设置过程-变量-范围为从 1 至 1，即当某个变量的值为 1 期间，正转箭头均为可见。右边的可见性选择“可见”。

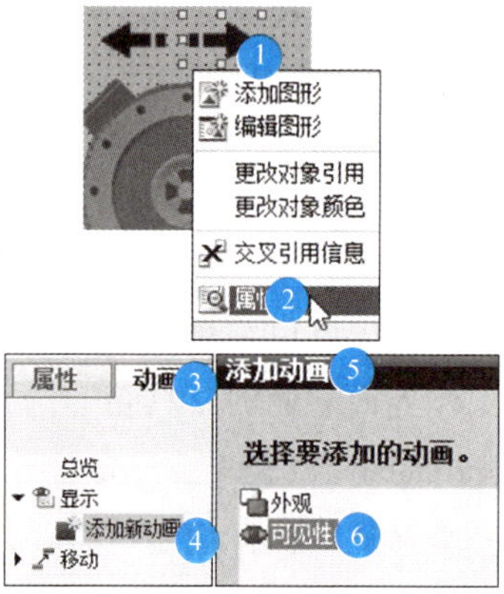

图 15-11 添加正转箭头的可见性

在项目树中选择“PLC_1”→“PLC 变量”（7）→“变量表_1”（8）。

在项目树下方的详细视图（9）中，选择“正转接触器”（10），将其拖移到“动画”选项卡“可见性”窗口的过程-变量下方的输入框（11）中，从而使正转箭头的可见性与正转接触器匹配在一起。

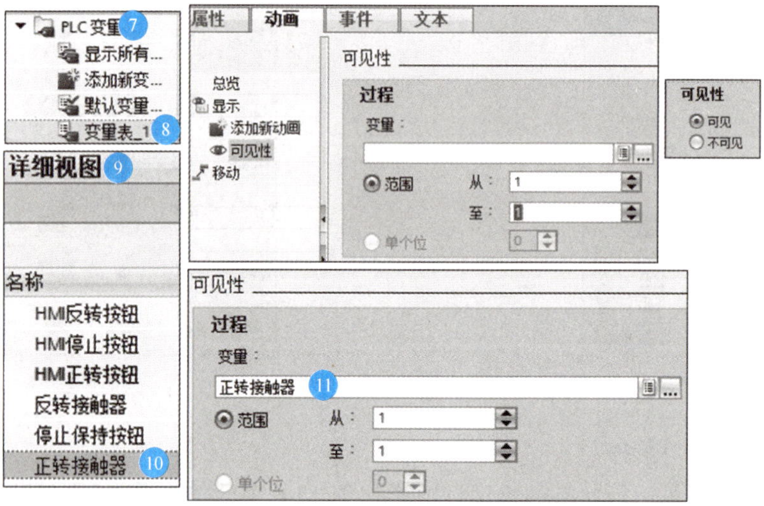

图 15-12 箭头可见性匹配正转接触器

采用相同的方法完成反转箭头和反转接触器相互匹配。两个箭头匹配完成后，在 HMI 画面中将两个箭头重叠在一起。

（二）定义两个指示灯的外观

电动机正转指示灯的定义要求是：在电动机正转状态时，指示灯呈现绿色，其余状态下恢复为灰色。其定义过程以正转指示灯为例，如图 15-13 所示。在 HMI 画面中选择正转指示灯，右击，选择“属性”。在工作界面下方的信息栏中单击“动画”标签（1），选择“显

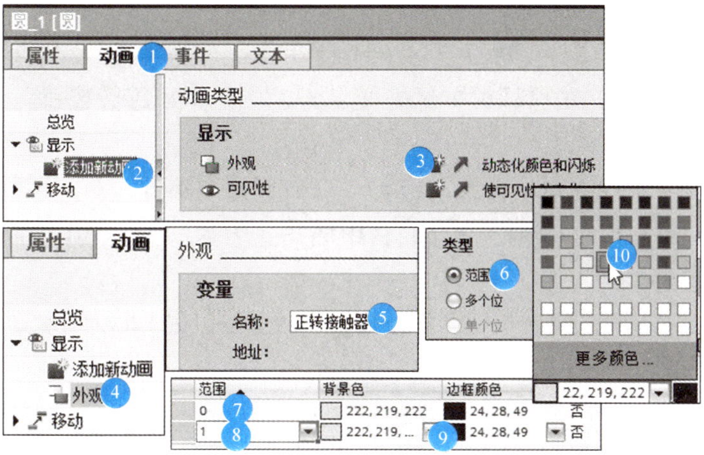

图 15-13　指示灯外观的定义

示”→“添加新动画”（2），双击。

在右侧的动画类型-显示中双击动态化颜色和闪烁前的图标（3）。选择左侧“添加新动画”下方出现的“外观”（4）。

在项目树中展开变量表，将变量表中的“正转接触器”（5）和外观-变量-名称进行匹配。在外观右边的类型选项组中选择“范围”（6）。

在外观下方的“范围”单元格中单击鼠标，设置范围为“0”（7）和“1”（8）。

单击范围“1”右边的背景色选择框内的“▼”图标（9），在展开的颜色图谱中选择绿色。

采用相同的方法定义反转指示灯的外观。

（三）定义按钮的事件属性

以正转按钮为例，要求按下正转按钮后处于置位状态，释放正转按钮后处于复位状态。定义过程如图 15-14 所示。在 HMI 画面中选择正转按钮（1），在右侧的“属性”窗口中，

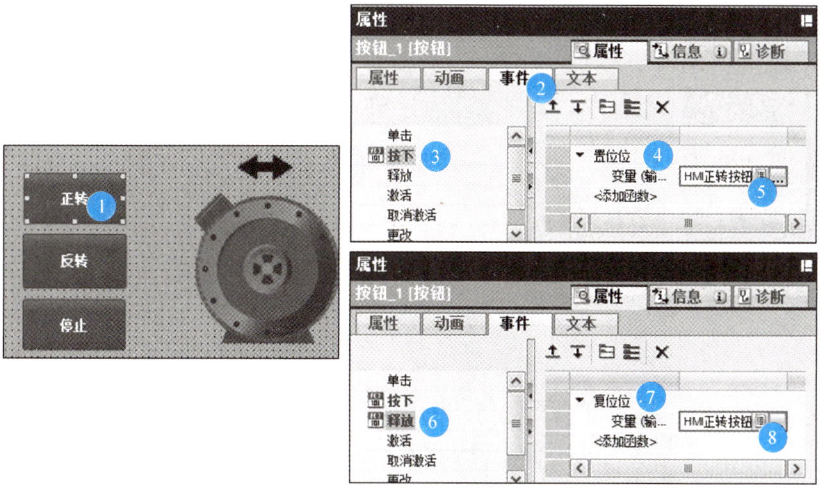

图 15-14　正转按钮的定义过程

选择“事件”选项（②）卡。

在左侧栏中选择“按下”（③），在右侧栏中单击“添加函数”，在下拉列表框中输入和选择“置位位”（④），在项目树中展开变量表，将“HMI 正转按钮”（⑤）和“置位位”的变量相匹配。

在“事件”选项卡中选择“释放”（⑥），在右侧栏中单击“添加函数”，在下拉列表框中输入和选择“复位位”（⑦），在项目树中展开变量表，将“HMI 正转按钮”（⑧）和复位位的变量相匹配。

采用相同的方法，设置反转按钮和停止按钮，两个按钮按下时为置位位，释放时为复位位，并进行变量匹配。

15.3 PLC 和 HMI 仿真

使用 TIA Portal 可以在软件中进行 PLC 和 HMI 的联合仿真，以验证程序的正确性。

15.3.1 下载 PLC 组态和程序

下载 PLC 组态和程序分为调用下载工具、软硬件装载以及下载结果审阅三个步骤。

一、调用下载工具

调用下载工具过程如图 15-15 所示。在项目树中，选择“电动机正停反”→“PLC_1［CPU 1214C DC/DC/Rly］”→“程序块”，双击“Main［OB1］”，弹出程序编制界面。

图 15-15　调用 PLC 仿真器和组态下载工具

在工具栏中单击“开始仿真”图标（①），等待片刻后，界面中将弹出 CPU 仿真器（②）和“扩展的下载到设备”对话框（③）。单击接口/子网的连接下拉列表框（④），选择“PN/IE_1”(⑤)。单击“开始搜索”（⑥），结果编程计算机和 CPU 之间通过 PN/IE_1 建立了通信（⑦），下方的在线状态信息栏将提示扫描完成。找到了 1 个与可访问设备相兼容的设备。”单击“下载”（⑧），弹出“下载预览”对话框，如图 15-16 所示。

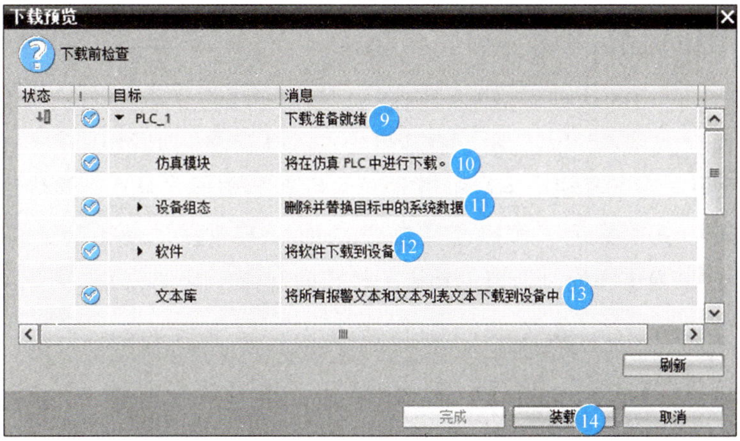

图 15-16　向 PLC 仿真器装载组态结果和 PLC 程序

二、软硬件装载

在“下载预览”对话框中出现若干条提示信息（⑨~⑬），确认正确后，单击“装载”（⑭），片刻后，出现“下载结果”对话框，如图 15-17 所示。

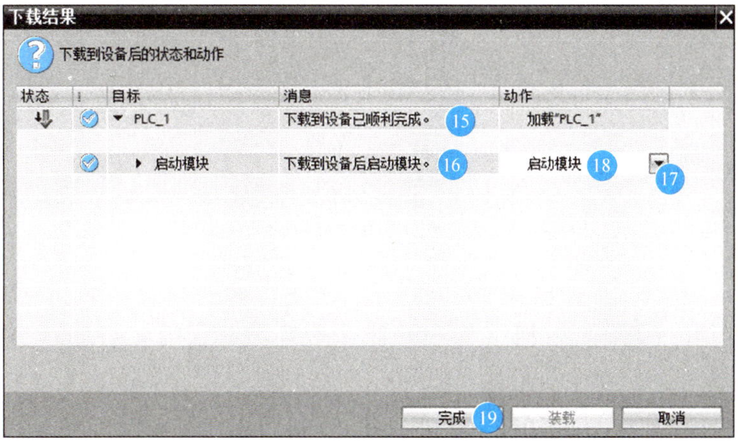

图 15-17　仿真器中组态和程序装载结果

在“下载结果”对话框中提示“下载到设备已顺利完成。”（⑮）、“下载到设备后启动模块。”(⑯)，在启动模块右侧的动作下拉列表框（⑰）中选择“启动模块”（⑱），目标前出现√，即为下载正确，确认正确后，单击“完成”（⑲），完成组态和程序下载到 PLC 仿真器的操作。

三、下载结果审阅

下载完成后，观察程序编制界面下方的消息栏，出现如图 15-18 所示的信息，说明硬件配置下载成功，连接组态下载成功，路由组态加载成功，PLC_1 已启动，“Main”下载成功，下载完成（错误：0，警告 0），可以进行下一步操作。

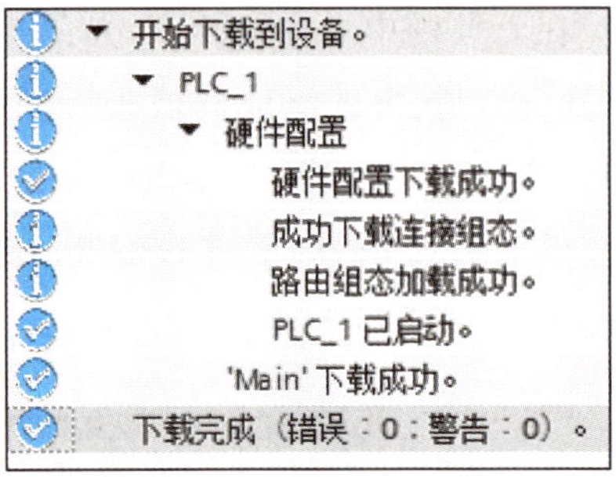

图 15-18　界面下方信息栏提示

15.3.2　HMI 仿真调试

在项目树中展开“HMI_1”，双击“画面_1”，弹出画面_1 的界面，如图 15-19 所示。在 PLC_1［CPU 1214 DC/DC/DC］仿真器中按下“RUN”按钮（①）。在工具栏中再次单击“开始仿真”图标（②），等待片刻后，弹出启动模拟提示（③），其中显示“模拟通过画面 画面_1 启动。”。单击启动模拟对话框中的“确定”（④），结果弹出画面_1，即电动机正停反的监控界面（⑤）。

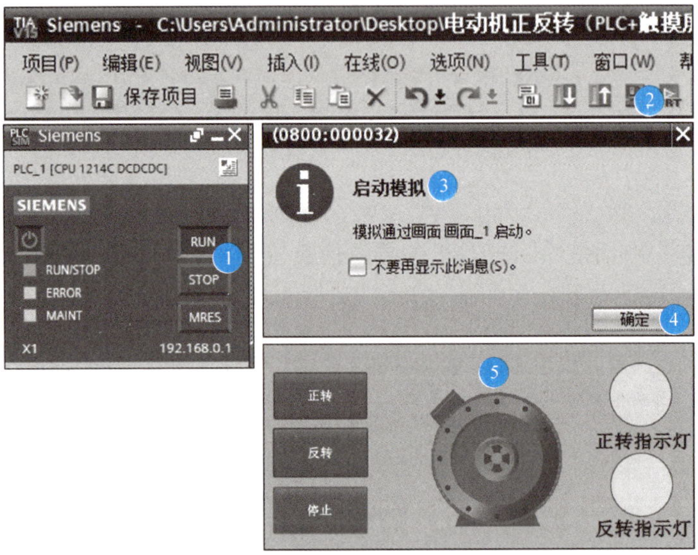

图 15-19　下载 HMI 画面到仿真器

调出的 Main［OB1］界面如图 15-20 所示。单击界面上方的“▶”，展开后选择“启用/禁止监视”图标（①）。在网络 1 和网络 2 程序段中，绿实线表示支路通，青虚线（②）表示支路断。

一、单击正转按钮

调整画面_1 和 Main［OB1］两个界面的大小，使之出现在一个屏幕中进行仿真和调试。在 HMI 界面中单击正转按钮（①），结果如图 15-21 所示。

在 HMI 界面中，正转箭头（②）显现，正转指示灯（③）变为绿色。在 Main［OB1］界面的网络 1 程序段中，支路接通并自锁；在网络 2 程序段中，支路断开。此时若在 HMI 界面中单击反转按钮，因互锁设计，电动机不能由正转变为反转。

二、单击停止按钮

在 HMI 界面中单击停止按钮，或者在 Main［OB1］界面中单击停止保持按钮，正转箭

图 15-20 程序监控界面

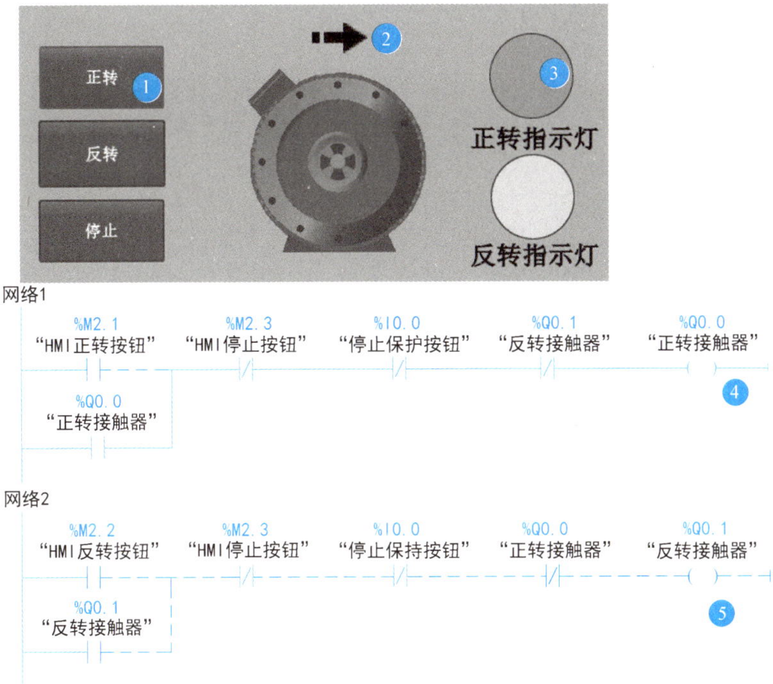

图 15-21 单击正转按钮

头消失，正转指示灯恢复为灰色。在 Main ［OB1］ 界面中，网络 1 程序段和网络 2 程序段将恢复到断开状态。

三、单击反转按钮

在 HMI 界面中单击反转按钮（❶），结果如图 15-22 所示。在 HMI 界面中，反转箭头（❷）显现，反转指示灯（❸）变为黄色。在 Main ［OB1］ 界面的网络 1 程序段中，支路断开（④）；在网络 2 程序段中，支路接通并自锁（⑤）。此时若在 HMI 界面中单击反转按钮，因互锁设计，电动机不能由反转变为正转。

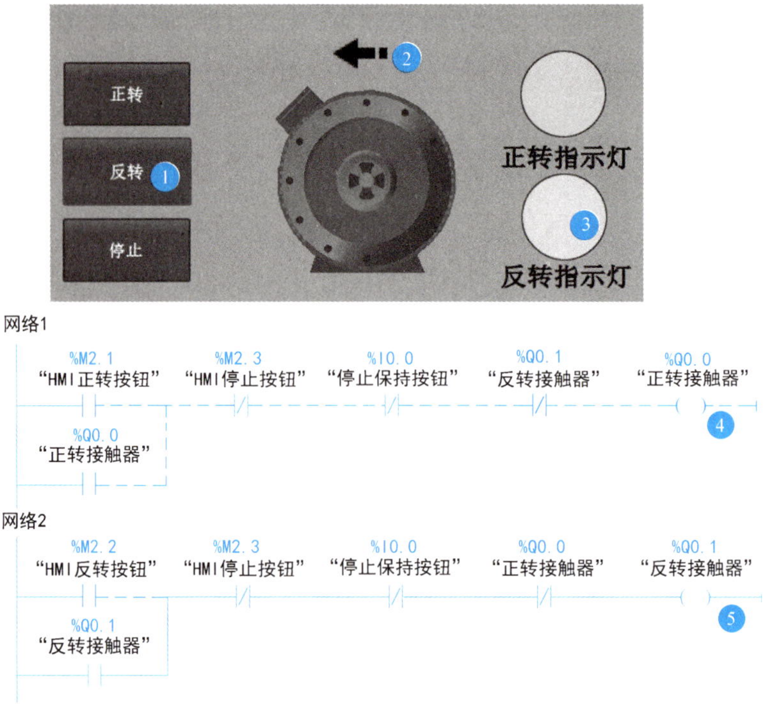

图 15-22　单击反转按钮

课余

一、设计基于 S7-1200 PLC 和 HMI 的流水灯控制装置。要求：控制五个指示灯，按下启动按钮，每秒点亮一个指示灯，依次点亮，然后又从头开始并不断循环。每个指示灯的颜色分别为红、蓝、黄、绿、紫。按下停止按钮，所有的指示灯熄灭。I/O 地址自行定义。

二、设计基于 S7-1200 PLC 和 HMI 的四人竞赛抢答器。首先主持人给出题目，并按下开始抢答按钮，开始抢答按钮信号灯亮，可以开始抢答，先按下按钮的抢答信号灯亮，后按下抢答信号灯不亮。抢答结束后，主持人再按一下开始抢答按钮，抢答信号灯熄灭。

如果有人在主持人未按下开始抢答按钮时进行抢答，则抢答信号灯闪亮，表示犯规。主持人确认犯规后，单击复位按钮，系统又继续允许各队人员开始抢答；直至又有一队抢先按下各自的抢答按钮。

三、设计基于 S7-1200 PLC 和 HMI 的交通灯装置，对十字路口交通灯进行控制，满足以下功能：按下启动按钮，东西向红灯和南北向绿灯同时点亮，东西向红灯亮 33s，南北向绿灯亮 30s 后，南北向黄灯闪烁 3s，而后南北向黄灯和东西向红灯同时熄灭。南北向红灯和东西向绿灯同时点亮，南北向红灯亮 33s，东西向绿灯亮 30s 后闪烁 3s；接着东西向绿灯熄灭，东西向黄灯亮 2s；而后东西向黄灯和南北向红灯同时熄灭；如此循环。

附　　录

附录 A　CW6132 电气原理图

CW6132 电气原理图如图 A-1～图 A-5 所示。

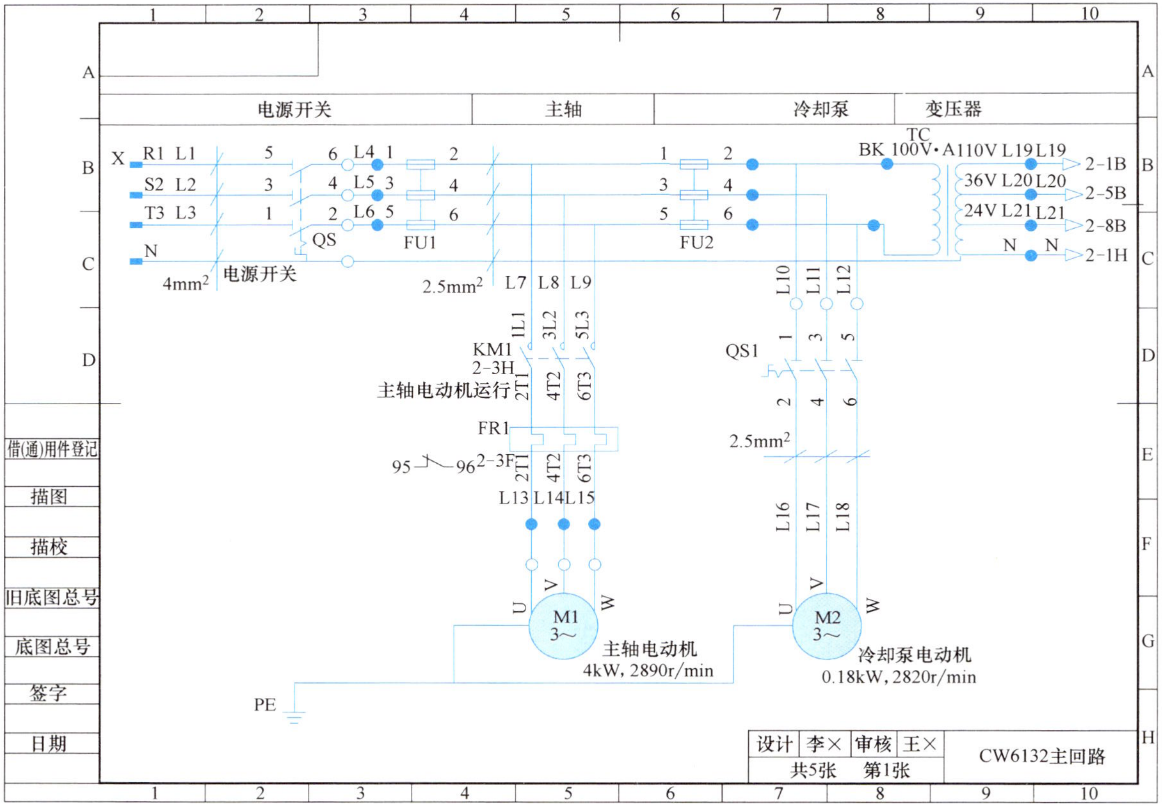

图 A-1　CW6132 主回路

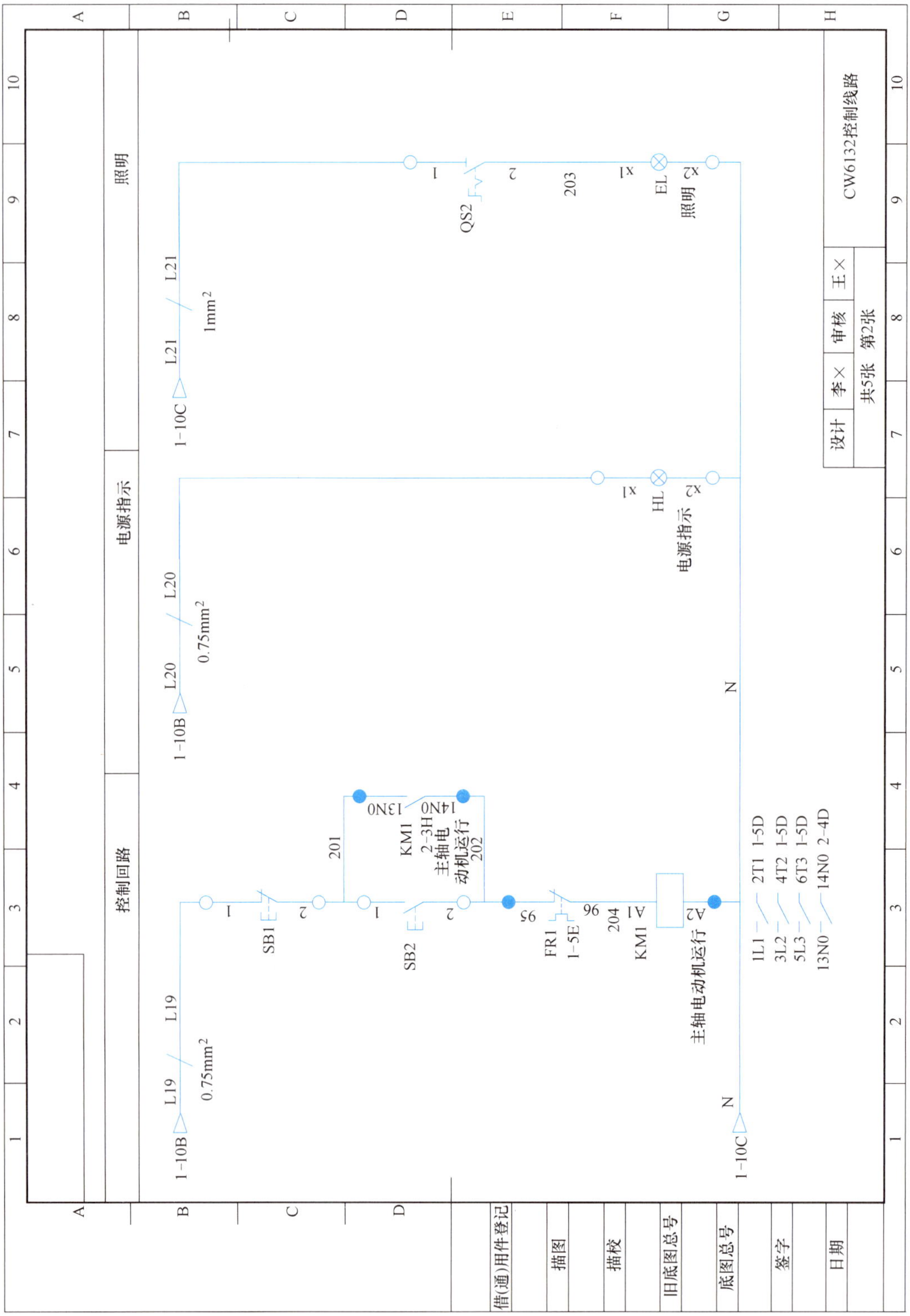

图 A-2　CW6132 控制线路

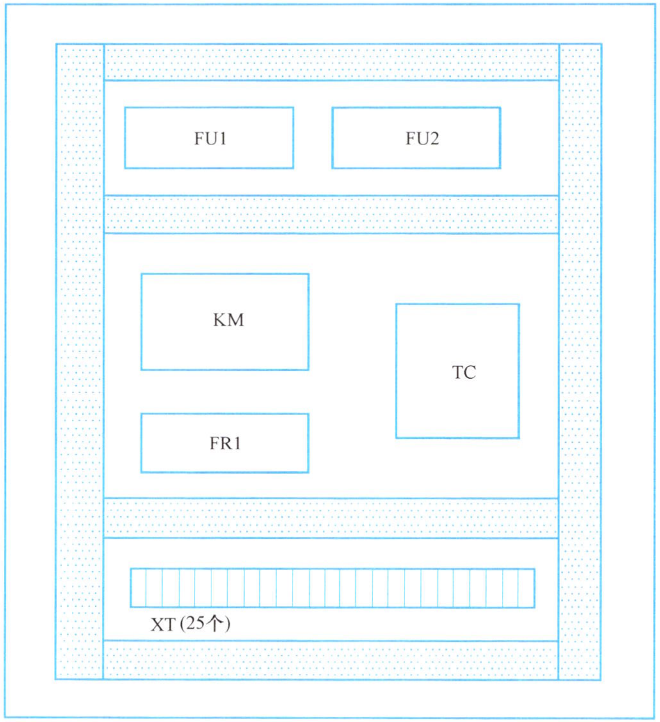

序号	元器件名称	符号	数量	长×宽×高	备注
24	冷却泵电动机	M2	1	0.18kW, 2820r/min	Y2-63M1-2
23	主轴电动机	M1	1	4kW, 2890r/min	Y112-M-2
22	电控箱		1	800×600×200	正泰NX10-8060/20
21	电源进线端子		若干	5	盛菱UK-5N
20	主回路端子		若干	2.5	盛菱UK-2.5B
19	控制回路端子		若干	1.5	盛菱UK-1.5N
18	走线槽		若干	30×30	上海日成GDR3030F
17	安装导轨		若干	35×7.5×1.0	杭州日诚TH35
16	控制回路配线		若干	层1.5	德力西BVR1.5铜芯软线
15	主回路配线		若干	红、黄、蓝、黄绿2.5	德力西BVR2.5铜芯软线
14	电源进线		若干	红、黄、蓝、黄绿4	德力西BVR4铜芯软线
13	三相四线插头	T	1		华峰T4-100A
12	钮子开关	QS2	1	6mm	MTS-102二挡
11	分路开关	QS1	1		卓诚LW26-10A/3P
10	电源开关	QS	1		卓诚LW30-80A/3P
9	起动按钮	SB2	1	$\phi29$	德力西LAY7-11BN32
8	停止按钮	SB1	1	$\phi29$	德力西LAY7-11BN42
7	机床变压器	TC	1	82×75×91	德力西JBK1-40 380V/110V
6	热继电器	FR	1	70×47×87	正泰JR36-20 10A
5	交流接触器	KM1	1	102×92×110	正泰CJT-10 110V
4	熔断体	FU2	2		德力西RT28-63 63A
3	熔断器底座		1	54×79×80	德力西RT14-20 2P
2	熔断体	FU1	3		德力西RT28-63 63A
1	熔断器底座		1	54×79×80	德力西RT28-63 3P

设计	李×	审核	王×	CW6132屏柜内电器布置图
共5张 第3张				

借(通)用件登记

描图

描校

旧底图总号

底图总号

签字

日期

图 A-3 CW6132屏柜内电器布置图

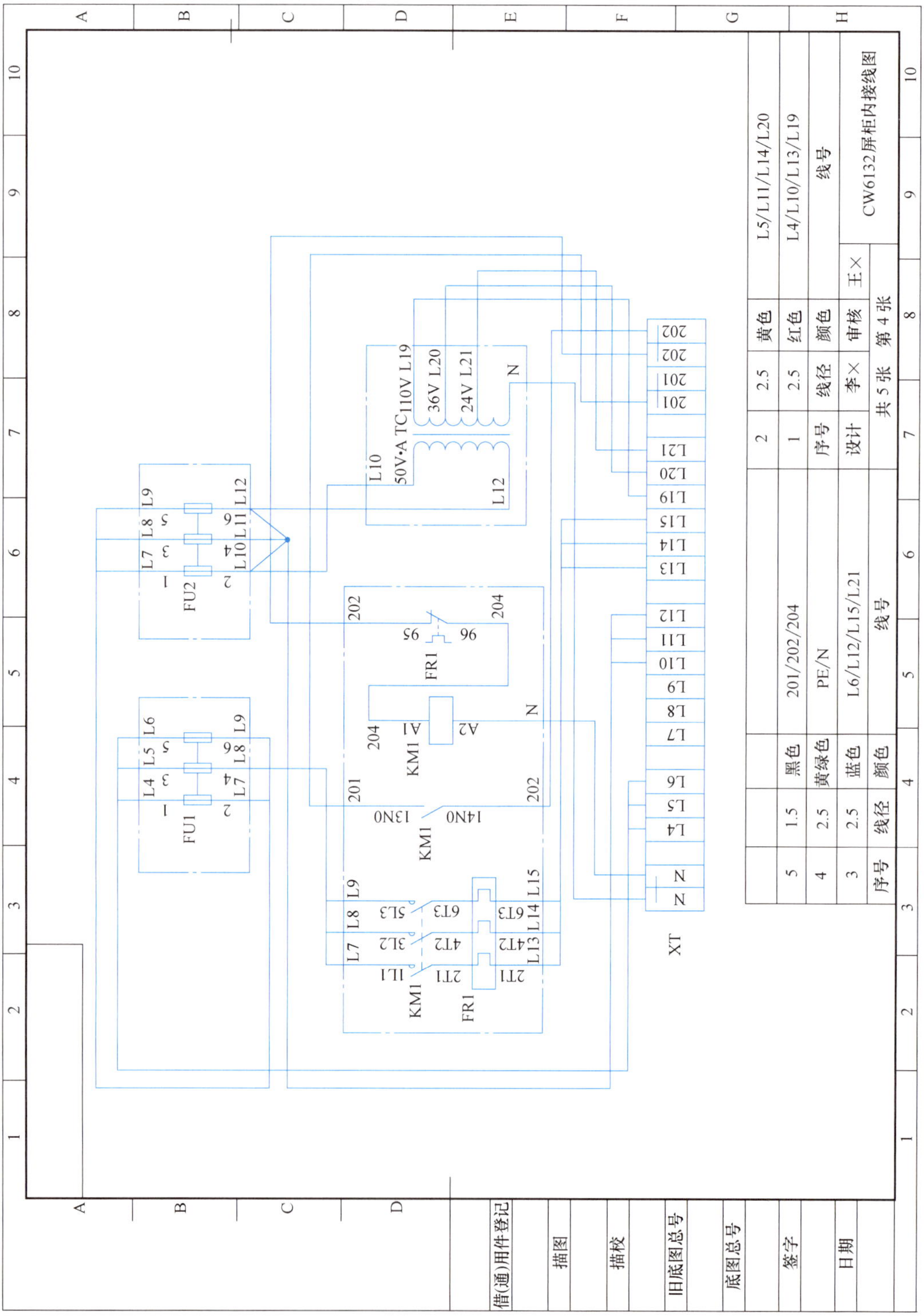

图 A-4 CW6132 屏柜内接线图

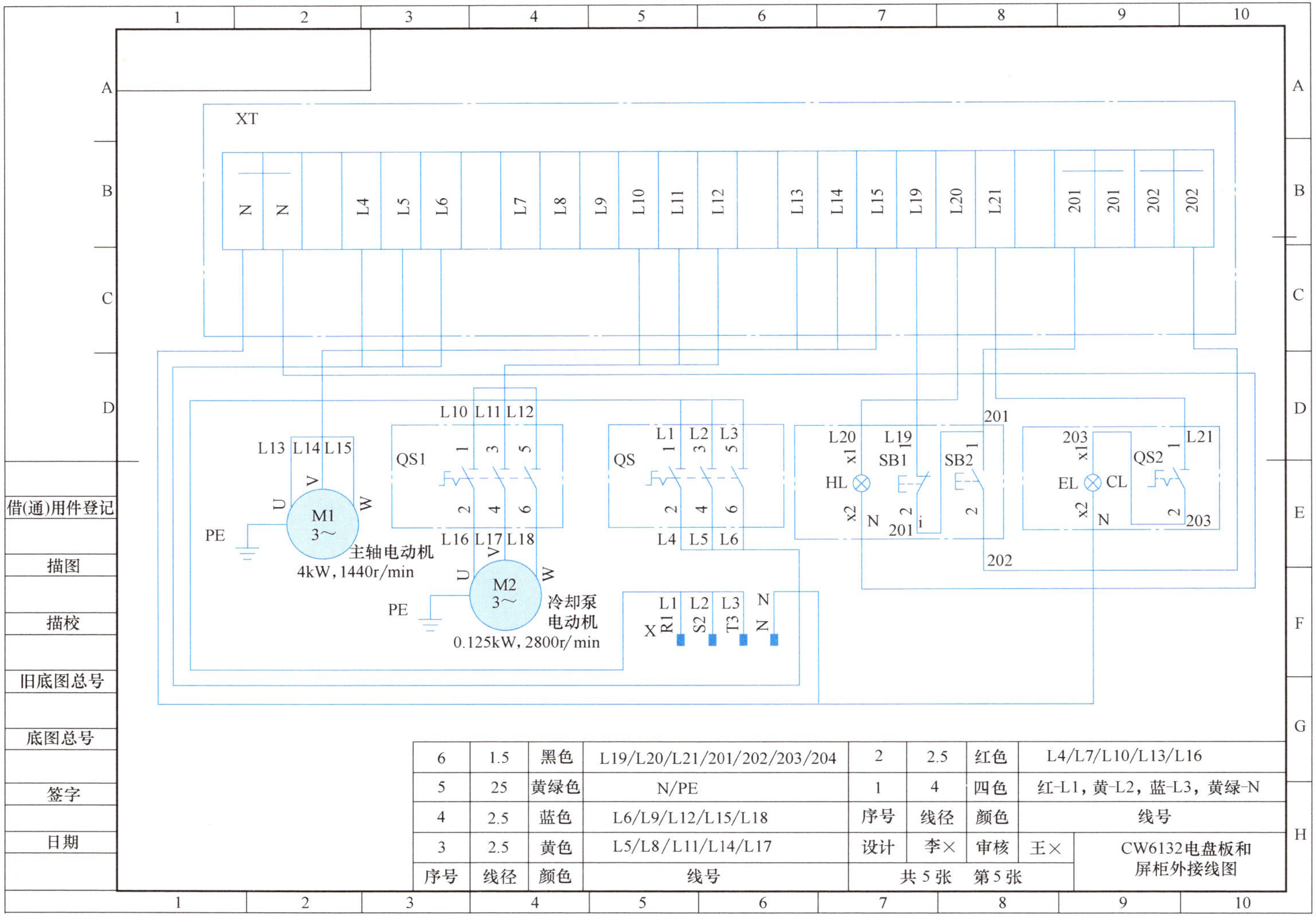

图 A-5 CW6132 电盘板和屏柜外接线图

附录 B C650 车床电气原理图

C650 电气原理图如图 B-1～图 B-4 所示。

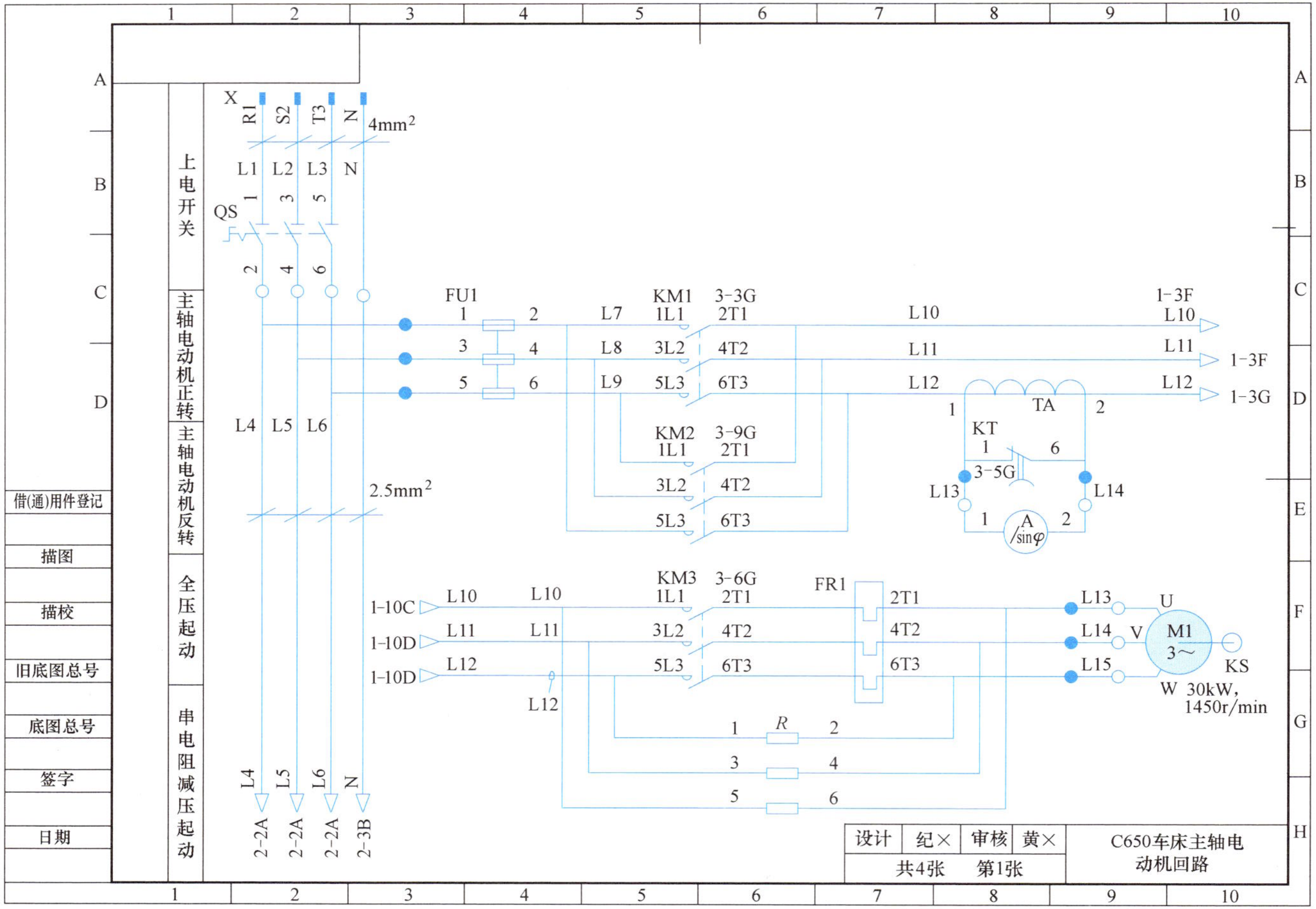

图 B-1 C650 车床主轴电动机回路

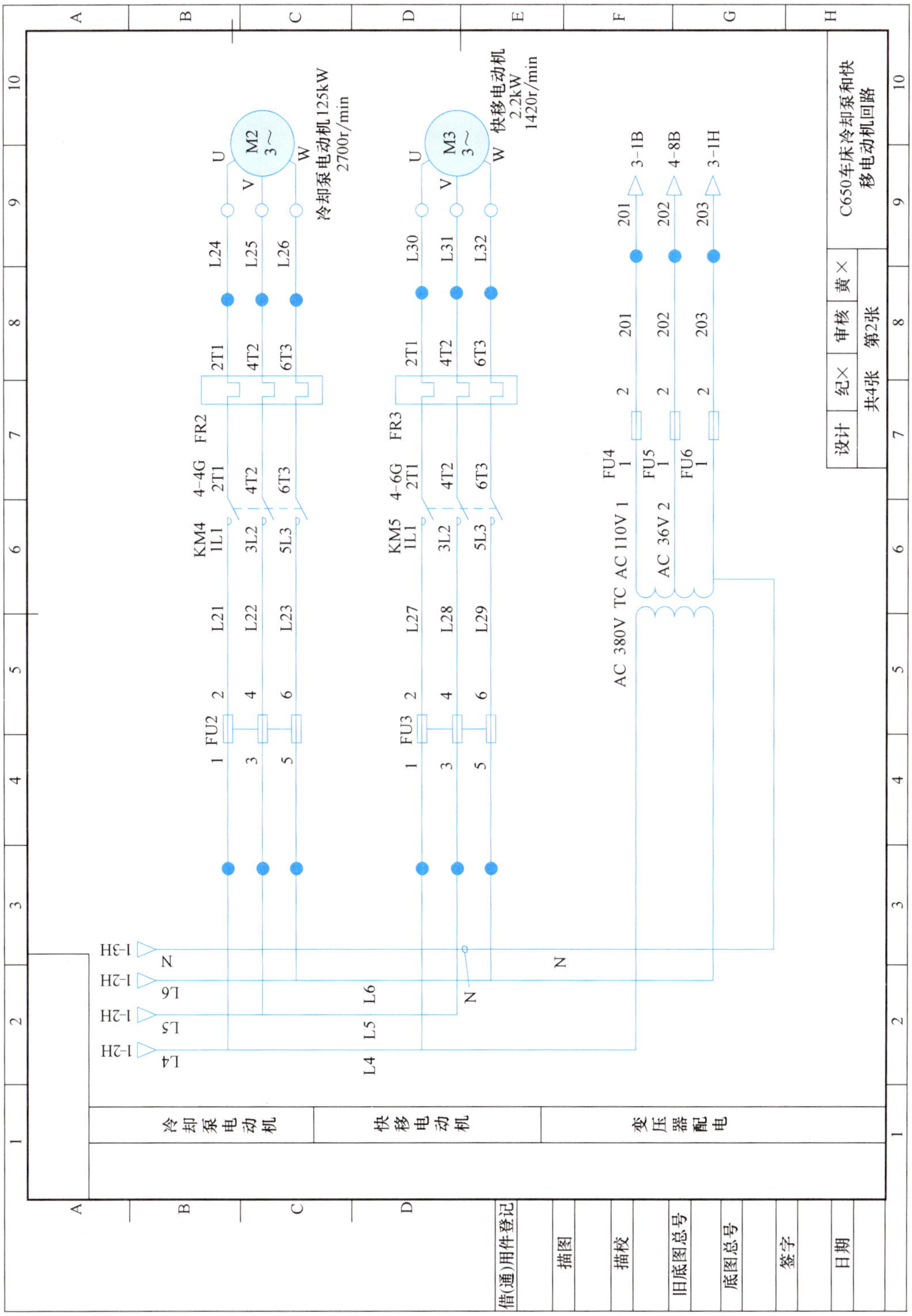

图 B-2 C650 车床冷却泵和快移电动机回路

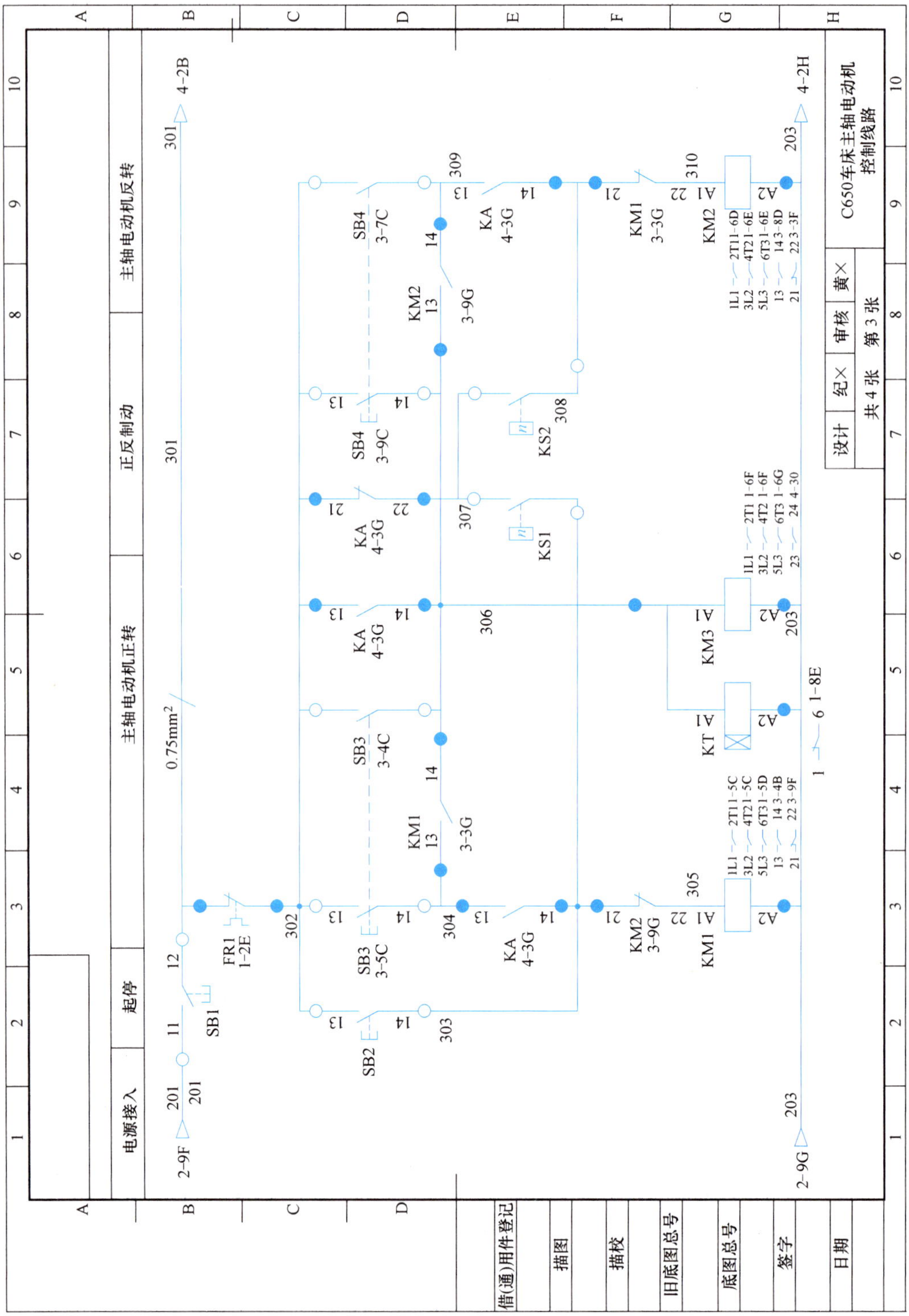

图 B-3 C650 车床主轴电动机控制线路

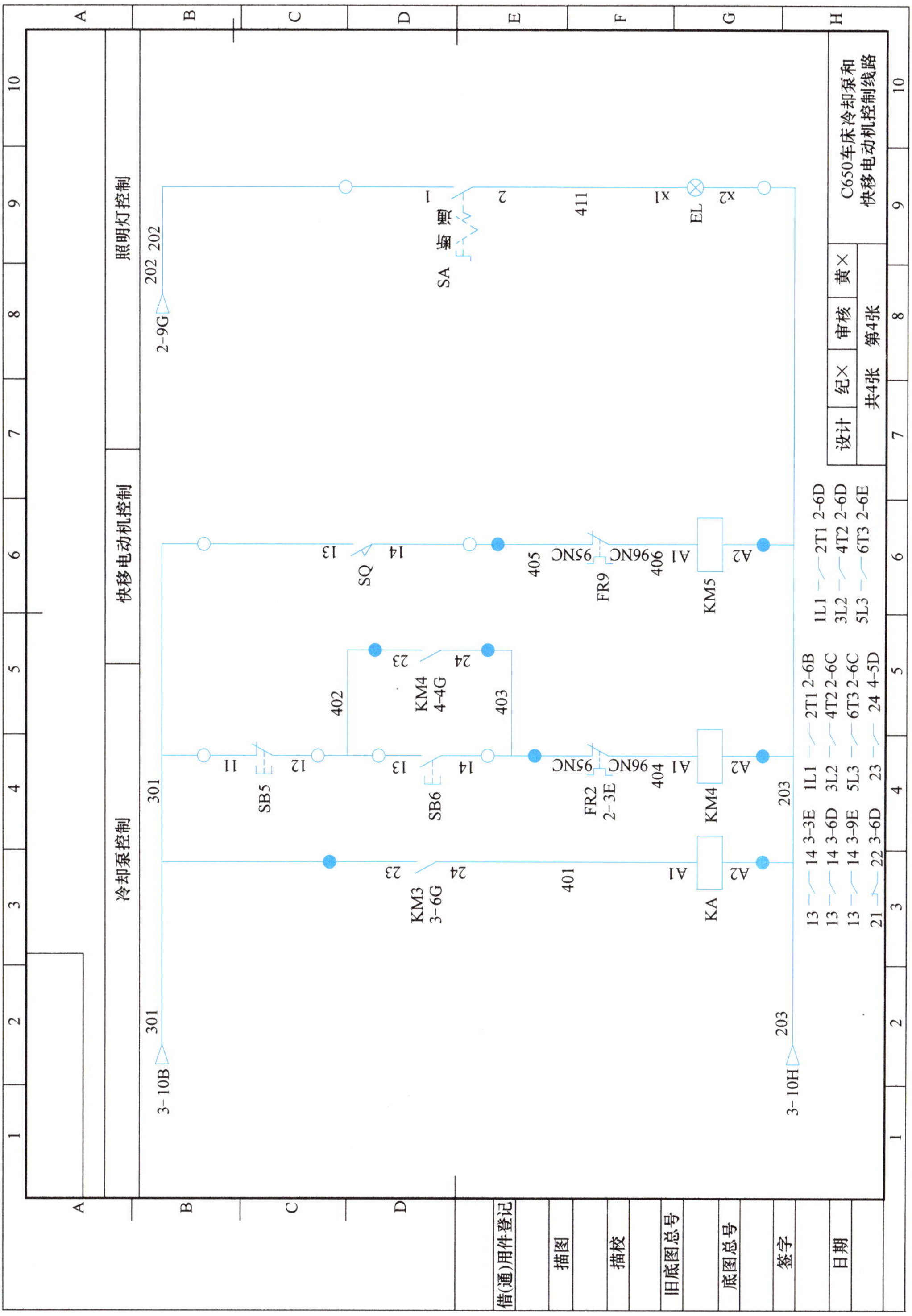

图 B-4 C650 车床冷却泵和快移电动机控制线路

附录 C 两泵排水电气原理图

两泵排水电气原理图如图 C-1～图 C-5 所示。

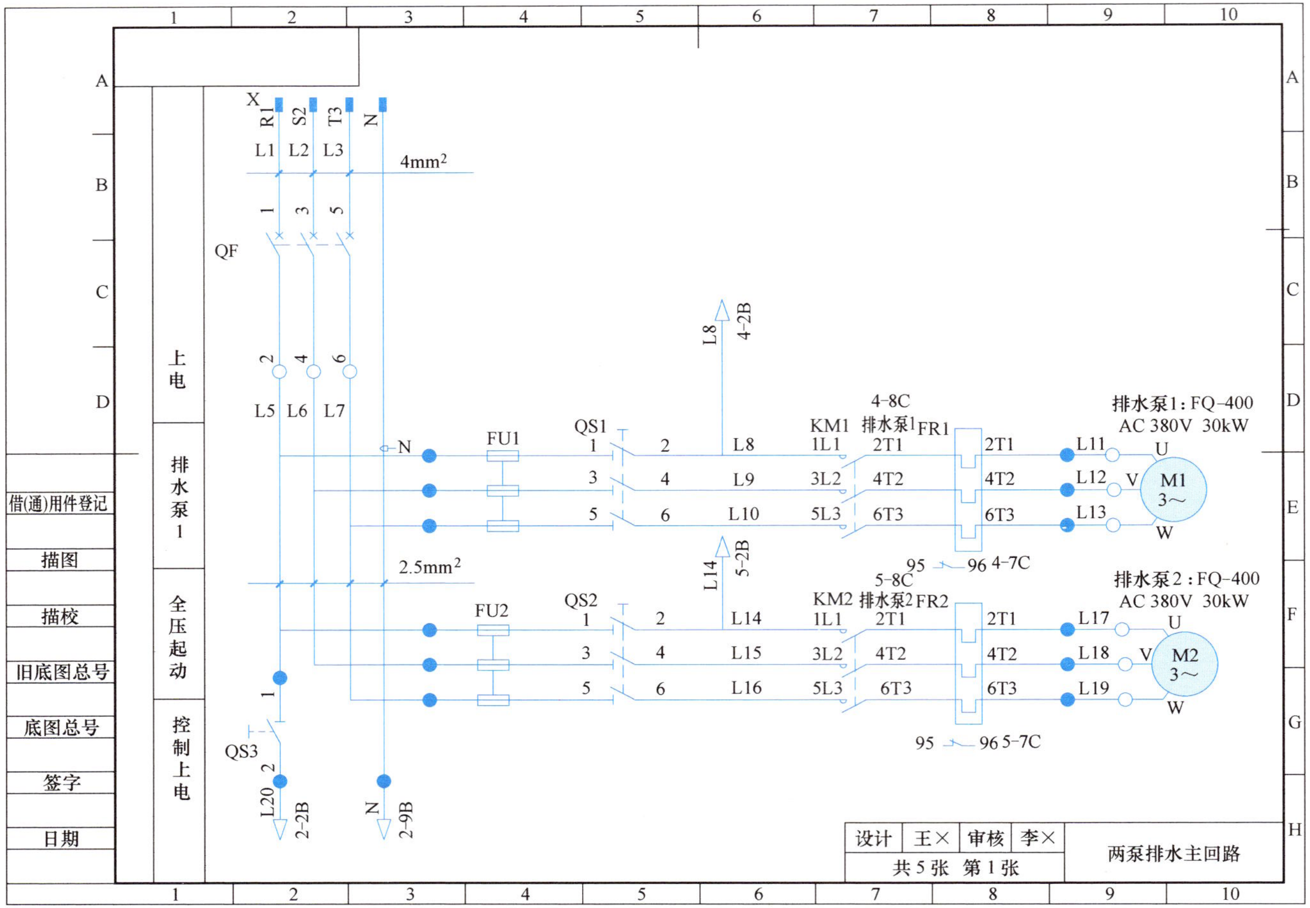

图 C-1 两泵排水主回路

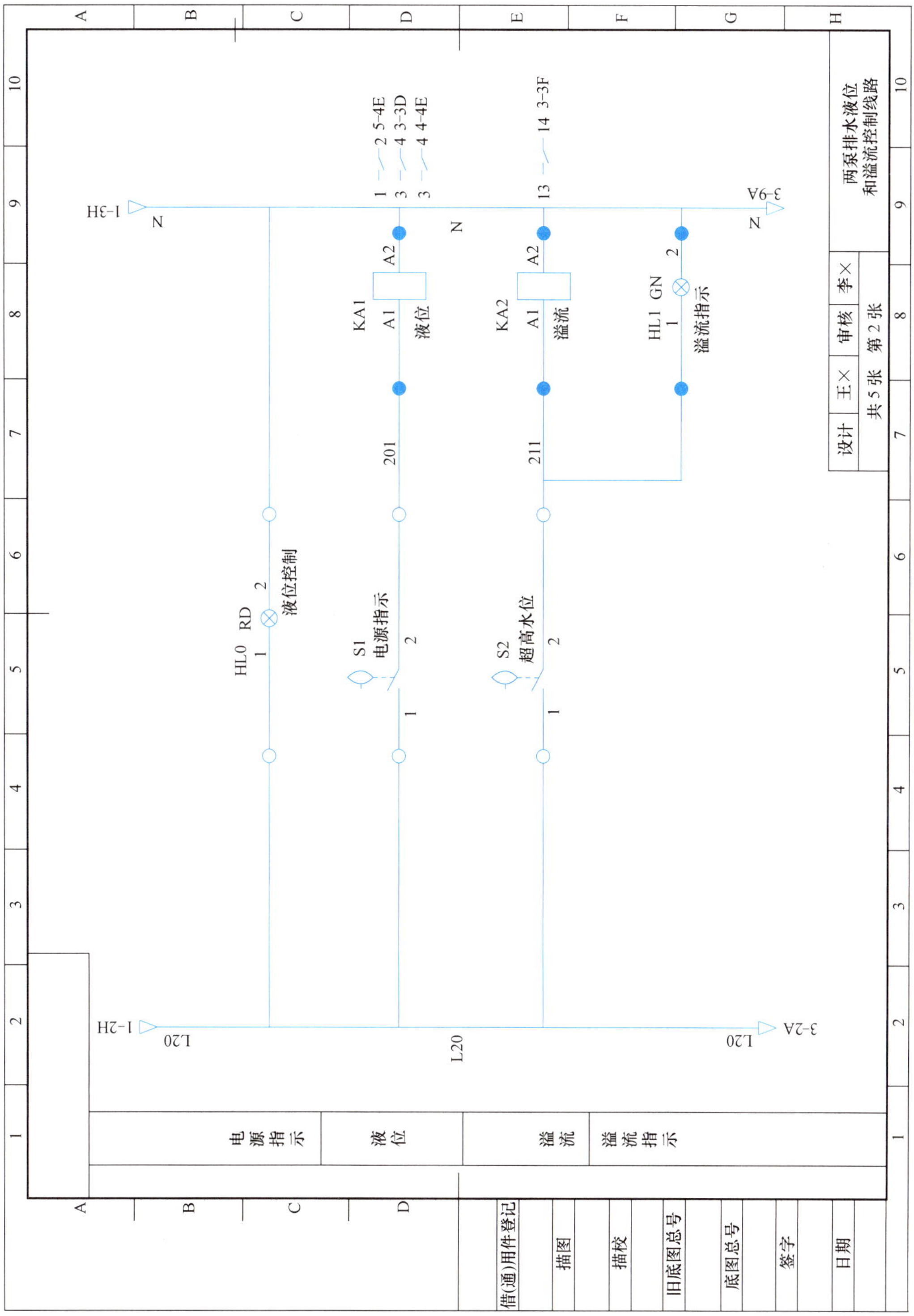

图 C-2　两泵排水液位和溢流控制线路

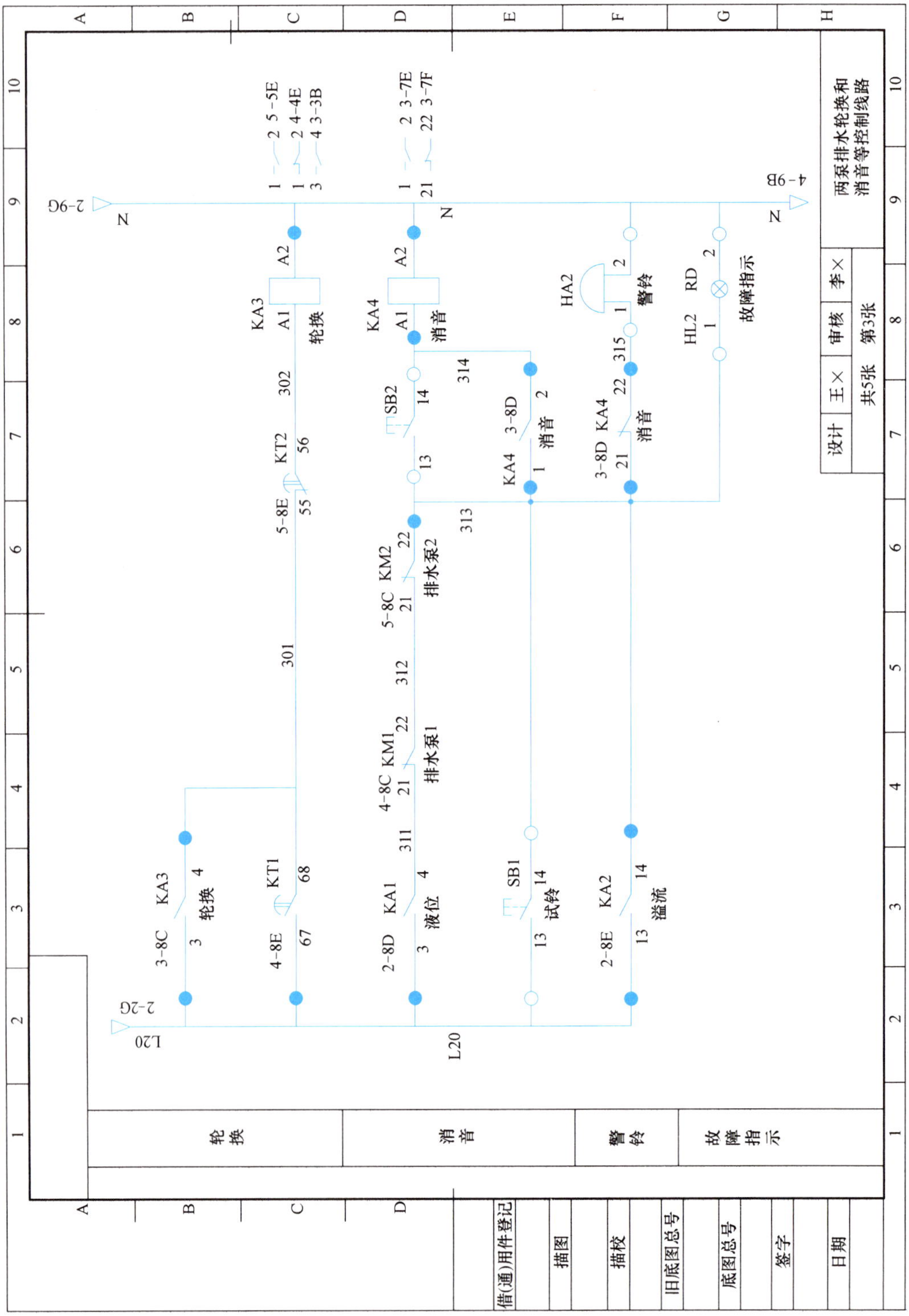

图 C-3 两泵排水轮换和消音等控制线路

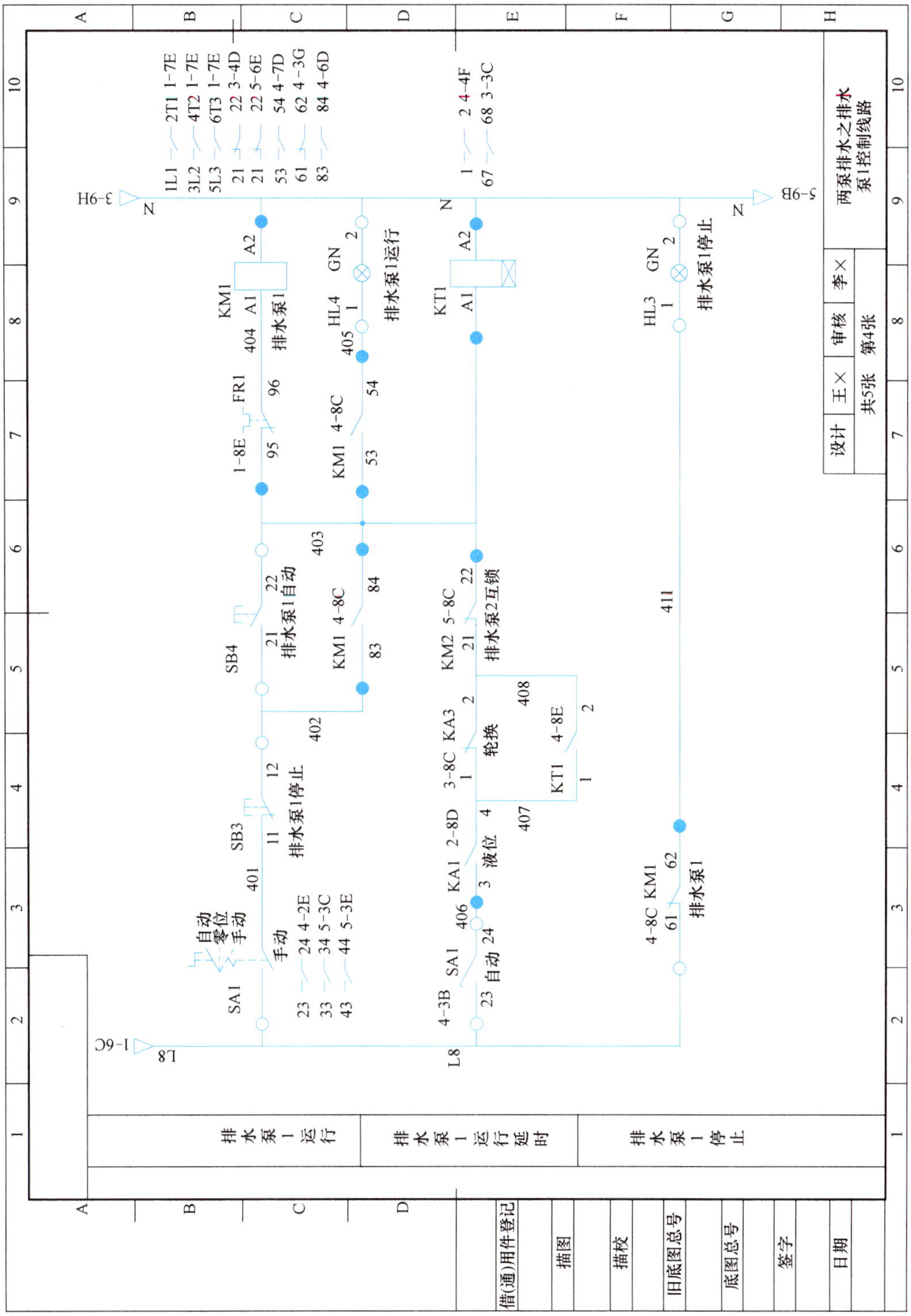

图 C-4　两泵排水之排水泵 1 控制线路

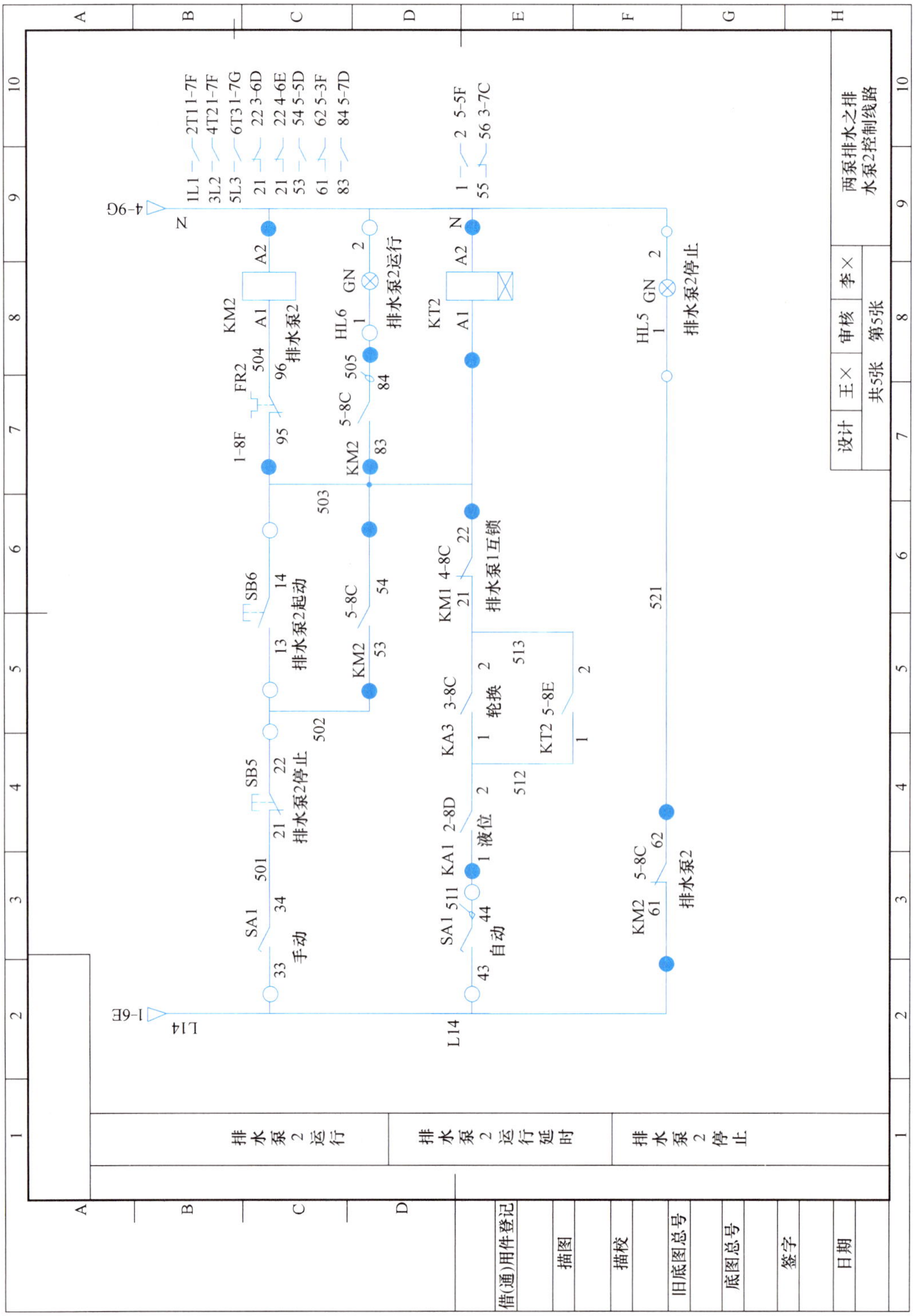

图 C-5　两泵排水之排水泵 2 控制线路

附录 D　基于 S7-1200 PLC 的电动机正反转电气原理图

基于 S7-1200 PLC 的电动机正反转电气原理图如图 D-1～图 D-3 所示。

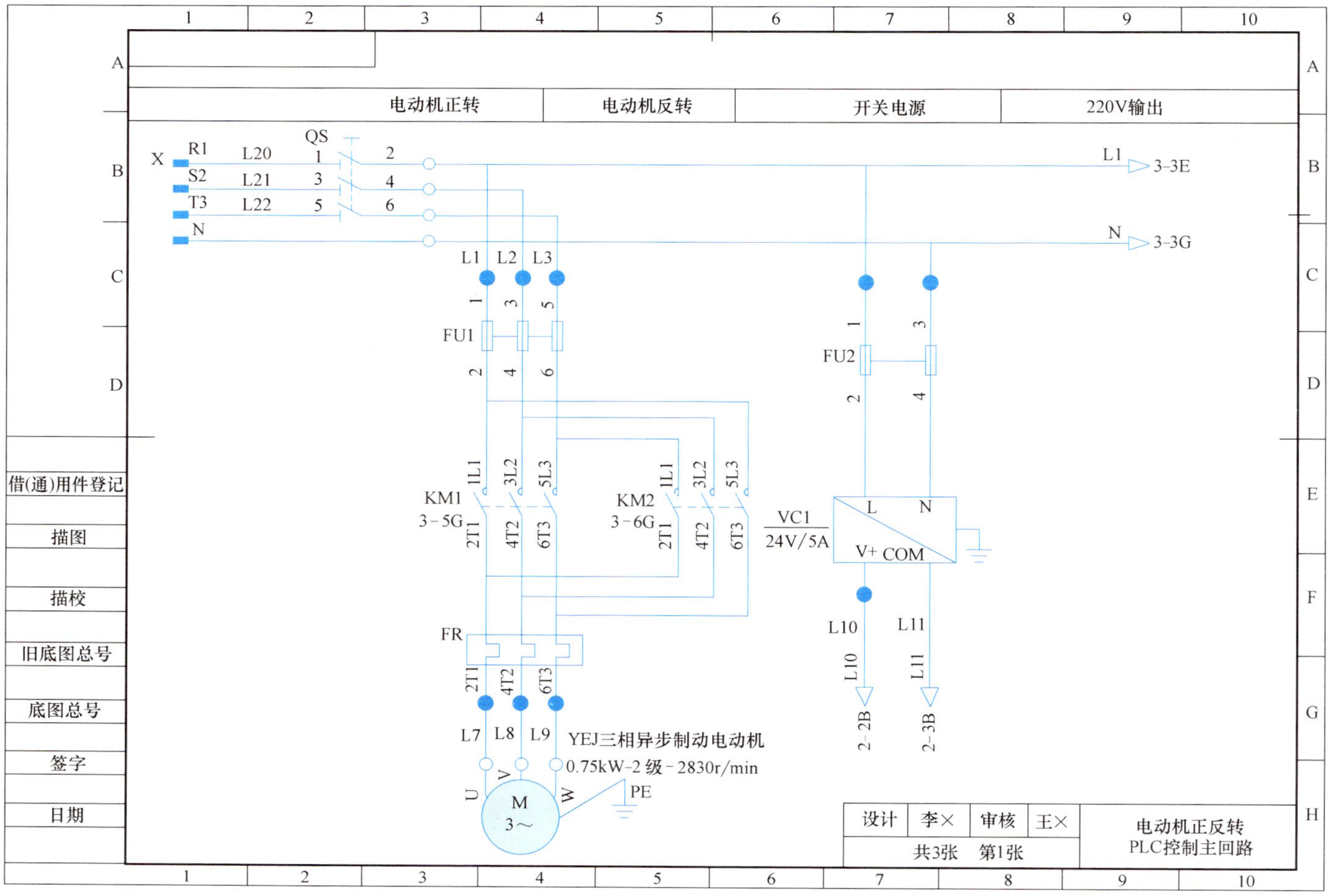

图 D-1　电动机正反转 PLC 控制主回路

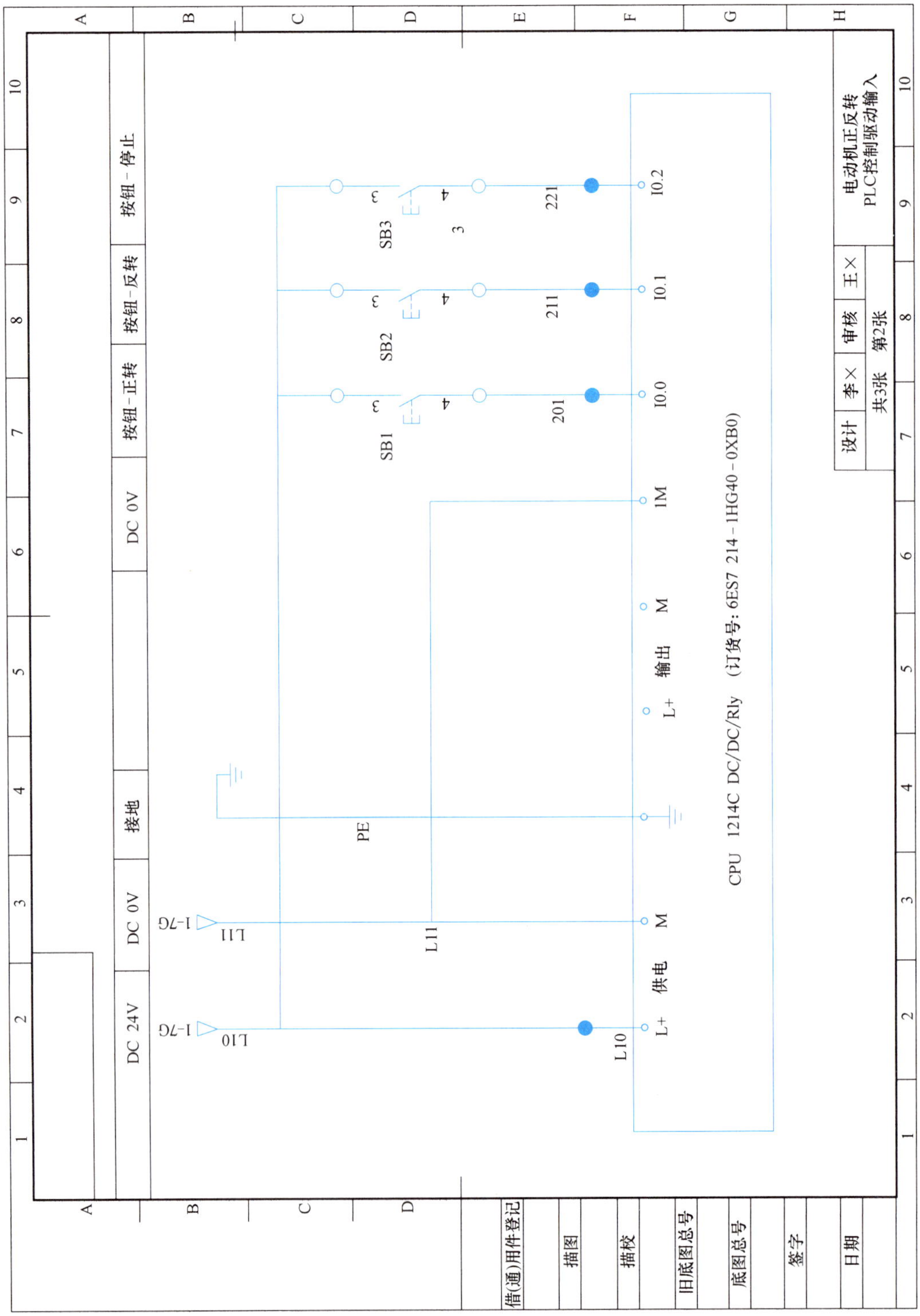

图 D-2 电动机正反转 PLC 控制驱动输入

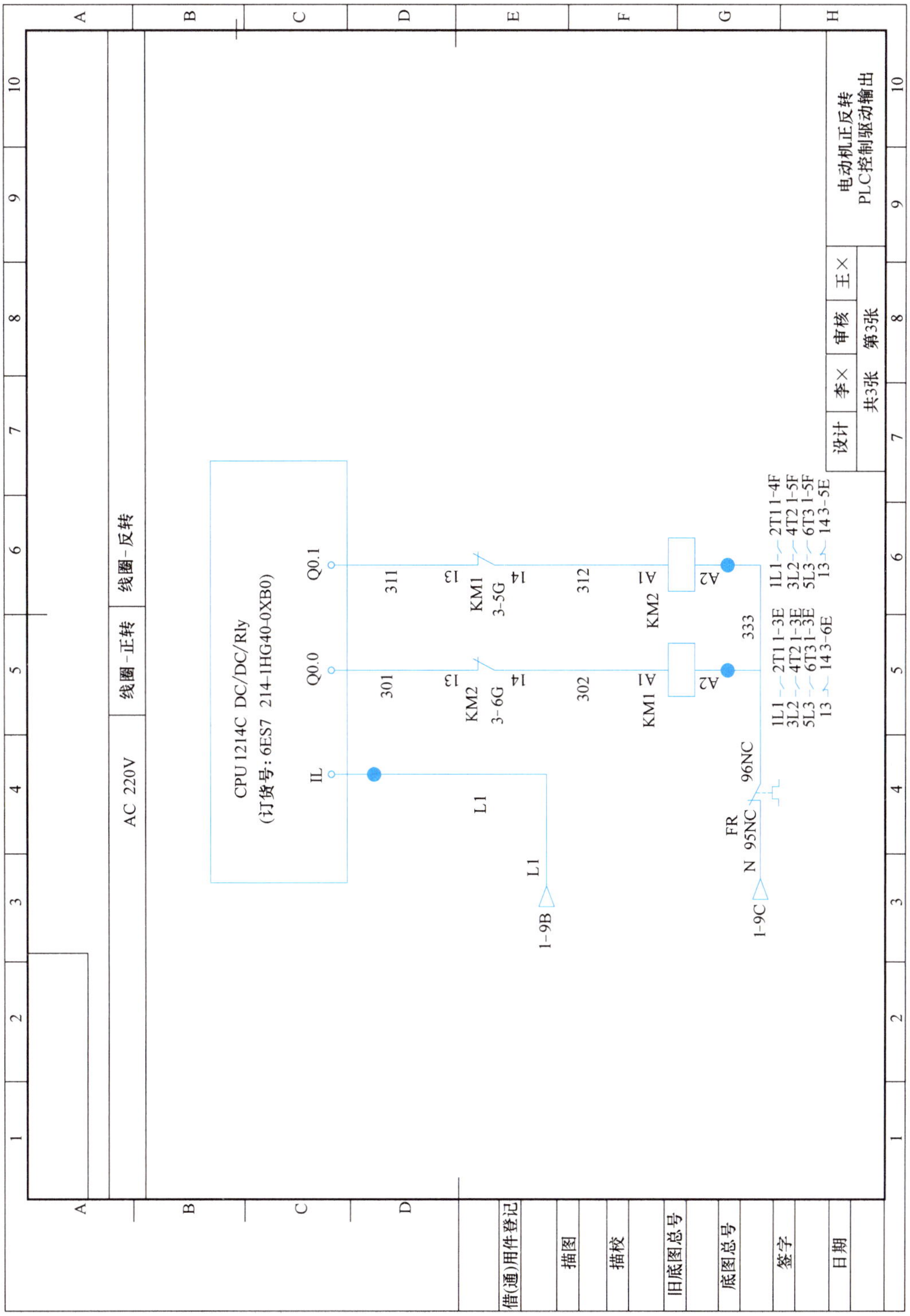

图 D-3 电动机正反转 PLC 控制驱动输出

附录 E　基于 S7-1200 PLC 的电动机制动控制电气原理图

基于 S7-1200 PLC 的电动机制动控制电气原理图如图 E-1～图 E-3 所示。

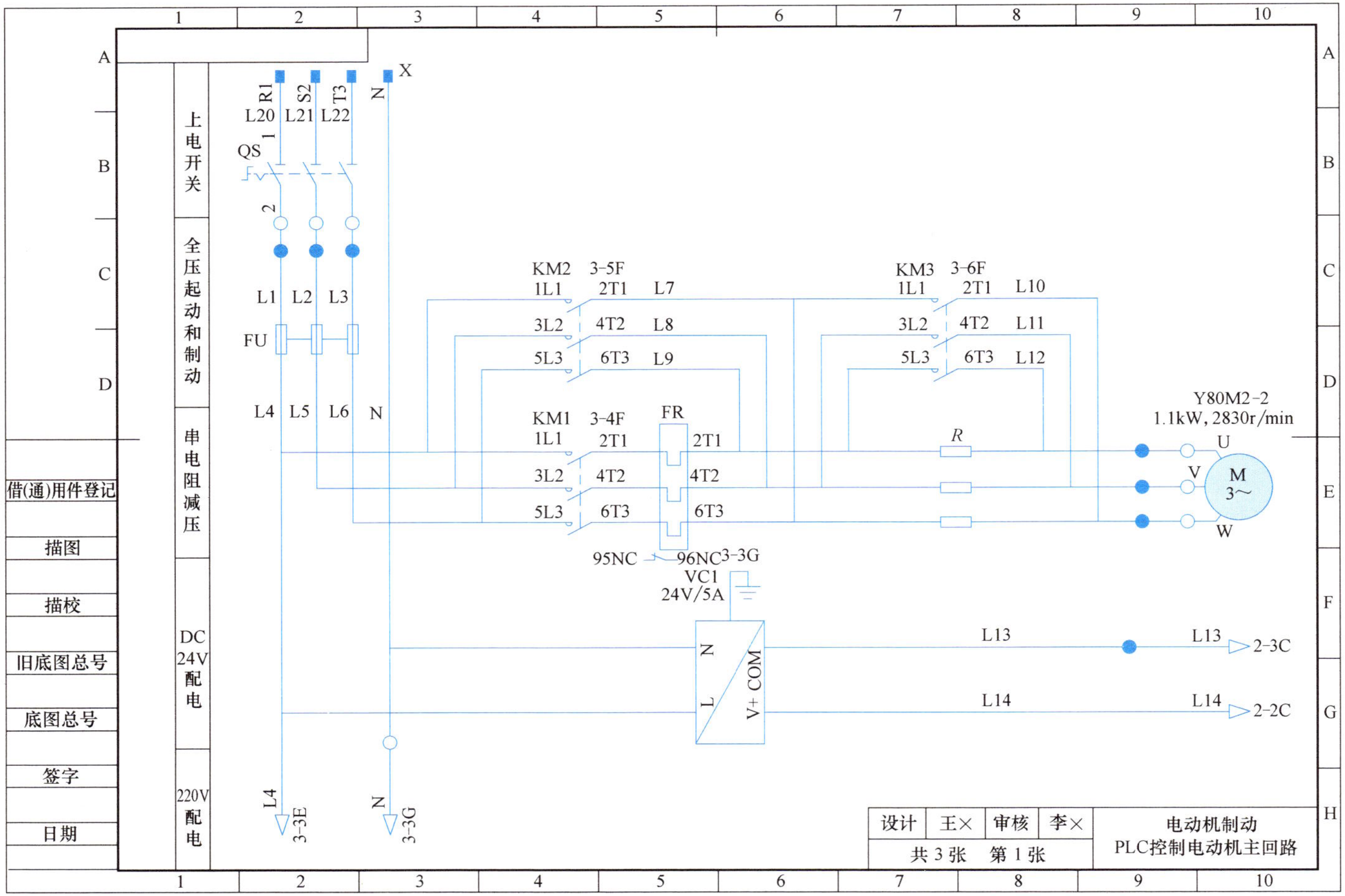

图 E-1　电动机制动 PLC 控制电动机主回路

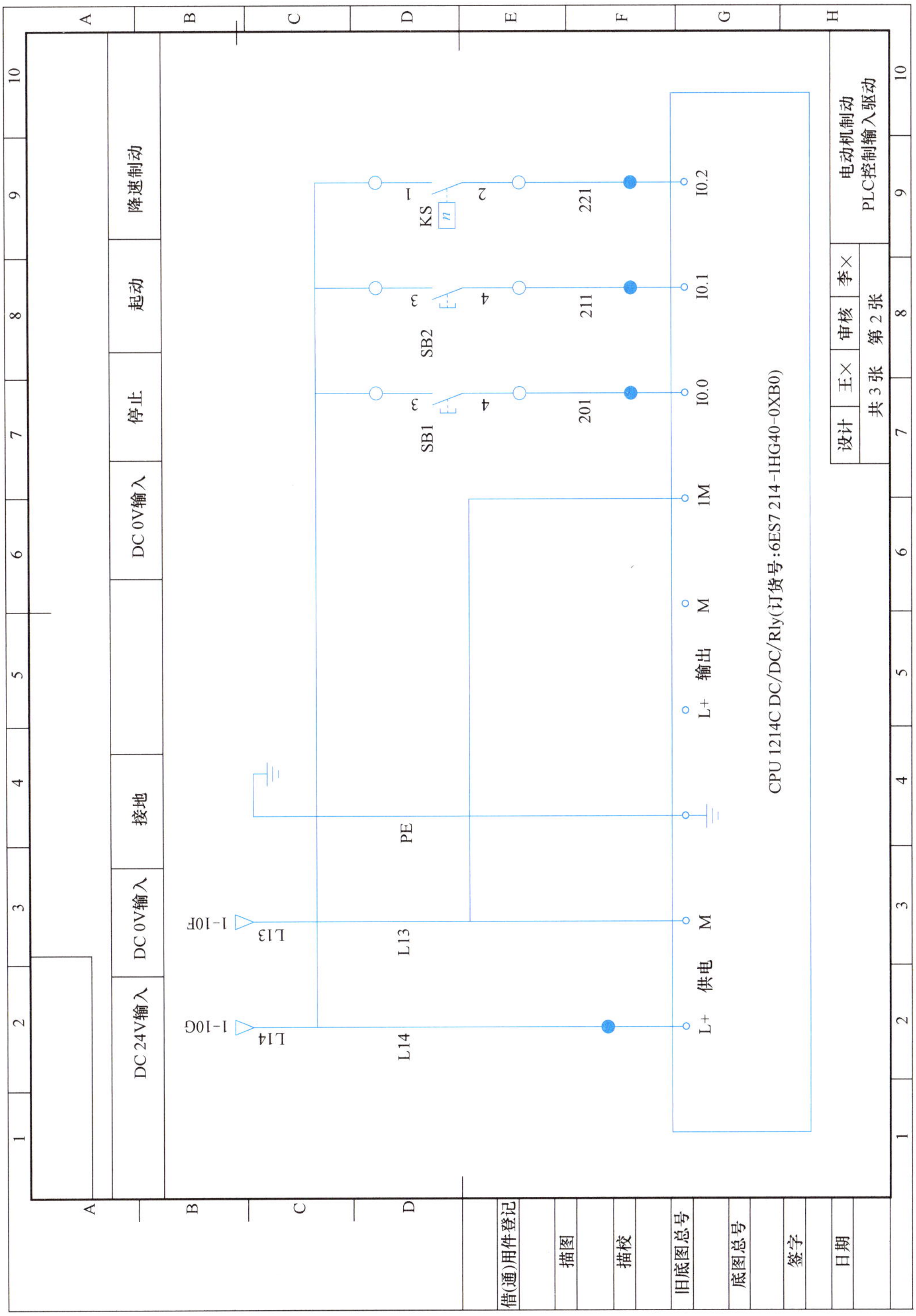

图 E-2 电动机制动 PLC 控制输入驱动

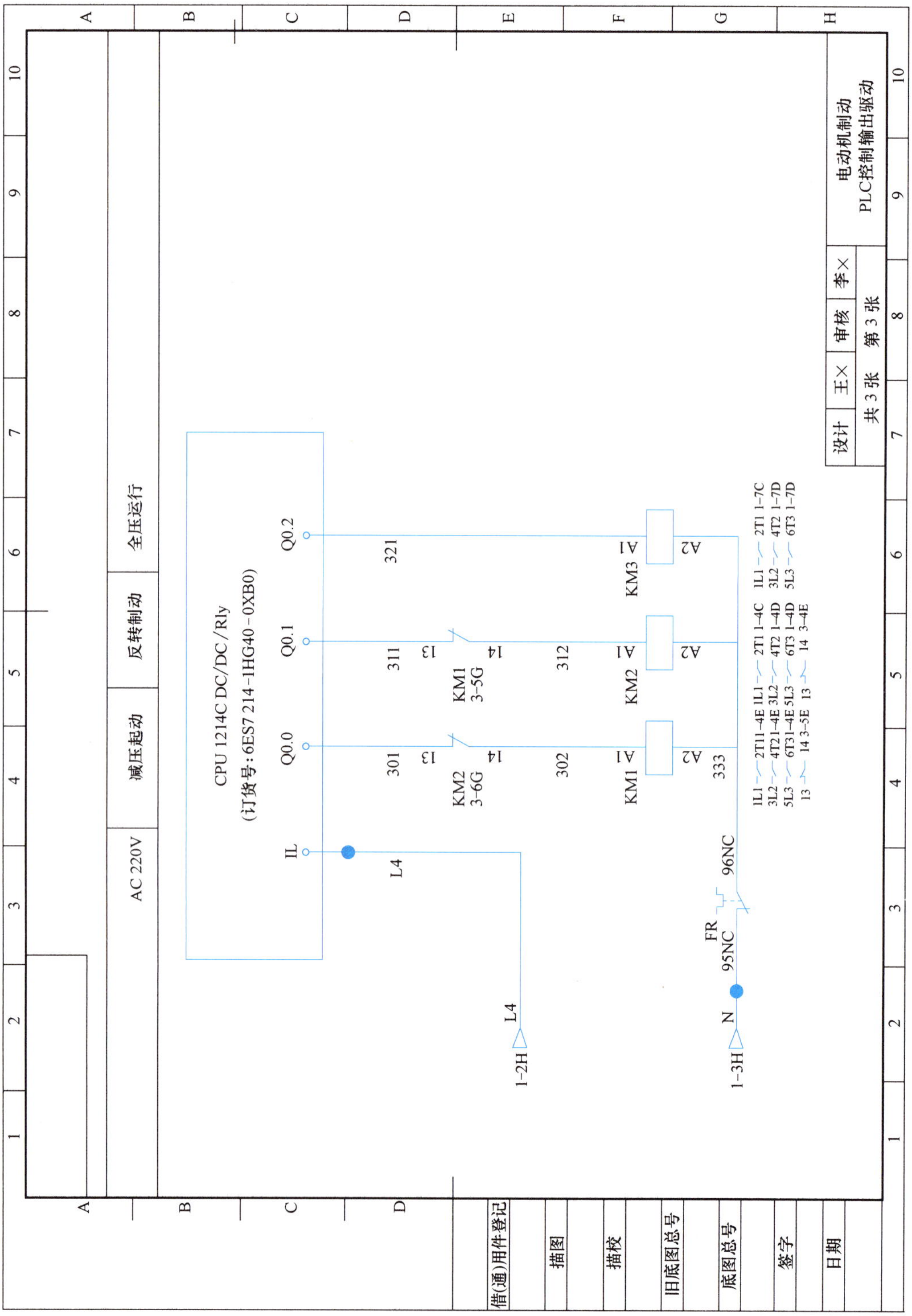

图 E-3　电动机制动 PLC 控制输出驱动

附录 F　基于 S7-1200 PLC 控制八台电动机正反转项目电气原理图

基于 S7-1200 PLC 控制八台电动机正反转项目电气原理图如图 F-1～图 F-10 所示。

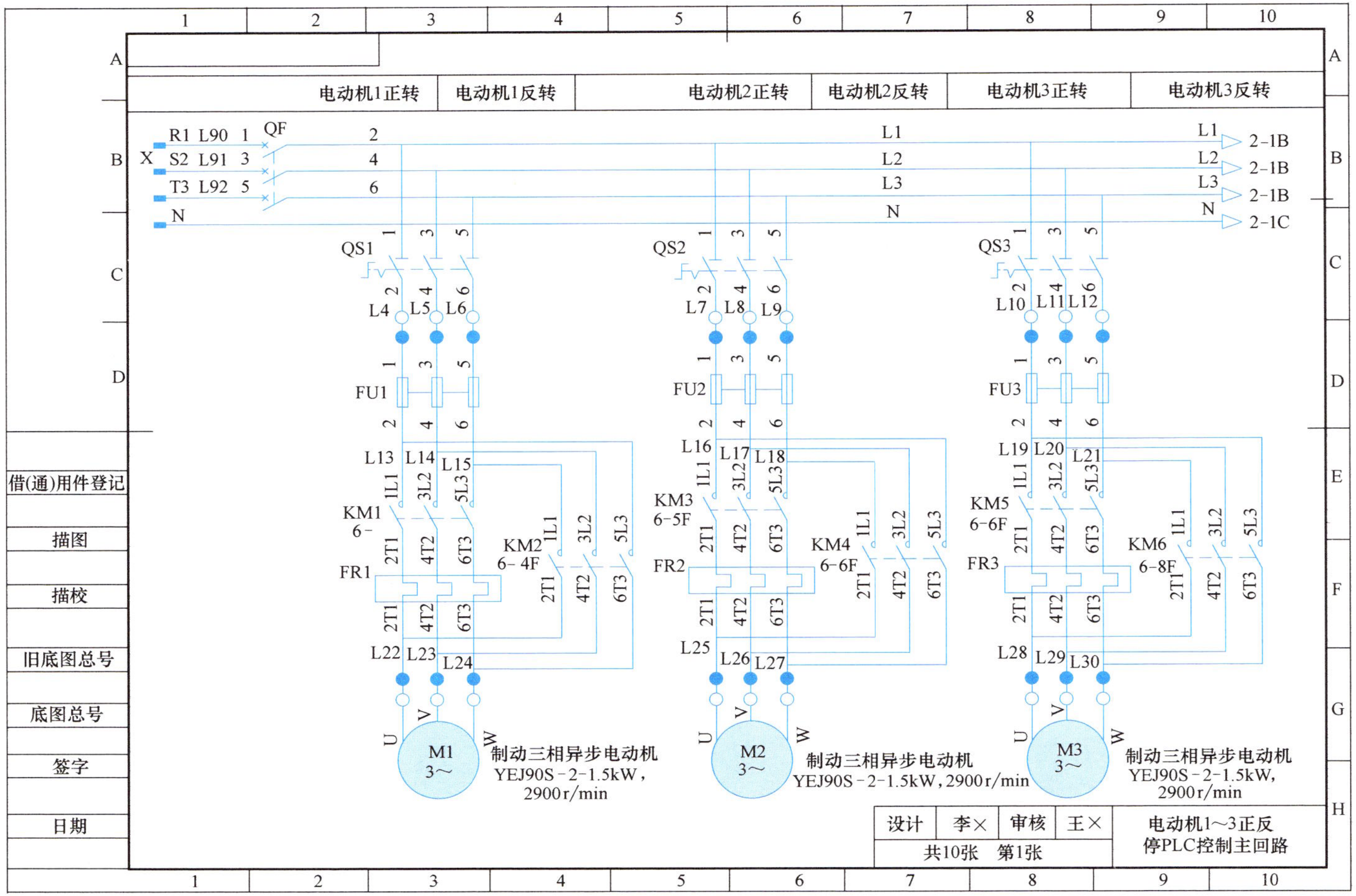

图 F-1　电动机 1～3 正反停 PLC 控制主回路

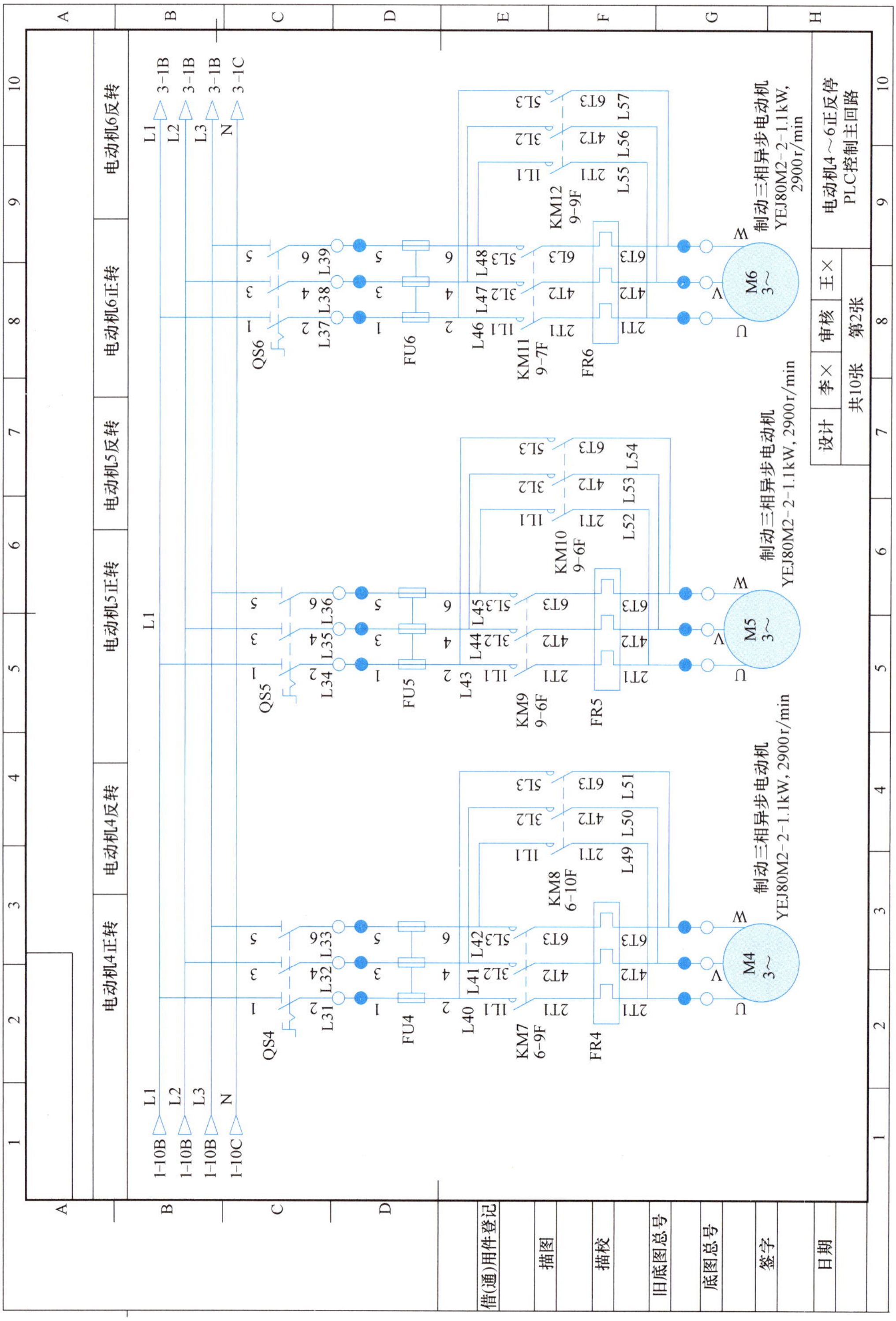

图 F-2　电动机 4～6 正反停 PLC 控制主回路

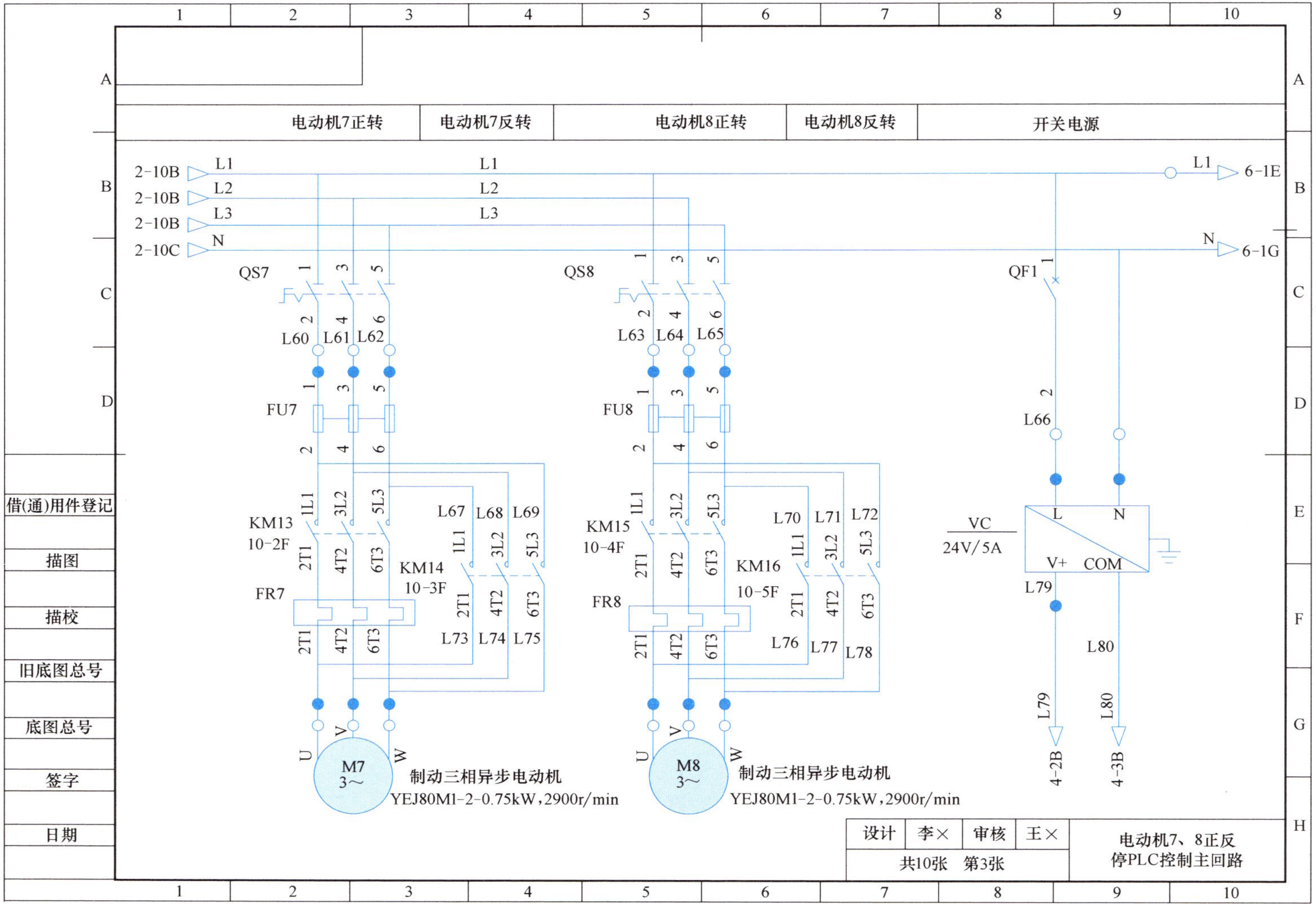

图 F-3 电动机 7、8 正反停 PLC 控制主回路

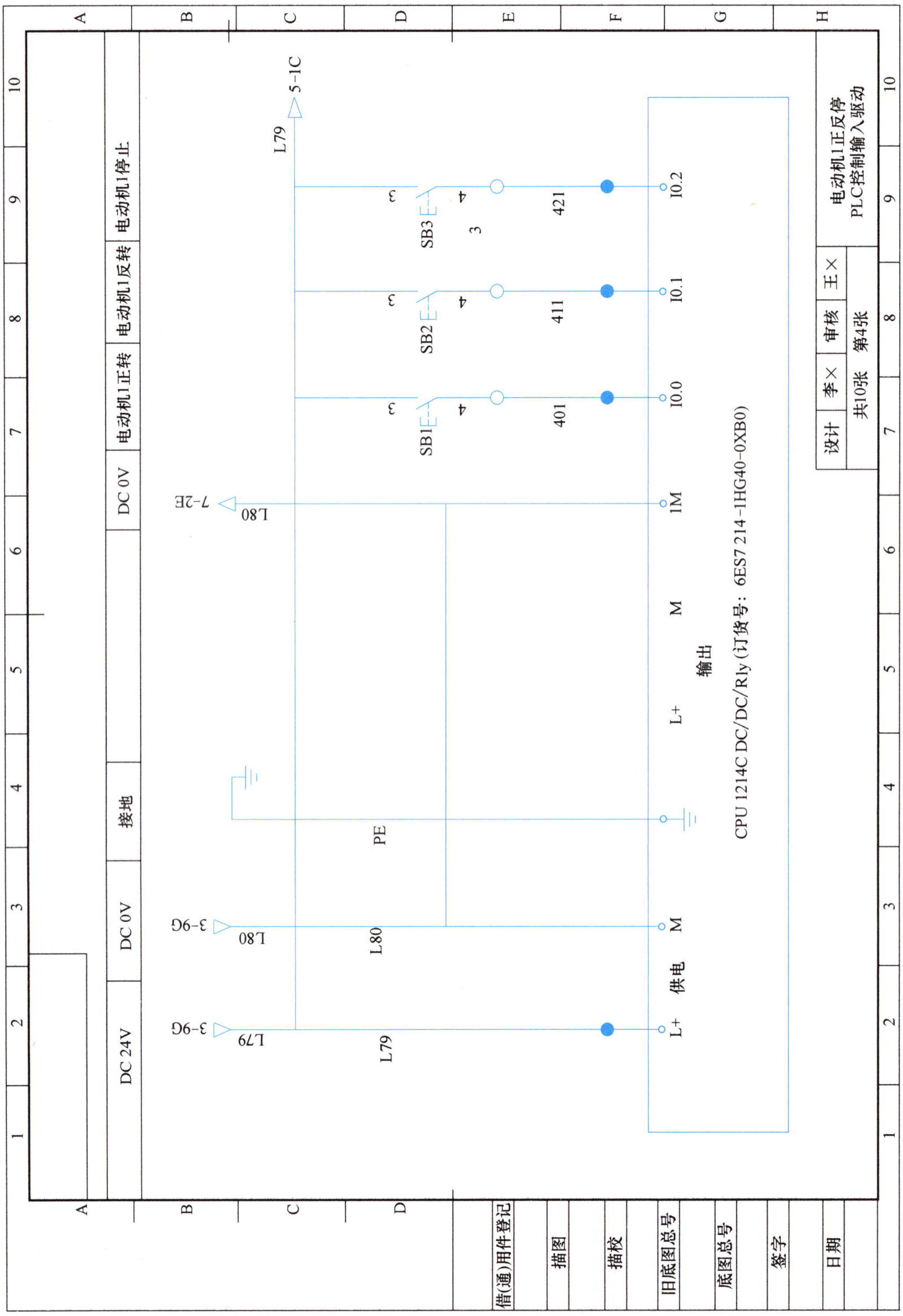

图 F-4　电动机 1 正反停 PLC 控制输入驱动

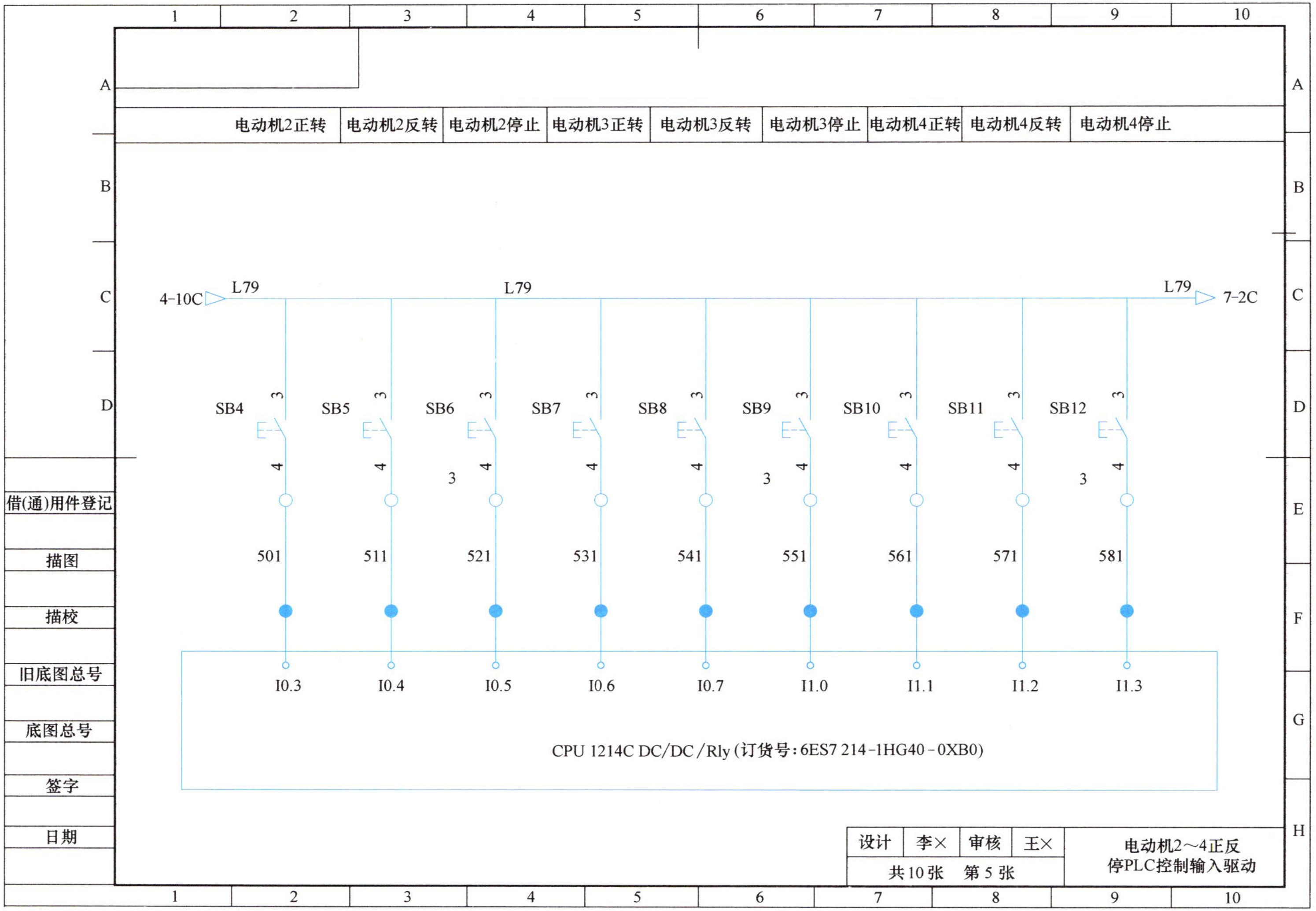

图 F-5　电动机 2～4 正反停 PLC 控制输入驱动

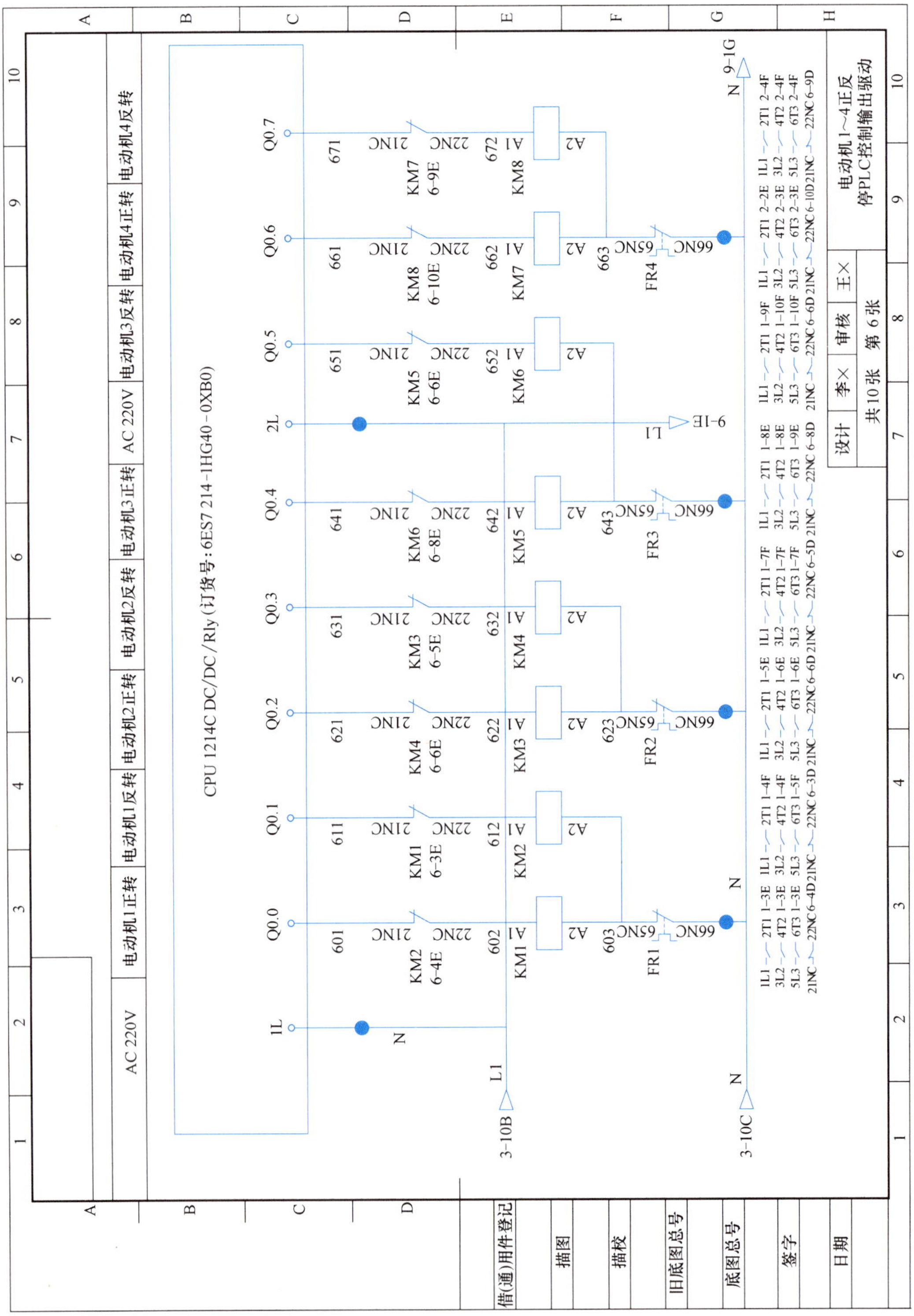

图 F-6 电动机 1~4 正反停 PLC 控制输出驱动

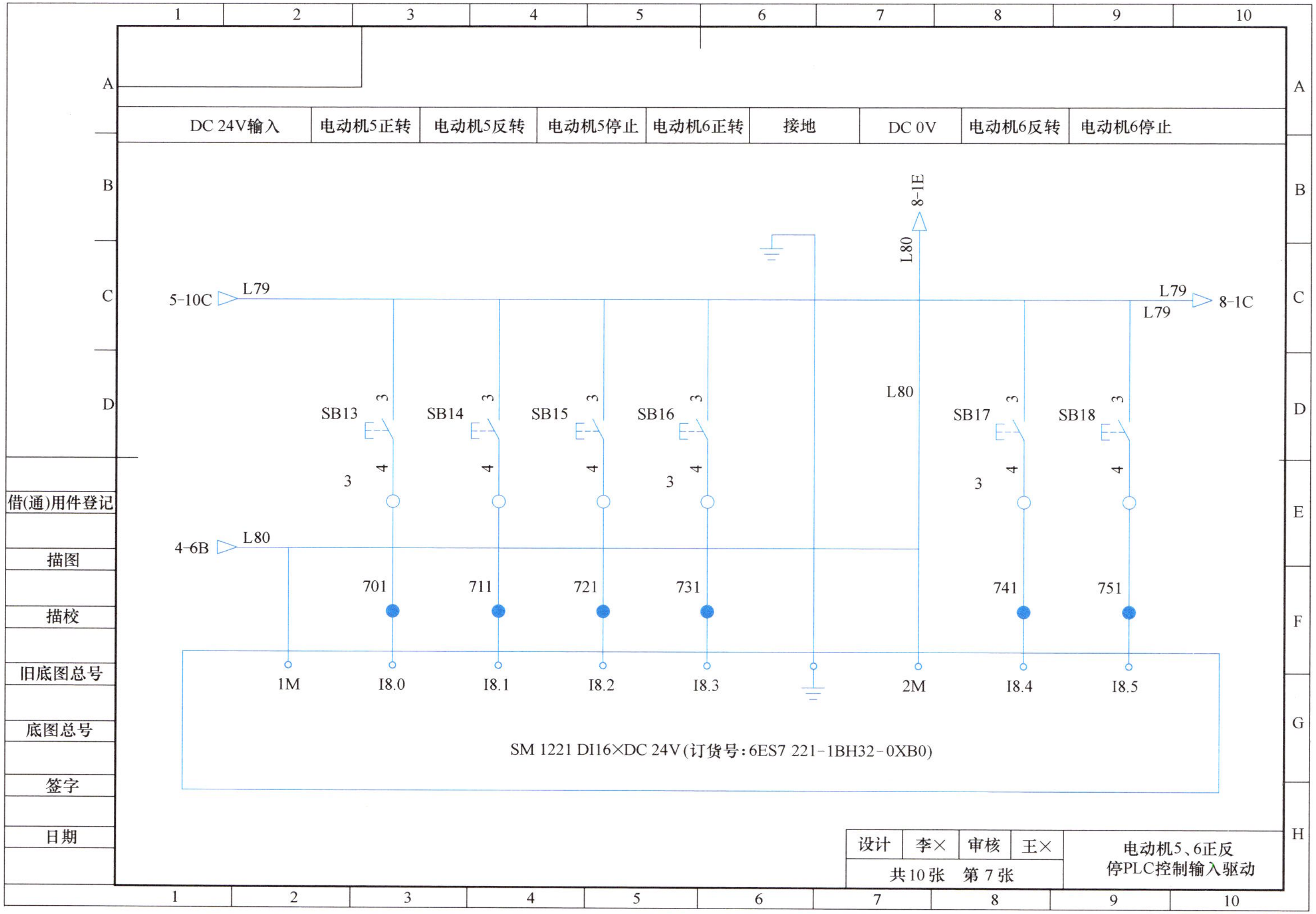

图 F-7　电动机 5、6 正反停 PLC 控制输入驱动

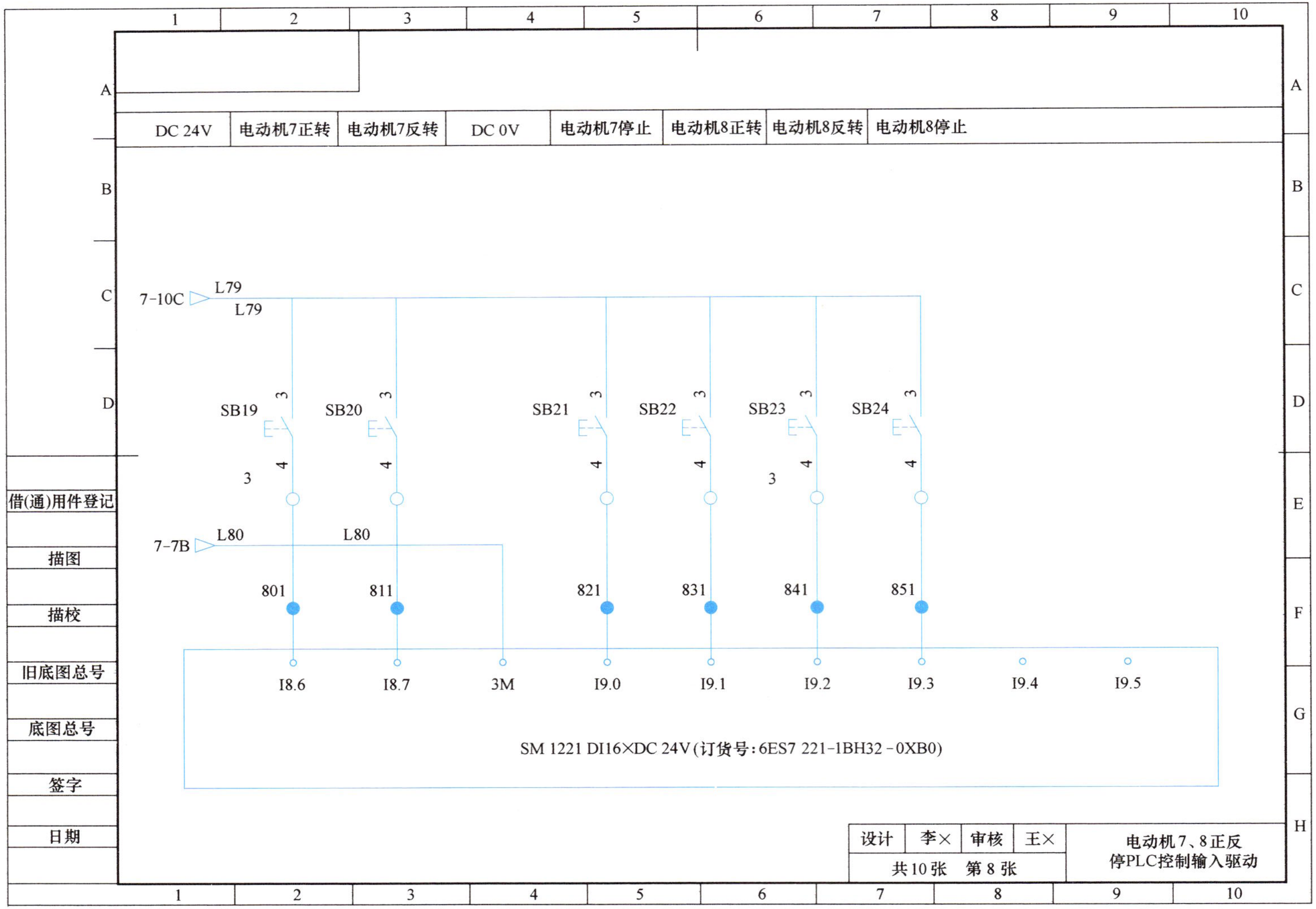

图 F-8　电动机 7、8 正反停 PLC 控制输入驱动

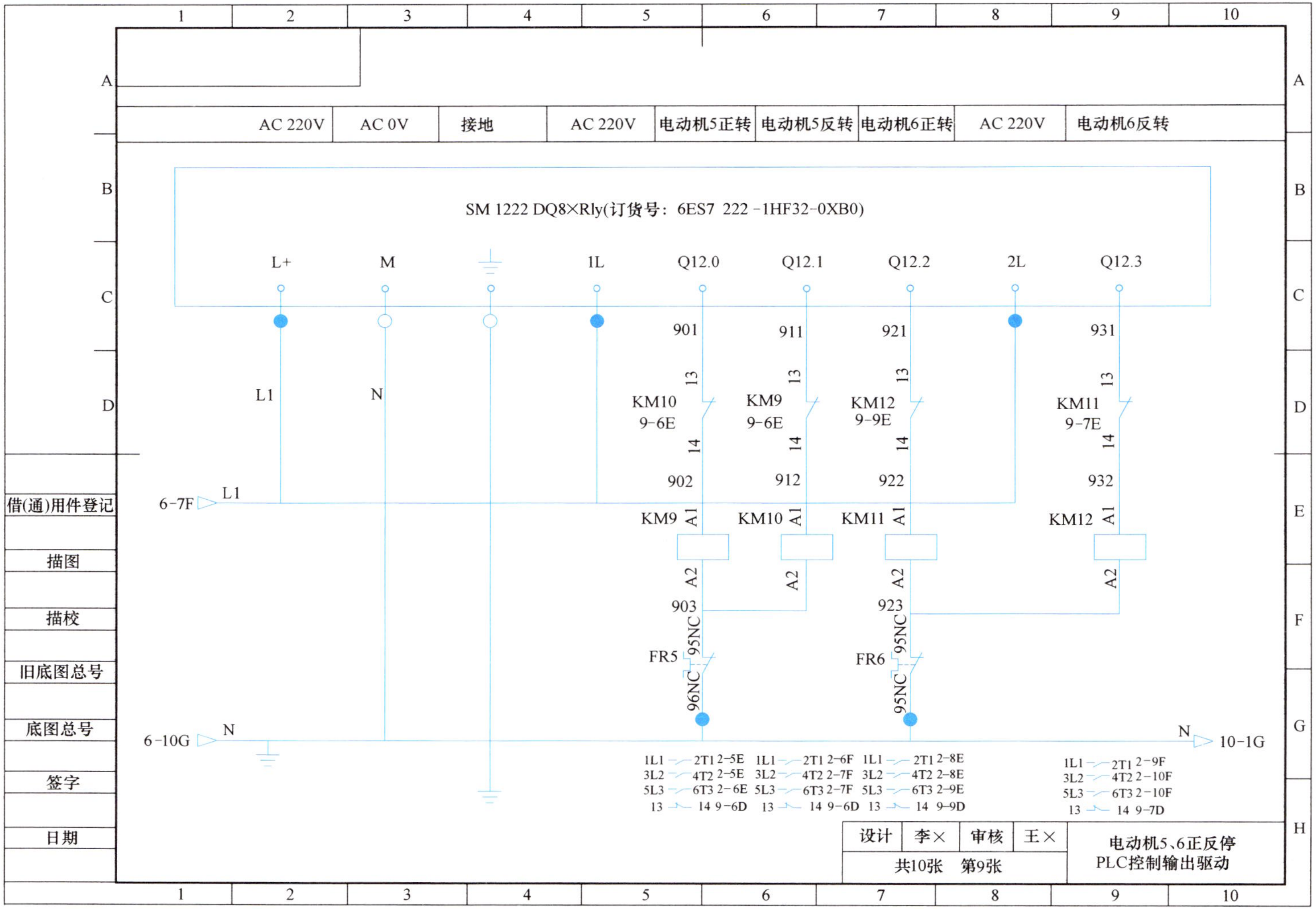

图 F-9　电动机 5、6 正反停 PLC 控制输出驱动

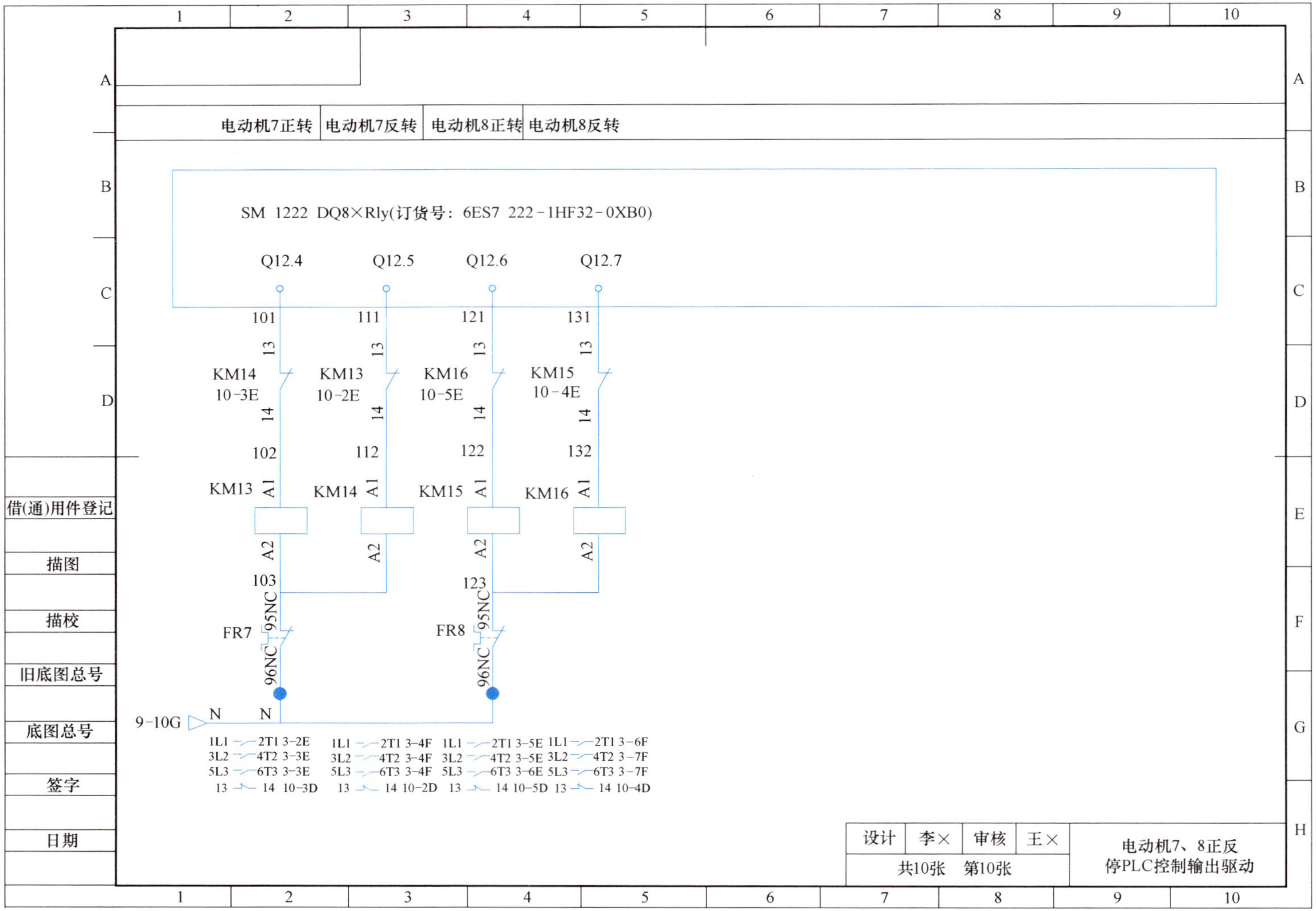

图 F-10　电动机 7、8 正反停 PLC 控制输出驱动

附录 G　基于 S7-1200 PLC 和触摸屏的电动机正停反电气原理图

基于 S7-1200 PLC 和触摸屏的电动机正停反电气原理图如图 G-1～图 G-4 所示。

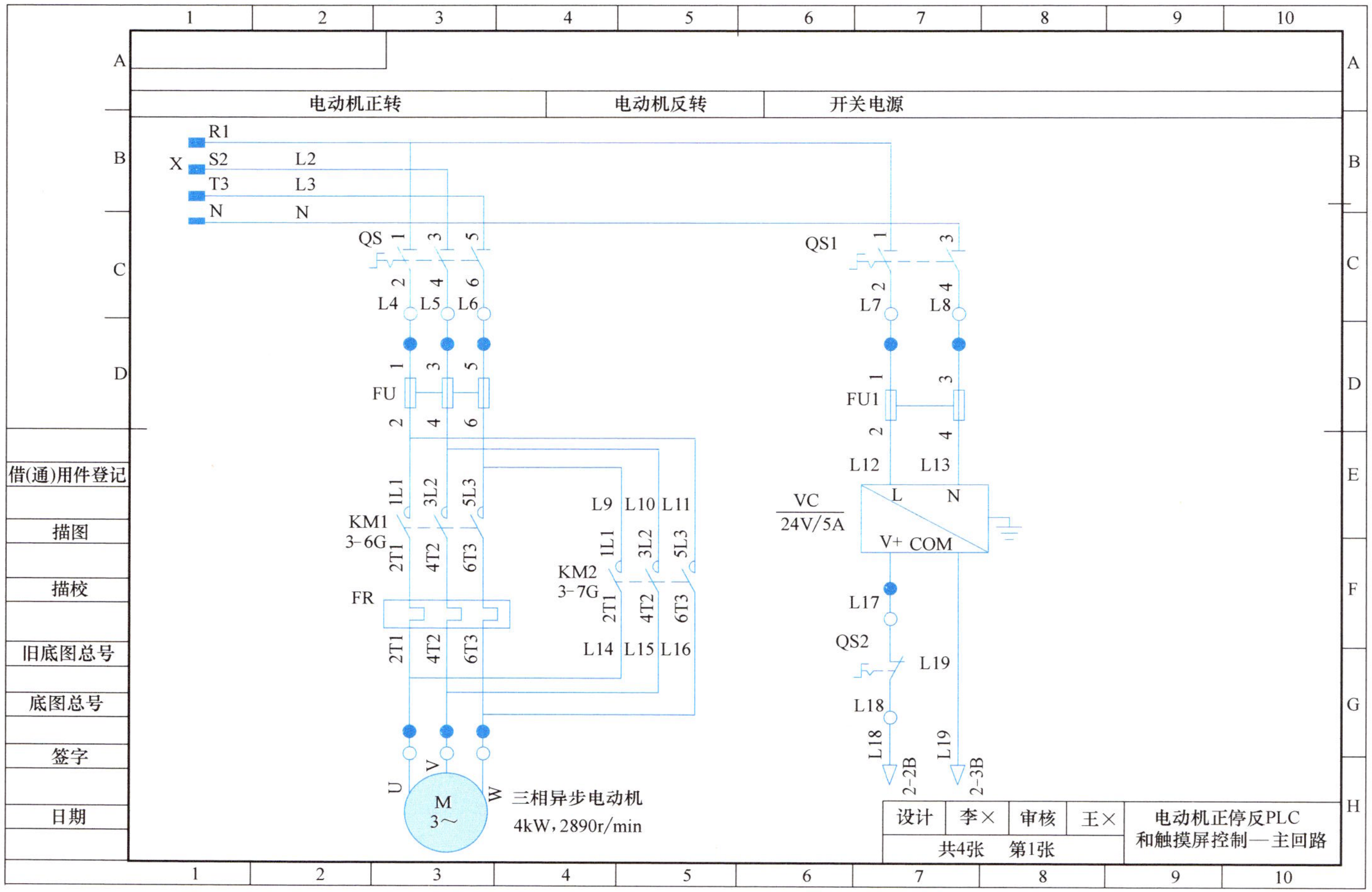

图 G-1　电动机正停反 PLC 和触摸屏控制—主回路

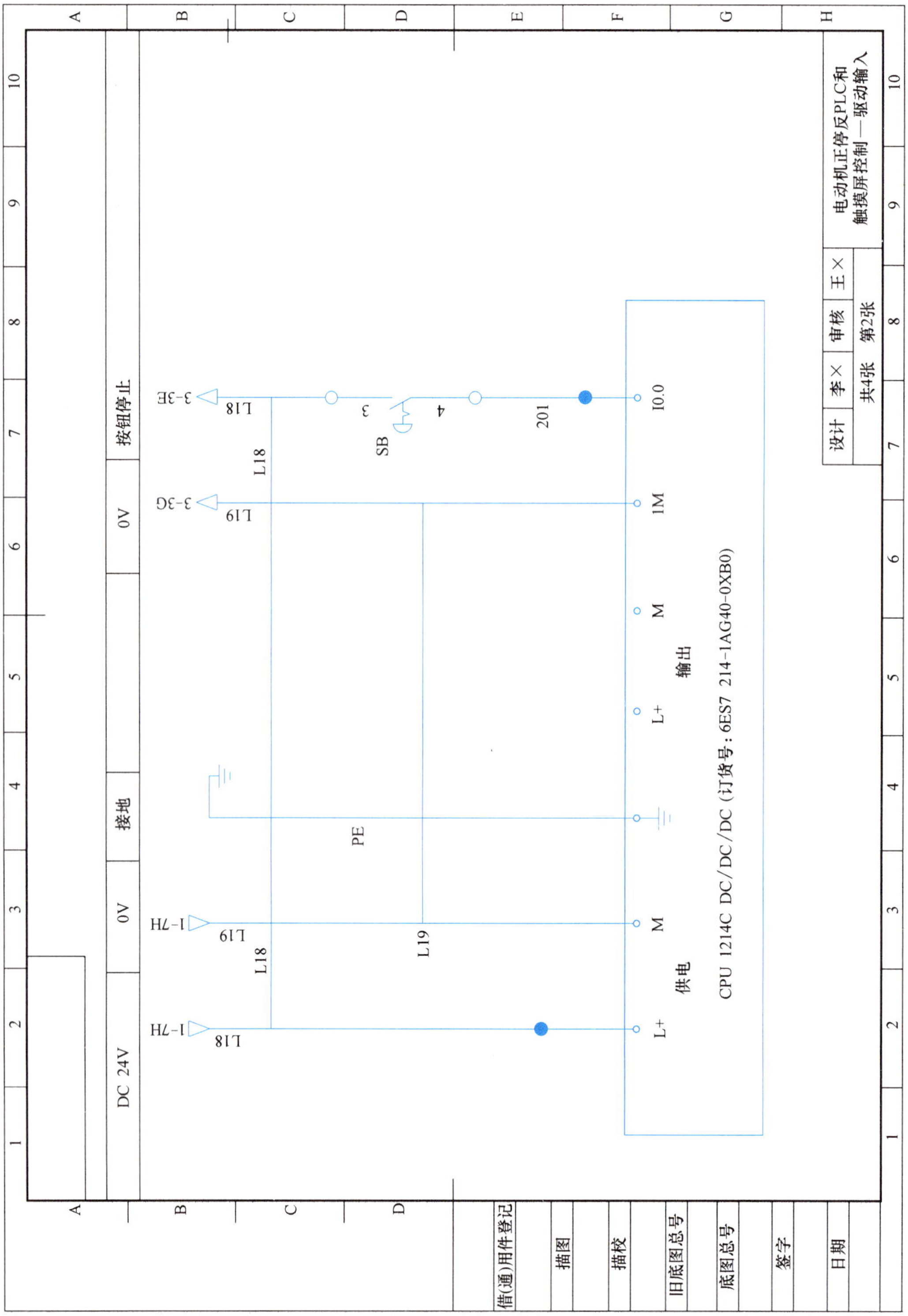

图 G-2 电动机正停反 PLC 和触摸屏控制—驱动输入

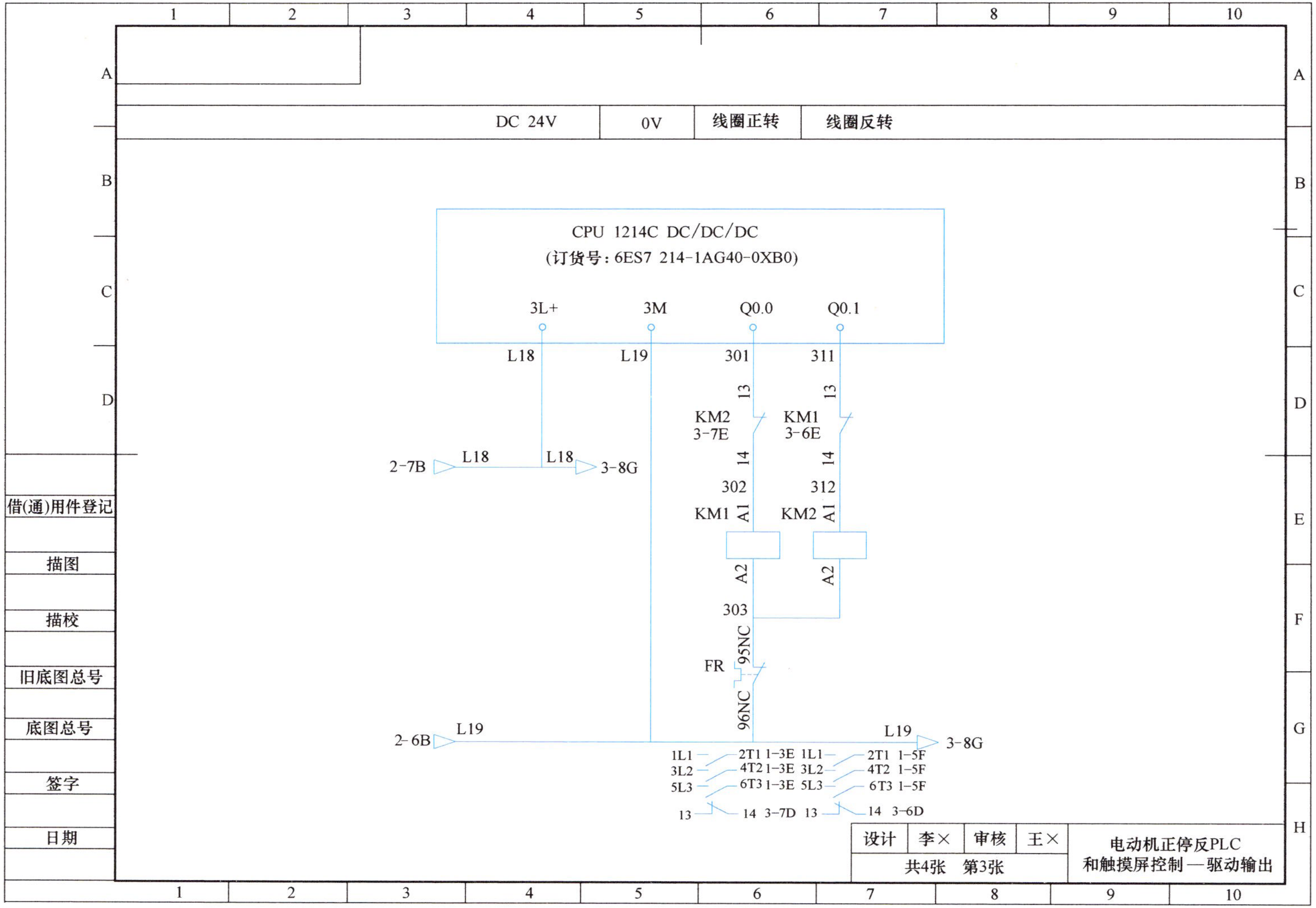

图 G-3 电动机正停反 PLC 和触摸屏控制—驱动输出

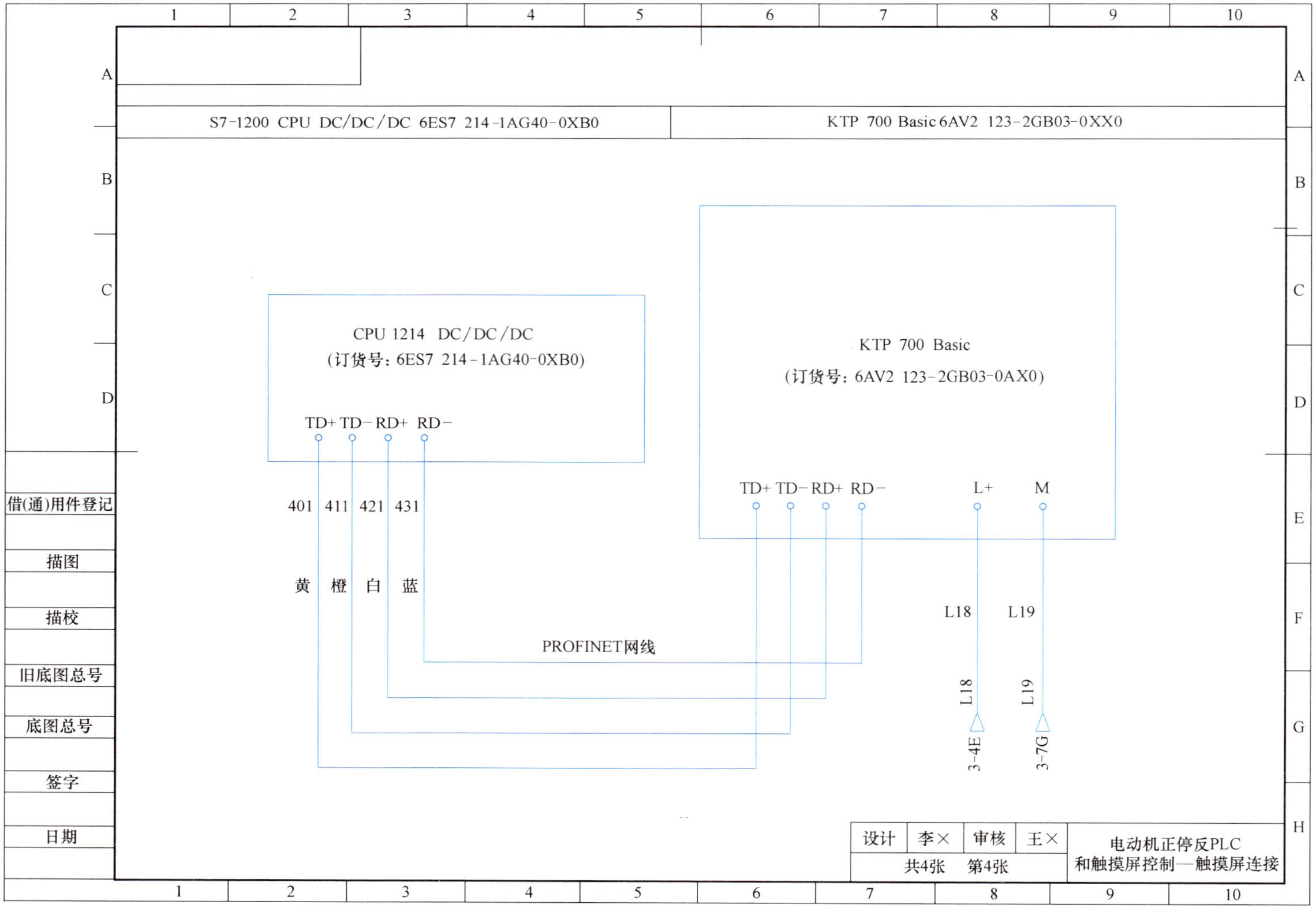

图 G-4 电动机正停反 PLC 和触摸屏控制—触摸屏连接

参考文献

[1] 张铮. 机电控制与 PLC [M]. 2版. 北京: 机械工业出版社, 2015.
[2] 张铮. 行动导向的机床电气装调工作指导 [M]. 北京: 高等教育出版社, 2008.
[3] 段礼才, 黄文钰, 徐善海. 西门子 S7-1200 PLC 编程及使用指南 [M]. 北京: 机械工业出版社, 2018.
[4] 张硕. TIA 博途软件与 S7-1200/1500 PLC 应用详解 [M]. 北京: 电子工业出版社, 2017.
[5] 刘伦富. PLC 与触摸屏应用技术 [M]. 北京: 机械工业出版社, 2012.
[6] 樊占锁, 王兆宇, 张越. 彻底学会西门子 PLC 变频器触摸屏综合应用 [M]. 北京: 中国电力出版社, 2012.
[7] 李方园. 西门子 S7-1200 PLC 从入门到精通 [M]. 北京: 电子工业出版社, 2018.
[8] 赵化启, 徐斌山, 崔继仁. 零点起飞学西门子 S7-1200 PLC 编程 [M]. 北京: 清华大学出版社, 2019.
[9] 吴繁红. 西门子 S7-1200 PLC 应用技术项目教程 [M]. 北京: 电子工业出版社, 2017.
[10] 廖常初, 陈晓东. 西门子人机界面 (触摸屏) 组态与应用技术 [M]. 2版. 北京: 机械工业出版社, 2008.
[11] 廖常初. 跟我动手学 S7300/400 PLC [M]. 北京: 机械工业出版社, 2010.
[12] 崔兴艳. 机床电气设备及升级改造 [M]. 北京: 机械工业出版社, 2015.
[13] 陶飞, 张越. 一步一步学 PLC 编程: 西门子 STEP7 [M]. 北京: 中国电力出版社, 2013.
[14] 郁汉琪. 机床电气控制技术 [M]. 北京: 高等教育出版社, 2010.